GESCHICHTE
DER
ELEMENTAR-MATHEMATIK

IN SYSTEMATISCHER DARSTELLUNG

VON

DR. JOHANNES TROPFKE,
OBERLEHRER AM FRIEDRICH-REAL-GYMNASIUM ZU BERLIN.

ERSTER BAND.
RECHNEN UND ALGEBRA.
MIT FIGUREN IM TEXT.

LEIPZIG
VERLAG VON VEIT & COMP.
1902

Druck von Metzger & Wittig in Leipzig.

Vorwort.

Die hohe Bedeutung geschichtlicher Forschungen in der Wissenschaft, wie insbesondere der große Wert, der in der Verwendung geschichtlicher Mitteilungen auch bei dem mathematischen Unterricht ruht, ist so allgemein anerkannt, daß es sich erübrigt, an dieser Stelle näher darauf einzugehen.

Anders liegt die Frage, wie ein Schulmann oder ein Gebildeter überhaupt — sei es zum Gebrauch im Unterricht, sei es zur Selbstbelehrung — sich die historischen Kenntnisse zu eigen machen kann. Bis vor kurzem war die Geschichte der Mathematik nur in vielen einzelnen Abhandlungen, zum Teil sehr speziellen Inhaltes, zerstreut behandelt. Einen Markstein in der Entwicklung des geschichtlich-mathematischen Studiums bildet CANTOR's großes Meisterwerk.[1] Seine zusammenfassende Darstellung des immer umfangreicher gewordenen, vielseitigen Stoffes giebt uns in meisterhafter Schilderung einen klaren und tiefen Einblick in den großen Werdegang unserer modernen Mathematik. Den Einzelheiten wird, soweit es zum Verständnis der Allgemeindarstellung nötig ist, möglichste Ausführlichkeit gewidmet; aber naturgemäß kann bei einem so groß angelegten Werke, wie bei der Fülle des zu bearbeitenden Materials erschöpfende Behandlung in diesen Einzelheiten nicht verlangt

[1] M. CANTOR, *Vorlesungen über Geschichte der Mathematik* — Bd. I, zweite Auflage, Leipzig 1894 — Bd. II, zweite Auflage, Leipzig 1900 — Bd. III, erste Auflage, Leipzig 1898 (kurz als CANTOR, I^b, II^b, III^a citiert).

werden. Gerade das Studium der CANTOR'schen Vorlesungen hat daher eine beträchtliche Anzahl neuer Arbeiten hervorgerufen, von denen die einen die nun erst kenntlicher gewordenen Lücken der Geschichtsforschung auszufüllen sich bemühen, andere sich mit einheitlicher Darstellung der Geschichte von Sondergebieten wie der Trigonometrie u. a. beschäftigen und daher das engere Thema eingehender durcharbeiten können.

Die vorwiegend historische Anordnung in CANTOR's Werk bereitet dem Leser, der sich über ein Thema unterrichten will, große Schwierigkeiten, da die stufenweise Entwicklung des gesuchten Stoffes aus den verschiedensten Kapiteln mit Hilfe des Inhaltsverzeichnisses zusammengetragen werden muß. Monographien sind noch nicht in größerer Zahl vorhanden; zum Teil stellen auch diese noch ein so umfassendes Sachgebiet dar, daß das Beantworten der gestellten Frage nur wenig erleichtert wird. Für ein Werk, das im stande sein soll, schnell Auskunft über diesen oder jenen Punkt zu geben, das also als eine Art Nachschlagewerk dienen kann, ist deshalb die systematische Anordnung durchaus vorzuziehen.

Nach diesem Gesichtspunkt ist die vorliegende Geschichte der Elementarmathematik behandelt worden.

Angeregt durch das Studium mathematisch-historischer Schriften, hatte der Verfasser begonnen, sich eine stofflich geordnete Sammlung geschichtlicher Notizen herzustellen, um sie im Unterricht hier und dort benutzen zu können. Neben den Vorlesungen CANTOR's waren die Schriften von BALTZER, BRETTSCHNEIDER, CHASLES, FRIEDLEIN, GÜNTHER, HANKEL, KLÜGEL, MATTHIESSEN, NESSELMANN, SUTER, TREUTLEIN, UNGER, ferner die *Zeitschrift für Mathematik* und die *Bibliotheca mathematica* durchgearbeitet worden. In einer Programmabhandlung Ostern 1899 erschien, übersichtlich geordnet, der erste Teil dieser Zusammenstellung. Die Unvollständigkeit des gefundenen Materials trat schon beim Abfassen dieser Abhandlung so klar hervor, daß eine Fortsetzung unterdrückt wurde. Als unerläßliche Notwendigkeit stellte es sich heraus, das bereits begonnene Quellenstudium zunächst weiter durchzuführen. Es war das eine mehrjährige, äußerst umfangreiche Vorarbeit, die ihren Ausdruck in den Fußnoten findet.

Der Neubearbeitung lag daher eine erheblich vergrößerte Stoffmenge vor; daß diese von Vollständigkeit noch ziemlich weit entfernt ist, kann niemandem klarer sein, als dem Verfasser.

Der gewählte Stil nähert sich bei dem Umfang des Stoffes lexikalischer Kürze. Durch eine breitere Darstellung, die entschieden leichter gewesen wäre und zu der oft genug das Interesse zum Thema verlocken wollte, hätte die Übersichtlichkeit gelitten. Auch durfte der Umfang des Buches nicht über eine gewisse Grenze hinausgehen, damit der Charakter eines Handbuches gewahrt bleibe. Anderseits würde zu große Knappheit in der Form die Klarheit und Deutlichkeit beeinträchtigt haben. Gesperrt gedruckte Stichworte erleichtern das Zurechtfinden. Die sich oft in derselben Form wiederholenden Zeitangaben waren nötig, um auch denen, die nur diesen oder jenen Abschnitt herausgreifen, die historische Folge stets vor Augen zu führen.

In unseren elementar-mathematischen Lehrbüchern ist geschichtlichen Belehrungen leider selten eine Stelle eingeräumt. Nur wenige neuere Leitfäden ahmen das beachtenswerte Beispiel Baltzer's nach. Es wäre nicht der schlechteste Dank, den der Verfasser für seine Arbeit hätte, wenn das reichlich gebotene Material hierin eine Änderung herbeiführte; zu keinem Zwecke würden die Resultate seiner Mühe freudiger zur Verfügung gestellt werden. Ein Erfolg wäre es schon, wenn endlich einmal so viele falsche, leider nur zu fest eingewurzelte Bezeichnungen aus dem Unterricht verschwinden würden, wie „Diophantische Gleichungen, Cardanische Formel, Goldener Schnitt, Lunulae Hippocratis, Hudde'sche Methode, Gauß'sche Zahlenebene“ und viele andere, wenn die richtigen neueren Erklärungen für das x der Gleichung aus dem italienischen *cosa*, für das Pluszeichen aus *et*, den Wurzelhaken aus einem Punkt (nicht aus einem *r*), das Prozentzeichen $^0/_0$ aus *Cto.* (=*cento*) u. s. w. die allbeliebten falschen Erzählungen verdrängten.

Auf die Genauigkeit der Angaben, besonders in den Anmerkungen, ist größter Wert gelegt worden. Die Citate sind den Originalien selbst entnommen. In den wenigen Fällen, wo diese dem Verfasser nicht zugänglich waren, sind die Gewährsmänner gewissenhaft genannt.

Ein allgemeines Namen- und Sachregister wird am Schluß des zweiten Bandes beigefügt werden.

Der Verlagsbuchhandlung ist der Verfasser für die reiche Ausstattung zu aufrichtigem Danke verpflichtet.

Berlin, im Sommer 1902.

Der Verfasser.

Inhalt.

Erster Teil. **Das Rechnen.**

Zweiter Teil. **Die Algebra.**

ERSTER TEIL

DAS RECHNEN

A. Die Zahlen im allgemeinen.

I. Die Zahlwörter.

Nur weniges vermag aus der Vorzeit menschlicher Kultur der grübelnde Verstand zu erschließen. Thatsächliche Kenntnisse, die wir aus der Durchforschung alter Bauten und Denkmäler schöpfen, reichen kaum über das vierte Jahrtausend vor Beginn unserer Zeitrechnung hinaus, litterarische Funde sind erst aus noch viel späterer Zeit zu verzeichnen. Welch lange und blühende Entwickelung mathematisch-architektonischen Wissens muß indes vorangegangen sein, um die auf das dritte Jahrtausend v. Chr. zu datierenden majestätischen Bauten Altägyptens hervorbringen zu können! Wie weit in die Vergangenheit muß unser geistiges Auge blicken, um den Anfängen rechnerischer Leistungen nachzuforschen, wenn uns zwei kleine unscheinbare Thontäfelchen aus dem dritten Jahrtausend v. Chr. von hohen abstrakten mathematischen Kenntnissen Babylons erzählen, Kenntnissen, die von Beschäftigung mit Quadratzahlen, mit Sexagesimalbrüchen zeugen![1]

Dichter Nebel verhüllt diese Fernen historischer Forschung, nur Vermutungen und Annahmen können zum Ersatz herangezogen werden. Dem Beginn der Sprachenbildung muß die Entstehung des Zahlenbegriffes vorangegangen sein. Wie die Henne, die instinktiv ihre Jungen zählt, den Begriff der Anzahl besitzt, so im Urzustand der Mensch. Sehr allmählich erwuchsen den Begriffen Worte, meistens aus Bezeichnungen von Dingen, die in der betreffenden Anzahl aufzutreten pflegen. Geringer veranlagte Völker konnten nur zu Wortbildungen für wenige Einheiten gelangen, andere vermochten zu einem Zahlensystem fortzuschreiten. Nach und nach erhöhte sich das Bedürfnis, die Zahlenreihe zu erweitern; die Anzahl der Finger, als stetig vor Augen, wurde

[1] Die sogenannten Täfelchen von Senkereh (unweit Babylon), vgl. R. Lepsius, Abhandlungen der Berliner Akademie f. 1877, S. 105—144.

maßgebend, um Ordnung in diese Reihe zu bringen.[2] Fast alle Völker der Erde besitzen Zahlensysteme, deren Einheiten sich zu zehn (Finger beider Hände) gruppieren. Nur zwei Fälle eines Zwanzigersystemes — das die Anzahl der Finger und Zehen zusammen zum Grundtypus nimmt — sind festzustellen, bei den Altmexikanern und den Kelten. Ein streng durchgebildetes Fünfersystem (Finger einer Hand) findet sich nirgends, wenn auch solche Wortbildungen in anderen Systemen zuweilen auftreten. Spuren eines Elfersystemes, dessen Entstehung zweifelhaft ist, sind bei den Neuseeländern vorhanden. Ob ein hin und wieder durchblickendes Zwölfersystem natürlichen Ursprunges ist, ob es nicht unbewußter Nachklang eines historisch nachweisbaren künstlichen Systemes (Babylon) ist, dürfte schwer zu entscheiden sein. Nachrichten über andere Zahlensysteme werden angezweifelt.[3]

Unsere Sprache, die zum indogermanischen Stamm gehört, hat eine rein dezimale Zahlwörterreihe. Der Ursprung der Wurzeln für die einzelnen Zahlwörter 1 bis 1000 liegt im dunkeln. Das Wort Elf ist entstanden aus *ein-lif* = eins über zehn, wie zwölf aus aus *zwo-lif* = zwei über zehn; beide weisen also nicht auf ein an-

---

[2] Auf diese Entstehung des dekadischen Systemes hat zuerst Aristoteles (384 v. Chr. Stagira in Macedonien — 322 v. Chr. Chalkis; Athen, Schule der Peripatetiker) aufmerksam gemacht, vgl. Aristoteles, Problem. XV, § 3, Ausgabe der Berliner Akademie Bd. II, Berlin 1831, S. 910, im Mittelalter Gemma Frisius (1508 Friesland — 1555, Prof. math. et med. in Loewen), der den betreffenden Absatz des Aristoteles seinem Rechenbuch: *Arithmeticae practicae methodus facilis* 1544 als Anhang beifügt. — [3] Wissenschaftliche Betrachtungen anderer Zahlensysteme, als des dekadischen, hat zuerst Blaise Pascal (1623 Clermont — 1662 Paris, Math. u. Philos.) in einer Abhandlung „*Caractères de divisibilité des nombres*" (Pascal, Werke, ed. Bossut, La Haye 1779, Bd.V, S.123ff.) angestellt, dann unabhängig von ihm der gelehrte Bischof Joh. Caramuel y Lobkowitz (1606—1682), welcher 1670 ein Werk *Mathesis biceps vetus et nova* veröffentlichte, in dessen erstem Bande Zahlensysteme mit der Basis 2 bis 10, 12 und 60 besprochen werden (vgl. Cantor, II^b, S. 771). Auch Leibniz (1646 Leipzig — 1716 Hannover) gab sich mit derartigen Untersuchungen ab, in d. Histoire de l'acad. d. Paris 1703 (gedruckt 1705), S. 85—89 (Ges. Werke, ed. Gerhardt, III. Folge, Bd. 7, Halle 1863, S. 223—227) erörtert er die Vorteile und Nachteile des dyadischen Systemes. Die Vorzüge eines Duodezimalsystemes schildert Buffon (1707—1788, Paris, Naturf.) und schlägt in dem etwa 1670 niedergeschriebenen „*Essai d'arithmétique morale*" (Buffon, *Histoire naturelle,* Bd. X, Deux-Ponts 1786, cap. XXVII, S. 125) die Bildung zweier neuen Zahlzeichen vor, um die Einführung dieses von jeher von den Mathematikern bevorzugten Systemes zu ermöglichen. Vgl. ferner Wernebueg, „*Beweis, daß unter allen möglichen Zahlen- und diesen gleichartigen Teilungssystemen nur dasjenige das einzig vollkommene ist, in welchem jede höhere Einheit aus taun (zwölf) nächst niederen Einheiten besteht*", Leipzig 1800.

zunehmendes Zwölfersystem hin.[4] Die Zehner, Hunderter u. s. w. sind multiplikative, die dazwischenliegenden Zahlen additive Bildungen. Die Schlußsilbe in „zwanzig, dreißig u. s. w." hängt mit dem gotischen *tigus* = δεκάς (Zehn) zusammen. Die Verwendung der Subtraktion (vgl. das lateinische *duodeviginti*) fehlt, die Division wird nur in der Verbindung anderthalb (vom Zweiten die Hälfte) benutzt.

Das Bedürfnis nach Erweiterung der Zahlenreihe kann mehrere Gründe haben; es kann aus religiösen Betrachtungen entspringen, wie bei den Indern, aus wissenschaftlichen Überlegungen, wie bei Archimedes, aus Rücksichten auf Verkehr und Handel, wie im Mittelalter und in der Neuzeit. Dem Naturvolk wird tausend beinahe als unendlich erscheinen; je höher die Kultur, um so höher steigt der Begriff des Unendlichen, bis er zu den Zahlen moderner Astronomie, die mit Lichtjahren arbeitet, gelangt.

Der *Inder* will das Unfaßbare, Erhabene seiner Gottheit durch übergroße Zahlen versinnbildlichen, entsprechend seinem für die Auffassung von Zahlen hochbegabten Geiste. So hat das Sanskrit eigene Zahlenbezeichnungen für alle dekadischen Einheiten bis 10^{21}; ja es finden sich Bildungen bis 10^{53}, die dann zu einem System zusammengefaßt noch fünf bis sechs andere solche Systeme über sich haben.[5]

Der große griechische Mathematiker Archimedes (287 v. Chr. — 212. v. Chr., Syrakus), bestrebt zu zeigen, daß die Zahlenreihe nach oben keinen Abschluß besitzt, sucht in seiner sogenannten Sandrechnung (*ψαμμίτης*, *arenarius*)[6] die Anzahl der Sandkörner zu ermitteln, welche eine Kugel mit einem Radius von Fixsternweite enthält. Um eine solche auszudrücken, faßt er die Zahlen bis zu 10^8 zu einer Oktade zusammen; 10^8 wird als Einheit einer neuen Oktade genommen, die also bis 10^{16} reicht; die dritte Oktade geht bis 10^{24} u. s. f. Solcher Oktaden stellt Archimedes im ganzen 10^8 auf und nennt die ungeheure Reihe dieser Zahlen die erste Periode. Hier beginnt eine zweite Periode von schwindelnder Höhe, der noch andere folgen können. Die sich ergebende Sandkörnermenge berechnet Archimedes auf 1000 Einheiten der achten Oktade in der ersten Periode. — Ähnliche Gruppierung der unendlichen Zahlenreihe, nur zu Tetraden, nimmt Apollonius von Pergä (zwischen 250 und 200 v. Chr.

[4] Vgl. Heyne, Deutsches Wörterbuch, Leipzig 1890—1895. — [5] Journal Asiatique, Paris 1863, Série VI, T. I, Woepcke, S. 257. — [6] *Archimedis opera omnia*, ed. Heiberg, Leipzig 1880, 1881, Bd. II, S. 242—291; deutsch von Nizze, Stralsund 1824, S. 209—223.

in Alexandria, dann in Pergamum) nach dem Zeugnis des PAPPUS (Ende des dritten Jahrhunderts n. Chr., Alexandria) vor.[7]

Während diese wissenschaftlichen Zahlenfortführungen geistiges Eigentum nur weniger ausgesuchten Gelehrten blieb, brachte Steigerung von Handel und Verkehr dauernden Zuwachs für unseren Zahlwörterschatz. Charakteristisch ist, daß in Deutschland das Wort Million zunächst nur in der Verbindung „1 Million Gulden" auftrat, zugleich mit der Bezeichnung 1 Tonne Gulden = 100000 G., die aber allmählich wieder verschwand. So verwendet es der bekannte Rechenmeister ADAM RIESE (1492—1559, Annaberg). In Deutschland erscheint das Wort Million erstmalig im Rechenbuch des CHRISTOPH RUDOLFF aus Jauer (1532, Vorrede 1526).[8] Die Wortform weist auf italienischen Ursprung; thatsächlich wird es benutzt in der „*Arithmetica*" des Italieners BORGI aus dem Jahre 1484,[9] in der Summa des LUCA PACIUOLO (ungefähr 1445 Borgo San Sepolcro — 1514 Florenz; Franziskaner, Lehrer der Math. an verschiedenen ital. Universitäten) von 1494, dem bedeutendsten Werke jener Zeit, wo es auch zu Zusammensetzungen wie *millione di millioni* verwertet wird.[10] Doch muß der Gebrauch des Wortes noch älter sein, da es auch bei dem französischen Mathematiker NICOLAS CHUQUET (Lyon, Paris; † um 1500) in dem nur handschriftlich überlieferten, 1484 vom Verfasser vollendeten Werke „*Le Triparty en la science des nombres*" vorkommt; hier wird sogar bereits eine weitere Vervollkommnung der Zahlenwörterreihe angebahnt, indem nach Analogie von Million die Worte *Byllion* für 10^{12}, *Tryllion* für 10^{18} und weiter *Quadrillion, Quyllion, Sixlion, Septyllion, Octyllion, Nonyllion* u. s. w. vorgeschlagen werden.[11] Der italienischen Herkunft sind sich auch die deutschen Rechenmeister bewußt; CLAVIUS (1537 Bamberg — 1612 Rom; Jesuit, zuletzt Lehrer der Mathematik im Ordenshause zu Rom) bemerkt wenigstens in der „*Epitome arithmeticae practicae*, Romae 1583", um das schwülstige, bis dahin und selbst noch viel später übliche „tausendmaltausend" durch das neue Wort zu ersetzen: „Man könnte, wenn man der Sitte der Italiener gemäß die millena milia Million nenne, jede beliebige Zahl mit weniger Worten und vielleicht sogar

[7] *Pappi math. collectiones* (συναγωγή) lib. II, cap. 1 ff., ed. HULTSCH, Berlin 1876—1878, Bd. I, S. 2 ff. — [8] RUDOLFF's Rechenbuch, Ausgabe von 1550, Seite a_8 (Signatur); daselbst schon in der ersten Ausg. v. 1532 nach CANTOR, II[b], S. 399 Anm. 1. — [9] CANTOR, II[b], S. 305. — [10] L. PACIUOLO, *Summa de Arithmetica Geometria Proportioni et Proportionalita*, Venet. 1494, S. 19[b], vgl. daselbst die Übersicht am Rande. — [11] CHUQUET, *Le Triparty en la science des nombres* 1484 (Manuskript), Abdr. im Bulletino Boncompagni, Bd. XIII, Rom 1880, S. 594 Zeile 4 ff.

deutlicher aussprechen".[12] Es dauerte noch eine beträchtliche Spanne Zeit, bis das Wort Million ein fester Bestandteil der Numeration wurde. Schon längst wurde Million, Billion u. s. w. in Frankreich ständig benutzt, wie von LAUNAY, *L'Arithmétique Arpendage universel Toise des Bastimes etc.*, Anjou et Rouen 1605, die eigentlichen Gelehrten stellten sich energisch auf die Seite der neuen Lesart, so GIRARD (1590?—1632, Leiden, Lehrer der Math.),[13] aber in Deutschland ist die alte Zählweise noch im achtzehnten Jahrhundert nicht ganz verdrängt. Erst durch die weitverbreiteten Lehr- und Handbücher des Freiherrn CHR. VON WOLFF (1679 Breslau — 1754 Halle, Prof. d. Math.) scheint der modernen Methode, größere Zahlen zu lesen, endgültig der Sieg verschafft worden zu sein.[14]

Das Wort Milliarde hat bei JACQUES PELETIER (1552 *Arithmétique*) noch die Bedeutung million de millions, nimmt aber schon 1566 bei JEAN TRENCHANT, *L'arithmétique departie en trois livres* etc., Lyon, den modernen Wert von 1000 Millionen an; in der ersten Hälfte des neunzehnten Jahrhunderts wurde es in Frankreich gebräuchlich, in Deutschland lernte man es jedoch erst durch die von Frankreich an Deutschland 1871 nach dem Friedensschluß zu zahlende Summe genauer kennen.

Um größere Zahlen zu lesen, muß man sich dieselben in Gruppen zu je sechs, bezw. drei, etwa durch übergesetzte Punkte, abteilen. Dies empfiehlt bereits LEONARDO VON PISA (1202 liber Abaci cap. 1, ed. Boncompagni S. 4), dann JOHANNES DE SACROBOSCO († 1256 in Paris; daselbst Lehrer der Astron. u. Math.) in seinem Rechenbuch *tractatus de arte numerandi* u. a.[15]

Es erübrigt noch, auf das Wort Null einzugehen, welches ebenfalls als Zahlwort aufzufassen ist. Wie wir sehen werden (S. 10 ff.), ist

---

[12] 2. Aufl. Romae, 1585, S. 11: *„Iam vero si more Italorum millena milia appellare velimus Milliones, paucioribus verbis et fortasse significantius numerum quemcumque propositum exprimemus"*. — [13] GIRARD, *Invention nouvelle en l'algèbre*, Amsterdam 1629, Neudruck von BIERENS DE HAAN, Leiden 1884 (unpaginiert), Seite A (Signatur). Der Holländer SIMON STEVIN (1548 Brügge — 1620 Leiden, Kaufmann, später in holländ. Staatsdienst als Ingenieur), dessen mathematische Werke GIRARD herausgab, las noch (1585) die Zahl 75 687 130 789 276: *septante cincq mille mille mille mille, six cents huictante sept mille mille mille, cent trente mille mille, sept cents huictante neuf mille, deux cents septante six*, vgl. Les Oeuvres de S. STEVIN augmentées par ALB. GIRARD, Leyden 1634, I, 3. L'Arithmétique (zuerst gedruckt 1585) L. I, déf. V, explicat. — [14] Z. B. *Anfangsgründe aller mathematischen Wissenschaften*, I. Aufl., Magdeburg 1710 (bis in das sechste Jahrzehnt das gebräuchlichste Handbuch, dann durch die KÄSTNER'schen Lehrbücher gleichen Titels abgelöst). — [15] Abgedruckt von HALLIWELL in den Rara mathematica, London 1841.

das Zeichen für Null indisch-arabischen Ursprunges. Die indische Bezeichnung der Null *sunya* (wörtlich: leer) wurde von den Arabern mit *aṣ-ṣifr* übersetzt;[16] latinisiert wurde dies bei Leonardo von Pisa (1180—1250 ?), dem das hohe Verdienst zukommt, durch seinen liber Abaci von 1202 indisch-arabisches Rechnen zuerst nach Italien verpflanzt zu haben, mit „*zephirum*",[17] während der deutsche hochgelehrte Dominikaner Jordanus Nemorarius († 1237 als Ordensgeneral der Dominikaner), der zweite Vorkämpfer für die neuerwachende mathematische Wissenschaft, in seinem Algorithmus demonstratus[18] *cifra* verwendet. Hieraus entstand einerseits *chiffre* (1484, Nic. Chuquet, Le Triparty),[19] anderseits *çero* (1494, Luca Paciuolo, Summa).[20] Letzteres hat die Bedeutung Null noch heute im Französischen, chiffre verlor sie, um in der modernen Sprache allgemeineren Sinn zu erlangen. Der Triparty Chuquet's (1484)[19] weist zum erstenmal das Wort „Null" auf. Da dieses Werk aber nie gedruckt (bis auf die Neuzeit) veröffentlicht worden ist, so kann es zur Verbreitung der „nulle" nicht viel beigetragen haben. Ein etwa gleichzeitiges Werk, die Arithmetica von Borgi, verwendet ebenfalls nulla;[21] hieraus läßt sich schließen, daß beide Verfasser nur einem damals schon üblichen Sprachgebrauch gefolgt sind. In Deutschland ist das Wort Null zuerst angewandt worden in den Rechenbüchern von Böschensteyn (1514),[22] Koebel (1515)[23] und Grammateus (1518).[24] Der Italiener Tartaglia (1500 Brescia — 1557 Venedig; Lehrer der Math. abwechselnd in Brescia und Venedig) zählt 1556 als seiner Zeit gültige Bezeichnungen der Null auf: *niteccha, circolo, cifra, zerro, nulla.*[25] Das Wort cifra ist lange noch für Null gebräuchlich geblieben, selbst zu einer Zeit, wo

[16] Vgl. Reinaud, *Mémoire géogr., hist. et scientif. sur l'Inde,* Paris 1849, S. 301. — [17] Leonardo Pisano, *Liber Abaci* 1202, ed. Boncompagni Bd. I, Rom 1857, S. 2 Z. 24. In den ältesten lateinischen Übersetzungen arabischer Originale heißt die Null circulus (zwölftes Jahrhundert), vgl. trattati d'arithmetica I, II publ. da B. Boncompagni, Rom 1857, 58. Sacrobosco's Rechenbuch (Anm. 15) sagt theta (vel theca) vel circulus vel cifra vel figura nihili (Halliwell, S. 3). — [18] *Algorithmus demonstratus,* ed. Joh. Schöner, Nürnberg 1534, Teil I, petitiones: „*figura 0, quae cifra, sive circulus, sive figura nihili*". — [19] Chuquet, Le Triparty (Anm. 11), S. 593 Zeile 16 v. u.: „*chiffre, nulle, figure de nulle valeur*". — [20] Luca Paciuolo, Summa, Venet. 1494, S. 19ª am Rand. — [21] Cantor, IIᵇ, S. 305. — [22] „Ain Newgeordnet Rechenbiechlein" u. s. w., Augsburg 1514, nach F. Müller, Zeitschrift für Math. u. Phys. 1899, Suppl. S. 319. — [23] Jacob Koebel, „Eyn new geordnet Vysirbuch", 1515, Blatt XV, „setz ein o ziffern, ein nulla . . ." — [24] Rechenbuch v. Grammateus, Wien 1518 (unpaginiert), am Anfang des ersten Teiles „Numeratio", „und die zehende (figura) ist ain unbedeutliche als . o . nulla gehayssen". — [25] Tartaglia, *General trattato,* Vineg. 1556—1560, parte I, lib. I, S. 5ᵇ.

es bereits den Sinn „Ziffer" angenommen hatte.[26] Ja im Enchiridion des Rechenmeisters HUSWIRT (1501) kommt es gleichzeitig in beiden Bedeutungen vor.[27]

In der Einteilung der Zahlen folgte man lange der römischen Bezeichnung, wie sie in der Geometrie des BOËTHIUS[28] (480? Rom — 524 Pavia; röm. Staatsmann und Philosoph) gebräuchlich ist. Die Einer hießen *numeri digiti* (Fingerzahlen), woran noch das heutige „*digits*" im Englischen erinnert, die Zehner *n. articuli*, alle übrigen zweiziffrigen Zahlen *n. compositi* oder *mixti*. In den lateinischen Übersetzungen, welche von dem Rechenbuch des Ostarabers MUHAMMED IBN MUSA ALCHWARIZMI im Umlauf waren, werden die Wörter *unitates, deceni, centeni* benutzt.[29] Im späteren Mittelalter erscheinen die griechischen termini *monadici, decades* etc.,[30] die schließlich in deutschen Büchern mit einzehlige Zahlen, Zehner u. s. w. übersetzt wurden.[31]

2. Die Ziffern.

Das Wort Ziffer hat sich, wie eben geschildert, aus der Verallgemeinerung des alten Wortes für 0 — *cifra* — gebildet, eine charakteristische Erscheinung, die erkennen läßt, daß man sich wohl bewußt war, welche wichtige Stelle gerade die Null unter den neu aufkommenden Zahlzeichen einnahm. Wir haben ein Beispiel (HUSWIRT, 1501)[27] kennen gelernt, das sogar beide Bedeutungen nebeneinander giebt; erst in der zweiten Hälfte des sechzehnten Jahrhunderts wird das moderne „Ziffer" gebräuchlich. In der neuen Bedeutung allein, in welcher es bis dahin „*Figura*" hieß, treffen wir es in einem „Böckeschen vor de leyen und Kinder" 1525, Wittenberg, ferner in einem Lehrbuch von JOHANNES KOLROSS, einem baseler

[26] So im Cursus mathematicus des HÉRIGONE (Paris 1634), Bd. II, S. 2: „*Decima figura et ultima 0, nihil per se significat, diciturque cifra vel zero*", ferner in CAVALIERI's Trigonometrie (Bononiae 1643, S. 3, XXIII) und vielen anderen Werken, selbst noch im achtzehnten Jahrhundert in lateinischen Abhandlungen EULER's, vgl. z. B. Opuscula analytica, Bd. I, Petersburg 1783, S. 87 Z. 5, cyphra. — [27] HUSWIRT, *Enchiridion*, Anleitung zum Rechnen aus dem Anfang des sechzehnten Jahrhunderts, neu herausgegeben v. WILDERMUTH, Programm Tübingen 1864—1865. Originalausgabe, Cöln 1504, vgl. S. a_{II} Z. 10 v. u. mit S. c_{I} Z. 7 v. u. (Anfang des dritten Traktates). — [28] *De institut. arithmet., musica, geometria.* Ed. G. FRIEDLEIN, Leipzig 1867, S. 395 Z. 3 ff. — [29] Vgl. *Algoritmi de numero Indorum,* trattati d'Arithmetica publ. da B. Boncompagni, I, Rom 1857, S. 7. — [30] Z. B. BUTEO, *Logistica,* Lugduni 1559, S. 8, 9. — [31] HARSDÖRFFER, *Deliciae Physico-mathematicae*, 1561, nach FEL. MÜLLER, Zeitschrift f. Math. u. Phys., Suppl. 1899, S. 321.

Rechenmeister.[32] Sehr bemerkenswert ist eine noch frühere Stelle bei JAKOB KOEBEL, in der dritten Auflage seines ersten Rechenbuches („Das new Rechēpüchlein" u. s. w. 1518, OPPENHEYM), welche die Eindringlinge als „Zeifferzale", die bis dahin allgemein gewohnten römischen Zahlzeichen im Gegensatz dazu als „die gemein Teütsch zale" (S. I daselbst) bezeichnet, eine Benennung, die sich noch 1537 und 1543 wiederfindet. So verwachsen waren die Deutschen mit dem römischen Anleihen in Sprache, Schrift und Wissenschaft, daß ihnen das Bewußtsein fremden Besitztums gänzlich abging.

Eigene Zahlzeichen sind in der deutschen Sprache nicht nachweisbar. Bis ins sechzehnte Jahrhundert hinein bediente man sich der römischen Zahlzeichen, erst dann wichen diese vor den modernen Ziffern langsam, aber sicher zurück. Der Gebrauch der römischen Zeichen beschränkt sich heut auf Inschriften bei Denkmälern, Stundenbezeichnung bei Uhren u. s. w.

Daß unser Positionssystem mit seinen Ziffern indischen Ursprunges ist, steht fest. Ein bei PTOLEMAEUS[33] (griech. Astronom, beobachtete zwischen 125 und 151 n. Chr. in Alexandria) auftretendes O ist eine Abkürzung von *οὐδέν*. Das babylonische Sexagesimalsystem hätte bei folgerichtiger Durchführung des Positionsverfahrens, wie wir es auf den Tafeln von Senkereh finden, eines Nullzeichens bedurft. Ob ein solches existierte, ist leider aus den erhaltenen Überresten nicht ersichtlich.[34] Auf ägyptischen Inschriften eines Tempels zu Edfu, die Katasteraufzeichnungen des Besitztums der Priesterschaft darstellen, tritt in den gegebenen Tabellen als Zeichen für Null eine Hieroglyphe auf, die das lateinische *non* bedeutet; dieselbe besitzt jedoch keineswegs den Wert einer Ziffer, sondern wird nur so gesetzt, wie wir heut einen Fehlstrich machen würden.

Neben verschiedenen anderen Zahlenschreibsystemen waren die *Inder* dank ihrer glücklichen Veranlagung für Zahlenbetrachtungen in den Besitz eines Positionssystemes gelangt. Zu welcher Zeit die Erfindung gemacht wurde — von einer Erfindung müssen wir hier sprechen, da lange vor dem Gebrauch der Null bedeutsame Schriften der Inder nachweisbar sind, die vielleicht die Erfindung vorbereiteten[35] —, läßt sich kaum feststellen. Jedenfalls reichen die indischen Kenntnisse durchaus nicht in jene graue Vorzeit hinauf, die man

[32] CANTOR, II^b, S. 420. — [33] PTOLEMAEUS, *Μεγάλη σύνταξις* (Almagest) in der Sehnentafel am Schluß von lib. I, cap. 9, ed. HALMA, Paris 1813, S. 38 ff. — [34] R. LEPSIUS, *Die babylonisch-assyrischen Längenmaße nach der Tafel von Senkereh,* Abh. d. Berl. Akademie, 1877, S. 107—108. — [35] CANTOR, I^b, S. 569.

früher annahm; im Gegenteil fällt das Auftreten der Null erst einige hundert Jahre nach Beginn unserer Zeitrechnung, etwa in das dritte Säkulum n. Chr., sicher ist das Vorkommen einer Null etwa um 400 n. Chr. zu konstatieren; eine Urkunde, in welcher eine Null erscheint, ist sogar erst aus dem Jahre 738 n. Chr. bekannt.[36] Sicher ist ferner, daß Zahlzeichen der verschiedensten Arten, verschieden nach Ort und Zeit, in *Indien* üblich waren, daß indisches Rechnen, indische Ziffern zu den *Arabern* gelangten,[37] sicher, daß die *Ostaraber* (Mohammed's Flucht 622) andere Ziffern lernten und gebrauchten, als sie sich später bei den *Westarabern* (747 Gründung der spanischen Omaijadendynastie) einbürgerten, wohl infolge zeitlich verschiedener Entlehnung von den Indern. Sicher ist wieder, daß Varianten der westarabischen Ziffern, den unsrigen sehr ähnlich, unvermittelt im zehnten Jahrhundert im *Abendland* auftreten, ja wenn eine diesbezügliche Stelle[38] am Ende des ersten Buches der Geometrie des Boëthius († 542 Pavia) echt ist, schon im sechsten Jahrhundert bekannt sind (vgl. die beigefügte Tafel, S. 17).

Auffallend wäre, daß diese Zahlenzeichen an der letztangeführten Stelle in Verbindung mit dem den Indern und Arabern völlig fremden Abacusrechnen auftreten. Der hier von Boëthius beschriebene, besonders durch Gerbert, den späteren Papst Sylvester (um 940 Auvergne — 1003 Rom), und seine Schüler verbreitete Abacus stellt ein Rechenbrett mit senkrechten Kolumnen dar, die der Reihe nach von rechts nach links für die Einer, Zehner, Hunderter u. s. w. bestimmt waren und danach die Überschriften ... M, C, X, I trugen. Zum Rechnen dienten die sogenannten *apices*, Marken aus Holz oder Horn, welche als Aufschrift entweder die römischen Ziffern I, II ... IX oder häufiger jene erwähnten Ziffern 1, 2 ... 9, die Ähnlichkeit mit westarabischen Zahlenzeichen hatten, besaßen. Diese Marken wurden in die verschiedenen Kolumnen gelegt und erhielten dadurch, entsprechend unserem heutigen Positionssystem, verschiedene Zahlenwerte; eine Null war zur Darstellung mehrziffriger Zahlen unnötig, da die betreffenden Kolumnen einfach unbesetzt blieben. Vom zwölften Jahrhundert an werden auch Namen für diese Ziffern überliefert: 1 *igin*, 2 *andras*, 3 *ormis*, 4 *arbas*, 5 *quimas*, 6 *caltis* (calcis), 7 *zenis*, 8 *temenias*, 9 *zelentis*[39] — merkwürdige Wortbildungen,

[36] Cantor, I[b], S. 563. — [37] So brachte i. J. 773 ein indischer Gelehrter einen Auszug aus der Brâhma-sphuṭa-siddhânta des Brahmagupta (geb. 598), einem astronomischen Werke, das hochwichtige mathematische Kapitel [cap. 12 und 18] enthält, nach Bagdad. Cantor, I[b], S. 657. — [38] Boëtius, Ars. Geom., ed. Friedlein, Leipzig 1867, S. 396—397. — [39] Cantor, I[b], S. 837 ff.

deren Herkunft zu erklären noch nicht gelungen ist, obgleich man sämtliche irgendwie verwendbaren Sprachen zu Hilfe gerufen hat. Der Text jener Boëthiusstelle enthält wohl die Beschreibung des Abacusbrettes, auch die Form der Apicesaufschriften, nicht aber die Namen igin u. s. w., eine beigefügte Abbildung des Abacus zeigt indes auch diese.

Nimmt man (Friedlein, Hankel[40] u. a.) die Boëthiusstelle als unecht an, etwa als eine Interpolation des zwölften Jahrhunderts, so daß nunmehr die Überlieferung durch Gerbert die älteste ist, so läßt sich das Vorkommen der Ziffern dadurch erklären, daß Gerbert sie von seinem Besuche in der spanischen Mark mitgebracht hat. Unerklärt wäre aber dann das plötzliche Auftreten des Abacusrechnens mit seinen eigenartigen Rechenmethoden, die (nach Hankel selbst)[41] eine lange zeitliche Entwickelung voraussetzen und nicht die Erfindung eines Einzigen sein können, deren Vorhandensein aber bei den Arabern auch nicht in den geringsten Spuren nachweisbar ist. Auffallen müßte vor allem, daß ein so bedeutender Kopf wie Gerbert nur die Zahlzeichen, aber nicht auch das mit ihnen auf das engste verknüpfte Positionsrechnen von seiner Reise mitbringt.

Ist die Stelle des Boëthius echt — die barbarischen Namen können, da sie sich nur an der Figur vorfinden, nachträglich beigefügt sein —, so ist zugleich der ebendaselbst stehenden historischen Notiz Beachtung zu schenken, nach welcher die Pythagoreer bereits den Abacus mit den apices kannten. Demzufolge entwickeln Woepcke[42] und Cantor[43] eine andere Ansicht von dem Ursprung unserer Zahlzeichen, indem sie unter den Pythagoreern die Neupythagoreer verstehen und zugleich auf die merkwürdige Thatsache aufmerksam machen, daß indische Ziffern des zweiten und dritten Jahrhunderts n. Chr. mit den westarabischen Ziffern und den Apicesaufschriften Ähnlichkeit haben. Nach ihnen gelangten indische Zahlzeichen des zweiten Jahrhunderts n. Chr. vor Erfindung der Null (vgl. S. 10—11), also ohne dieselbe, nach Alexandria, wo sie, vielleicht zur Bezeichnung der πυθμένες (siehe S. 41) beim Rechnen nach der Methode des Apollonius von Pergae als kurze und charakteristische Symbole schnell in Aufnahme kamen; von hier aus verbreiteten sie

[40] Hankel, *Zur Geschichte der Mathematik im Altertum und Mittelalter,* Leipzig 1874, S. 323—334. — [41] Hankel, S. 324. — [42] Journal Asiatique, Série VI, Tome I, Paris 1863, F. Woepcke, *Mémoire sur le propagation des chiffres indiens,* S. 27—79, 234—290, 442—529, vgl. besonders S. 54 ff. — [43] Cantor, I[b], S. 669—670.

sich durch ihre Verwendung beim Abacusrechnen, das sich allmählich im Laufe der Folgezeit aus alten griechischen Methoden zu dem Gerbert'schen Rechenverfahren durcharbeiten konnte, nach dem Westen, nach Rom und nach Spanien, und wurden dort von den eindringenden Arabern vorgefunden und angenommen, während zu den Ostarabern, wie schon erzählt (S. 11), neue direkte Kenntnisse indischer Ziffern in der zweiten Hälfte des achten Jahrhunderts drangen, Ziffern, deren andere Gestalt durch den Unterschied in der Zeit der Annahme hinreichend erklärt ist. Als die Westaraber das indische Positionsrechnen der Ostaraber kennen lernten, nahmen sie die Null auf, ohne die Form ihrer bisherigen Ziffern zu ändern.

So wäre die Ähnlichkeit zwischen den Ziffern der Westaraber und denen der Apices verständlich. Der Umstand, daß in der Zeit zwischen dem zweiten und dem sechsten Jahrhundert n. Chr. keine einzige Überlieferung über die Apiceszifferm, weder aus Alexandria noch aus Italien und Spanien, bekannt ist, läßt jedoch die auseinandergesetzte Hypothese, so geistreich sie ist, den Angriffen der Gegner leicht preisgegeben sein. Vielleicht bringen künftige Forschungen größere Klarheit.

Jedenfalls lernte das Abendland durch die Schule Gerbert's, deren Vertreter man unter dem Namen der *Abacisten* zusammenfaßt, die Vorfahren unserer jetzigen Ziffern kennen. Übersetzungen arabischer Werke im zwölften Jahrhundert durch Plato von Tivoli (Anfang des zwölften Jahrh., Barcelona), Atelhart von Bath (weitgereister engl. Mönch, um 1120 erste Euklidübersetzung aus dem Arabischen), Johannes von Sevilla (thätig zwischen 1135 und 1153), Rudolph von Brügge (um 1144, Toulouse), Gerhard von Cremona (1114 Andalusien — 1187 Toledo) vermittelten die Bekanntschaft mit der Null und dem indisch-arabischen Rechnen und ließen die Schule der *Algorithmiker* entstehen.[44] Das Hauptrechenbuch der Araber, im Osten und im Westen gleich stark verbreitet, war das des Muhammed ibn Musa Alchwarizmi (Anfang des neunten Jahrh., Bagdad und Damaskus); der Name des Verfassers drang mit den Übersetzungen seines Werkes in der latinisierten Form Algorithmi in das Abendland, das schließlich die Person des Muhammed über die von ihm verbreitete Rechenmethode gänzlich vergaß, wie die noch heut übliche Verwendung des Wortes Algorithmus zeigt. Bereits das achtzehnte Jahrhundert wußte sich die Ableitung dieses Wortes nicht

[44] Cantor, I^b, S. 848.

mehr zu erklären; erst der Neuzeit war es vorbehalten, seinen Ursprung wieder aufzufinden.[45]

Zwischen Abacisten und Algorithmikern entstand ein scharfer Gegensatz; der Sieg mußte den letzteren verbleiben, besonders da sie so glänzende Vorkämpfer wie LEONARDO VON PISA (1180—1250?, 1202 liber abaci) und JORDANUS NEMORARIUS (Deutscher, † 1237 als Ordensgeneral der Dominikaner, Algorithmus demonstratus) in ihren Reihen sahen.

Verfolgen wir das weitere Vordringen der indisch-arabischen Ziffern in Deutschland, so erkennt man, daß von einem schnellen Siegeszuge nicht die Rede sein kann. Noch im dreizehnten Jahrhundert beschränkt sich ihre Kenntnis auf die Vertreter der klösterlichen Gelehrsamkeit, eines schwachen Abglanzes der Forschungen des JORDANUS NEMORARIUS. Das erste Auftreten der Ziffern außerhalb der Klostergelehrsamkeit findet sich in einer Handschrift des Lehrgedichtes „Der Wälsche Gast“, in welchem ein Bildchen der personifizierten Arithmetik, die die indischen Ziffern vor sich hat, dargestellt ist. Die Abfassungszeit dieser Handschrift ist etwa die zweite Hälfte des dreizehnten Jahrhunderts.[46] Anders in Italien, wo kaufmännische Klugheit bald auf die von LEONARDO gewordene Anregung hin nach dem neuen, leichthandlichen Rechenwerkzeug griff. Ein Verbot der Florenzer Behörde, in kaufmännischen Büchern die neuen Zeichen zu gebrauchen — wohl wegen der besseren Kontrolle durch städtische Beamte, die ihrer nicht mächtig waren —, ist aus dem Jahre 1299 bekannt.[47] Auch England besitzt ein Dokument aus dem dreizehnten Jahrhundert, Tafeln zur Berechnung der Londoner Hafenzeit und Bestimmung der nächtlichen Mondscheindauer, die in Ziffern mit Benutzung der Null geschrieben sind.[48]

Im vierzehnten Jahrhundert sind kaum Fortschritte zu verzeichnen. Einige Inschriften auf Grabdenkmälern, 1371 (Pforzheim), 1388 (Ulm) werden angeführt,[49] ihre Datierung erscheint aber zweifelhaft, da man auch spätere Restaurationen vor sich haben kann; für Pforzheim ist dies sogar wahrscheinlich gemacht, indem sich die Zifferform nicht mit der damals üblichen deckt.[50]

[45] REINAUD, *Mémoire géographique, historique et scientifique sur l'Inde,* Paris 1849, Teil II, S. 303—304. — [46] CANTOR, II^b, S. 106. — [47] HANKEL (Anm. 40), S. 341, Anm. — CANTOR, II^b, S. 157. — [48] S. GÜNTHER, *Geschichte des mathematischen Unterrichtes im deutschen Mittelalter bis zum Jahre 1525.* Berlin 1887, S. 175 (Bd. III der Monumenta Germaniae Paedagogica von K. KEHRBACH). — [49] Ebendaselbst (Anm. 48). — [50] CANTOR, II^b, S. 216.

Wichtiger ist das fünfzehnte Jahrhundert; besonders in seiner zweiten Hälfte bahnt sich ein häufigerer Gebrauch an. Die älteste Münze mit Positionszahlen datiert vom Jahre 1458,[51] in Schweden ist eine solche vom Jahre 1478 aufbewahrt.[52] 1471 erschien das erste Druckwerk, in welchem die Seitenzahlen Ziffern sind, ein Werk PETRARCA's.[53] Rechnungsbücher, Kalender enthalten nur römische Zeichen, sehr selten Ziffern. PETZENSTEINER's Drucke — Rechenbücher von 1482, 1483 — weisen jedoch die arabischen Zeichen auf,[54] ebenso das Rechenbuch des JOHANNES WIDMANN VON EGER von 1489.[55] Mit der Herausgabe von Druckschriften ist der Bann gebrochen, und wird nunmehr im sechzehnten Jahrhundert das Schreiben mit Ziffern immer mehr Volkseigentum. KOEBEL's erste Rechenbücher: 1514 „Eynn Newe geordent Rechēbüchlein" (1516 und 1518 neu herausgegeben) und 1515 „Vysierbuch" enthalten fast durchgehends noch römische Zahlen; sein Rechenbuch von 1520 lehrt das Rechnen mit Ziffern, was bereits BÖSCHENSTEYN 1514 in dem seinigen gethan hatte.[56] Das Rechenbuch des ADAM RIESE von 1518 lehrt das Ziffernrechnen noch nicht, sondern nur das damals übliche Linienrechnen, benutzt aber im Texte die Ziffern; dasjenige von 1522 zeigt auch das Ziffernrechnen.[57] Allmählich siegt auch das Ziffernschreiben im Privatleben; von der Mitte des sechzehnten Jahrhunderts an findet es sich in Protokollen, Rechnungen u. s. w.[58]

Was die Form der Ziffern betrifft, so hat sich dieselbe, seitdem sie einmal im Druck fixiert war (1482, 1483, 1489), bis auf die heutige Zeit fast konstant erhalten. Daß vorher infolge handschriftlicher Veränderung, Verschnörkelung u. s. w. die Form wandelte, ist erklärlich. Hervorzuheben ist, daß für die 4, 5 und 7 im zwölften bis fünfzehnten Jahrhundert andere Zeichen üblich waren.

0 und 1 haben stets ihre Form behalten.

Die 2 erscheint auf den apices, in den westarabischen Ziffern und in Handschriften Deutschlands bis ins vierzehnte Jahrhundert hinein auf den Kopf gestellt; erst von dieser Zeit an erkennen wir die Gestalt unserer 2 heraus.

[51] Bibliotheca mathematica 1898, S. 120; WERTHEIM. — [52] Bibl. math. 1896, S. 120; ENESTRÖM. — [53] *Liber de remediis utriusque fortunae,* Coloniae 1471. — [54] UNGER, *Die Methodik der praktischen Arithmetik in historischer Entwickelung vom Ausgange des Mittelalters bis auf die Gegenwart,* Leipzig 1888, S. 36, 37. — [55] Behende und hubsche Rechnung auf allen kauffmannschafft, gedruckt in der Furstlichen Stath Leipczick durch Conradum Kachelofen im 1489 Jare. — [56] Ain new geordnet Rechenbiechlin u. s. w., Augsburg 1514. — [57] UNGER, S. 44—55 (Anm. 54). — [58] UNGER, S. 14 (Anm. 54).

Die 3 hat die Form des entsprechenden Sanskritbuchstabens des zweiten Jahrhunderts n. Chr. am reinsten bewahrt.

Die moderne 4 tritt vereinzelt zuerst im dreizehnten Jahrhundert auf.

Die 5 hatte dasselbe Schicksal wie die 2, indem sie vor Bildung der Druckschrift gerade umgekehrt geschrieben zu werden scheint.

Die 6 zeigt unsere Form bereits auf den apices des Boëthius und in den westarabischen Zeichen.

Die heutige 7 ist nicht vor den Drucken des fünfzehnten und sechzehnten Jahrhunderts zu finden, dürfte also die jüngste von allen sein.

Die 8 war bei Boëthius von jetzigem Aussehen, ebenso die 9; die letztere weist übrigens auch bei den Ostarabern gleiche Linienführung auf.[59]

B. Die Maße.

I. Die Zeitmaße.

Der Begriff Tag ist a priori durch den scheinbaren Umlauf der Sonne gegeben. Eine Einteilung des Tages[60] erforderte schon höheren Kulturzustand, wie ihn die gerade für astronomische Beobachtungen hoch veranlagten *Babylonier* bereits mehrere Jahrtausende vor Christi Geburt besaßen. Ihnen verdankt man nach Herodot[61] die Stundeneinteilung. Sie beobachteten den Schatten eines kleinen Gegenstandes, welcher im Zentrum einer in Stein eingehauenen Halbkugel angebracht war, in seinem Verlauf auf der Kugelfläche und teilten den während des Tages erhaltenen Weg in zwölf gleiche Teile, dadurch also den Tag in 12 Stunden. Diesen stellte man dann zwölf unter sich gleiche, von den ersten verschiedene Nachtstunden gegenüber. Erst in der späteren griechischen Entwickelung kam man zu einer gleichmäßigen Tageseinteilung in 24 Stunden. Die Babylonier begannen den Tag mit Sonnenaufgang, die Griechen mit Sonnenuntergang, die Römer mit Mitternacht, während die heutige

[59] Vgl. die beigefügte Tafel, die nach Cantor, I^b, Hankel (Anm. 40) und Sterner (*Geschichte der Rechenkunst*, I. Teil zu *„Prinzipielle Darstellung des Rechenunterrichtes auf historischer Grundlage“*, München und Leipzig 1891, S. 139) zusammengestellt ist. — [60] R. Wolf, *Geschichte der Astronomie*, München 1877, S. 5. — [61] Herodot, lib. II, cap. 109, ed. Dietsch, Teubner, Leipzig 1882, S. 168: *„πόλον καὶ γνώμονα καὶ τὰ δυώδεκα μέρεα τῆς ἡμέρης παρὰ Βαβυλωνίων ἔμαθον οἱ Ἕλληνες.*

Zur Geschichte der Ziffern.

1) Indische Anfangsbuchstaben der Zahlwörter aus dem II. Jahrh. n. Chr.
   a) nach STERNER
   b) nach CANTOR

2) Apices d. BOËTHIUS m. Varianten. Um 500 n. Chr.

3) Gubârziffern der Westaraber (mit Varianten)

4) Ziffern der Ostaraber

5) Ziffern des Abacisten ODO v. CLUNY (879—942?)

6) Ziffern des GUI D'AREZZO, XII. Jahrhundert

7) Ziff. d. HUGO v. LERCHENFELD (Ende d. XII. Jahrh.)

8) Ziffern des SACROBOSCO († 1256; Paris)

9) Ziff. d. MAXIMUS PLANUDES (1. Hälfte d. XIV. Jahrh.; Byzanz).
   a) Pariser Codex
   b) zweiter Codex

10) Ziffern aus dem letzten Viertel des XIV. Jahrh.

11) Ziffern eines Baseler Algorithmus, XV. Jahrh.

12) Geschriebene Ziffern aus den XVI. Jahrhundert

13) Gedruckte Ziffern a. d. XVI. Jahrh. (DÜRER 1525)

14) Moderne Ziffern

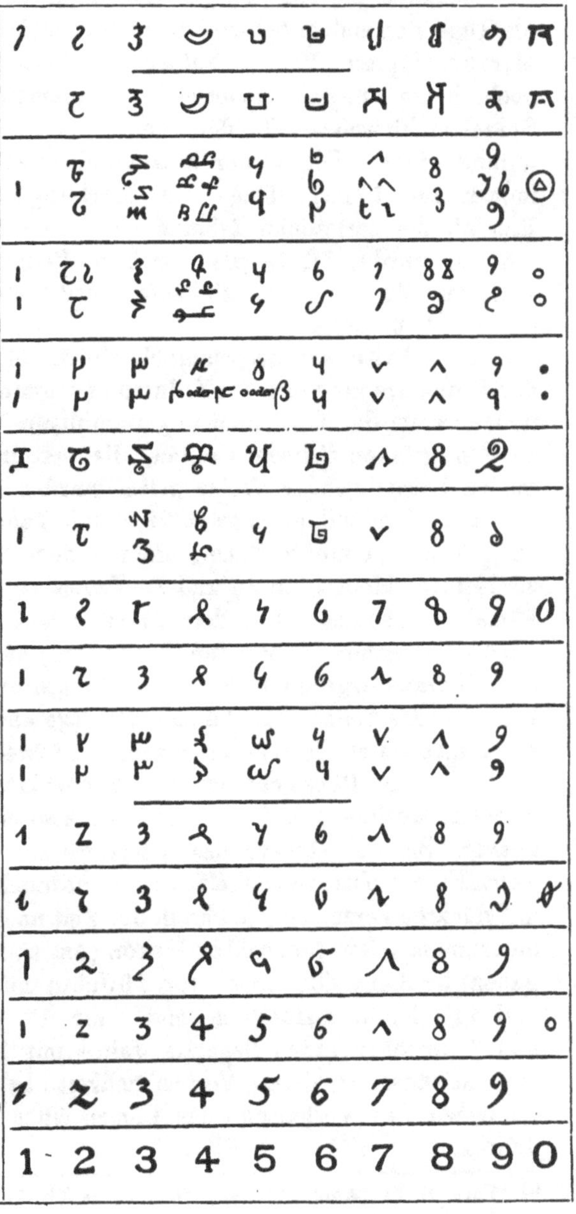

Astronomie, wie auch ihrer Zeit die Araber, Mittag als Anfangspunkt nahmen.

Die Zusammenfassung von 7 Tagen zu einer Woche hat ebenfalls bei den *Babyloniern* ihren Ursprung.[62] Man ordnete die Tage den sieben bekannten Wandelgestirnen: Sonne, Mond, Mars, Merkur, Jupiter, Venus, Saturn in dieser Reihenfolge zu, worauf noch heute unsere modernen Tagesnamen in den verschiedenen Sprachen hinweisen. In der Bibel finden wir die babylonische Einteilung wieder. Die Römer besaßen einen achttägigen Turnus, indem immer auf 7 Arbeitstage ein Markttag — nundinae — folgte. Erst als die christliche Religion unter Konstantin zur Staatsreligion erhoben wurde, führte man auch in Rom die babylonische Woche ein; der Markt- bezw. Ruhetag wurde auf den Sonntag verlegt (etwa 325 n. Chr.).

Das Jahr war ursprünglich ein Mondjahr. Daß die Zeitdauer der Erdumdrehung, die des Erdumlaufes um die Sonne und des Mondumlaufes um die Erde nicht in ganzzahligem Verhältnis stehen, führte zu den größten Schwierigkeiten, die erst im Mittelalter in einigermaßen befriedigender Weise gelöst wurden.

Der Mondumlauf beträgt 29,53059 Tage. Man rechnete anfangs $29^1/_2$ Tag und mußte daher, um mit dem Mondumlauf im Einklang zu bleiben, Monate zu 30 und 29 Tagen, sogenannte volle und leere Monate annehmen. Bei den *Griechen* trat diese Ordnung etwa in der Zeit zwischen Hesiod (um 776 v. Chr.) und Solon (um 594 v. Chr.) ein. Hieraus ergeben sich für 12 Monate nur 354 Tage, so daß sich bald, da das Sonnenjahr 365,24220 Tage umfaßte, eine Verschiebung der Jahreszeiten bemerkbar machte. Nichtsdestoweniger hielten die Araber, ohne Rücksicht auf den Sonnenlauf, bis in die Gegenwart diese Zeitrechnung aufrecht, besitzen also einen beweglichen Jahresanfang. Bei den Völkern des Altertums suchte man dem Übelstand durch Einschieben von Schaltmonaten abzuhelfen. Nach verschiedenen mißglückten Versuchen, welche in der Zeit nach Solon in Griechenland unternommen wurden, schlug Meton (Astronom und Mathematiker zu Athen) im Jahre 433 v. Chr. vor, 19 Jahre mit 235 Monaten (125 volle und 110 leere) anzusetzen und zwar 12 Jahre mit 12 Monaten und 7 zwischen ihnen liegende Jahre mit 13 Monaten auszufüllen, eine Annäherung, deren Vortrefflichkeit uns am klarsten einleuchtet, wenn wir das Verhältnis der Länge eines Monates zu der eines Jahres

[62] Wolf, S. 22 (Anm. 60). — Dio Cassius lib. 37 § 1 sucht ihren Ursprung bei den Ägyptern, ed. Dindorf, Vol. I, Leipzig 1863, S. 211.

$$\frac{29{,}53059}{365{,}24220}$$

nach dem Kettenbruchverfahren entwickeln und die Näherungsbrüche

$$\frac{1}{12}, \frac{2}{25}, \frac{3}{37}, \frac{8}{99}, \frac{11}{136}, \frac{19}{235}, \frac{334}{4131} \ldots$$

bilden,[63] unter denen das METON'sche Verhältnis $\frac{19}{235}$ erst an sechster Stelle erscheint. Es ist wahrscheinlich, daß der METON'sche Cyklus auf chaldäischen Berechnungen beruht. KALIPPUS veranlaßte 330 v. Chr. noch eine Verbesserung, indem bei jedem vierten Cyklus ein Tag weggelassen werden sollte, wodurch die Monatsdauer sich auf 29,531, die Jahrdauer auf 365,250 berechnen läßt.[64]

Schon in sehr früher Zeit waren die *Ägypter* vom Mondjahr zum Sonnenjahr übergegangen, indem sie 12 Monate mit 30 Tagen ansetzten, denen sie 5 Ergänzungstage folgen ließen. Sie erkannten bald den Fehler von einem viertel Tag, behielten aber trotzdem ihre Zeitrechnung mit kurzer Unterbrechung bei. Unter PTOLEMAEUS III EUERGETES (247—222 v. Chr.) wurde die bedeutsame Neuerung vorgenommen, alle 4 Jahr einen Schalttag einzuführen. Es geschah dies durch das (1866 wiederaufgefundene) sog. *Dekret von Kanopus* vom 7. März 238 v. Chr.,[65] an dem wahrscheinlich der berühmte Geograph ERATOSTHENES (276—194 v. Chr.) beteiligt war. Leider ließ man diese wichtige Verordnung nach etwa 40 Jahren wieder in Vergessenheit geraten.

Am schlimmsten war die Unordnung im *römischen* Kalender. Ursprünglich wohl im Besitze eines reinen Mondjahres von 354 Tagen mit 4 Monaten zu 31 Tagen, 7 Monaten zu 29 Tagen und einem zu 27 Tagen, versuchten die Römer durch ziemlich unglückliche Einschaltungen mit dem Sonnenjahr im Einklang zu bleiben. Erst CAESAR's Machtspruch gelang es 47 v. Chr. die nach ihm benannte julianische Reform mit Unterstützung des SOSIGENES, der auf das Ptolemäische Edikt zurückgriff, in die Wege zu leiten (3 Jahre zu 365, 1 Jahr mit 366 Tagen). Nach seinem Tode wurde diese Reform, die der Senat zuerst in falscher Auffassung in Angriff nahm, durch AUGUSTUS richtig durchgeführt. Gemäß der Machtstellung Roms gelangte sie zu weitester Verbreitung und behielt bis zum sechzehnten Jahrhundert ihre allgemeine Gültigkeit, hält sich sogar noch

[63] R. WOLF, *Handbuch der Astronomie,* Zürich 1890, Bd. I, cap. 302, Anm. c. — [64] R. WOLF, *Geschichte der Astr.,* S. 16 (Anm. 60). — [65] LEPSIUS, *Das bilingue Dekret von Kanopus,* Berlin 1866, Bd. I, vgl. CANTOR, I^b, S. 313.

heute bei den Staaten griechisch-katholischen Bekenntnisses (Rußland, Griechenland).

In dieser Reform war das Jahr mit 365,25 statt mit 365,24220 Tagen angenommen. Dies wurde im Laufe längerer Zeit eine neue Fehlerquelle. Bildet man für den Überschuß über 365 Tage die Annäherungswerte nach dem Kettenbruchverfahren, so erhält man[66]

$$\frac{0}{1}, \frac{1}{4}, \frac{7}{29}, \frac{8}{33}, \frac{55}{227}, \frac{63}{260}, \frac{181}{747}, \ldots .$$

Den Bruch $\frac{1}{4}$ benutzt CAESAR, $\frac{8}{33}$ liegt einem Vorschlag des ostarabischen Astronomen OMAR ALCHAIJAMI († 1123, Bagdad) vom Jahre 1079 zu Grunde, einen Cyklus von 33 Jahren einzuführen, nämlich das 4te, 8te, 12te, ..., 28te als Schaltjahr zu nehmen, statt des 32ten aber das 33te zu wählen.[67] Es ergäbe dieser Vorschlag den genauesten überhaupt jemals vorgeschlagenen Wert 365,24242. Im Mittelalter wurden die Vorschläge zur Reform des julianischen Kalenders immer häufiger, da der Fehler inzwischen auf 10 Tage angewachsen war (CUSANUS, REGIOMONTANUS, STIFEL). Durch eine Bulle des Papstes GREGOR XIII. vom 1. März 1582 wurde die Neureform eingeleitet. Unter Mitwirkung des deutschen Mathematikers CLAVIUS (1537 Bamberg — 1612 Rom; Jesuit) wurde festgesetzt, daß der 5.—14. Oktober 1582 gestrichen werden sollte und von den julianischen Schaltjahren jedes Säkularjahr, dessen Hunderter nicht durch 4 teilbar sind, als gewöhnliches Jahr zu nehmen sei. Hierdurch erhielt das Jahr den Wert von 365,24250 Tagen, allerdings immer noch mit einem Fehler, der indes erst in $3^1/_3$ Jahrtausend einen Tag ausmachen wird. — Leider ließ die religiöse Spaltung Deutschlands den gregorianischen Kalender nicht allgemeine Geltung finden. Die evangelischen Teile Deutschlands nahmen ihn, ebenso wie die Niederlande, erst 1700 an, wo dann der 19.—29. Februar wegblieb; die fehlenden Teile der Schweiz begannen das Jahr 1701 mit dem 12. Januar, Dänemark schloß sich 1710, England sogar erst 1752, Schweden 1753 an.[68]

Der Jahresanfang lag im alten Rom an den Iden des März; er wurde 153 v. Chr. auf die Calendae Januariae verlegt, von wo wir heute noch das neue Jahr rechnen, war jedoch in der Zwischenzeit, namentlich in christlichen Ländern, vielfachen Schwankungen unterworfen. So begann man in Deutschland in früher Zeit einem

[66] EULER, *Introductio in analysin infinitorum,* Lausanne 1748, I, 18, § 382. — [67] R. WOLF, *Geschichte der Astr.*, S. 331 (Anm. 60). — [68] R. WOLF, *Handbuch der Astr.*, cap. 308—309 (Anm. 63).

Vorschlage des Dionysius Exiguus († um 540, Abt in Rom) zufolge mit dem 25. März, später mit dem 25. Dezember; in England und Frankreich ging man umgekehrt vom 25. Dezember auf den 25. März über. Gesetzlich wurde Neujahr auf den 1. Januar verlegt in Frankreich 1566, den Niederlanden 1575, Schottland 1599, England wieder erst 1752. In Deutschland und in der Schweiz erfolgte der Übergang zum 1. Januar im fünfzehnten und sechzehnten Jahrhundert allmählich von selbst.[69]

Den Beginn unserer christlichen Zeitrechnung legte Dionysius Exiguus auf das Jahr 753 ab urbe condita, als das Geburtsjahr Christi, eine Datierung, welcher 604 Bonifacius IV. beitrat. Indessen ist später vielfach auf einen Irrtum des Dionysius bei dieser Angabe hingewiesen worden, so u. a. von dem Astronomen Johannes Kepler (1571 Württemberg — 1630 Regensburg; Graz, Prag, Linz, Ulm) „*De Jesu Christi servatoris nostri vero anno natalitio*", Frankfurt 1606[70] und „Widerholter Außführlicher Teutscher Bericht, das vnser Herr vnd Hailand Jesus Christus nit nuhr ein Jahr vor dem Anfang vnserer heutiges Tags gebreuchigen Jahrzahl geboren sey, sondern fünff gantzer Jahr." Straßburg 1613.[71]

Die Vorschriften über die Lage des Osterfestes wurden auf der Kirchenversammlung zu Nicaea auf Anregung Kaiser Konstantin's 325 n. Chr. so geregelt, daß Ostern an dem ersten Sonntage nach dem Vollmond, welcher der Tag- und Nacht-Gleiche folgt, gefeiert werden solle. Mehrfachen späteren Wünschen, für das Osterfest den ersten Aprilsonntag zu nehmen, ist leider nie folge gegeben worden. In mathematische Form hat Gauss (1777 Braunschweig — 1855 Göttingen) die kirchlichen Vorschriften über die Lage des Osterfestes gebracht.[72]

Das Wort Kalender hängt mit dem römischen *calendae*, der Bezeichnung des ersten Tages eines jeden Monates zusammen. Es ist abzuleiten von *calare* (*καλεῖν* = ausrufen) und bezieht sich auf das

69 R. Wolf, *Handb. d. Astr.*, cap. 307. — Tartaglia erzählt in seinem General trattato, Venet. 1556, parte I, lib. 11, cap. 4, S. 182ª, daß zu seiner Zeit in Italien meistens das Jahr mit dem Januar begonnen werde, nur an einzelnen Orten, wie z. B. in Venedig, mit dem März; er zählt demnach auf 1. *Marzo*, 2. *Aprile*, 3. *Mazzo*, 4. *Zugno*, 5. *Luio*, 6. *Agosto*, 7. *Settembrio*, 8. *Ottobrio*, 9. *Nouembrio*, 10. *Decembrio*, 11. *Genaro*, 12. *Febraro*, rechnet dabei in seinem Aufgaben jeden Monat mit 30 Tagen (S. 182ª Z. 3 v. u.). — 70 Ges. Werke Kepler's, ed. Frisch, Frankfurt a. M. u. Erlangen 1863, Bd. IV, S. 175 ff. — 71 Ebendaselbst S. 201 ff. — 72 v. Zach's Monatliche Korrespondenz, 1800 August — Gauss' Werke, Bd. VI, Göttingen 1874, S. 73 ff.

öffentliche Ausrufen des Sichtbarwerdens der ersten Mondsichel, mit deren Erscheinen ein Monat beginnen sollte.

Die Monatsnamen sind dem römischen Kalender entnommen. Auf Vorschlag des MARCUS ANTONIUS wurde der Monat Quintilis, in welchem CAESAR geboren war, Julius genannt. Die Umänderung des Namens Sextilis in Augustus vollzog ein Edikt des AUGUSTUS selbst (9 oder 8 n. Chr.). Gewählt wurde der Sextilis nicht als Geburtsmonat des AUGUSTUS, sondern als der Monat, in dem von ihm die meisten Siege erfochten worden waren.[73]

Die Wörter Minute und Sekunde stammen von den Benennungen der sexagesimalen Bruchteile, in welche nach dem Vorgang Babylons bei den Griechen die Einheit eingeteilt wurde. In lateinischen Übersetzungen, z. B. von der *μεγάλη σύνταξις* (Almagest) des CLAUDIUS PTOLEMAEUS (griech. Astronom; beobachtete zwischen 125 und 151 in Alexandria) heißen diese Unterabteilungen: *partes minutae primae* und *partes minutae secundae* (griechisch: *πρῶτα, δεύτερα* sc. *ἑξηκοστά*).[74] Die Spezialisierung der ungleichartigen Adjektiva *minutae* und *secundae* zu den heutigen termini technici ist vielleicht schon bei den *Indern*, die die griechische Trigonometrie weiterausbauten, sicher bei den *Arabern* eingetreten, wie eine frühmittelalterliche (zwölftes Jahrhundert?) Übersetzung des Rechenbuches des MUHAMMED IBN MUSA ALCHWARIZMI (arab. Astronom aus dem Anfang des neunten Jahrhunderts; Bagdad, Damaskus) oder einer Bearbeitung desselben erzählt.[75]

2. Die Winkelmaße.

Die Einteilung des Kreises in 360 Teile weist nach Babylon. Man hatte dort ein Jahr von 360 Tagen aufgestellt und teilte nun den vermeintlichen Kreisweg der Sonne um die Erde in 360 Abschnitte, so daß man das Vorrücken der Sonne für je einen Tag erhielt.[76] Eine folgerichtige, nur durch ihre Entstehung verständliche Verbesserung der Kreiseinteilung fällt uns bei den

[73] CANTOR, *Die römischen Agrimensoren*, Leipzig 1875, S. 82. — [74] PTOLEMAEUS, ed. HALMA, S. 38 ff., Sehnentafel am Ende des lib. I, cap. 9 (Anm. 33). — [75] Trattati d'Arithmetica I, S. 17 (Anm. 29): „*Sed indi posuerunt exitum partium suarum ex sexaginta; diuiserunt enim unum in LX partes, quas nominauerunt minuta. Iterum unum quodque minutum in LX partes quas uocauerunt secunda*". „Aber die Inder nahmen den Ausgangspunkt ihrer Unterabteilungen bei der Zahl 60; sie teilten nämlich die Einheit in 60 Teile, welche sie Minuten nannten, wiederum eine jede Minute in 60 Teile, welche sie Sekunden nannten." — [76] CANTOR, I^b, S. 92.

Chinesen auf, welche gemäß der genauer gefundenen Jahresgröße den Kreis in $365^1/_4{}^0$ zerlegen.[77]

In Babylon ist auch der Ursprung für die Bildung weiterer Unterabteilungen zu je 60 zu suchen, für welche die spätere Zeit die Bezeichnung Minuten und Sekunden gebrauchte (vgl. S. 22).

Man kann verfolgen, wie diese Sexagesimalteilung nach Griechenland vordrang und sich dann als wissenschaftliche Bruchteilung eine Weltstellung zu erringen wußte, die sie erst im fünfzehnten und sechzehnten Jahrhundert n. Chr. an die Dezimalteilung abtrat (siehe *Dezimalbruchrechnung* S. 86 ff.). — Der große griechische Astronom Aristarch von Samos (erste Hälfte des dritten Jahrhunderts v. Chr., Alexandria), der zuerst die heliozentrische Lehre aufstellte, giebt in seiner Schrift „περὶ μεγεθῶν καὶ ἀποστημάτων ἡλίου καὶ σελήνης (Über die Größe und Entfernung von Sonne und Mond) die Distanz von Mond und Sonne am Himmelsgewölbe zu der Zeit, wo uns der Mond genau halb erscheint, auf: „$^1/_{30}$ des Viertelkreises weniger als ein Viertelkreis“[78] an, also noch nicht in der kurzen Form 87°; der etwas später lebende Archimedes (287—212 v. Chr., Syrakus) nimmt in der Sandrechnung (vgl. S. 5) den Sonnendurchmesser auf $^1/_{200}$ bis $^1/_{164}$ des Quadranten an;[79] nach Eratosthenes (276 Kyrene — 194 Alexandria, Geograph) beträgt der Abstand der beiden Wendekreise $^{11}/_{83}$ des Umkreises[80] — alles Angaben, die sicher in der viel einfacheren Gradeinteilung gegeben wären, wenn dieselbe zu dieser Zeit in Griechenland bekannt gewesen wäre. Zum erstenmal in griechischen Schriften ist die Einteilung des Kreises in 360 Teile in dem Ἀναφορικός (Von den Aufgängen der Gestirne)[81] des Hypsikles von Alexandria (um 180 v. Chr.) benutzt; zur Zeit des Astronomen Hipparch von Nikäa (beobachtete zwischen 161 und 126 v. Chr. in Rhodus) war sie ständig in Gebrauch.

Wir erkennen daraus, daß um 200 v. Chr. die Kenntnis der Sexagesimalbrüche von *Babylon* nach *Alexandria* gekommen sein und schnell allgemeine Anerkennung gefunden haben muß. Damit waren sie in die wissenschaftliche Welt eingetreten und wurden nun All-

[77] Cantor, I^b, S. 639. — [78] Ausgabe (mit kritischen Berichtigungen) von Nizze; Programm des Stralsunder Gymnasiums 1856, S. 5, *Θέσις Δ.*; vgl. auch die Übersetzung von A. Nokk, Freiburger Lyceum, Programm 1854; ein Auszug findet sich in der Sammlung des Pappus, Collectiones, Buch VI, § 69 ff., ed. Hultsch, Berlin 1876—1878, Bd. II, S. 554 ff. — [79] Archimed, *Ψαμμίτης* 16.; ed. Heiberg, (Anm. 6) Bd. II, S. 254, Z. 8—17; Nizze, S. 213, § 4. — [80] R. Wolf, *Gesch. d. Astr.*, S. 130 (Anm. 60). — R. Wolf, *Handb. d. Astr.*, I, cap. 57, Anm. c (Anm. 63). — [81] Cantor, I^b, S. 344.

gemeingut der Astronomen. Ihrer bedienten sich nach griechischem Vorbilde die Araber, ihrer die Astronomen des Mittelalters. Hier erscheinen sie als *minutiae phisicae* oder *philosophicae* im Gegensatz zu den *minutiae vulgares*;[82] der Rechnung mit ihnen werden in den mittelalterlichen Lehrbüchern besondere Kapitel gewidmet oder gar ganze Lehrbücher für sie verfaßt, wie noch um die Wende des sechzehnten Jahrhunderts durch Kaspar Peucer (1525—1602).[83] Ihr Urteil war gesprochen, als die Vorkämpfer deutscher Mathematik Georg von Peurbach (1423—1461; Professor an der Univ. Wien) und Regiomontanus (Johannes Müller aus Königsberg in Franken 1436 — Rom 1476; Wien, Italien, Nürnberg) zur Dezimalteilung übergingen. Noch im siebzehnten Jahrhundert finden sich in Tabellenwerken Umwandlungstafeln der Sexagesimalbrüche in Dezimalbrüche. Nur historische Reminiscenzen sind es, wenn in späteren Werken besondere Abschnitte über Sexagesimalbrüche erscheinen.[84]

Die anerstrebenswerte Einteilung des Kreisquadranten in 100 Teile tritt zuerst in einer geographischen Abhandlung von 1446 (münchener Handschrift) auf,[85] dann in den später anzuführenden logarithmisch-trigonometrischen Tafeln (siehe *Logarithmen; Teil IV. A*), welche Briggs (1556 Halifax — 1630 Oxford; Professor am Gresham-College zu London, zuletzt an der Universität Oxford) bei seinem Tode hinterließ. Sie erschienen 1633 in der *Trigonometria Britannica* von Gellibrand im Druck, leider zu spät, um die Mathematiker zum Übergang zur Centesimalteilung zu zwingen; die vorher (1620) erschienenen Tafeln Gunter's halfen dem dringenden Bedürfnis nach trigonometrisch-logarithmischen Tafeln ab, ohne daß man sich an die Centesimalteilung zu gewöhnen nötig hatte. — Ein neuer Versuch wurde zur Zeit der französischen Revolution gemacht, zum Teil auf Verwendung von Lagrange (1736 Turin — 1813 Paris; Turin, Berlin, Paris). Man begann die Umrechnung der vorhandenen Tafeln; die in Frankreich am gebräuchlichsten gewordene Caillet'sche Tafel (Paris 1795) führte beide Teilungen. Doch verlief auch diese Bewegung im Sande. Erst in der Neuzeit ist ein kleiner

[82] Z. B. bei Jordanus Nemorarius (Deutscher, † 1237, Ordensgeneral der Dominikaner) im Algorithmus demonstratus, ed. Schöner, Nürnberg 1534, II. Teil (v. d. Brüchen), Einleitung. — [83] Cantor, II[b], S. 609. — [84] vgl. Karsten, *Lehrbegriff der gesamten Mathematik*, Greifswald 1768, Bd. II, Abschn. 5. — [85] S. Günther, Studien zur Geschichte der mathematischen und physikalischen Geographie, Abhdlg. IV: *Analyse einiger kosmographischer Codices der Münchener Hof- u. Staatsbibliothek*, Halle 1878, § 11, S. 249. — Cantor, II[b], S. 185. — R. Wolf, *Handbuch der Astr.*, I, cap. 57, Anm. c (Anm. 63).

Schritt zur Besserung gethan worden, indem man wenigstens die Sekunden verwirft und die Minuten dezimal teilt.

Das Wort Grad führt auf die arabischen Übersetzungen der ptolemäischen *μεγάλη σύνταξις* (Almagest) zurück. PTOLEMAEUS (griech. Astron., beob. zwischen 125 u. 151 n. Chr. in Alexandria) hatte den Durchmesser in 120 Teile (*μοιραί*) und diese dann, seinen Vorgängern folgend, sexagesimal weitergeteilt (vgl. S. 22). Die Araber wählten für die Hauptteile das Wort *darajah*, welches wörtlich weiter ins Lateinische übersetzt zu *scala*, *gradus* wurde. Das französische *degré* soll noch die direkte Abstammung vom arabischen Wort verraten.[86]

Das Symbol ^{0} für Grad (z. B. 60^0) beruht auf der Gewohnheit des Mittelalters, bei der Sexagesimalteilung die Minuten mit ^{I}, die Sekunden mit einer ^{II} (z. B. $23^{I}\,45^{II}$) zu kennzeichnen (vgl. auch *Dezimalbruchrechnung* S. 92); folgerichtig muß dann an die Grade eine Null geschrieben werden. Einen rechts oben herangeschriebenen Accent für Minuten, einen doppelten für Sekunden hatte bereits PTOLEMAEUS in seinen Tabellen verwendet.[87]

3. Die Dezimalmaße.

Das Verlangen nach dezimaler Währung stellte zuerst der Holländer SIMON STEVIN (1548 Brügge — 1620 Leiden; Kaufmann, später im Staatsdienst als Ingenieur) in einer *La Disme* betitelten Abhandlung seiner Practique d'Arithmétique von 1585.[88] Er ermahnt in derselben die Regierungen, das Ihrige dazu zu thun, daß das dezimale Rechnen Eingang finde und fordert dezimal geteilte Münzen, Maße und Gewichte. Wenn auch für die Gegenwart sich nichts erreichen lasse, so hoffe er, daß ein künftiges Menschengeschlecht seinen Plan verwirklichen werde, da es sich die damit verbundenen Vorteile nicht entgehen lassen könne.

Welch Zeitraum mußte verstreichen, um den Wunsch dieses geistvollen Mathematikers zu erfüllen! Wieder ist es die französische Revolution, die im Sinne STEVIN's die große Reform in Angriff nahm und durchführte. Einem Antrage TALLEYRAND's zufolge, versuchte 1790 der Konvent mit England sich über ein neues Münz-,

86 So NESSELMANN, *Versuch einer kritischen Geschichte der Algebra der Griechen*, Berlin 1842, S. 137, dem sich CANTOR, I[b], S. 121, Anm. 2 nicht anschließt. — 87 PTOLEMAEUS, Almagest, lib. I, cap. 9 Sehnentabelle, ed. HALMA, S. 38 ff. (Anm. 33). — 88 *Les oeuvres mathématiques de Simon Stevin*, augmentées par ALB. GIRARD, Leyden 1634, I, S. 212—213, Article VI Schluß.

Maß- und Gewichtssystem, das für alle Völker annehmbar sei, zu einigen. Da England ablehnte und sich auf Grund der Pendellänge von Greenwich ein eigenes System aufstellte (1 Yard = 3 engl. Fuß = 0,91439 m), so mußte Frankreich allein vorgehen. Eine zu dem Zwecke eingesetzte Kommission, der u. a. LAPLACE, LAGRANGE, MONGE angehörten, verwarf auf Antrag des ersten das Sekundenpendel, weil „die Maßeinheit nicht von heterogenen Elementen wie Zeit und Schwere abhängen dürfe“ und schlug in ihrem *Mémoire sur le choix d'une unité de Mesures*[89] den zehnmillionsten Teil des Meridianquadranten als Längeneinheit vor. Der Konvent machte diesen Antrag zu dem seinigen und beschloß, um das Meter möglichst genau zu definieren, eine neue Gradmessung vorzunehmen. Auf Grund der erhaltenen Resultate wurde durch *Dekret vom 24. April 1799* die neue Münz-, Maß- und Gewichtsordnung verfügt. Als Urmaß wurden zwei Meterstäbe aus Platin, das eine für die Archive, das andere für das Observatorium angefertigt. Spätere Rechnungen von DELAMBRE und BESSEL zeigten, daß das gewählte Urmaß etwas kleiner ausgefallen war, als es seiner Definition nach sein sollte. Nachdem das neue metrische System bereits in Italien und der Schweiz angenommen war, wurde es am 17. August 1866 im norddeutschen Bund, am 1. Januar 1872 in ganz Deutschland eingeführt. Kopieen der französischen Urmaße, deren Genauigkeit von besonderen Kommissionen geprüft wurde, befinden sich im Besitze der preußischen Regierung.

Am 4. Dezember 1871 war das Gesetz über die Ausprägung der deutschen Reichsgeldmünzen erlassen worden; ihm folgte am 9. Juli 1873 ein weiteres Gesetz, welches die alten Landeswährungen außer Kraft setzte.[90]

C. Die ganzen Zahlen.

I. Das Rechnen mit ganzen Zahlen.

1. Das Kopfrechnen.

Daß bei tieferem Kulturzustand der Völker das Kopfrechnen einen viel breiteren Raum einnimmt, als das schriftliche Rechnen, liegt auf der Hand. Das Rechnen im Kopfe ist sogar zunächst das einzig vorhandene, wird dann bei fortschreitender Kultur durch Be-

[89] Hist de l'acad. de Paris 1788 (gedruckt 1791), S. 7—16. — [90] Vgl. R. WOLF, *Handbuch der Astronomie, ihrer Geschichte und Litteratur*, Zürich 1892, Bd. II, cap. 426. — STERNER, S. 360—364 (Anm. 59).

nutzung äußerer Merkzeichen unterstützt und so zu weiterer Vervollkommnung gebracht.

Ganz besonders ist das Rechnen der *Inder* ein reines Kopfrechnen; seiner hohen Ausbildung verdankt man die sinnreichen und kurzen Rechenmethoden, deren sich die moderne Zeit bedient. Die Teilresultate, die der indische Rechner im Kopfe erhielt, wurden auf weißen, mit farbigem Sande (Staub) bedeckten Tafeln notiert, um beim Weiterschreiten in der Rechnung ausgelöscht und durch die fortgeführten Zahlen ersetzt zu werden.[91]

Auch das frühmittelalterliche Fingerrechnen, welches uns Beda (672—735, Girvey, Kloster an der Grenze Schottlands) in einem Kapitel seiner Zeitrechnung „*De temporum ratione*"[92] überliefert, ist nichts als ein durch Fingersymbole unterstütztes Kopfrechnen, das sich anscheinend durch mündliche Überlieferung und Lehre ausgebildet hatte.

Anderseits wird aber auch wieder bei Völkern, die auf dem Höhepunkte der Kultur stehen, dem Kopfrechnen ein bedeutsamer Platz angewiesen, und zwar aus methodischen Grundsätzen. Es ist überliefert, daß in den römischen Schulen die Knaben im Einmaleins unterrichtet wurden. Immer und immer wieder ermahnen die Verfasser mittelalterlicher Rechenbücher, das Einmaleins so fest wie möglich dem Gedächtnis einzuprägen.[93] Welch hoher pädagogischer Wert uns heut im Kopfrechnen entgegentritt, ist hier nicht der Ort auseinanderzusetzen.

Der erste, der methodische Übungen im Kopfrechnen, als Vorübung des schriftlichen Rechnens, anstellte, ist Tartaglia (1500 Brescia — 1557 Venedig), jener aus dem Streite um die Priorität der Lösung kubischer Gleichungen bekannte italienische Mathematiker. Seine Ansichten und Forschungen hat er im „*General trattato di numeri et misure*" (1556—1560 Venedig) niedergelegt, dem besten Handbuche seiner Zeit. Er schickt der Behandlung der Spezies Rechenübungen, enthaltend das Einsundeins, Einsvoneins, Einmaleins und Einsdurcheins voraus; seine Forderungen an das Kopfrechnen sind sogar so groß, daß er das Einmaleins bis zur 40

[91] In diesem Sinne wird die Überschrift einer kleinen westarabischen Abhandlung „*Einleitung zum Staub- und Luftrechnen*" verständlich, in der mit dem letzteren das reine Kopfrechnen gemeint ist; vgl. Cantor, I[b], S. 767. — [92] S. Günther, Geschichte des mathematischen Unterrichtes, § 3 (Anm. 48); Cantor, I[b], S. 778. — [93] Vgl. das älteste größere gedruckte Rechenbuch von Joh. Widmann von Eger 1489 (Anm. 55) Blatt 15 (unpaginiert):

„Lern wol mit vleiß das eyn mal eyn
Szo wirt dir alle Rechnung gemeyn." u. a.

übt, daß er Multiplikationen von 1 bis 20 mit beliebigen zweistelligen Zahlen im Kopfe auszuführen verlangt.

Viel Zeit verstrich, bis das Kopfrechnen wirklich in den Schulen als getrennte methodische Übung eingeführt wurde. Erst der Mitte des achtzehnten Jahrhunderts war es vorbehalten, dieser so wichtigen, in der Entwickelung des Rechenunterrichtes vielleicht wichtigsten Lehrform die ihr gebührende Geltung zu verschaffen, und auch das erst nach manchen Irrungen. Hübsch, der sich in seiner *Arithmetica portensis* 1748 energisch für dasselbe ins Zeug legt, stellt es noch hinter das schriftliche Rechnen, indem er seinen Wert allein für das praktische Leben sieht. Busse (1786) betrieb es parallel dem schriftlichen Rechnen, aber immer noch als besondere Anwendung desselben. 1790 erschien das erste, dem Kopfrechnen selbst gewidmete Buch *„Anleitung zum Kopfrechnen in Verbindung mit schriftlichem Rechnen“* von G. H. Biermann, bestimmt für das Schullehrerseminar in Hannover; doch erst Koehler 1795 *„Anleitung zum Kopfrechnen in Verbindung mit der dazu erforderlichen Methode zum Gebrauche für Lehrer“* stellte es an die richtige Stelle vor das schriftliche Rechnen, und bahnte dadurch der neueren Unterrichtsmethode den Weg.[94]

2. Das schriftliche Rechnen.

a) Die Spezies im allgemeinen.

Der Umfang dessen, was als Grundstock des Rechnens angesehen wurde, war ein sehr verschiedener in den einzelnen Entwickelungsepochen. Galt bei den *Indern* selbst das Ausziehen der Kubikwurzeln als noch zu den elementaren Rechenoperationen gehörig,[95] so waren im Gegensatz dazu bis zum Anfang des sechzehnten Jahrhunderts in Deutschland die Anforderungen so gering, daß selbst auf Universitäten sich der Unterricht nur bis zur Bruchrechnung oder der Regeldetri erstreckte. Ein Rechenbuch des Georg von Peurbach (1423—1461, Professor an der Universität Wien), welches nach dem Zeugnis des Grammateus (Rechenbuch von 1518 S. a_V verso, Z. 12—13[24]) „gemacht sei für die jungen studenten der hohen schul zu Wien“, enthält etwa dasjenige Rechenpensum, das heutzutage ein zehnjähriges Kind beherrscht.[96] Bis zu welcher Höhe im Gegensatz dazu versteigt sich anderseits wieder

[94] Unger, S. 168, § 90 (Anm. 54); Sterner, S. 385—392 (Anm. 59). — [95] Bei Bhaskara (geb. 1114); vgl. L. Rodet: *L'algèbre d'Al-Khârizmi et les méthodes indienne et grecque,* im Journal Asiatique, Paris 1878, serie VII, t. XI, S. 21. — [96] Unger, S. 25 (Anm. 54).

der Begriff der Elementarmathematik, wenn man sich heut auf einzelnen höheren Lehranstalten sogar an Differential- und Integralrechnung u. a. heranwagt!

Ebenso verschieden war die Auffassung, welche Rechenverfahren als sogenannte Spezies[97] zu betrachten seien. Man kann behaupten, daß die Zahl der unterschiedenen Spezies im umgekehrten Verhältnis zu der Höhe der vorhandenen mathematischen Kenntnis steht. Wir finden bei dem mathematisch durchgebildeten Volk der *Inder* sechs Rechenoperationen[95] als Grundverfahren gelehrt: Addition, Subtraktion, Multiplikation, Division, Potenzierung, Radizierung, der die neuere Zeit nur noch das Logarithmieren beifügt. Wir finden in der Zeit des Daniederliegens mathematischer Wissenschaft im dreizehnten Jahrhundert bei JOHANNES DE SACROBOSCO († 1256, Lehrer der Astr. und Math. in Paris) im *"tractatus de arte numerandi"*[15] neun Rechnungsarten, welche uns auch in späteren Jahrhunderten noch lange entgegentreten: 1. *Numeratio* (Zählung), 2. *Additio* (Zusammenthuung oder Zusammenraytung), 3. *Subtractio* (Abziehung), 4. *Duplatio* (Zwiefachung), 5. *Multiplicatio* (Mannigfaltigung, Vielmachung, Mehrung), 6. *Mediatio* (Halbmachung, Zweiteilung), 7. *Divisio* (Teilung), 8. *Progressio* (Fürzählung, Aufsteigung, Fortgehung), 9. *Radicum extractio* (Ausziehung der Wurzeln). In Klammern beigesetzt sind die später in deutschen Rechenbüchern üblich gewordenen Bezeichnungen.[98] Dabei umfaßt die Progressio nur die Addition

[97] Das Wort *species* in der Bedeutung *„Grundrechnungsart"* tritt zuerst in einem *Codex des Klosters Salem* (um 1200), veröffentlicht von M. CANTOR (Zeitschrift f. Math. und Physik, Bd. X, S. 3 Z. 2 in *„Über einen Codex des Klosters Salem"*) auf, auch JOHANNES DE SACROBOSCO († 1256) kennt es bereits (HALLIWELL, Rara math., S. 2, Z. 4 v. u.; Anm. 15); es ist gewiß viel älteren Ursprunges. — [98] Die deutschen termini nach FELIX MÜLLER, Zeitschrift f. Math. u. Phys., Suppl. 1899, S. 319. Die bei den griechischen Mathematikern üblichen Wörter sind die folgenden:

Euklid (um 300 v. Chr.)	*Heron* (I. Jahrh. v. Chr.)	*Pappus* (Ende des III. Jahrh. n. Chr.)	*Diophantus* (III. bis IV. Jahrh. n. Chr.)
Addieren: *προςτιθέναι* = hinzusetzen	*συντιθέναι* = zusammensetzen *μιγνύναι* = mischen *συμμιγνύναι* = zusammenm.	*συντιθέναι* *προςτιθέναι*	*προςτιθέναι* (*σύνθεσις*)
Subtrahieren: *ἀφαιρεῖν* = wegnehmen	*ὑφαιρεῖν*, *ἀφαιρεῖν*, *ὑπεξαιρεῖν* = wegnehmen *αἴρειν* = aufheben *παρεκβάλλειν* (mehr geom.) = wegwerfen *λαμβάνειν* = nehmen	*ἀφαιρεῖν* (Differenz = *ἔλλειψις*)	*ὑφαιρεῖν* (*ὑπεροχή*, *ἀφαίρεσις*)

der Reihe der natürlichen Zahlen, wenn es hoch kommt, auch noch die der geraden und ungeraden; die Extractio war meistens nur das Ausziehen der Quadratwurzel. In der Numeratio wurde das Zählen, Lesen und Schreiben der Zahlen gelehrt; einigermaßen verständlich ist noch die Auffassung als besonderer „Lehrgegenstand", wenn man den allmählich immer weitere Kreise erfassenden Kampf zwischen römischer und arabischer Zahlenbezeichnung beachtet. Daß aber Duplatio und Mediatio selbständig neben Multiplikation und Division erscheinen, wird nur aus dem historischen Zusammenhang in der Gesamtentwickelung des Rechnens verständlich.

Der Ursprung der Duplatio scheint *altägyptisch* zu sein. Multiplikation als solche war den Ägyptern unbekannt; sie behalfen sich mit fortgesetzter Verdoppelung und Addition so erhaltener Teilresultate. Sollte z. B. mit 13 multipliziert werden, so berechnete man das Zweifache, Vierfache, Achtfache und bildete die Summe der beiden letzten Vielfachen, der man dann noch das Einfache hinzufügte.[99] Ähnlich verfuhr eine angenäherte Division, bei welcher für den Fall eines nicht ganzzahligen Quotienten fortgesetzte Halbierung vorgenommen werden mußte. Die *Griechen* schufen sich zwar eine echte Multiplikationsmethode, benutzten aber diese ägyptische Methode ebenfalls,[100] erstere vielleicht mehr im wissenschaftlichen, letztere im praktischen Rechnen. Als besondere Rechenart wird die Duplatio und Mediatio zum erstenmal hervorgehoben in dem Rechen-

Euklid (um 300 v. Chr.)	*Heron* (I. Jahrh. v. Chr.)	*Pappus* (Ende des III. Jahrh. n. Chr.)	*Diophantus* (III. bis IV. Jahrh. n. Chr.)
Multiplizieren: *πολυπλασιάζειν* = vervielfältigen	*πολυ-, πολλαπλασιάζειν*. Passiv. *γίγνεσθαι ἐπί τινα* (werden gegen, z. B. 5 gegen 3 wird 15)	*πολλαπλασιάζειν*, *συμπολλαπλ*. Pass. *γίγνεσθαι ἐπί τινα* (Product: *ὁ γενόμενος ἀριθμός*)	*πολλαπλασιάζειν* (*πολυπλασιασμός*)
Dividieren: durch *μετρεῖν* = messen ersetzt	*μερίζειν* = teilen	*μερίζειν* (Divisor = *μερισμός*) Quotient = *ὁ ἐκ τοῦ μερισμοῦ*	*μερίζειν* (*λόγος, μερισμός*)
Quadrieren: —	*τὰ γ' ἐφ' ἑαυτά γίγνεται* ... = das Quadrat von 3 ist ... (3 in sich selbst)	—	*ἐφ' ἑαυτὸν πολλαπλασιάζειν* (*τετράγωνος*)
Quadratwurzel ziehen: —	*τὴν τετραγωνικὴν πλευρὰν λαμβάνειν* = die Seite des Quadrats nehmen (ed. Hultsch, S. 151 Z. 24).	—	*πλευρά*

99 Cantor, I^b, S. 46, 47. — 100 Cantor, I^b, S. 304.

buch des Ostarabers Muhammed ibn Musa Alchwarizmi (Anfang des neunten Jahrhunderts n. Chr.; arab. Astronom, Bagdad, Damaskus),[101] welcher in der Hauptsache nach indischen Mustern arbeitete. In Anbetracht dessen, daß man nirgends bei indischen Mathematikern Duplatio und Mediatio findet, kann nur griechischer, also indirekt ägyptischer Einfluß hierfür maßgebend sein. Da auch andere arabische Mathematiker diese Sonderstellung der Duplatio und Mediatio lehrten, ist es nicht verwunderlich, daß sie in das grundlegende Werk des Jordanus Nemorarius (Deutscher, † 1237, Ordensgeneral der Dominikaner),[102] das aus arabischen Quellen schöpfte, gelangte, während freilich das gleich hochbedeutende Werk des Leonardo von Pisa (liber abaci, 1202) diese Abtrennung von der Multiplikation und Division nicht kennt, sei es, daß ihm arabische Quellen rein indischer Färbung vorlagen, sei es, daß er in selbständiger Überlegung mit Absicht die Streichung vorgenommen hat. Die bei weitem größere Verbreitung hatte das Werk des Jordanus, schon dadurch, daß sich lange Zeit die Wissenschaft nur in den Klöstern aufhielt, in denen selbstverständlich die Autorität eines so hochgestellten Geistlichen, wie Jordanus, ausschlaggebend war. Und als die Wissenschaft allmählich verweltlichte, wurde immer noch der alte Zopf mitgeschleppt; keiner wagte oder verstand das Althergebrachte zu bessern. Die Summa[103] von 1494 des Luca Paciuolo (ungefähr 1445 Borgo San Sepolero — 1514 Florenz; Franziskaner, Lehrer d. Math. an verschiedenen Univers. Italiens), der ebenso wie Leonardo von Pisa mit kaufmännisch-praktischer Bildung vertraut war, verwarf zuerst ausdrücklich die Duplatio und Mediatio, da sie Spezialfälle der Multiplikation und Division seien. In Deutschland ließ sie zum erstenmal der Wiener Universitätslehrer Grammateus († 1525) in dem Rechenbuch von 1518 weg;[24] besonders energisch wandte sich Gemma Frisius (1508—1555; Friesland, Löwen) gegen die Vertreter der alten Richtung (lat. Rechenbuch von 1540). Ihm verdankt man auch den ersten Versuch einer Definition von Spezies: *Vocamus autem species certas operandi per numeros formas* — wir nennen species gewisse Arten, mit Zahlen zu rechnen.[104]

---

[101] Vgl. eine lat. Übersetzung derselben, *Algorithmi de numero Indorum*, Trattati d'Arithmetica, I, S. 10 (Anm. 29). — [102] *Algorithmus demonstratus*, Teil I, Kap. X u. XI (Anm. 82). — [103] Summa, S. 19ᵃ, Zeile 15—16 (Anm. 10). — [104] Ausgabe v. 1544, *Arithmeticae practicae methodus facilis*, per Gemmam Frisium, Vitebergae, pars prima, *De additione prima specie* (unpaginiert).

Den letzten Ausläufer der alten Duplatio und Mediatio erkennt man noch im achtzehnten Jahrhundert. In CHR. v. WOLFF's (1679 Breslau — 1754 Halle, Prof. math.) „Anfangsgründen", deren erste Auflage 1710 erschien, ist im § 58[105] eine Anweisung gegeben, ohne auswendig gelerntes Einmaleins zu multiplizieren, allein auf Grund der Duplatio und Mediatio. Ist mit 3 zu multiplizieren, so nehme man das Duplum und Simplum, bei 4 das Duplum dupli, bei 5 das Dimidium Decupli u. s. f. bis zum Neunfachen. Durch diesen Ersatz wird es ermöglicht, selbst mehrziffrige Zahlen zu multiplizieren; in § 61 wird auch eine Division gezeigt. Das auf viel höherer Stufe stehende Werk KÄSTNER's (1719 Leipzig — 1800 Göttingen; Prof. math. in Leipzig, Göttingen) gleichen Titels — erste Auflage 1758 —, welches das WOLFF'sche Buch allmählich verdrängte, enthält diese Methode nicht mehr.

Auch in der Reihenfolge der Spezies sind mit zunehmender Erkenntnis Verschiedenheiten festzustellen. Während KOEBEL (1515) die Gleichwertigkeit der vier Spezies Addition, Subtraktion, Multiplikation, Division hervorhebt, sucht GRAMMATEUS (1518) die Zusammengehörigkeit der Addition mit der Multiplikation und der Subtraktion mit der Division zu betonen und ordnet demgemäß: Addition, Multiplikation, Subtraktion, Division.[106]

Was die Behandlung der Spezies im allgemeinen betrifft, so waren methodische Grundsätze in derselben während des Mittelalters nicht vorhanden. Nur TARTAGLIA (vgl. S. 27) bereitet den Unterricht in den Spezies durch Vorübungen, unser heutiges Einsundeins, Einsvoneins, Einmaleins, Einsdurcheins, vor.[107] Sehr häufig geben die Verfasser der Rechenbücher für die einzelnen Rechenarten möglichst viel Verfahren an, schon um mit ihrer Gelehrsamkeit zu prahlen; in der Praxis aber hatten sich bald bestimmte Verfahren herausgebildet, wie wir im folgenden sehen werden. Auch die äußere Behandlung der Rechenaufgaben in Schrift und Anordnung ließ viel zu wünschen übrig. Einer der wenigen, die hierauf acht zu geben empfehlen, ist wiederum GRAMMATEUS: „Hab vleis das die figuren gleich sten övereinander | also das die erste sei gesatzt über die erste vnd die ander über die ander etc. und ein linien darunter gezogen, under welche wirdt gesatzt die summe,"[108]

[105] Auflage von 1750, S. 61. — [106] Rechenbuch von 1518 (Anm. 24), unpaginiert: Addition Blatt 5 (Signatur $\mathfrak{A}_{III}$), Multiplikation Blatt 6—9, Subtraktion Blatt 10, Division Blatt 11. — [107] General trattato, 1556—1560, Parte I, S. 7^b, bezw. S. 13^a u. 13^b, S. 18^a—20^a, S. 28^a u. 28^b. — [108] Rechenb. von 1518 (Anm. 24), Blatt $\mathfrak{A}_{III}$ (Signatur).

empfiehlt er bei der Addition angelegentlichst. Erst mit dem achtzehnten Jahrhundert werden diese Ermahnungen dringender. Den lautesten Ausdruck giebt dem Streben nach Ordnung und Sauberkeit im Schreiben der Aufgaben und Ausrechnungen J. G. HÜBSCH, Lehrer der Mathematik in Pforta (*Arithmetica portensis* Leipzig, 1748). Seine Ratschläge sind noch heutzutage durchaus maßgebend. HÜBSCH fordert die schriftliche Ausführung der Exempel reinlich, ohne Rasur und Korrektur, deutlich in genügender Größe und sicherer Linienführung der Ziffern, ordentlich mit dem nötigen Raum zwischen den einzelnen Ziffern, Zahlen und Aufgaben und gehöriger Verteilung der Rechnungen, wie mit entsprechendem Hervorheben durch Unterstreichen.[109]

Eigentliche Operationszeichen benutzen die Elementarbücher bis zum Ende des siebzehnten Jahrhunderts selten. Die Zeichen + und — treten zwar vereinzelt auf bei WIDMANN (1489), RUDOLFF (1532), STIFEL (1545), RIESE (1550); man merkt jedoch dem Gebrauch an, daß sie fremde Gäste aus der eigentlichen Mathematik sind (siehe *Algebra II, A. 2*). Sie deuten selten Operationen an, meistens nur ein Zuviel oder Zuwenig. Die Verwendung zu Operationszeichen findet sich z. B. im Rechenbuch von EYSENHUT (Augspurg 1538) einmal, wie aus Versehen, bei der Addition von Brüchen, tritt aber in demselben Buch am Schluß, wo als Appendix die regula falsi, die der eigentlichen Mathematik entnommen ist, gezeigt wird, sofort in ausgedehntem Maße auf. Im siebzehnten Jahrhundert wird die Benutzung der Zeichen in der Elementarmathematik häufiger; so haben + und — in der Rechenschule von RECHER (Augsburg 1692) durchaus den Wert von Rechenzeichen.[110] Erst durch die popularisierenden Werke des achtzehnten Jahrhunderts von STURM, WOLFF, KÄSTNER u. a., gewöhnlich mit dem Titel „Anfangsgründe", in denen Abrisse des Gebietes der Gesamtmathematik in oft zu weitgehender Beschränkung gegeben wurden, erhielten die mathematischen Operationszeichen allmählich auch im einfachen Rechenpensum Bürgerrecht.

Eine auf älteste Zeiten zurückführbare Gewohnheit war die, bei jeder Rechnungsart Proben anzugeben. Bis in die neueste Zeit hat sich die altindische, so oft als unzuverlässig erkannte Neunerprobe gehalten. Mit welcher Überzeugung wurde sie immer und immer wieder empfohlen und gelehrt, nachdem ihre Unzulänglichkeit durch bessere Geister längst gezeigt war! Sogar eine Siebener-

109 UNGER, S. 163 (Anm. 54). — 110 STERNER, S. 281 (Anm. 59).

und Achterprobe erfand man (bei den *Westarabern*[111]), deren Anwendung viel mehr Zeit beanspruchte als das einfache Nachrechnen. RUDOLFF (1532) und APIAN (1527) geben Proben mit 6, 7 und 8, FISCHER (1559) sogar mit 5, 6, 7, 8, 9, 11[112]. — Nur historisch ist wiederum die Übung der Neunerprobe verständlich. Bekanntlich rechneten die *Inder* auf weißen, mit farbigem Sand bedeckten Tafeln, die ihnen gestatteten, Zahlen, welche im Laufe der Rechnung zu verbessern waren, einfach auszuwischen und durch die richtigen zu ersetzen, so daß schließlich, oft unvermittelt, an oder über der Aufgabe das fertige Resultat erschien (vgl. S. 47). Das machte natürlich ein Nachrechnen unmöglich und die Neunerprobe, zu der geistvolle indische Mathematiker irgendwie gelangt waren, unentbehrlich. Kritiklos übernahmen die *Araber* die indischen Methoden, kritiklos diejenigen, die aus arabischen Schriften schöpften. Selten, und nur von bedeutenderen Mathematikern, wird vom breit ausgetretenen Wege abgewichen. So empfiehlt JORDANUS NEMORARIUS (Deutscher; † 1237, Ordensgeneral der Dominikaner) die Probe durch die entgegengesetzten Rechnungsoperationen[113], ebenso der Franzose CHUQUET (Lyon, Paris; † um 1500) im Triparty von 1484.[114] Eine Auseinandersetzung der Nachteile, die die Neunerprobe im Gefolge hat, findet sich bei dem letzteren[115] und wohl unabhängig von demselben in der Summa (1494) des LUCA PACIUOLO.[116] Dieser bezeichnet geradezu die Neuner- und Siebenerprobe als die der Gelehrten, während sich die praktischen Kaufleute beim Addieren des Hinauf- und Hinunteraddierens, im übrigen der entgegengesetzten Spezies bedienten.[117]

Einen Beweis für die Neunerprobe gab zuerst LEONARDO v. PISA (liber abaci 1202, cap. III; ed. Boncompagni[17] S. 20), dann in aller Strenge der englische Mathematiker J. WALLIS (1616—1703 Prof. d. Geometrie in Oxford).[118]

b) Die einzelnen Spezies.

α) Addition.

Die Entstehung der Addition ist mit der Bildung der Zahlwörter auf das engste verbunden, demnach mit dieser von gleichem

[111] CANTOR, I[b], S. 759. — [112] UNGER, S. 83 (Anm. 54). — [113] Algorithmus demonstratus (Anm. 82), Teil I, cap. XII u. XXXI. — [114] CHUQUET, Le Triparty, S. 604, Z. 5—7 (Anm. 11). — [115] Ebendaselbst, S. 603. — [116] Summa, S. 22[a] (Anm. 10). — [117] Summa, S. 20[a] u. 20[b]. — [118] Mathesis universalis, cap. 16 u. 21; Opera mathematica, Bd. I (Oxoniae 1695), S. 77 u. 115.

Alter. Die einfachsten Additionsaufgaben erledigen sich durch Aufwärtssteigen in der Zahlenreihe; sie haben ihrerseits dazu beigetragen, die Zahlenreihe weiter aufzubauen und neue Zahlwörter zu bilden.

Unsere moderne Additionsmethode nahm ihren Ursprung da, wo unsere Zahlenschreibart entstand, in *Indien.* Abweichungen von der indischen Art zu addieren sind nur äußerlicher Natur, so z. B., daß die Addition von links nach rechts vorgenommen wurde. Diese Gewohnheit bereitete dem indischen Rechner keine Schwierigkeit, weil die Ziffern in leicht zu verwischenden Staub geschrieben wurden, in dem Falle also, daß die rechts benachbarte Kolonne bei der Addition Zehner lieferte, die eben hingeschriebene Resultatsziffer einfach ausgelöscht und durch die neue richtige Ziffer ersetzt werden konnte. Eine andere unwesentliche Abweichung von dem modernen Verfahren bestand ferner darin, daß das Resultat nicht unter die Summanden, sondern über dieselben geschrieben wurde.

Am klarsten in der erhaltenen Litteratur ist das indische Rechnen im Rechenbuch des Ostarabers MUHAMMED IBN MUSA ALCHWARIZMI (Anfang des neunten Jahrhunderts, arabischer Astronom in Bagdad u. Damaskus)[119] gelehrt. Die Araber des Ostens und Westens übernahmen mit den indischen Ziffern die indischen Methoden und wurden selbst wieder die Vermittler für das Abendland.

Allmählich verlieren sich auch die Abweichungen von der modernen Methode. Bei JOHANNES DE SACROBOSCO († 1256 in Paris; daselbst Lehrer der Mathematik und Astronomie; *tractatus de arte numerandi*) finden wir bereits die Vorschrift, von rechts nach links zu addieren.[120] Mit dem fünfzehnten Jahrhundert hatten die Additionsaufgaben genau dasselbe Aussehen erhalten wie heute.

In den technischen Bezeichnungen bei der Addition, die noch heutzutage lateinisch sind, herrschte im Mittelalter große Abwechselung. Man brauchte nebeneinander *Summa, Aggregat, Collect,* sogar *Product*[121], ferner *termini addendi, colligendi, aggregandi, congregandi, summandi* neben *posita* (Posten)[122]. Verdeutschungen wie „*hinzusetzen, zusammen-legen, -mischen, -geben*" haben sich ebensowenig gehalten, wie HARSDÖRFFER's (1651) „*Zahlensammlung*" für summa.[123]

[119] Vgl. Anm 101; ferner eine englische Übersetzung: The algebra of MOHAMMED BEN MUSA, ed. F. ROSEN, London 1831. — [120] HALLIWELL, S. 8, Z. 19, vgl. auch den Merkvers daselbst S. 11 (Anm. 15). — [121] UNGER, S. 73 (Anm. 54). — [122] WILDERMUTH, Rechnen, in SCHMIDT's Encyklopädie, Bd. VI, Gotha 1867, S. 765. — [123] FEL. MÜLLER, Ztschr. f. Math. u. Phys., Suppl. 1899, S. 319.

β) Subtraktion.

Größere Mannigfaltigkeit in der Methode finden wir bei der Subtraktion. Bekanntlich giebt es zwei Hauptarten, von denen die eine (I.) durch wirkliches Subtrahieren der Subtrahendusziffer von der Minuendusziffer das Resultat feststellt, die andere (II.) in Anlehnung an die Addition diejenige Zahl zu bestimmen sucht, welche, zur Subtrahendusziffer hinzugezählt, die Minuendusziffer ergiebt. In dem Falle, daß die Subtrahendusziffer die größere ist, ergeben sich wiederum zwei Wege; bei dem einen (a) wird die zu Hilfe genommene 10 von der nächst höheren Ziffer des Minuendus durch Verminderung um eine Einheit, beim zweiten (b) durch eine Vermehrung der nächst höheren Subtrahendusziffer um eine Einheit erhalten. Die unten folgende[124] Zusammenstellung beliebig herausgegriffener Lehrbücher zeigt, daß Methode I^b, die jetzt gar nicht mehr üblich ist, früher mit I^a ziemlich gleichmäßig abwechselte. Methode II^a ist nie gebräuchlich gewesen, II^b hat in moderner Zeit unter dem Namen der österreichischen Subtraktion

---

[124] Die Methode I^a findet sich bei JORDANUS NEMORARIUS († 1237), *Algorithmus demonstratus* (Anm. 82), Teil I, cap. 9; JOHANNES DE SACROBOSCO († 1256) HALLIWELL, S. 7 (Anm. 15); MAXIMUS PLANUDES (um 1330; byzantin. Math. u. Staatsmann), Rechenbuch *ψηφοφορία κατ' Ἰνδούς*, ed. GERHARDT, Halle 1865, S. VI; PAOLO DAGOMARI (um 1350, Florenz), *Regolusze*, CANTOR, II^b, S. 165; Rechenbuch des Hildesheimer Stiftsschülers BERNHARD v. 1445, CANTOR, II^b, S. 174; GEORG v. PEURBACH (1423—1461, Prof. i. Wien), *Opus algorithmi*, Aufl. v. 1522, Signatur A_{II} Rückseite; GLAREANUS, *Arithmetica*, 1538, S. 39; STIFEL, *Arithmetica integra*, 1544, S. 2^a; LONICERUS, *Arithmeticae brevis introductio*, Frankfurt 1550; TARTAGLIA, *General trattato*, 1556 Venet., Parte I, lib. I, S. 14; BUTEO, *Logistica*, Lugd. 1559, S. 18—19; STEVIN, *L'arithmétique*, Lugd. 1585, lib. II, probl. II, ed. GIRARD, Leyden 1634, S. 20; RAMUS, *Arithmetices libri duo et Algebrae totidem*, Frankfurt 1592, cap. III, § 3, S. 8; NEWTON's Vorlesungen, 1707 durch WHISTON veröffentlicht in *„Arithmethica universalis"*, S. 15; REINHOLD, *Arithmetica forensis*, Münster 1785; A. BÜRJA, *d. Bürgerliche Rechenkunst*, Berlin 1808 (zieht I^b vor). — Die Methode I^b bei: LEONARDO VON PISA, 1202, *liber abaci*, cap. IV, ed. Boncompagni, Bd. I (Anm. 17), S. 22; BELDOMANDI († 1428, Prof. i. Padua), *Algorismus de integris*, CANTOR, II^b, S. 206; ALKALSADI (geb. 1486 od. 1477 in Andalusien), CANTOR, I^b, S. 763; CHUQUET, 1484, *Le Triparty*, S. 596, Z. 1 (Anm. 11); BÖSCHENSTEYN, Rechenbuch v. 1514, STERNER, S. 185 (Anm. 59); CARDANO, *Ars magna*, 1539, Werke Lugd. 1663, IV, S. 18; STIFEL, Rechenbuch von der Welschen und Deutschen Praktik, Nürnberg 1546, S. 6—7; TARTAGLIA, 1556 (vgl. oben); L. WENTZ, *Demonstr. Einleitung zur gem. prkt. Rechenkunst*, Basel 1748; CLAUSBERG, *Demonstrative Rechenkunst*, Leipzig 1795 (5. Aufl.) S. 63; REINHOLD, *Arithmetica forensis*, Münster 1785 (zieht I^a vor); LECHNER, *Rechenkunst*, Liegnitz-Leipzig 1800; A. BÜRJA, *Bürgerliche Rechenkunst*, Berlin 1808.

größere Verbreitung gefunden. An vielen Lehranstalten, auch in Deutschland, ist sie die herrschende geworden. Ebenso wie ihre Vorzüge von ihren Verteidigern in gebührendes Licht gesetzt wurden, ist sie Gegenstand heftiger Angriffe neuerer Methodiker geworden.[125] Ihr Auftreten in Österreich[126] datiert aus der Mitte des neunzehnten Jahrhunderts. In den verbreiteten, durch ihre Methodik ausgezeichneten Rechenbüchern von Močnik ist sie bis zum Jahre 1848 noch nicht enthalten[127], während sie im *„Lehrbuch der Arithmetik und Algebra“* von Dr. Josef Salomon 1849[128] vorgeführt und mit der Bemerkung: *„Diese Methode ist vorzüglich bei der Division und dann vorteilhaft, wenn von einer Zahl mehrere gegebene Zahlen abzuziehen sind“* angelegentlichst empfohlen wird. In Deutschland wurde sie durch Kuckuck (1872, Berlin, *Rechnen mit dezimalen Zahlen mit besonderer Berücksichtigung des abgekürzten Rechnens*, S. 9—10, 16) bekannt.

Die Subtraktionsarten I[a] und I[b] sind ältesten Ursprunges, ebenso alt, wie indisches Positionsrechnen überhaupt. Beide sind bereits bei den alten Indern in Übung gewesen[129] und durch arabische Vermittelung vom Abendland übernommen worden. Indisch ist die Gewohnheit, von links nach rechts zu subtrahieren, ermöglicht durch das leichte Weglöschen der zu verbessernden Ziffern (vgl. *Addition* S. 35). Getreulich ahmten die Araber hierin den Indern nach, mußten aber das Auslöschen durch das schwerfälligere Ausstreichen ersetzen. So verfährt Muhammed ibn Musa Alchwarizmi (Anfang des neunten Jahrhunderts, Bagdad, Damaskus) laut einer alten lateinischen Übersetzung[130], ebenso der unbekannte Verfasser einer Bearbeitung[131] dieses Rechenbuches, die nach ihrem Übersetzer unter dem Namen *„Rechenbuch des* Johannes von Sevilla“ bekannt ist.[132] In den einzelnen Stufen der Rechnung sieht bei dem letzteren die Ausführung einer Subtraktionsaufgabe folgendermaßen aus

```
                      8               8
        9            94              94 1
  1.  12025     2.  12025      3.  12025
       3604          3604           3604
```

[125] Unger, S. 213 (Anm. 54). — [126] Nach brieflicher Mitteilung des Herrn Prof. H. Wehr, k. k. Professor an der Staatsoberrealschule zu Klagenfurt. — [127] *„Anleitung zum Rechnen f. d. 2. u. 3. Klasse der Pfarr- und Hauptschule“*, verfaßt von Dr. Franz Močnik, Lehrer an der 4. Klasse der Hauptschule zu Görz 1848. — [128] Prof. d. Elementar- und höheren Mathematik am K. k. polytechnischen Institute in Wien; (Verlag v. Herold), S. 26. — [129] Cantor, I[b], S. 570. — [130] *Algoritmi de numero Indorum*, trattati d'Arithmetica, ed. Boncompagni, Rom 1857, I, S. 8, Z. 6—7. — [131] Trattati II, Rom 1858, S. 88 (Anm. 130). — [132] Cantor, I[b], S. 752.

Nr. 3 ist das schließlich allein dastehende Schema; das Resultat 8421 erscheint über dem Minuendus. Noch im Mittelalter wird die in der Schreibweise durchaus nicht begründete Vorschrift, links beim Subtrahieren zu beginnen, häufig dem Leser eingeschärft.[133]

Methode I^b hat im achtzehnten Jahrhundert bei ihrer Verwendung in der Division eine interessante Weiterbildung erfahren. Um das Hinschreiben der Teilprodukte zu vermeiden, wird bei jedem Einzelprodukt sofort subtrahiert. Ist die Dividendusziffer kleiner als die Subtrahendusziffer, so werden zur ersteren soviel Zehner hinzugefügt, bis sie größer ist als das zugehörige Einzelprodukt. Das nächst höhere Einzelprodukt wird alsdann um die Anzahl der notwendig gewesenen Zehner vermehrt, und nun wird in der angegebenen Weise weiter subtrahiert. Das Beispiel

$$2622 : 527 = 4$$
$$\text{Rest } 514$$

wird demnach folgendermaßen gesprochen: $4 \cdot 7 = 28$, $32 - 28 = 4$; $4 \cdot 2 = 8$, $8 + 3 = 11$, $12 - 11 = 1$; $4 \cdot 5 = 20$, $20 + 1 = 21$, $26 - 21 = 5$. L. Wentz (*Kurze, doch vollständige demonstrative Einleitung zur gemeinen praktischen Rechenkunst*, Basel 1748 S. 65--66) bezeichnet diese Methode, die er die toskanische nennt, als die vollkommenste der ihm bekannten. Sie unterscheidet sich von der heute üblichen österreichischen Divisionsmethode nur durch das fehlende Additionsprinzip; es ist nicht unwahrscheinlich, daß zwischen beiden Verfahren auch ein historischer Zusammenhang besteht.

Es ist ferner auf eine fünfte Subtraktionsmethode aufmerksam zu machen, die im sechzehnten Jahrhundert ziemlich verbreitet war. In Rudolff's Coß, 1525, einem Lehrbuch des Rechnens mit Zahlen und algebraischen Größen, heißt es in Buch I Kap. 1 für den Fall, daß die Subtrahendusziffer größer als diejenige im Minuendus ist: „Magstu aber die vnter figur von der oberen nit nemen so zeüch sie ab von 10 | zum pleibenden gib die ober so zu klein war | setz dz collect vnter die linien. Wie offt sich dañ begibt | sölchs abziehẽ von 10 | addir allwey 1 zu der nagst gegen der lincken handt nachuolgenden vntern figur | ." Heißt also die Aufgabe

$$\begin{array}{r} 84 \\ -\,27 \\ \hline 57, \end{array}$$

so soll man die dekadische Ergänzung von 7, d. i. 3, zu 4 zuzählen; so oft die einfache Subtraktion nicht möglich ist und zu dieser Er-

133 So bei Ramus, *„Arithmetices libri duo et Algebrae totidem"*, Frankfurt 1592, cap. III, § 3, S. 8.

gänzung gegriffen werden muß, erhöhe man aber die nächst höhere Subtrahendusziffer um 1, rechne hier mithin: 8 − 3 = 5. Den gleichen Weg schlagen ein:

Das Rechenbuch des MAXIMUS PLANUDES (um 1330); ed. GERHARDT, Halle 1865 S. VI.

Das *Bamberger* Rechenbuch von 1483, unbekannten Verfassers; CANTOR, II^b, S. 222.

Das Rechenbuch des JOHANN WIDMANN VON EGER 1489, Blatt 10 Rückseite.[55]

Das Rechenbuch von HUSWIRT 1501 (Enchiridion[27]), „De subtractione" capitulum tercium (Ausgabe von 1504, Cöln, Signatur a_{III}).

Das Rechenbuch des GRAMMATEUS (Wien 1518), unter „Die drit Regel" in der Subtractio.[24]

Das Rechenbuch von RIESE 1525, Rechenung auf der linihen und federn in zal, maß und gewicht auf allerley handierung.

Das Rechenbuch von RUDOLFF 1532 (Seite a in einer Ausgabe Nürnberg 1550).

Das Rechenbuch von APIAN 1532 (Vorr. 1527).

TARTAGLIA, General trattato, 1556 Ven., Parte I, lib. I, S. 15^b.

Das Rechenbuch des SIMON JACOB, 1565 Frankf. a. M. S. 11 u. a.

Man pflegt diese dekadische Ergänzungsmethode als italienisch-kaufmännisches Verfahren zu bezeichnen.[134] Sie läßt sich aber auf arabische Quellen, durch diese vielleicht auf indische Originale zurückführen. In ALCHWARIZMI's Rechenbuch[135] heißt es: „Wenn nun in der oberen Zahl (Minuendus) nicht eine so hohe Ziffer steht, daß man davon die Ziffer der unteren Stelle (Subtrahendus) abziehen kann, d. h. wenn sie kleiner oder Null ist, so nimm von der nächsten Stelle, die jener oberen Ziffer übergeordnet ist, eine Einheit und mache aus ihr 10, von der letzteren ziehe so viel ab, wie du sollst, und was übrig bleibt, setze zu jener oberen Zifferstelle." Noch deutlicher heißt es zuletzt im *Rechenbuch des* JOHANNES VON SEVILLA[136]: Von der 10 ziehe die untere Ziffer ab, den Rest setze an die Stelle der 0 (vgl. S. 37 die Subtraktionsaufgabe 3, wo

134 CANTOR, II^b, S. 229. — 135 Trattati I, S. 8 (Anm. 130): „*Quod si non fuerit in superiori differentia tantus numerus, de quo possis minuere numerum inferioris differentie, id est si fuerit minus, uel nichil ibi fuerit, accipies de secunda differentia que est alcior illo superiori unum et de eo facies decem; minuesque de eo quod debueris, et quod remanserit dimittes in eadem superiori differentia*". — 136 Trattati II, S. 673/4 (Anm. 131): „*Ex quo denario minues inferiorem, et quod remanserit dimites in loco circuli, uel etiam numero ibidem inuento ex quo diminuere quod debueras non potuisti, aggregabis*".

die 0 durch die überschriebene 4 ersetzt wird) oder, falls hier eine wirkliche Ziffer sich befindet, von der du nicht, wie du solltest, abziehen konntest, addiere ihn zu dieser." Die Benutzung der dekadischen Ergänzung liegt auf der Hand; ein Unterschied ist nur darin zu finden, daß hier die Methode a), oben Methode b) verwendet wird. Beide sind indisch; nach indischen Quellen arbeitet ALCHWARIZMI, vielleicht ist dieses Verfahren danach bei indischen Mathematikern nachzuweisen. — In der Neuzeit ist dasselbe von LAGRANGE (1736 Turin — 1813 Paris; Turin, Berlin, Paris) in seinen Elementarvorlesungen[137] (1794) wieder aufgenommen worden; sein Modus ist der, daß er bei der ersten Subtrahendusziffer die dekadische Ergänzung nimmt und sie der entsprechenden Minuendusziffer hinzufügt, dann aber bei den übrigen Subtrahendusziffern stets nur die Ergänzung zu 9 nimmt und diese zur Minuendusziffer addiert; überschreitet diese Summe 10, so wird zur nächsten Minuendusziffer eine Einheit zugelegt. Eine zuletzt auftretende 10 wird vernachlässigt.

Nebenbei mag erwähnt sein, daß APIAN in seinem Rechenbuch (1532) (vgl. S. 39) bei Gelegenheit der geschilderten Subtraktionsmethode die benutzte 10 durch das Beisetzen eines Punktes an die nächst höhere Subtrahendusziffer kennzeichnet, so daß die letztere um 1 größer zu nehmen ist, ähnlich wie wir einen Subtraktionspunkt an die Minuendusziffer setzen. Es ist dies wohl das älteste Auftreten eines solchen Hilfspunktes.

Als termini technici treten in den lateinischen Lehrbüchern des Mittelalters für Minuendus auf: *integrum, numerus minuendus, superior, minuendus*, bei CLAUSBERG (1795[124]) eigentümlicherweise *Subtrahendus*; für Subtrahendus: *Subducendus, subtrahendus, subtractor, subtrahens, inferior*; für Differenz: *residuum, reliquum, differentia.*[138] Von den mittelalterlichen Verdeutschungen hat sich nur *„abziehen"* und *„Unterschied"* gehalten; letzteres tritt, wenn auch selten, bereits im sechzehnten Jahrhundert neben: *Rest, Facit, Relikt* u. s. w. auf.[139]

γ) Multiplikation.

Ähnlich wie die Addition wird auch die Multiplikation bei der Bildung der Zahlwörter benutzt, im Gegensatz zu der Subtraktion,

137 Zuerst veröffentlicht in „Séances des Écoles normales" an III (1794—1795); LAGRANGE's Werke (ed. SERRET), Bd. VII, Paris 1877, S. 182 ff.; LAGRANGE's Elementarvorlesungen, deutsch von NIEDERMÜLLER, Leipzig 1880, Vorl. II, S. 21. — 138 WILDERMUTH, S. 765 (Anm. 122). — 139 FELIX MÜLLER, Ztschr. f. Math. und Phys., Suppl. 1899, S. 319.

deren Verwendung zu diesem Zwecke, wie im lateinischen *duodeviginti*, spätere Neubildung schon in anderer Form vorhandener Zahlwörter verrät.

Wirkliche Rechenverfahren für die Multiplikation wurden erst spät erdacht. In dem geistig so hochstehenden *Ägypten* existierten noch keine eigentlichen Multiplikationsmethoden, man behalf sich mit Verdoppelungen, deren Teilresultate in entsprechender Weise zum verlangten Resultat zusammengezogen wurden (vgl. S. 30). Ein bedeutender Fortschritt gelang den *Griechen*, so unbequem ihre Art und Weise, die Zahlen durch die fortlaufende Reihe der Buchstaben zu bezeichnen, auch war. In einem Kommentar zur Kreismessung des Archimedes, verfaßt von Eutokius (geb. 480 Askalon), sind uns mehrere Multiplikationen erhalten.[140] Sie zeigen uns, daß die Griechen wie wir bei Multiplikationen großer Zahlen Teilprodukte der Zehner-, Hunderterzahlen u. s. w. bildeten, die sodann zum Gesamtresultat zusammengezogen wurden, nur daß mit dem Berechnen der höchsten Teilprodukte begonnen wurde. Eine erhebliche Erleichterung in diesem Verfahren wird auf Apollonius v. Pergae (zw. 250 u. 200 in Alexandria, dann in Pergamum) zurückgeführt.[141] Den Zusammenhang zwischen 3, 30, 300 u. s. w., den das indische Positionssystem ohne weiteres hervortreten läßt, konnten die Griechen in ihren Zahlenzeichen γ', λ', τ' u. s. w. nicht ablesen, wenngleich die Sprache in τρεῖς, τριάκοντα, τριακόσιοι u. s. w. sie darauf leitete. Apollonius nannte nun πυθμήν[142] die Anzahl der Einer, Zehner, Hunderter — in diesem Falle 3 — und lehrte, wie man mit Hilfe dieser πυθμένες die Multiplikation vollziehen kann, indem er den dekadischen Wert des Teilproduktes zweier πυθμένες aus ihrem eigenen dekadischen Wert ableitete, eine Rechenmethode, die der indischen und damit der modernen gleichartig wäre, wenn die Griechen in der Wahl ihrer Zahlzeichen denselben glücklichen Griff gethan hätten, wie die *Inder*.

Letzteren ergab sich ihre Methode aus dem von ihnen erdachten Positionssystem von selbst; ihr Erfindungsgeist konnte darüber hinaus nur in Äußerlichkeiten, Vorteilen, geschickter An-

[140] Archimedes, *Eutocii comm. in dimensionem circuli*, Opera Arch., ed. Heiberg, Bd. III, S. 272 ff.; Nizze, S. 278 ff. (Anm. 6); ein Multiplikationbeispiel in Sexagesimalbrüchen findet sich bei Theon von Alexandrien (um 365 n. Chr.), *Commentaire de Théon sur le premier livre de la composition math. de Ptolémée*, ed. Halma, Paris 1821, I, S. 111—118. — [141] Nach Pappus, collectiones, lib. II, § 1—27 (Anm. 7), Bd. I, S. 2—29, vgl. Cantor, I^b, S. 331. — [142] Bei Jamblichus (um 325 n. Chr.) „μονάδες", *Jamblichus in Nicomachi Geraseni arithmeticam introductionem*, ed. Tennulius, Arnh. 1668, S. 146 A.

ordnung und Zusammenfügung der Teilprodukte thätig sein. Die hohe, rechnerische Gewandtheit der Inder, besonders im Kopfrechnen, wie die Möglichkeit, bereits erhaltene Teilresultate durch Auslöschen der auf einem Staubbrett geschriebenen Ziffern leicht zu verbessern, lassen ihre Multiplikationsausführung in so stark verkürzter Form auftreten, daß das Resultat sofort oberhalb des Multiplikandus in dem fertig gerechneten Schema, ja zuweilen statt des im Laufe der Rechnung von Ziffer zu Ziffer entbehrlich werdenden Multiplikandus erscheint, indem alle Zwischenrechnungen im Kopfe ausgeführt werden. Erklärlich ist uns auch aus ihrer Schreibart, daß sie vielfach die Rechnung mit der höchsten Stelle des Multiplikators beginnen konnten. Ausführlich hingeschriebene Ausrechnungen müssen die uns geläufige Form besessen haben, eventuell mit Ausrücken nach rechts, wenn mit der höchsten Multiplikatorziffer angefangen wird. Eins ihrer Schemas, das später unter dem Namen *„schachbrettartige"* Multiplikation bekannt wurde, ordnet die Teilproduktreihen, die wir nach rechts bezw. links von Reihe zu Reihe um eine Stelle verschieben, senkrecht untereinander an, nimmt dann aber die Addition zum Schlußresultat in schräger Richtung von oben nach unten vor. Eine andere hervorzuhebende Methode ist die, welche man im Mittelalter unter dem Namen der *„blitzbildenden"* kannte, die auch heutzutage noch von Kopfrechenkünstlern benutzt wird, um unter die Faktoren sofort ohne schriftliche Zwischenrechnung das Resultat setzen zu können. Folgendes Beispiel macht das Verfahren klar:

$$\begin{array}{r} 9576 \\ \cdot\, 4213 \\ \hline 40343688 \end{array} \qquad \begin{array}{r} 3\cdot 6 = 1\mathbf{8} \\ 1 + 7\cdot 3 + 6\cdot 1 = 2\mathbf{8} \\ 2 + 5\cdot 3 + 7\cdot 1 + 6\cdot 2 = 3\mathbf{6} \\ 3 + 9\cdot 3 + 5\cdot 1 + 7\cdot 2 + 6\cdot 4 = 7\mathbf{3} \\ 7 + 9\cdot 1 + 5\cdot 2 + 7\cdot 4 = 5\mathbf{4} \\ 5 + 9\cdot 2 + 5\cdot 4 = 4\mathbf{3} \\ 4 + 9\cdot 4 = \mathbf{40}. \end{array}$$

Die fettgedruckten Ziffern sind die des gesuchten Resultates.

Die indischen Methoden finden wir bei den *Arabern* wieder, wie im Rechenbuch des Alchwarizmi (vgl. S. 37), nur daß bei ihnen das Auslöschen und Verbessern schon geschriebener Zahlen durch Ausstreichen und Herüberschreiben ersetzt werden muß; wir finden sie im Abendlande wieder, zum Teil mit Hinzufügung neuer Anordnungsarten der Teilprodukte. In den meisten mittelalterlichen Lehrbüchern werden mehrere Arten, oft 6 bis 8, vorgeführt, nicht etwa in dem Sinne, daß alle üblich gewesen wären, sondern nur, um das Thema möglichst vielseitig und erschöpfend zu behandeln.

Das *Bamberger Rechenbuch* von 1483[143] — das älteste der in Deutschland im Druck erschienenen — giebt fünf Arten, darunter unsere moderne Art, deren schräg nach links eingerückten Teilreihen die entsprechenden Ziffern des Multiplikators wie zur Erläuterung beigefügt sind. Letztere Merkziffern sind im Rechenbuch des JOHANN WIDMANN v. EGER 1489[144] weggelassen, so daß unsere Rechnungsanordnung hier zum erstenmal erscheint. Ebenso treffen wir diese in der Summa (1494) des LUCA PACIUOLO an,[145] beiläufig neben sieben anderen, deren jede einen besonderen Namen führt. PACIUOLO lehrt auch das Ausrücken nach rechts; die rechts vorhandenen leeren Stellen werden durch Nullen ausgefüllt. Der „General trattato“ des TARTAGLIA (1556)[146] enthält sieben Modifikationen. Die gleichzeitig und später erscheinenden deutschen Rechenbücher bleiben in der Fülle der mitgeteilten Arten wenig zurück. Nichtsdestoweniger scheint unsere moderne Methode mit dem Ausrücken nach links schon damals in der Praxis die vorherrschende gewesen zu sein. Es liegen uns Rechnungen REGIOMONTAN's (1436—1476), also aus dem fünfzehnten Jahrhundert vor, die nur nach diesem Verfahren vorgenommen sind.[147] Ferner giebt es Schriftsteller, wie CARDANO (Ars magna 1539),[148] die dieses allein lehren. Sie würden das nicht gethan haben, wenn die Praxis in anderer Weise zu rechnen sich gewöhnt hätte.

In neuester Zeit giebt man auf Vorschlag KUCKUCK's (alias KALLIUS, Gymnasialprofessor in Berlin)[149] vielfach dem Ausrücken nach rechts den Vorzug, indem man mit der höchsten Ziffer des Multiplikators zu rechnen beginnt, hauptsächlich deshalb, um beim Ableiten und Einüben der sog. abgekürzten Multiplikation nicht ein Umlernen von den Schülern verlangen zu müssen. Übrigens war dieser Vorschlag KUCKUCK's schon einmal im achtzehnten Jahrhundert durch den Verfasser eines sehr angesehenen encyklopädischen Lehrbuches, KARSTEN[150], gemacht worden.

Von mehr historischem Interesse ist eine komplementäre Multiplikation, die mit der dekadischen Ergänzung der Faktoren operiert. Vielleicht ist sie römischen Ursprunges und durch die Schreibweise IX, IIX statt VIIII, VIII entstanden.[151] Eine kom-

[143] CANTOR, II^b, S. 223. — [144] Daselbst, 19. Blatt, Rückseite (Anm. 55). — [145] Summa, S. 26^a (Anm. 10). — [146] Parte I, S. 21^a—26^b (Anm. 25). — [147] Vgl. die Streitschrift gegen CUSANUS vom 27. Juni 1464; Anhang zu seinem Hauptwerke De triangulis omnimodis, Nürnberg 1533, S. 46—49 u. öfters. — [148] Ars magna (1539), cap. XV; Card. Werke, Lugd. 1663, S. 20—21. — [149] HOFFMANN's Zeitschrift, Bd. II, S. 418. — [150] KARSTEN, *Lehrbegriff der ges. Mathematik*, Greifswald 1767, Bd. I, S. 129. — [151] CANTOR, I^b, S. 491—492.

plementäre Divisionsmethode ist bereits bei Boëthius (480 ? Rom — 524 Pavia) nachweisbar,[152] eine solche für die Multiplikation erst in einem Codex aus dem zwölften Jahrhundert.[153] Weder bei den Indern noch bei den Arabern sind bisher irgend welche Spuren dieser komplementären Methoden gefunden worden. In der Hauptsache sind es drei Formeln, nach denen in der Multiplikation gerechnet wird

1. $a \cdot b = 10a - a(10 - b)$
2. $a \cdot b = 10 \cdot [a - (10 - b)] + (10 - a) \cdot (10 - b)$
3. $a \cdot b = (10 - a) \cdot (10 - b) + 10(a + b) - 100.$

Ihre Anwendung ist im sechzehnten Jahrhundert sehr verbreitet. Regeln, denen sie zu Grunde liegen, giebt Widmann (1489), Grammateus (1518), Rudolff (1532), Glareanus (1538), Stifel (1544), Riese (1550), Lonicerus (1570), Beha-Eddin (1547—1622, Perser; Essenz der Rechenkunst) u. a. Formel 1 tritt schon im Algorithmus demonstratus des Jordanus Nemorarius († 1237)[154], Formel 2 in dem oben erwähnten Codex des zwölften Jahrhunderts auf, sie wird von den angeführten Rechenbüchern des sechzehnten Jahrhunderts benutzt, um bei fehlender Kenntnis des vollständigen Einmaleins Multiplikationen der Einer über 5 miteinander durch die der Einer unter 5 zu ersetzen. Bemerkenswert ist die schriftliche Anordnung beim Rechnen nach Formel 2. Grammateus (1518)[155] rechnet z. B. $6 \cdot 7 = 42$ bezw. $6 \cdot 9 = 54$ folgendermaßen vor:

$$\begin{array}{cc} 6. & 4. \\ \text{mal} & \\ 7. & 3. \\ \hline 4 & 2 \end{array} \qquad \begin{array}{cc} 6. & 4. \\ 9. & 1. \\ \hline 5 & 4. \end{array} \qquad \text{bei anderen auch} \qquad \begin{array}{ccc} 9 & & 1 \\ & \times & \\ 6 & & 4 \\ \hline 5 & & 4 \end{array}$$

Rechts stehen die dekadischen Ergänzungen (z. B. zuletzt 1 und 4), die multipliziert die Einerstelle des gesuchten Produktes liefern. Um die Zehner zu finden, subtrahiere man in dem Schema *„übers Kreuz“* ($9 - 4 = 5$ oder $6 - 1 = 5$). Man vermutet, daß aus solchem Kreuzschema unser Multiplikationskreuz entstanden sei.

Die technischen Ausdrücke waren in der lateinischen Sprache sehr veränderlich; so nennt Leonardo v. Pisa (1202) das Resultat *„summa multiplicationis“*,[156] Spätere auch *„summa proveniens“*.

[152] Boëtius, S. 399—400 (Anm. 38). — [153] Cantor, I^b, S. 855 (Anm. 97). — [154] ed. Schöner (Anm. 82), Teil I, cap. 13. — [155] Blatt 7 (Anm. 24). — [156] Liber abaci I, S. 12, Z. 17, 24 u. 5. (Anm. 17).

Johannes Campanus (um 1270, Kaplan des Papstes Urban IV., dann Kanonikus in Paris) und viele nach ihm schwanken zwischen *ducere* und *multiplicare.*[157] *„Factores"* kommt schon bei Wallis (1616—1703, Oxford) vor.[158] *Factum* ist noch in den deutschen Lehrbüchern des achtzehnten Jahrhunderts ein gebräuchliches Wort[159] neben *Produkt.* Verdeutschungen, wie *„mehren, mannigfaltigen, vervielfältigen, vielmachen"* für multiplizieren, *„Auskunft* (Harsdörffer 1651), *das Kommende, das Entspringende"* (J. Sturm 1670)[160] für Produkt haben wenig Gegenliebe gefunden. Chr. v. Wolff[159] sagt noch: Multiplizieren *durch* eine Zahl, Kästner („Anfangsgründe", 2. Aufl. 1764) bereits: Multiplizieren *mit* einer Zahl. Letztes ist durch die große Verbreitung dieses Werkes gebräuchlich geworden.

δ) Division.

Ebenso unvollkommen wie die Multiplikation — vielleicht in noch höherem Grade — war die Division zur Zeit der *Ägypter* und *Griechen.* Zwar kann man auch hier zwei Methoden erkennen, eine ägyptische[161] und eine hellenische.[162] Beide sind indes nur Umkehrungen der Multiplikation; es wird bei der ersten ein angenähertes Resultat angenommen, durch Multiplikation seine Genauigkeit geprüft und dementsprechend die Annahme verbessert. Auf etwas höherem Niveau scheint die griechische Division zu stehen, für die uns in der gesamten Litteratur leider nur ein Beispiel erhalten ist, und noch dazu nur ein solches mit Sexagesimalbrüchen.[162]

Eine wirkliche Rechenmethode für die Division schuf erst das *indische* Positionssystem. Dieselbe beherrschte, auch in getreuer Nachbildung ihres Schemas, das Rechnen bis zum achtzehnten Jahrhundert, um dann erst durch die moderne Art abgelöst zu werden. Wir übergehen dabei die immerhin nur wenig verbreiteten komplementären Methoden, die seit Boëthius beim Rechnen mit dem Abacus bis zum dreizehnten Jahrhundert hinein benutzt wurden (vgl. S. 44).

Die indische Überlieferung ist für die Division sehr mangelhaft.[163] Doch wie wir die übrigen Rechenoperationen bei den Arabern getreu nachgeahmt finden, so wird wohl auch die arabische

[157] Cantor, II[b], S. 519. — [158] Wildermuth, S. 765 (Anm. 122). — [159] Chr. v. Wolff's Anfangsgründe der Mathematik, Aufl. v. 1750, S. 43. — [160] F. Müller, Ztschr. f. Math. u. Phys., Suppl. 1899, S. 319. — [161] Vgl. Cantor, I[b], S. 35, die Erläuterung zu Nr. 13 des Rechenbuches von Ahmes. — [162] Bei Theon von Alexandrien (um 365 n. Chr.), S. 118—119 (Anm. 140). — [163] Cantor, I[b], S. 571.

Art zu dividieren, etwa die im Rechenbuche des MUHAMMED IBN MUSA ALCHWARIZMI (Anfg. des neunten Jahrh., arab. Astronom, Bagdad, Damaskus)[164] mit der indischen übereinstimmen, nur insoweit verändert, als die Araber die Ziffern, die die Inder auf ihrem Sandbrett sehr leicht vertilgen und durch neue ersetzen konnten, ausstreichen und durch Herüberschreiben verbessern mußten. Hier finden wir nun das sogenannte *Überwärtsdividieren,* eine in der arabischen und mittelalterlichen Form so schwülstige und unübersichtliche Anhäufung von Ziffern, daß man sich nicht wundern kann, wenn der für einen besonders guten Rechner galt, der ihrer Meister war.

Der Divisor wurde unter die Dividendusziffern geschrieben, in die zuerst dividiert wurde, und bei jeder neuen Teildivision darunter wiederholt, aber um eine Stelle nach rechts gerückt. Die Teilprodukte begannen mit den höchsten Ziffern und zwar zog man jedes Produkt, sobald es genommen war, sofort von dem Dividendus ab und setzte die Restziffern über denselben; die nicht gültigen Dividendusziffern, wie die benutzten Divisorziffern wurden ausgestrichen. Die Aufgabe 7985941 : 3762 = 2122 Rest 2977 sah in den einzelnen Stadien der Rechnung folgendermaßen aus:

Iª.	Iᵇ.	Iᶜ.	Iᵈ.
	0	04	04
1	15	156	1561
7985941 | 2	7985941 | 2	7985941 | 2	7985941 | 2
3762	3762	3762	3762

II.	III.	IV.
		2
		03
	1	14
0	020	0209
18	181	18117
0495	04955	049558
15617	156170	1561707
7985941 | 21	7985941 | 212	7985941 | 2122
37622	376222	3762222
376	3766	37666
	37	377
		3

Es fällt schon bei I auf, daß der Rest 461 infolge des Ausstreichens und Verbesserns in zwei verschiedenen Zeilen, der Rest 857

[164] Trattati, I, S. 14 ff. (Anm. 130).

bei Operation II sogar in drei solchen, der neue Divisor 3762 in zwei Zeilen steht u. s. w. Diese getrennt angeordneten Ziffern erschweren die Rechnung ungeheuer und machen ein Nachrechnen unmöglich. So unübersichtlich das schließlich vorhandene Schema IV hier ist, so hochelegant war es bei den Indern infolge des Auslöschens falscher oder schon gebrauchter Ziffern. Bei diesen blieb zuletzt nichts übrig außer

2977 | 2122,

so daß sogar Dividendus und Divisor verschwanden. Auf Nachrechnen wurde von ihnen selbstverständlich verzichtet, da es durch die Neunerprobe ersetzt wurde.

Man muß sich in der That wundern, daß eine so umständliche Divisionsausführung, deren einziger Vorzug etwas Raumersparniſs ist, sich an $1^1/_2$ Jahrtausend gehalten hat, daß sie sich noch hielt, als das moderne Unterwärtsdividieren längst in Lehrbüchern vorgeführt wurde, daß die neue Art in diesen Lehrbüchern anfangs nur wie eine Zugabe gezeigt wird, während etwaige in weiteren Kapiteln vorkommende Divisionen ohne Bedenken nach der alten Methode durchgeführt werden. Unser modernes Unterwärtsdividieren erscheint zum erstenmal in der schon oft erwähnten Summa (1494) des Luca Paciuolo unter dem Namen der *Divisio danda,*[165] wenn wir den Hauptfortschritt der neuen Art darin sehen, daß die Teilprodukte, ausgerechnet und zum Subtrahieren bereit, unter den Dividendus geschrieben werden. Ein Unterwärtsschreiben, welches bloß auf Vertauschung von oben und unten in der alten Art hinauskommt, so daß also die Einzel-Teilprodukte von der höchsten Stelle an getrennt unterwärts hingeschrieben und jedes für sich abgezogen wurden, kannten wahrscheinlich bereits die *Araber.*[166] In Deutschland tritt der neue Algorithmus zuerst im Rechenbuch des Apian von 1532 (1495—1552, Prof. in Ingolstadt) auf.[167] Er nennt sie „einen besunderen Brauch, wie wol darinne gar keine andere Geschwindigkeit gespüret wird;" doch hat seine geringe Achtung darin ihren Grund, daß er sie falsch oder wenigstens unpraktisch darstellt, da er die Teilprodukte nicht wie Luca Paciuolo der Rangordnung der Einzelziffer entsprechend nach rechts ausrückt, sondern senkrecht untereinander hinschreibt, den Divisor auch der alten Gewohnheit gemäß nicht rechts, sondern unter den Dividendus, also über das erste Teilprodukt stellt (vgl. das umstehende Beispiel).

[165] Summa, S. 34ª, Anm. 10. — [166] Sterner, S. 97, 233 (Anm. 59). — [167] Apian's Rechenbuch v. 1532 (Vorrede v. 1527) unpaginiert: Ein newe vnd wolgegründte vnderweisung aller Kauffmans Rechnung. Buch III bei der Überschrift „Diuisio".

LUCA PACIUOLO	APIAN	

```
LUCA PACIUOLO              APIAN
                            abcd
7985941 : 3762 = 2122      98765432        der quotient
7524                       2345            (42117
 4619                      9380
 3762                      4965a
  8574                     4690
  7524                     2754b
 10501                     2345
  7524                     4093c
  2977                     2345
                          17482d
                          16415
                           1067
```

Die Buchstaben bei APIAN sollen dabei auf die richtig herunterzuziehenden Dividendusziffern aufmerksam machen. Bei den späteren deutschen Rechenmeistern wird nun das Unterwärtsdividieren immer häufiger vorgeführt, manchmal, wie bei RIESE (1550), FREY (1569) auch ohne Hinschreiben der Produkte, so daß bei letzteren das Schema der österreichischen Divisionsart erscheint, manchmal auch mit beigefügter Produktenberechnung, wie bei CLAVIUS (1583).[168] Während CARDANO (1539) nur die alte Methode benutzt, unterrichtet TARTAGLIA (1556, 1560)[169] im General trattato, seine Leser auch im Unterwärtsdividieren, benutzt aber bei eigenen Rechnungen nur die alte Art. Noch im achtzehnten Jahrhundert werden beide Divisionsarten geübt, wie man aus den *Elementa matheseos univers.* des Freiherrn v. WOLFF (Halle 1717)[170] erkennt. KARSTEN's Lehrbegriff *der ges. Math.* (Greifswald 1767)[171] macht dem alten Verfahren das Zugeständnis, daß er den Dividendus unter jedem Rest wiederholt. Schließlich beschränkt sich das Überwärtsdividieren nur noch auf Exempel mit kleinen Divisoren, um mit dem neunzehnten Jahrhundert gänzlich zu verschwinden. Das letzte Rechenwerk, das ausschließlich das Überwärtsdividieren lehrt, dürfte die *„Rechenkunst“*

Beispiel b. KARSTEN:

```
78934 | 283
278
556
2333
 278
2224
 1094
  278
  834
R.260
```

[168] CLAVIUS, *Epitome Arithmeticae Practicae*, Rom 1583 (Ausg. v. 1585, S. 72); vgl. auch CLAVIUS, ges. Werke Moguntiae 1612, Bd. II, Arithmetica practica, S. 19 ff. — [169] CARDANO, Ars magna, cap. XIX, Werke, Lugd. 1663, IV, S. 25; TARTAGLIA (Anm. 25), I, S. 35. — [170] I, § 107 ff. — [171] I, S. 67.

von LECHNER (Liegnitz-Leipzig 1800) sein, die sich übrigens auch noch den Rückschritt erlaubt, das Mediieren getrennt zu behandeln und das Numerieren als besondere Spezies aufzufassen.

Die beste Methodik der schriftlichen Division gab unter den älteren Verfassern CLAVIUS (1583).[172] Bei ihm finden sich Vorschriften und Winke für die Abschätzung der Resultatsziffern, die Größe des Restes und das Auftreten der Nullen im Quotienten; er zeigt auch, wie man durch Probieren mit der Anfangsziffer des Divisors die Quotientenziffer erschließen kann. TARTAGLIA's Verdienste beruhen mehr in einer methodischen Vorbereitung des Unterrichtes in der Division durch eine Art Einsineins (vgl. S. 32), ferner im Erledigen prinzipieller Fragen wie über den Unterschied zwischen Teilen und Enthaltensein u. s. w.

Ein Herunterziehen von Nullen nach Erschöpfung der vorhandenen Dividendusziffern wird vielfach in den Rechenbüchern benutzt, um das Resultat möglichst genau zu finden. Es ist dies ein Rechenvorteil, den bereits die Araber, wahrscheinlich schon die Inder kannten (siehe *Wurzelziehen, Teil II, D. 3a und S. 87*).

Die unter dem Namen „österreichische Divisionsmethode" bekannte Art des Dividierens tritt erst im neunzehnten Jahrhundert auf und hat sich ziemliche Verbreitung erworben (vgl. Subtraktion S. 36—38).

Lateinische Fachausdrücke sind für Dividendus gewesen: *Dividendus, mensurandus, totum, numerus divisus,* für Divisor: *mensura, dividendus, divisor,* für Quotient: *Summa divisionis* (LEONARDO v. PISA), *Quotus, Quotiens.*[173] Von deutschen Wörtern ist nur *teilen, Teiler* und *geteilte Zahl* (SCHEYBEL 1555)[160] üblich geworden. APIAN sagte ganz entgegengesetzt dem heutigen Sprachgebrauch 17 *in* 7, wo wir 17 *durch* 7 sagen. Die Wahl zwischen „Dividieren *mit* einer Zahl" und „Dividieren *durch* eine Zahl", von denen das erstere KÄSTNER (1764), das letztere WOLFF (1750) in den „Anfangsgründen" benutzte, ist auch heute noch nicht entschieden.

c) Das abgekürzte Rechnen.[174]

Mit der ausgiebigen Benutzung der Dezimalbrüche geht Hand in Hand die Erfindung von Methoden, auch mit ungenauen Dezimalbrüchen möglichst genau die vier Rechnungsoperationen zu voll-

[172] Epitome, Aufl. v. 1585, S. 54 ff., (Anm. 169). — [173] WILDERMUTH, S. 766 (Anm. 122).
[174] Vgl. E. KULLRICH, *Die abgekürzte Dezimalbruchrechnung,* Programm Nr. 136, Schöneberg (Realschule) 1897/98.

führen. Addition und Subtraktion sind infolge ihrer leichten Übersichtlichkeit weniger davon berührt, als Multiplikation und Division. Für diese finden wir demgemäß am frühzeitigsten abgekürzte Methoden. Der Schöpfer so vieler Neuerungen, besonders auf rechnerischem Gebiet, der Schweizer Jost Bürgi (1552—1632/33; Mechaniker, Astronom; Prag, Kassel), der treue Gehilfe des für die Astronomie eifrig bemühten Landgrafen Wilhelm IV. in Kassel, scheint zum erstenmal ein derartiges Verfahren angewandt zu haben. In seiner nur handschriftlich erhaltenen *Arithmetica*, die etwa um 1592 verfaßt sein muß,[175] findet sich ein Multiplikationsbeispiel in fast derselben Art, in der es in den heutigen Schulen gelehrt wird. Die Erhöhung der letzten Ziffer in dem Falle, daß die nächstfolgende größer als 4 ist, ist nicht jedesmal streng durchgeführt, da Bürgi 061 und 09 bei 0615 und 098 schreibt. Übrigens bleibt dies hier für die letzte Resultatsziffer ohne Einfluß.

Bürgi		heute
01234		0,1234
12358		1,2358
01234		1234
0246	8	247
037	0	37
06	1	6
0	9	1
01525		0,1525

Eine andere handschriftliche Aufzeichnung vom Jahre 1599 enthält genauere und eingehendere Rechenvorschriften für das abgekürzte Multiplizieren. Sie ist verfaßt von Johannes Richter, einem unter dem wissenschaftlichen Namen Praetorius bekannten gelehrten Mechaniker (1537—1616, Prof. d. Math. in Wittenberg und Altdorf).[176] Auf ihn beruft sich Kepler (1571 Württemberg — 1630 Regensburg; Graz, Prag, Linz, Ulm) in einem Brief an den Landgrafen Philipp von Hessen vom Dezember 1623,[177] in welchem er auch Beispiele für die abgekürzte Division neben solchen für die Multiplikation mitteilt; beide Spezies sind in der noch heute üblichen Weise durchgeführt. Kepler ist der erste, der von dem neuen Verfahren weitgehenden Gebrauch bei der Berechnung seiner Tafeln machte; er wußte sogar die Genauigkeit der letzten Ziffern abzuschätzen.

Wenn auch in den besseren Lehrbüchern der nächsten Zeit zuweilen die abgekürzten Rechenmethoden gelehrt werden, wie in Oughtred's *Clavis mathematica* von 1631[178] und Wallis' Algebra

[175] Cantor, II^b, S. 618. — [176] Max Curtze, *„Die abgekürzte Multiplikation"*, Zeitschr. f. Math. u. Phys., Bd. 40, Hist. litt. Abt., S. 7—11. — [177] Kepler's gesammelte Werke, ed. Frisch, Bd. VII, Frankf. 1868, S. 306. — [178] Clavis math., cap. VI, § 5 (4. Aufl v. 1667, Oxford, S. 8—9).

von 1685,[179] die auch das abgekürzte Radizieren hinzufügt,[180] so stammen doch methodische Behandlungen erst aus dem neunzehnten Jahrhundert. So giebt OHM in seinem *„Versuch eines vollkommen consequenten Systems der Mathematik"* 1828 besondere Regeln über die Stellung des Kommas im Resultat; von F. WOLFF, *„Theoretische und praktische Zahlenlehre"* 1828, rührt die Regel her, das Komma der beiden Faktoren eines zu berechnenden Produktes im entgegengesetzten Sinne zu verschieben, bis im Multiplikator nur eine wirkliche Ziffer vor dem Komma steht, und dann dem Resultat ebensoviel Dezimalstellen zu geben, wie der Multiplikator besitzt; von demselben wird auch die Frage aufgeworfen, auf wieviel Stellen man die ungenauen Dezimalbrüche kennen müsse, um durch das abgekürzte Verfahren Resultate von vorgeschriebener Genauigkeit zu erhalten, eine Frage, deren endgültige Lösung in der anfangs angeführten Arbeit von KULLRICH gegeben ist. Erst nach der Einführung des dezimalen Systems für Münze, Maß und Gewicht wird zugleich mit der Anerkennung der Dezimalbruchrechnung als Schulpensum dem abgekürzten Verfahren zu größerer Verbreitung verholfen und seine Methode mit aller Schärfe durchgearbeitet (vgl. KUCKUCK, *das Rechnen mit dezimalen Zahlen, unter besonderer Berücksichtigung des abgekürzten Rechnens.* Berlin 1872, Vorwort S. V).

3. Das Rechnen mit benannten Zahlen.

Das älteste Rechnen war ein Operieren mit benannten Zahlen gewesen. Wie sich in der geistigen Entwickelung des einzelnen Menschen der Zahlenbegriff nur allmählich von konkreten Zahlenmengen abhebt, so wird im Geistesleben der Völker die abstrakte Behandlung der Zahlen erst auf einer höheren Bildungsstufe erworben werden. Tausch, Kauf und Verkauf, der Verkehr der Völker untereinander muß zu Maßvergleichungen und Maßumrechnungen führen, die nun erst sehr langsam das reine Rechnen entstehen lassen.

Aus dieser ältesten Zeit liegt dem Historiker keine Überlieferung vor. In dem altägyptischen Rechenbuche des AHMES, dem ehrwürdigsten Denkmal mathematischer Litteratur (Papyrus Rhind, aus dem zwanzigsten bis siebzehnten Jahrhundert vor Chr.)[181] steht abstraktes Rechnen bereits auf einer Höhe, die man vor Auffindung

[179] Engl. 1685, lat. 1693. Opera omnia II, 1693 Oxford, S. 32 ff. — [180] Ebenda S. 36. — [181] *Ein mathematisches Handbuch der alten Ägypter* (Papyrus Rhind des Brit. Mus.), übers. und erklärt von AUG. EISENLOHR, Leipzig 1877, vgl. CANTOR, I^b^, S. 22 ff.

des Papyrus nicht hatte ahnen können. Das Rechnen mit benannten Zahlen steht schon im Hintergrund. Selbstverständlich sind immer noch eine große Anzahl von Aufgaben vorhanden, die uns Kenntnis über die damaligen Maße geben; zwei Abschnitte enthalten sogar nur Vorschriften über Umwandlung aus einem Maßsystem in ein anderes.[182] — Das erste Jahrhundert v. Chr. läßt uns erst wieder ein Buch antreffen, das für konkretes Rechnen Wichtigkeit hat; es ist das Lehrbuch für Feldmesser des HERON VON ALEXANDRIA. Bedeutsam für die rechnende und messende Mathematik, giebt es uns zugleich durch seine Meßtabellen wertvollen Einblick in die damalige Metrologie.[183] Über ein Jahrtausend hinweg ist sein Einfluß auf die späteren Geometer maßgebend. Mittelbar oder unmittelbar schöpfen aus HERON die römischen Agrimensoren COLUMELLA (aus Gades) und FRONTINUS im ersten Jahrhundert unserer Zeitrechnung, BALBUS, HYGINUS am Beginn des neuen, MARCUS JUNIUS NIPSUS, EPAPHRODITUS, VITRUVIUS RUFUS im zweiten Jahrhundert;[184] in den *Origines* des Bischofs ISIDORUS HISPALENSIS[185] (570 Carthagena — 636 Sevilla), wie in der Geometrie GERBERT's[186] (um 940 Auvergne — 1001 Rom; Papst SYLVESTER) ist heronische Wissenschaft unverkennbar. Feldmesserische Vorschriften, Maßvergleichungen bilden den Faden, der von einem zum anderen führt. Auch in den folgenden Jahrhunderten erscheint das Rechnen mit benannten Zahlen erst in zweiter und dritter Reihe. Aufgaben aus der Praxis, insbesondere aus der Regeldetri mit ihren zahlreichen Anwendungen finden wir fast bei jedem Schriftsteller des fünfzehnten und des sechzehnten Jahrhunderts, aber fast nirgends wird in den Rechenbüchern eine Behandlung der Spezies mit benannten Zahlen gesondert vorgenommen; solche Aufgaben werden höchstens als Übungsbeispiele dem Rechnen mit unbenannten Zahlen angefügt, wie in dem Rechenbuch des JOHANNES WIDMANN VON EGER (1489).[55] Eine rühmliche Ausnahme bilden die auf dem Höhepunkt ihrer Zeit stehenden Lehrbücher des Italieners TARTAGLIA (1500 Brescia — 1557 Venedig)[187] und seines deutschen Zeitgenossen RUDOLFF (Rechenbuch von 1532), in welchen besondere Abschnitte den Spezies mit benannten Zahlen gewidmet sind. In TARTAGLIA's General

[182] EISENLOHR (Anm. 181), Tafel XXII, S. 204—211. — [183] HERON, Def. 131, ed. HULTSCH, Berl. 1864, S. 39; Geom. IV, S. 47 ff. u. s. w. Interessant ist bei HERON die dem Deutschen ganz analoge Bezeichnung für Fuß, Quadratfuß und Kubikfuß: *ὁ πoὺς ὁ εὐθυμετρικός, ὁ π. ὁ ἐπίπεδος* und *ὁ π. ὁ στερεός.* — [184] Vgl. CANTOR, *Die römischen Agrimensoren u. ihre Stellung in der Geschichte der Feldmeßkunst,* Leipzig 1875. — [185] CANTOR, I^b, S. 773. — [186] CANTOR, I^b, S. 810. [187] General trattato (Anm. 25), Parte I, lib. III, S. 36^b ff.

trattato finden wir schon Aufgaben aus der Zeitrechnung in demselben Schema ausgeführt, wie wir es heute gewöhnt sind.[188] Das siebzehnte Jahrhundert erreicht diese Höhe nicht. Abstraktes und konkretes Rechnen wird vermischt gelehrt. Nachdem anfangs bei irgend einer Gelegenheit das Addieren und Subtrahieren mehrsortiger Zahlen geübt ist, wird in der Regel dem numerischen Multiplizieren das Resolvieren, der Division das Reduzieren angeschlossen.[189] Erst in dem achtzehnten Jahrhundert ist ein endgültiger Übergang zur getrennten Behandlung beider Rechenstoffe wahrzunehmen. In dem Rechenbuch von PARICIUS (1706)[189] — und so in vielen anderen — werden nach Abschluß des gewöhnlichen Rechnens, gleichsam als Einleitung, die üblichen Münz-, Maß- und Gewichtssysteme, deren außerordentlich große Zahl den Rechenunterricht erheblich erschwerte, dann das Addieren und Subtrahieren benannter Zahlen gelehrt; vor der Multiplikation wird das Resolvieren, vor der Division das Reduzieren gezeigt. Multiplikation und Division werden sowohl nach Zurückführung auf das kleinste Maß vorgenommen, als auch an den mehrsortigen Zahlen selbst, indem man beim Dividieren mit der höchsten Sorte, bei dem Multiplizieren mit der niedrigsten beginnt.

Statt der lateinischen Namen numeri abstracti und concreti benutzt HOLZMANN (XYLANDER; 1532—1576 Prof. in Heidelberg) die Verdeutschungen ledige und benannte Zahlen,[190] von denen nur die letztere Bürgerrecht erhalten hat.

Die Ausdrücke „Resolvieren und Reduzieren“ stammen aus dem sogenannten Linienrechnen mit Rechenpfennigen, welches im fünfzehnten Jahrhundert und selbst noch im Anfang des sechzehnten Jahrhunderts die volkstümliche Rechenmethode in Deutschland war. Auf einer hierfür bestimmten Tafel (Rechenbank oder Banckir) waren wagerechte Linien gezogen; die auf der untersten Linie liegenden Rechenmarken galten als Einer, die auf der nächsten als Zehner u. s. w. Ein Rechenpfennig zwischen zwei Linien hatte den fünffachen Wert von dem, den ihm die darunter befindliche Linie, also den halben Wert von dem, den ihm die nächstobere

188 So wird im General trattato S. 182^b die Zeit zwischen dem 19. August 1552 nachm. 9 Uhr bis zum 6. April 1558 früh 7 Uhr folgendermaßen berechnet:

	hore	7	giorni	6	mesi	4	anno	1558
	hore	21	giorni	19	mesi	8	anno	1552
Differentia:	hore	10	giorni	16	mesi	7	anni	5.

189 STERNER, S. 334 (Anm. 59). — 190 FEL. MÜLLER, Ztschr. f. Math. u. Phys., Suppl. 1899, S. 319.

zuwies. Unter „*Elevieren*“ verstand man nun, soviel Rechenpfennige wegnehmen (*aufheben*), daß eine gegebene Zahl durch möglichst wenige Rechenpfennige ausgedrückt wurde, indem jedesmal fünf auf einer Linie befindliche Marken durch eine solche im nächsten Zwischenraum, beziehentlich zwei in einem Zwischenraum durch eine auf der benachbarten höheren Linie ersetzt werden. Das Umgekehrte, also das Verfahren, eine höhere Einheit in niedrigere aufzulösen, heißt *Resolvieren* — gerade so wie wir heute noch sagen. Für beide Operationen war auch das Wort *Reduzieren*, das sich später nur für die erstere spezialisierte, in Übung, wie im *Algorithmus linealis* von Heinrich Stromer (Prof. in Leipzig) aus dem Jahre 1520.[191] Das Elevieren wird in den deutschen Rechenbüchern (z. B. Koebel, 1518, Das nev Rechēpüchlein, Bl. X. XI) durch „*Aufheben*“ übersetzt und ist so allmählich zu dem modernen terminus „*Heben*“ in der Bruchrechnung geworden.

Im eigentlichen Sinne werden für Resolvieren die Verdeutschungen gewählt: „*Aus großen Sorten kleine machen*“ oder kurz „*Auflösen*“ (Simon Jacob, 1565, Rechnung auf der Linie), für Reduzieren „*Aus kleinen Sorten große machen*“ bezw. „*Aufgelöstes zu Ganzen machen*“.[192]

II. Eigenschaften der ganzen Zahlen.

Die Lehre von den Eigenschaften der ganzen Zahlen ist von kleinsten Anfängen, nachdem sie sich aus einer Art Zahlenmystik herausgearbeitet hatte, besonders durch Mathematiker des Mittelalters und der Neuzeit, wie Vieta, Fermat, Euler, Legendre, Gauss u. a. zu einer umfassenden Theorie, der sogenannten Zahlentheorie, ausgewachsen. Sie wurde eine Wissenschaft, mit der sich, was Reichtum und Tiefe der Probleme, Vielseitigkeit der Beweise, vor allem Schwierigkeit der Behandlung betrifft, kaum ein anderer Spezialzweig der Mathematik messen kann. Aus diesem Grunde haben sie die führenden Mathematiker jederzeit als ihr Lieblingsgebiet betrachtet und ihre Kräfte an der Auffindung von Beweisen für Sätze, die sich induktiv sehr leicht ergeben, erprobt, häufig genug, ohne daß sie die sich entgegenstellenden, nicht geahnten Schwierigkeiten überwinden konnten.[193]

Es kann nicht Aufgabe der folgenden Ausführungen sein, eine Ge-

[191] Cantor, II^b, S. 216, 400. — [192] Fel. Müller, S. 320 (Anm. 190); so Grammateus 1518 (Anm. 24), Blatt 19^b: „auß klainer ding grosses machen“, 2 Seiten vorher: „auß großem ding klayners suchen.“ — [193] Vgl. Gauss, Göttinger Nachrichten, 12. Mai 1808, S. 754.

schichte der Zahlentheorie, die zugleich mit derjenigen der höchsten Fachgebiete verknüpft sein müßte, zu geben; in Beschränkung auf das Schulpensum genügt es, die Geschichte der Hauptzahlengruppen, der Teilbarkeit der Zahlen, besonders die Geschichte der Primzahlen zu behandeln, gerade Kapitel, die auch historisch am ältesten sind. Weitere Abschnitte über diophantische Gleichungen, pythagoreische Dreieckszahlen und figurierte Zahlen werden ihre besondere Stelle finden.

Die am nächsten liegende Einteilung der ganzen Zahlen ist die in gerade und ungerade Zahlen. Die Erkenntnis, ob eine Zahl durch 2 teilbar ist, haben wahrscheinlich schon die alten *Ägypter* besessen. Das etwa im zwanzigsten bis siebzehnten Jahrhundert vor Chr. verfaßte Rechenbuch des Ahmes (Papyrus Rhind) enthält in der Lehre von den Brüchen (siehe S. 73 f.) eine Tabelle von Zerlegungen der Brüche $\frac{2}{3}, \frac{2}{5}, \frac{2}{7} \ldots \frac{2}{2n+1}$ $(n = 1, 2, \ldots 49)$ in Stammbrüche, wie sie der Ägypter in seinen Rechnungen brauchte.[194] Brüche mit geradem Nenner sind nicht aufgeführt, offenbar aus dem Grunde, weil sie sich durch Heben sofort auf Stammbrüche reduzieren lassen; es müssen demnach Regeln bekannt gewesen sein, durch die man in einem gegebenen Falle die Teilbarkeit einer Zahl durch 2 feststellen konnte. Ob Bezeichnungen wie *„gerade"* und *„ungerade"* bereits im Gebrauch waren, läßt sich aus den bisher gefundenen Überlieferungen nicht ersehen. Sichere Nachricht über das Bestehen und die theoretische Aufstellung dieser Gegensätze haben wir erst für die Schule des Pythagoras (sechstes bis fünftes Jahrhundert v. Chr.). Zahlenmystische Betrachtungen, deren Anfänge dem Stifter der Schule wahrscheinlich aus Babylon, dem Vorort der Zahlendeuter und Astrologen im Altertum, zuflossen, haben Pythagoras und seine Schüler der Reihe der ganzen Zahlen besondere Aufmerksamkeit widmen, ihre Eigenschaften studieren und auf Grund derselben jenes bekannte philosophische System entwickeln lassen, dessen Leitmotiv darin gipfelt, daß das Wesen aller Dinge Zahlen seien. Eine Reihe von Grundgegensätzen, in denen die Pythagoreer ihr mathematisch-philosophisches Glaubensbekenntnis ablegten, die sog. pythagoreische Kategorientafel, ist uns von Aristoteles überliefert worden; es sind die zehn folgenden — 10 ist die heiligste Zahl, da sie aus der Addition der ersten 4 Zahlen entstanden ist (Tetraktys) —: 1) Begrenztes und Unbegrenztes; 2) Ungerades und Gerades; 3) Eines und Vieles; 4) Rechtes und Linkes; 5) Männliches und Weibliches; 6) Ruhendes und Bewegtes; 7) Gerades und Krummes;

[194] Eisenlohr, S. 46—48 (Anm. 181).

8) Helles und Dunkles; 9) Gutes und Böses; 10) Quadrat und Heteromekie (Rechtecksform).[195] — Hier finden wir in 2 den in Rede stehenden Gegensatz. Derselbe muß bald Allgemeingut geworden sein, da zur Zeit PLATON's (429—348 v. Chr., Athen) das noch jetzt bekannte Spiel *„Gerad oder Ungerad“* verbreitet war.[196]

Auch der dritte Gegensatz dürfte zahlentheoretisch aufzufassen sein und auf den zwischen Primzahlen und zusammengesetzten Zahlen hindeuten. Der Begriff der Primzahl ist jedenfalls in der pythagoreischen Schule festgelegt worden. Mit den Untersuchungen der Pythagoreer beginnt die lange Reihe der Arbeiten über Primzahlen, ihre Anzahl, ihr Auftreten und ihre Bildung, Arbeiten, die auch heutzutage noch keinem befriedigenden Abschluß nahe gebracht sind.

Nach Aufstellung der Definition[197] ergiebt sich zunächst die Frage, wie groß die Menge der Primzahlen ist; sie wird durch den bekannten *euklidischen* Beweis mit dem Resultat erledigt, daß ihre Anzahl größer als jede gegebene Zahl[198] oder, wie wir heute sagen, unendlich ist. Der Erfinder dieses Beweises — EUKLID (um 300 v. Chr., Alexandria) ist wohl nur der Überlieferer — geht von der Überlegung aus, daß, wenn 2, 3, 5, . . . bis p die bekannten Primzahlen sind, dann sich immer eine weitere finden läßt, die in dieser Reihe nicht auftritt, da der Ausdruck

$$N = 2 \cdot 3 \cdot 5 \ldots . p \quad + \quad 1$$

durch keine dieser Primzahlen teilbar ist, also entweder selbst eine neue Primzahl darstellt oder eine solche als Faktor enthält. Für $p = 2, 3, 5, 7, 11$ ergiebt N in der That neue Primzahlen, nämlich 3, 7, 31, 211, 2311, während $p = 13$ ein Beispiel der zweiten Möglichkeit liefert, da

$$2 \cdot 3 \cdot 5 \cdot 7 \cdot 11 \cdot 13 \quad + \quad 1 = 30031$$

in das Produkt $59 \cdot 509$ zerfällt werden kann.[199]

Als Ergänzung des euklidischen Satzes wird von EULER streng gezeigt, daß im Intervall $p \ldots N$ notwendig eine Primzahl vor-

[195] ARISTOTELES, *Τῶν μετὰ τὰ φυσικὰ α′*, cap. 5, Berl. Akademie-Ausgabe 1831, S. 986, Z. 23—26 links: *πέρας καὶ ἄπειρον, περιττὸν καὶ ἄρτιον, ἓν καὶ πλῆθος, δεξιὸν καὶ ἀριστερόν, ἄρρεν καὶ θῆλυν, ἠρεμοῦν καὶ κινούμενον, εὐθὺ καὶ καμπύλον, φῶς καὶ σκότος, ἀγαθὸν καὶ κακὸν, τετράγωνον καὶ ἑτερόμηκες.* — [196] PLATON, Lysis 206 E, ed. STALLBAUM 1857, IV, 2, S. 132, Z. 4, *ἀρτιάζειν*; vgl. auch HORAZ, Sat. lib. II, 3, 248: Ludere par, impar. — [197] EUKLID, Elemente, VII, 11, ed. HEIBERG, Leipzig 1883—1896, Bd. II, S. 186. — [198] EUKLID, Elemente, IX, 20, ed. HEIBERG, Bd. II, S. 388: *Οἱ πρῶτοι ἀριθμοὶ πλείους εἰσὶ παντὸς τοῦ προτεθέντος πλήθους πρώτων ἀριθμῶν.* — [199] LEGENDRE, Zahlentheorie, 1. Aufl., Paris 1798, Einl. Nr. XXI, Anm., übers. von MASER, Leipzig 1886, Bd. I, S. 15.

handen ist. Die erhebliche Größe des Intervalles von der letzten bekannten Primzahl p bis zu der Zahl N (N eingeschlossen), innerhalb dessen sicher eine Primzahl liegen muß, ist die schwache Seite dieses Theorems. Sie wird durch einen modernen Beweis für die unendlich große Anzahl der Primzahlen, den J. Hacks (Kattowitz)[200] vorschlägt, nicht verringert. Nach diesem addiere man die reziproken Werte der bekannten Primzahlen $\frac{1}{2} + \frac{1}{3} + \frac{1}{5} + \ldots + \frac{1}{p}$; alsdann ist der Zähler des Resultates dem Nenner teilerfremd, also entweder selbst eine neue Primzahl oder ein Vielfaches einer solchen. Man ist bestrebt gewesen, jenes Intervall, in welchem eine neue Primzahl auftreten muß, möglichst klein zu machen. So behauptet Bertrand[201] (geb. 1822, Prof. am Collège de France, seit 1856 Akademiker) — und Tschebytschew (1821—1894, St. Petersburg) führt einen strengen Beweis dafür[202] — daß zwischen a und $2a$, letzteres eingeschlossen, stets eine Primzahl liegt, wenn $a \geqq 1$. Eine weitere Verengerung der Grenzen auf $a < p \leqq a + 2\sqrt{a}$ war schon Legendre[203] (1752 Toulouse — 1833, Prof. an der École normale in Paris) geglückt. Der Abstand ist freilich bei großem a immer noch sehr bedeutend; er beträgt z. B. für $a = 10000$ noch 200.

Ein dritter, sehr interessanter Beweis für die unendliche Anzahl der Primzahlen beruht auf der Euler'schen Formel[204]

$$\prod_p \frac{1}{1 - \frac{1}{p^s}} = \sum_n \frac{1}{n^s},$$

in der das linke Produkt über alle Primzahlen p, die Summe rechts über die natürliche Reihe der ganzen Zahlen zu erstrecken ist. Wird hier $s = 2$ genommen, so geht — ebenfalls nach Euler[205] — die rechte Summe in $\frac{\pi^2}{6}$ über, so daß man erhält

$$\prod_p \frac{1}{1 - \frac{1}{p^2}} = \frac{\pi^2}{6}.$$

J. Hacks[200] macht auf die dadurch sich ergebende Transcendenz

---

200 Vgl. J. Braun, *Das Fortschreitungsgesetz der Primzahlen durch eine transcendente Gleichung exakt dargestellt*, Trier 1898/99, Progr. Nr. 496, Friedrich-Wilhelmgymn. S. 17—19. — 201 Journal de l'école polytechnique, cah. XXX, Paris 1845, S. 129. — 202 Liouville's Journal, Bd. XVII, Paris 1852, S. 366 ff. — 203 Zahlentheorie, Bd. II, Teil IV, § 9; Übers. v. Maser, § 414, S. 78 ff. (Anm. 199). — 204 Vgl. B. Riemann, Ges. Werke, Leipzig 1876, S. 136. — 205 Indroductio in analysin infinitorum, Lausanne 1748, I, cap. XV, § 277, Exempl. II, S. 231.

des Produktes aufmerksam und folgert hieraus die Unendlichkeit des links stehenden Produktes, damit aber die unendliche Anzahl der Primzahlen, weil eine endliche Anzahl ein rationales Produkt geben müsse. In ähnlicher Weise hatte übrigens EULER selbst ein gleiches Resultat gefolgert, wenn er bewies, daß die Summe $\frac{1}{1} + \frac{1}{2} + \frac{1}{3} + \frac{1}{5} + \ldots \frac{1}{p}$, über alle Primzahlen erstreckt, einen unendlichen Wert ergiebt, was wiederum nur der Fall sein kann, wenn es unendlich viele solcher Primzahlen giebt.[206]

Eine Verallgemeinerung des Mengenbeweises für die Primzahlen ist der Satz LEGENDRE's,[207] daß auch in jeder unbegrenzten arithmetischen Reihe mit dem allgemeinen Glied $kx + m$ (k und m relativ prim) unendlich viel Primzahlen auftreten, für den indes erst DIRICHLET (1805—1859, Berlin, Nachfolger VON GAUSS in Göttingen) einen völlig strengen Beweis lieferte.[208]

Ganz bedeutend schwieriger war die Aufgabe, die Primzahlen unter einer gegebenen Grenze zu zählen; Untersuchungen dieser Art gehören ganz der Neuzeit an. LEGENDRE giebt in seiner Zahlentheorie (erste Aufl. 1798) ihre Anzahl zwischen 1 und x durch die Näherungsformel

$$n = \frac{x}{\log \operatorname{nat} x - 1{,}08366}$$

wieder,[209] worin TSCHEBYTSCHEW[210] für sehr große Zahlenregionen die Konstante durch 1 ersetzt. GAUSS (1777—1855, Göttingen) erkannte, etwa 1793[211], den Zusammenhang der Anzahl n mit dem Wertverlauf des Integrallogarithmus

$$n = Li(x) = \int_2^x \frac{dx}{\log x}.$$

Die Genauigkeit dieser Annäherung untersuchte ebenfalls TSCHEBYTSCHEW.[210] GAUSS und GOLDSCHMIDT[211] haben sich der Mühe unterzogen, eine direkte Abzählung der Primzahlen bis zu $x = 3\,000\,000$ vorzunehmen; sie fanden, daß der wahre Wert von n schon vom

[206] EULER, Indroductio in Anal. infin. (Anm. 205), I, cap. XV, § 279, S. 235. — [207] Hist. de l'Acad. de Paris 1785 (gedr. 1788), Mém. S. 552; Zahlenth., Bd. II, Teil IV, § 9, deutsch v. MASER, S. 77. — [208] Math. Abh. der Berl. Akademie 1837 (gedr. 1839), S. 45—71; LIOUVILLE's Journal, Bd. IV, Paris 1839, S. 393 ff.; Opera ed. KRONECKER, Berlin 1889, I, S. 309 ff. — [209] Zahlentheorie, Bd. II, Teil IV, § 8, § 394; deutsch v. MASER, S. 65 (Anm. 199). — [210] LIOUVILLE's Journal, Bd. XVII, Paris 1852, S. 354. — [211] Brief v. GAUSS an ENCKE v. 24. Dez. 1849; GAUSS' Werke, Bd. II, Gött. 1876, S. 444 ff.

ersten Hunderttausend an stets kleiner ist als $Li(x)$ und zwar mit wachsendem x unter manchen Schwankungen immer mehr abweicht. RIEMANN's (1826—1866, Prof. in Göttingen) Untersuchungen[212] lehren, daß der Näherungsfehler von der Ordnung $x^{\frac{1}{2}}$ ist.

Zu weiteren Schwierigkeiten führt das dritte Problem in der Lehre von den Primzahlen, nunmehr dieselben wirklich aufzufinden. Denkt man sich die Primzahlen p_λ in ihrer natürlichen Reihenfolge geordnet, $p_1 = 2$, $p_2 = 3$; $p_3 = 5$, $p_4 = 7\ldots$, so wäre das Ideal einer Lösung die Aufstellung einer Funktion von λ, welche durch Einsetzen eines bestimmten Wertes von λ die zugehörige Primzahl sofort liefert. Bis jetzt ist ein geschlossener Ausdruck, der diesem Zweck genügt, noch nicht gefunden worden.

Einen ersten schwachen Versuch, die Primzahlen aufzufinden, — den einzigen im Altertum — stellt das als *Sieb* des ERATOSTHENES (276 v. Chr. Kyrene — 194 v. Chr. Alexandria) überlieferte Verfahren dar.[213] Man strich in der vorliegenden Reihe der natürlichen Zahlen erst alle durch 2, dann alle durch 3, 5, 7 . . . u. s. w. teilbaren Zahlen aus; die nicht gestrichenen Zahlen sind die Primzahlen. Dies Verfahren setzt freilich nicht viel Erfindungskraft voraus; doch gestattet es wenigstens, die Primzahlen bis zu einer nicht zu hohen, vorgeschriebenen Grenze zu finden. Für eine gegebene Zahl a festzustellen, ob sie eine Primzahl sei oder nicht, gab es im Altertum und auch noch im Mittelalter keine Kriterien; man mußte mit den einzelnen Primzahlen, die kleiner als $\sqrt{a}$ sind, dividieren und war so auf ein Probieren angewiesen. Erst im achtzehnten Jahrhrhundert schuf man sich Erleichterungen bei dieser Arbeit. Neben EULER (1707 Basel — 1783 St. Petersburg, vorübergehend in Berlin)[214] ist LAMBERT (1728—1777, Oberbaurat und Akademiker in Berlin) zu nennen. Besonders fein ist der Rechenmodus, den der letztere in seinen Abhandlungen einschlug; er verstand es, Vorschriften abzuleiten, die für eine gegebene Zahl a gleich ganze Reihen

212 Ges. Werke RIEMANN's, Leipzig 1876, S. 136—144 *„Über die Anzahl der Primzahlen unter einer gegebenen Größe* (Berl. Akademie, Nov. 1859). — 213 Überliefert von NIKOMACHUS v. GERASA (um 100 n. Chr.; *εἰσαγωγὴ ἀριθμητική*, Buch I, Kap. XIII, 2 ff., ed. HOCHE, Leipzig 1866, S. 29 ff.) und seinem Commentator JAMBLICHUS (CHALKIS in Cölesyrien, um 325 n. Chr.; *Nicomachi arithmetica introductio*, ed. TENNULIUS, Arnheim 1668, S. 42 A). — 214 EULER, *„De numeris primis valde magnis“*, Nova comm. Petrop. ad ann. 1762/63, Bd. IX (gedr. 1764), S. 99—153 und *„Quomodo numeri praemagni sint explorandi, utrum sint primi necne?* Nov. comm. 1768, Bd. XIII (1769) S. 67—88.

prüfen und die Rechenarbeit auf ein verhältnismäßig sehr geringes Maß zurückführen.[215]

Bei den Versuchen, das Primzahlengesetz in Funktionsform auszudrücken, können zunächst nur ganze rationale Funktionen, ferner die Exponentialfunktion für ganzzahlige Basis und die EULER'sche Gammafunktion in Betracht kommen, da es sich um ganzzahlige Werte handelt. Alle drei Funktionsgattungen sind in Vorschlag gebracht worden. So glaubte STIFEL, einer der bedeutendsten Mathematiker des sechzehnten Jahrhunderts (1486/87 Esslingen — 1567 Jena; lutherischer Prediger an verschiedenen Orten), daß $2^{2n+1} - 1$ ein allgemeiner Ausdruck sei, der nur Primzahlen liefere,[216] während sich bei genauerer Untersuchung schon für $n = 4$ die zusammengesetzte Zahl $2^9 - 1 = 511 = 7 \cdot 73$ ergiebt. In einem ähnlichen Irrtume war FERMAT (1601—1665, Rat im Parlamente zu Toulouse) befangen, als er behauptete, daß

$$2^{(2^n)} + 1$$

stets eine Primzahl darstelle.[217] Es ist das einer von den Sätzen, die dieser so bedeutende Zahlentheoretiker beweislos seiner Diophantausgabe in Nebenbemerkungen beifügte, deren Beweise er seiner Versicherung nach zum größten Teil besaß, während selbst heutzutage die Durchführung einzelner dieser Behauptungen in völliger Allgemeinheit immer noch nicht gelungen ist. Den angeführten Satz hatte FERMAT zuerst nur als wahrscheinlich (1637), später als sicher (1640, 1654 Brief an Pascal) ausgesprochen, mit dem Bemerken freilich, daß ihm ein Beweis bisher nicht geglückt sei. Dennoch hat sich, wie zuversichtlich FERMAT seine Behauptung auch aussprach, hinterher ergeben, daß sie falsch ist. EULER[218] weist 1732 nach, daß sie für kleinere

215 LAMBERT, *Beiträge zum Gebrauch der Mathematik*, Bd. II, Berl. 1770, § 5 ff. — 216 STIFEL, Arithmetica integra, Nürnberg 1544; vgl. CANTOR, II^b, S. 435, und STIFEL's Neubearbeitung der Coß von RUDOLFF, Königsberg i. Pr. 1553, S. 10^b—11^a. — 217 FERMAT, Varia opera, Tolosae 1679, S. 115, Z. 12—10 v. u.: *Cum autem numeros a binario quadratice in se ductos et unitate auctos esse semper numeros primos apud me constet, et jam dudum Analystis illius theorematis veritas fuit significata.* — Oeuvres de FERMAT, ed. TANNERY et HENRY, Bd. I, Paris 1891, S. 131, Z. 1—5; vgl. auch einen Brief FERMAT's an Lord DIGBY vom Mai 1658 in Wallis, opera, Oxoniae 1693, Bd. II, commercium epistolicum, ep. 46, S. 858, Nr. I. — 218 Comm. Petrop., Bd. VI ad annos 1732/33 (gedr. 1738), S. 104—105; auch Opuscula analytica, Petr. 1783, I, S. 244. Als Nichtprimzahlen sind ferner noch nachgewiesen $2^{2^{12}} + 1$ und $2^{2^{23}} + 1$, die 114689 bezw. 167772161 als Teiler enthalten (nach NETTO, *Substitutionstheorie u. ihre Anwendungen auf die Algebra*, Leipzig 1882, S. 181, Anm.).

Werte von n stimme, aber schon für $x = 5$ die dargestellte Zahl

$$2^{32} + 1 = 4294967297 = 641 \cdot 6700417$$

keine Primzahl ist. — Auf die ganzen, rationalen Funktionen setzte man anfangs große Hoffnung, die besonders durch die auffallende Erscheinung erregt wurde, daß in manchen quadratischen Ausdrücken eine beträchtliche Anzahl von Primzahlen dargestellt werden kann. So macht EULER[219] auf die Formel $x^2 - x + 41$ aufmerksam, welche für $x = 1, 2, 3, \ldots 40$ nur Primzahlen liefert; ihr fügt LEGENDRE (1752 Toulouse — 1833, Paris) als weitere Beispiele zu: $x^2 + x + 17$ für $x = 0, 1, 2 \ldots 16$ und $2x^2 + 29$ für $x = 0, 1, 2 \ldots 28$.[220] Für diese merkwürdige Thatsache giebt indes LEGENDRE selbst einerseits eine ausreichende Erklärung, andererseits führt er auch den Unmöglichkeitsbeweis, daß irgend eine ganze rationale Funktion nur Primzahlen enthalte.[221] Ist z. B. $P = a + bx + cx^2$ für $x = k$ eine Primzahl p, so braucht man nur $x = k + py$ zu setzen, um in $P = p + (b + 2ck)py + cp^2y^2$ einen Zahlenwert zu erhalten, der durch p teilbar und doch von p verschieden, also keine Primzahl ist. — Was die gebrochenen rationalen Funktionen betrifft, so könnte man vermuten, daß die in ihren Werten enthaltenen größten Ganzen die Primzahlenreihe zu bilden vermöchten, aber auch dies ist in der neuesten Zeit als nicht zutreffend nachgewiesen worden.[222] Ähnliche Untersuchungen für algebraische Funktionen stehen noch aus.

Die dritte der oben erwähnten Funktionsgattungen, die EULER'sche Gammafunktion

$$\Gamma(z) = \int_0^\infty e^{-x} x^{z-1} dx$$

— nach einer Bezeichnung LEGENDRE's, während GAUSS das Symbol $\Pi(z-1)$ gebraucht — hat die Eigenschaft, daß $\Gamma(z) = (z-1) \cdot \Gamma(z-1)$, also für ganze Zahlen $\Gamma(z) = (z-1)!$ ist. Sie wird in der Zahlentheorie bei Betrachtung des sog. WILSON'schen Satzes[223]

[219] Brief v. EULER, an J. BERNOULLI, Abh. der Berliner Akademie 1772 (gedruckt 1774), Histoire S. 36. — [220] LEGENDRE, Zahlentheorie (Anm. 199), deutsch v. MASER, Einl. Nr. XX, S. 14; vgl. EULER, Novi comm. Petrop. ad annos 1762/63, Bd. IX, gedr. 1764, S. 102, theorema. — [221] LEGENDRE-MASER, I, Haupttheil II, § 14, Nr. 255, S. 328 (Anm. 199). — [222] Vgl. BRAUN, *Das Forschungsgesetz der Primzahlen* (Anm. 200). — [223] Von E. WARING (*Meditationes algebraicae*, I. Aufl. 1770, III. Aufl. Cantabr. 1782, daselbst Probl. 63.5, S. 380) zuerst erwähnt und J. WILSON zugeschrieben; erster Beweis durch LAGRANGE, Nouv. Mém. de l'Ac. d. Berlin 1771 (gedr. 1773) „*Démonstration d'un théorème nouveau concernant les nombres premiers*", S. 125—137; LAGRANGE's

$$1.\ 2.\ 3.\ 4.\ \ldots.\ (p-1)+1 = n_p \cdot p\,,$$

wo p eine Primzahl, n_p eine von p abhängige, aber ganze Zahl bedeutet, eingeführt. Der WILSON'sche Satz drückt nicht nur eine stets bei Primzahlen auftretende Eigenschaft aus, sondern enthält auch eine notwendige und hinreichende Bedingung dafür, daß die Zahl p, für die er gilt, eine Primzahl ist, so daß er geradezu als Definitionsgleichung für die Primzahlen aufgefaßt werden kann. Mit Benutzung des Zeichens Γ wird

$$n_p = \frac{\Gamma(p)+1}{p}.$$

n_p muß dabei ganzzahlig sein und kann durch diese Gleichung als definiert aufgefaßt werden. Alle diejenigen Werte der Variablen p werden Primzahlen sein, für welche n_p eine ganze Zahl ist; die Umkehrung der Funktion n_p liefert alsdann p als Funktion von n. Aussichtslos wird aber diese Verwendung des WILSON'schen Satzes dadurch, daß bereits für kleine Primzahlen p der Wert von n_p sehr groß ist, mit wachsendem p zu immer ungeheureren Zahlen führt, so daß die anzustellenden Betrachtungen undurchführbar sind. So ist die Frage nach einer einheitlichen Darstellung auch heute noch ungelöst. Über neueste Versuche vergleiche die angeführte Abhandlung von BRAUN.[200]

Neben dem angeführten WILSON'schen Satz giebt es noch einen zweiten Satz, der eine notwendige und hinreichende Eigenschaft der Primzahlen ausspricht, den sog. FERMAT'schen Satz. Nach diesem ist, wenn p wiederum eine Primzahl, x eine beliebige, nicht durch p teilbare Zahl bedeutet, $x^{p-1}-1$ stets durch p teilbar. Wie viele FERMAT'sche Sätze ist er lange unbewiesen geblieben; die ersten, allgemein bekannt gewordenen Beweise stammen von EULER her.[224] In dem Nachlaß von LEIBNIZ hat man indes eine Abhandlung *Nova Algebrae promotio* (etwa 1697 geschrieben) aufgefunden, die auch einen Beweis dieses FERMAT'schen Satzes enthält — also den zeitlich ältesten. Hierdurch wird EULER die Priorität genommen. Doch blieb LEIBNIZ' Schrift, da sie nie gedruckt wurde, ohne den Einfluß, den sich EULER's Aufsatz erwarb. LEIBNIZ selbst wußte übrigens gar nicht, daß FERMAT den Satz schon vor ihm ausgesprochen hatte; er erkannte aber sofort die Bedeutung seiner Entdeckung und rühmte

Werke, ed. SERRET, Paris 1869, Bd. III, S. 425 ff., zweiter Beweis durch EULER, Opuscula analytica, Petersb. 1783, Bd. I, S. 329—331. — 224 Beweis I: Comm. Petrop. ad ann. 1736, Bd. VIII (gedr. 1741) S. 141—146; Beweis II: Novi comm. Petrop. ad ann. 1758/59, Bd. VII (gedr. 1761), S. 49—82; Beweis III: Novi comm. Petrop. ad ann. 1760/61, Bd. VIII (gedr. 1763), S. 74 ff.

sich, mit diesem Satze eine allgemeine Primzahlformel, die bisher in der Mathematik unbekannt wäre, gefunden zu haben.[225]

Andere Eigenschaften der Primzahlen, von denen nur einige der wichtigsten noch herausgegriffen sein mögen, sind zum Teil im Altertum bekannt gewesen, ohne daß Beweise auf uns gekommen sind. So spricht DIOPHANTUS VON ALEXANDRA (drittes bis viertes Jahrhundert n. Chr.) gelegentlich aus,[226] daß keine Primzahl von der Form $4n \dot{-} 1$ die Summen zweier Quadrate sein kann. Die Kenntnis, daß jede Primzahl von der Form $4n + 1$ stets als Summe zweier Quadratzahlen $y^2 + x^2$ darstellbar ist, hat DIOPHANT wahrscheinlich noch nicht gehabt. Es findet sich dieser Satz — unbewiesen — zuerst unter den öfter erwähnten FERMAT'schen Bemerkungen zu DIOPHANT. Einen Beweis giebt EULER 1747.[227] Derselbe zeigt auch die Richtigkeit einer weiteren FERMAT'schen Behauptung, daß nur die Primzahlen von der Gestalt $8n + 1$ in die Formen $y^2 + x^2$ [228] bezw. $y^2 + 2x^2$ [229] übergeführt werden können, während zwei andere FERMAT'sche Sätze, daß 1. jede Primzahl von der Gestalt $8n + 3$ in die Form $y^2 + 2x^2$, 2. jede Primzahl von der Gestalt $8n + 7$ in die Form $y^2 - 2x^2$ zu bringen sind, erst durch LAGRANGE ihre Erledigung fanden.[230] In den beiden letzten liegt zugleich der Nachweis für den oben erwähnten DIOPHANT'schen Satz.

Was die Teilbarkeit der Nichtprimzahlen betrifft, so ist diejenige durch 2 auf S. 55 gestreift; dort wurde darauf hingewiesen, daß die *Ägypter* eine gültige Regel besessen haben müssen. Die Regel für 9 ist, wie S. 33—34 auseinandergesetzt wurde, *indischen* Ursprunges. Sie wiederholt sich in den arabischen Lehrbüchern und dringt durch diese in unsere mittelalterliche mathematische Litteratur ein. Eine Regel für 3 wird, wenngleich sie wohl auch den Indern bekannt gewesen sein mag, erst im Liber abaci (1202) des LEONARDO VON PISA (1180—1250?) aufgeführt.[231] Die Regeln für 2

225 LEIBNIZ' ges. Werke, ed. GERHARDT, III. Folge, Bd. 7, Halle 1863, S. 180; vgl. CANTOR, III², S. 318—319, auch Bibliotheca mathematica (ENESTRÖM) 1894, S. 46. — 226 DIOPHANT, ἀριθμητικῶν βιβλία VI, Buch V, Aufg. 12, ed. TANNERY, Leipzig 1893, S. 346—348, übers. v. WERTHEIM, Lpzg. 1890, S. 206—208 mit den Anmerkungen FERMAT's. — 227 Novi comm. Petrop. ad ann. 1747/48, Bd. I (gedr. 1750) S. 20—48, bes. S. 27; ferner 1752/53, Bd. IV (gedr. 1758), S. 3—40 und endgültige Erledigung: 1754/55, Bd. V (gedr. 1760), S. 3—58. — 228 Daselbst, Bd. I, S. 28. — 229 Vgl. Novi comm. Petrop. ad. ann. 1756/57, Bd. VI (gedr. 1761), S. 188 ff. — 230 Nouv. mém. de l'Ac. de Berlin 1775 (gedr. 1777) „*Suite des recherches d'Arithmétique*", S. 337 ff. (bes. S. 345, Nr. 1, 2). — 231 LEONARDO PISANO, Liber abaci, I, S. 38 (Anm. 17).

und 5 fließen unmittelbar aus dem dekadischen Positionssystem, sind also sicher auch den Indern bekannt gewesen, wenngleich sie in der Litteratur nicht vor LEONARDO VON PISA (1202)[231] nachweisbar sind. Regeln für die Reste bei der Division durch 11 hat der Ostaraber ALKARCHI (um 1010, Bagdad) gekannt, da er in seinen Rechnungen neben der Neunerprobe auch eine Elferprobe verwendet,[232] während LEONARDO bei 11, wie auch bei 7 und 13, das einfache Ausführen der Division empfiehlt.[231] Die moderne Regel für die Teilbarkeit durch 11, welche diese Untersuchung auf die der Differenz, gebildet aus den Summen der an gerader bezw. ungerader Stelle stehenden Ziffern, zurückführt, stammt etwa aus der Mitte des achtzehnten Jahrhunderts (so bei L. WENTZ, *Kurze, doch vollständige demonstrative Einleitung zur gemeinen praktischen Rechenkunst*, Basel 1748), scheint aber bis zum Ende des achtzehnten Jahrhunderts nur geringe Verbreitung gefunden zu haben; wenigstens ist sie erst in LAGRANGE's Elementarvorlesungen 1794/95[233] als bekannt hingestellt, während bei KARSTEN 1768[234] die Fassung erscheint: „Dividiert man die Summe der geraden Stellen und die Summe der ungeraden Stellen jede für sich durch 11 und sind die erhaltenen Reste einander gleich, so ist die ganze Zahl durch 11 teilbar" (noch unvollkommener in CLAUSBERG's demonstrativer Rechenkunst, I. Aufl. 1732, V. Aufl. 1799). Restregeln für 8 und 7 werden ausführlich im *„Talchîs"* des IBN ALBANNA[235] (1252 oder 1257 in Marokko geboren), einem Auszuge eines größeren Werkes *„Der kleine Sattel"*, das von einem unbekannten Verfasser in Magris (Nordwestafrika) verfaßt ist, mitgeteilt. Um den Rest für 8 zu finden, soll man die Einerziffer der gegebenen Zahl zu dem doppelten der Zehnerziffer und dem Vierfachen der Hunderterziffer addieren und die erhaltene Summe wiederum durch 8 dividieren. Für 7 benutzt IBN ALBANNA die Potenzreste 10^n (mod 7) : 3, 2, 6, 4, 5, 1; er setzt unter die Einerziffer eine 3, unter die Zehnerziffer die 2, unter die Hunderterziffer die 6 u. s. f. nach links weiter unter die nächsten Ziffern 4, 5, 1, dann von vorn beginnend; die übereinanderstehenden Ziffern werden multipliziert und die Summe dieser Produkte von neuem auf 7 untersucht. Dies Verfahren hat sich, wiewohl seine Umständlichkeit dem einfachen Probieren gegenüber auf der Hand liegt, lange in den Rechenbüchern gehalten; noch im Mittelalter taucht es in deutschen Lehr-

[232] Al-kâfî fîl ḥisâb (das Genügende über d. Rechnen), ed. HOCHHEIM, Progr. 9—11 der Höh. Gewerbeschule z. Magdeburg, 1878—80, cap. IX. — [233] LAGRANGE's Werke VII, S. 207; NIEDERMÜLLER, S. 30 (Anm. 137). — [234] KARSTEN, *Lehrbegriff der ges. Mathematik*, Greifswald 1768, Bd. I, S. 4/5. — [235] CANTOR, I^b, S. 759.

werken auf, wie bei SIMON JACOB 1565, JOH. KRAFFT 1592 u. a. Bessere Vorschriften für die Teilbarkeit durch 7 gehören erst der neuesten Zeit an. HEYNATZ (*Ausführliches Rechenbuch*, Berlin 1780, S. 127) und ZERLANG (Rektor in Witten)[236] schlagen vor, das Doppelte der Einerziffer von der nach Wegstreichen der Einerziffer übrigbleibenden Zahl zu subtrahieren (d. h. das 21fache des Einers von der ganzen gegebenen Zahl),[237] den Rest dann ebenso zu behandeln u. s. f.; UNGER[238] zieht die aus den 3 letzten Ziffern gebildete Zahl von dem aus den vorhergehenden Ziffern gebildeten Komplex ab, bezw. umgekehrt, subtrahiert also das 1001fache. Beidemal wird der erhaltene Rest von neuem untersucht. UNGER hat dabei den Vorteil, dieselbe Vorschrift auch für 11 und 13 benutzen zu können, da 1001 aus der Multiplikation von 7, 11 und 13 entstanden ist.

Ein allgemeines Kriterium für einen beliebigen Teiler A lehrt zum erstenmal PASCAL (1623 Clermont — 1662, Paris; Math. u. Philos.) in einer Abhandlung: *Caractères de divisibilité des nombres.*[239] Er definiert Größen $B, C, D \ldots$ als Reste folgender Divisionen:

$10 : A$ giebt den Rest B,
$10B : A$ „ „ „ C,
$10C : A$ „ „ „ D, u. s. f.

Ist $\mathfrak{T}\mathfrak{H}\mathfrak{Z}\mathfrak{E}$ ($\mathfrak{T}$ = Tausender, $\mathfrak{H}$ = Hunderter, $\mathfrak{Z}$ = Zehner, $\mathfrak{E}$ = Einer) die zu untersuchende Zahl, so bildet PASCAL die Summe $\mathfrak{E}1 + \mathfrak{Z}B + \mathfrak{H}C + \mathfrak{T}D + \ldots.$ Wenn dieser Ausdruck durch A geteilt werden kann, so ist dasselbe auch mit $\mathfrak{T}\mathfrak{H}\mathfrak{Z}\mathfrak{E}$ der Fall. Natürlich kann, wenn die erhaltene Zahl zu groß ist, das Verfahren wiederholt werden.

Der Begriff der teilerfremden Zahlen geht, wie der der Primzahlen, der geraden und ungeraden Zahlen auf die *altpythagoreische* Schule (sechstes und fünftes Jahrhundert v. Chr.) zurück. Eine Definition für sie giebt EUKLID (um 300 v. Chr., Alexandria) in seinen Elementen Buch VII, Def. 12; er lehrt zugleich im Satz I desselben Buches, wann zwei Zahlen relativ prim zu einander sind. Für das Aufsuchen des gemeinsamen Teilers benutzt EUKLID in VII. 2 genau dieselbe Methode, die heute im Gebrauch ist. Es scheint dieser Kettenbruchalgorithmus noch einmal in Indien entdeckt

[236] HOFFMANN's Zeitschrift f. math. u. naturwiss. Unterricht, Bd. II, 1871, S. 337.
[237] Eine Verallgemeinerung der ZERLANG'schen Regel auf Divisoren von der Form 10a + 1, 10a + 3, 10a + 7, 10a + 9 giebt DICKSTEIN 1873 in derselben Ztschr., Bd. IV, S. 404; vgl. auch daselbst die Bemerkung von MASING, S. 407. — [238] UNGER, S. 151 (Anm. 54). — [239] ed. BOSSUT, Haag 1779, Bd. V, S. 123ff.

worden zu sein; wenigstens teilt BHASKARA in der *„Krönung des Systems“* (*Siddhântaçiromaṇi*)[240] ein Verfahren mit, unbestimmte Gleichungen ersten Grades ganzzahlig zu lösen, dessen Auseinandersetzung er mit dem Aufsuchen des gemeinsamen Teilers beginnt; dabei verfährt er ganz wie EUKLID, ohne daß eine Abhängigkeit nachzuweisen ist.

Selbstverständlich kennt EUKLID auch das kleinste gemeinsame Vielfache zweier Zahlen und giebt Mittel an, dasselbe zu finden (El. VII. 34).

Eine weitere Einteilung der ganzen Zahlen, die, im Altertum aufgestellt, sich bis ins späte Mittelalter in der niederen Mathematik aufrecht erhielt, vom modernen Schulpensum indes ausgeschlossen wird, ist die in vollkommene, mangelhafte, überschießende und befreundete Zahlen. *Vollkommen* (*τέλειος, perfectus*) nennt man diejenige Zahl, die der Summe aller ihrer Teiler gleich ist, wie $6 = 1 + 2 + 3$, $28 = 1 + 2 + 4 + 7 + 14$, ferner 496 u. a. Der Begriff der vollkommenen Zahl scheint nicht der altpythagoreischen Schule zu entstammen, da bei PLATO und ARISTOTELES das Wort *„vollkommen“* in anderem Sinne für Zahlen gebraucht wird.[241] Bei EUKLID jedoch ist die neue Bedeutung nicht nur zu einer feststehenden geworden, sondern auch bereits ein Bildungsgesetz für vollkommene Zahlen vorhanden, das bis heutigen Tags noch keine Erweiterung erfahren hat. EUKLID beweist in seinen Elementen IX. 36, daß, wenn die Summe der geometrischen Reihe $1 + 2 + 2^2 + 2^3 + \ldots + 2^n = s_n$ eine Primzahl ist, dann $s_n \cdot 2^n$, also $(2^{n+1} - 1) \cdot 2^n$ eine Zahl der gewünschten Art ist. In der Folgezeit kehrt die euklidische Definition und Bildungsweise immer wieder; die Neupythagoreer, wie NIKOMACHUS VON GERASA (um 100 n. Chr.) und THEON VON SMYRNA (um 130 n. Chr.) fügen für die Zahlen, deren Teilersumme größer bezw. kleiner als die Zahl selbst ist, die Kunstausdrücke *ἀριθμοὶ ὑπερτέλειοι* (*überschießende Z., n. abundantes,* nach BOËTHIUS *superflui*) und *ἐλλιπεῖς* (*mangelhafte, deminuti*) hinzu. Auf NIKOMACHUS geht auch die Bemerkung zurück, daß die Einerziffer einer vollkommenen Zahl stets 6 oder 8 ist.[242] Nach antikem Vorbilde nehmen die Araber die Lehre von den vollkommenen Zahlen auf. In den *Origines* des ISIDORUS (570—636, Sevilla), in Briefen ALCUINS (735—804), in einer Arithmetik des JORDANUS NEMORARIUS († 1237) ist ihre Kenntnis nachweisbar. Sie fehlen nicht in den Schriften LUCA PACIUOLO's (1494), STIFEL's (1544), CAR-

240 BHASKARA, Lîlâvatî, XII, 248—252, ed. COLEBROOKE, London 1817, S. 112—114 (Anm. 294). — 241 CANTOR, I^b, S. 157. — 242 *Εἰσαγωγή*, I, 14 § 1, S. 36 Z. 7 (Anm. 213).

DANO's (1539) und TARTAGLIA's (1556). Selbst ein FERMAT und DESCARTES beschäftigt sich mit ihnen; letzterer betrachtet in Erweiterung des Begriffes auch noch Zahlen, deren Divisorensumme ein Vielfaches der Zahl selbst ist.[243] Die Anzahl der vollkommenen Zahlen, die, wie ihr Bildungsgesetz zeigt, bald sehr groß sind, steigt bei JEAN PRESTET († 1690) auf 8; die achte ist bereits neunzehnziffrig. Die neunte ist aus $2^{513} - 2^{256}$ zu berechnen.[244]

Auch der Begriff der befreundeten Zahlen (*φίλοι ἀριθμοί, numeri amici*) scheint nicht vor den Neupythagoreern entstanden zu sein, wenn auch JAMBLICHUS (Anfang des vierten Jahrhunderts, Chalkis in Cölesyrien) ihre Aufstellung dem PYTHAGORAS selbst zuschreibt. Zwei Zahlen hießen befreundet, wenn die Summe aller Divisoren der einen Zahl gleich der anderen Zahl selbst ist. Als Beispiel werden bis zum Ausgang des Mittelalters nur immer 220 und 284 angeführt, $220 = 1 + 2 + 4 + 71 + 142$ und $284 = 1 + 2 + 4 + 5 + 10 + 11 + 20 + 22 + 44 + 55 + 110$. Ein Gesetz ihrer Bildung war im Altertum nicht bekannt. Die Aufstellung eines solchen, wenn auch keines allgemeinen, gelang erst dem gelehrten Araber TABIT IBN KURRAH (836—901; Bagdad, Mathematiker u. Astronom);[245] dieser fand, daß, wenn $p = 3 \cdot 2^n - 1$, $q = 3 \cdot 2^{n-1} - 1$, $r = 9 \cdot 2^{2n-1} - 1$ Primzahlen sind, dann $A = 2^n \cdot p \cdot q$ und $B = 2^n \cdot r$ befreundete Zahlen sind. Erheblich erweitert wurde die Anzahl der bekannten befreundeten Zahlenpaare durch EULER[246] (1707 Basel — 1783, Petersburg, vorübergehend in Berlin), der ihnen, wie auch auf seine Veranlassung G. W. KRAFFT († 1754, Petersburg), erneute Aufmerksamkeit zuwandte. Aber selbst EULER vermochte keine allgemeine Bildungsformel anzugeben, wenn er auch noch 61 neue Paare auffand.

Über figurierte Zahlen vergleiche Reihentheorie.

Zur Ergänzung der im Vorstehenden eingestreuten termini technici möge noch einiges über die Wörter Primzahl, gerade und ungerade Zahl nachgeholt werden.

Das Wort Primzahl ist dem Lateinischen entnommen (*numeri primi* = einfache Zahlen), in dem es den griechischen Mathematikern entlehnt wird. SPEUSIPPUS (um 350 v. Chr.), der Nachfolger PLATON's in der Leitung der Akademie, von dessen Schrift über die pythagoreischen

243 CANTOR, II^b, S. 784. — 244 CANTOR, III^a, S. 97. — 245 CANTOR, I^b, S. 692. — 246 EULER, Opuscula, Berlin 1750, S. 23—107, *De numeris amicabilibus*; vgl. S. 105—107 eine Zusammenstellung der gefundenen Zahlen; KRAFFT, Novi comm. ad annum 1749 (gedr. 1751), Bd. II, S. 100—118, *De numeris amicabilibus* etc.

Zahlen Bruchstücke erhalten sind, unterscheidet zwischen *ἀριθμὸς πρῶτος καὶ ἀσύνθετος* und *ἀ. δεύτερος καὶ σύνθετος*;[247] EUKLID (um 300 v. Chr.) hat die Gegensätze *πρῶτος ἀ.* und *σύνθετος ἀριθμός*,[248] während die Neupythagoreer, wie JAMBLICHUS[249] (Anf. d. vierten Jahrhunderts n. Chr.), die altpythagoreischen Doppelausdrücke wieder aufnahmen. Verdeutschungen, die im Mittelalter vorgeschlagen wurden, als die deutsche Sprache in die Wissenschaft einzudringen begann, wie *„erste Zahl“* (SCHEYBEL 1555, Übers. v. EUKLID VII—VIIII), *„ungeteilte Zahl“* (SCHWENTER, 1625, praktische Geometrie), fanden nicht Eingang.[250]

Gerade und ungerade Zahlen hießen im Griechischen *περισσοὶ* bezw. *ἄρτιοι ἀ.*,[195] im Lateinischen *pares* und *impares*[251] *n.* In einer münchener Handschrift vom Jahre 1461[252] erscheint in wörtlicher Übersetzung *„gleiche und ungleiche Zahlen“*, Bezeichnungen, die auch von APIAN (Rechenbuch von 1532)[167] und L. STURM (*Kurtzer Begriff der Mathesis* 1707) aufgenommen sind. Die heute gebräuchlichen Worte *„gerade und ungerade Zahlen“* stammen vielleicht aus STIFEL's deutscher Arithmetik 1545.[253]

III. Tabellen.

Eine wesentliche Ergänzung des gemeinen Rechnens, besonders für den weniger wissenschaftlich gebildeten Rechner, wie für den Kaufmann, den Techniker u. a. waren Tabellen, aus denen man die gewünschten Resultate ohne große Mühe entnehmen kann. In erster Reihe handelt es sich hier um das Einmaleins. Die *Ägypter* haben ein solches nicht gekannt, da der Multiplikationsbegriff bei ihnen noch nicht so weit entwickelt war, sondern Produkte gegebener Zahlen nur durch fortgesetztes Verdoppeln und Addieren entsprechender Verdoppelungsresultate ausgerechnet wurden (vgl. S. 30). Wohl aber haben *Griechen* und *Römer* es besessen und seinen Wert zu würdigen gewußt; verschiedentlich wird überliefert, daß in den Schulen der Alten das Einmaleins geübt wurde. Um so mehr müßte man sich wundern, daß Einmaleinstabellen so spärlich aus dem Altertum auf uns gekommen sind, wenn man es nicht verständlich findet, daß gerade deshalb, weil das Einmaleins als etwas völlig Elementares angesehen

247 In französischer Übersetzung bei TANNERY, *Pour l'histoire de la science Hellène,* 1887, Appendice, II, Nr. 14, S. 386—390. — 248 EUKLID, El. VII, Def. 11, 13, ed. HEIBERG, Leipzig 1884, S. 186. — 249 JAMBLICHUS, S. 35 letzte Zeile u. S. 36 A (Anm. 218). — 250 FEL. MÜLLER, Ztschr. f. Math. u. Phys., Suppl. 1899, S. 321. — 251 So BOËTIUS, Institutio arithmetica, I, 4 ff., S. 13 (Anm. 28). — 252 Vgl. Anm. 250. — 253 Vgl. Anm. 250.

wurde, eine Aufnahme in wissenschaftliche Werke nicht für nötig gehalten wurde. Erst 100 Jahre n. Chr. fühlt sich ein Schriftsteller gelegentlich veranlaßt, die Einmaleinstabelle zusammenzustellen und seinen Lesern mitzuteilen. Es ist dies NIKOMACHUS VON GERASA. Die von ihm in seiner *εἰσαγωγὴ ἀριθμητική*[254] gewählte Anordnung ist die bekannte quadratische Form, in der je eine Horizontalreihe mit einer entsprechenden Vertikalreihe gleichlautend ist; ihr Umfang reicht bis 10 · 10. Einmal in die Litteratur eingeführt — noch dazu durch ein so verbreitetes Buch, wie das des NIKOMACHUS —, verschwindet das Einmaleins auch nicht wieder aus ihr. Aus der *εἰσαγωγὴ* entlehnt es BOËTHIUS[255] (480? Rom — 524 Pavia, röm. Staatsmann und Philosoph). Wir finden es in einem Lehrbuch des Abacusrechnens von BERNELINUS (um 1020 n. Chr.), einem Schüler GERBERT's, des späteren Papstes SYLVESTER II.[256] — merkwürdigerweise ist bei diesem die Diagonalreihe, die die Quadratzahlen enthalten müßte, frei gelassen —, dann in dem umfangreichen *liber abaci* (1202) des LEONARDO VON PISA.[257] Von hier aus gelangte es mittelbar oder unmittelbar in die Rechenbücher des Mittelalters, die fast ausschließlich die quadratische Anordnung bevorzugen, meist unter dem Namen mensa bezw. mensula Pythagorae, pythagoreischer Tisch, Tafel der Mannigfaltigung (so bei KOEBEL 1518).[258] In dreieckiger Anordnung führt es der nur handschriftlich erhaltene Triparty (1484) des französischen Mathematikers NICOLAS CHUQUET (Lyon, Paris; † um 1500),[259] im Druck zuerst das Rechenbuch des JOHANNES WIDMANN VON EGER (1489)[260] in der auf umstehender Seite wiedergegebenen Form an.

Eine Erweiterung der Tabelle auf das sog. große Einmaleins nimmt PETRUS DE DACIA, ein dem Dominikanerorden angehörender dänischer Gelehrter (um 1300)[261], vor; seine Produktentafel erstreckt sich bis zu 49, ist aber im Sexagesimalsystem berechnet. Ungefähr aus dem Jahre 1400 ist eine Tabelle in dekadischem System bis 20 · 20 aus dem *Algorismus prosaycus* des prager Mathematikers KŘIŠTAN VON PRACHATIK (1392—1437) bekannt;[262] der Kanon des PROSDOCIMO DE' BELDOMANDI († 1428, Prof. in Padua) reicht bis 22 · 22.[263] Umfangreichere Produktentafeln erscheinen nicht vor

[254] NICOMACHUS, Introductio, Buch I, Kap. XIX, 9, S. 51 (Anm. 213). — [255] BOËTIUS, Instit. arithm. I, 26, S. 53 (Anm. 28). — [256] CANTOR, I^b, S. 826. — [257] LEONARDO PISANO, liber abaci, I, S. 6 (Anm. 17). — [258] FELIX MÜLLER, Ztschr. f. Math. u. Phys., Suppl. 1899, S. 319. — [259] CHUQUET, Le Triparty, S. 596 (Anm. 11). — [260] WIDMANN, 15. Blatt (Anm. 55). — [261] ENESTRÖM, Bibl. math., 1890, S. 32. — [262] CANTOR, II^b, S. 179. — [263] CANTOR, II^b, S. 207.

1	1 1	2 2	3 3	4 4	5 5	6 6	7 7	8 8	9 9	0 0
2	2 4	3 6	4 8	5 10	6 12	7 14	8 16	9 18	0 0	
3	3 9	4 12	5 15	6 18	7 21	8 24	9 27	0 0		
4	4 16	5 20	6 24	7 28	8 32	9 36	0 0			
5	5 25	6 30	7 35	8 40	9 45	0 0				
6	6 36	7 42	8 48	9 54	0 0					
7	7 49	8 56	9 63	0 0						
8	8 64	9 72	0 0							
9	9 81	0 0								
0	0 0									

Nach Chuquet.

1	2								
2	4	3							
3	6	9	4						
4	8	12	16	5					
5	10	15	20	25	6				
6	12	18	24	30	36	7			
7	14	21	28	35	42	49	8		
8	16	24	32	40	48	56	64	9	
9	18	27	36	45	54	63	72	81	

Nach Widmann.

dem siebzehnten Jahrhundert. Das Verdienst, eine solche zum erstenmal zusammengestellt zu haben, gebührt dem bayrischen Staatsmann Herwarth von Hohenburg (1553—1622), einem in der Mathematik und Philologie gleich bewanderten Laien. Sein Tabellenwerk *Tabulae Arithmeticae προσθαφαιρέσεως universales,*[264] erschienen 1610, enthält die Produkte sämtlicher dreiziffrigen Zahlen bis 999 · 999; es konnte auch für Faktoren mit höherer Zifferanzahl bei entsprechender Zerlegung derselben benutzt werden. Das umfangreiche Werk enthält 999 Seiten von über $^1/_2$ m Höhe und $^1/_4$ m Breite und ist dabei $10^1/_2$ cm dick. Wieviel übersichtlicher und raumsparender dagegen die Neuzeit arbeitet, erkennt man aus einem Werke Crelle's (1780—1855, Oberbaurat in Berlin),[265] das genau denselben Inhalt hat, jedoch bei erheblich kleinerem Format, dank der besseren Anordnung, nur 450 Seiten umfaßt.

Als spezielle Produkttafeln sind die Quadrat- und Kubikzahlentabellen anzusehen. Die älteste derartige Zusammenstellung zeigen uns zwei uralte *babylonische* Thontafeln, die bei Senkereh am Euphrat unweit Babylon 1854 gefunden wurden;[266] sie stammen aus dem dreiundzwanzigsten bis sechzehnten Jahrhundert v. Chr. und enthalten die Quadratzahlen bis 60^2, ausgedrückt im Sexagesimalsystem; die Kubikzahlen reichen nur von 1^3 bis 32^3, da das betreffende Täfelchen durch Bruch unvollständig geworden ist. — Beschränkte Reihen von

264 Cantor, II^b, S. 722. — 265 A. L. Crelle, *Rechentafeln*, Berlin 1820, 2. Aufl. v. Bremiker 1864. — 266 Lepsius, *Die Babylonisch-assyrischen Längenmaße nach der Tafel von Senkereh,* Abh. der Berl. Akademie 1877, S. 106—107.

Quadrat- und Kubikzahlen werden zuweilen den Rechenbüchern des Altertums und Mittelalters beigegeben; umfangreichere Tabellen entstehen wiederum erst im jüngeren Mittelalter. 1592 erschien die *tabula tetragonica*[267] des italienischen Astronomen MAGINI (1555—1615, Prof. in Padua), die auf 24 Blättern die Quadrate von 1—100100 liefert. Weniger reich ist die Tafel, die CLAVIUS (1537 Bamberg — 1612 Rom; Jesuit, zuletzt Lehrer am Ordenshause zu Rom) seiner *Geometria practica* (Romae 1604, Moguntiae 1606)[268] angehängt hat (n^2 für $n = 1 \ldots 1000$); dafür enthält letztere aber auch die Kubikzahlen in dem gleichen Umfang wie die Quadratzahlen. Bis $n = 10000$ geht die Quadrat- und Kubikzahlentabelle, die PAUL GULDIN (1577 St. Gallen — 1643; Jesuit, math. Lehrer in Rom, Wien, Graz) seinem ersten Buche *De centro gravitatis* (Wien 1635) angeschlossen hat. Fortführungen wurden erst im nächsten Jahrhundert unternommen; JOH. PAUL BUCHNER berechnet seine *Tabula radicum, quadrat. et cuborum* bis zu 12000, JOH. LUDOLF's *Tetragonometria tabularia* (Jen. 1712) dehnt sich sogar bis 100000 aus.[269]

Eine Verbindung von Produkt- und Quadrattafeln stellen diejenigen von BLATER (Wien 1887) dar, in denen $\frac{n^2}{4}$ für $n = 1$ bis 200000 berechnet ist; vermittelst der Formel

$$a \cdot b = \frac{(a + b)^2}{4} - \frac{(a - b)^2}{4}$$

ist es auch möglich, das Produkt $a \cdot b$ zu finden.

Entgegengesetzt der Aufgabe, für eine gegebene Zahl die Quadratzahl zu finden, ist die andere, einer gegebenen Zahl anzusehen, ob sie eine Quadratzahl ist, eine Aufgabe, die bei sehr großen Zahlen durch die oben angeführten Tabellen, infolge ihres beschränkten Umfanges, nicht mehr gelöst werden kann. Eine Anzahl brauchbarer Kennzeichen stellt GULDIN (vgl. oben) in seinem Buch *De centro gravitatis*, Wien 1635, S. 183, zusammen, reichhaltiger und übersichtlicher LAMBERT (1728—1777; Oberbaurat, Berlin) in den *„Beiträgen zur Mathematik“* von 1770.[270] Aus der Bildung der Quadratzahlen ist ohne weiteres klar, daß nur folgende 25 Endungen vorkommen können, wenn mit p eine gerade, mit i eine ungerade Zahl bezeichnet wird: p01, i21, p41, i61, p81; 04, 24, 44, 64, 84; 00, 025, 225, 625; 16, 36, 56, 76, 96; p09, i29, p49, i69, p89. Jede gerade Quadratzahl muß sich so oft durch 4 teilen lassen, bis sich

267 CANTOR, II^b, S. 581. — 268 CLAVIUS, Werke, Moguntiae 1612, Bd. II, Geom. pract., S. 221—226. — 269 KÄSTNER, Anfangsgründe, II. Aufl., Göttingen 1764, S. 119. — 270 Bd. II, Berlin 1770, Abh. I, § 8, S. 10.

eine ungerade Zahl ergiebt; sonach müssen die beiden letzten Ziffern einer Quadratzahl stets durch 4 teilbar sein. Eine ungerade Quadratzahl ist, um 1 vermindert, immer durch 8 teilbar, wie die Zerlegung

$$(10a + b)^2 - 1 = (10a + b - 1) \cdot (10a + b + 1)$$

zeigt, da beide Faktoren gerade Zahlen, der eine sogar durch 4 teilbar ist. Daß Quadratzahlen, durch 9 dividiert, nur die Reste 0, 1, 4, 7, Kubikzahlen die Reste 0, 1, 8 geben können, wußte der arabische Arzt AVICENNA (978—1036);[271] ja dem Neuplatoniker THEON VON SMYRNA (um 130 n. Chr.) war schon bekannt, daß bei der Division einer Quadratzahl durch 3 oder 4 nur die Reste 0 und 1 vorkommen.[272] Bei LAMBERT finden wir noch die neue Bemerkung, daß eine nicht durch 9 teilbare, ungerade Quadratzahl, um 1 vermindert, durch 24 teilbar sein muß.

Viel wichtiger als Produkttafeln sind die Primzahlen- und Faktorentafeln, von denen die letzten die Divisoren oder wenigstens den kleinsten Primzahldivisor für eine gegebene Zahl liefern. Von älteren Zusammenstellungen dieser Art ist wenig anzuführen. Erwähnenswert ist höchstens eine kleine Randtabelle im fünften Abschnitt des *liber abaci* (1202) von LEONARDO PISANO, die die Primzahlen von 11 bis 97,[273] und eine andere, die die Zerlegung in Faktoren von 12—100 giebt.[274] Die Zerlegung der Zahlen 1 bis 1000 in Primfaktoren stellt CATALDI († 1626; Bologna) in einem Anhang zu seiner Abhandlung über vollkommene Zahlen (1603) zusammen; die Primzahlen zwischen 1 und 10000 bestimmt der jüngere FRANCISCUS VAN SCHOOTEN (1657).[275] Ein Verzeichnis der Zerlegung aller Zahlen dieses Intervalles verdankt man ANJEMA (1767) und in sehr gedrängter, übersichtlicher Form LAMBERT.[276] Eine Faktorentafel von 1—10500 und eine Primzahlentafel von 1—100000 enthalten die Vorlesungen über Mathematik von VEGA (1793); bis 400000 fortgesetzt wird die Faktorentafel in VEGA's *tabulae logarithmo-trigonometricae* (Leipzig, II. Aufl. 1797). Die erste

271 CANTOR, I^b, S. 712. — 272 *Theonis Smyrnaei Philosophi Platonici expositio rerum mathematicarum ad legendum Platonem utilium,* ed. HILLER, Leipzig 1878, S. 17—20: *ἰδίως δὲ τοῖς τετραγώνοις συμβέβηκεν ἤτοι τρίτον ἔχειν ἢ μονάδος ἀφαιρεθείσης τρίτον ἔχειν πάντως, ἢ πάλιν τέταρτον ἔχειν ἢ μονάδος ἀφαιρεθείσης τέταρτον ἔχειν πάντως* (bei den Quadratzahlen ist es der Fall, daß sie, entweder selbst oder nach Abzug der Einheit, ein Dreifaches sind oder auch, entweder selbst oder nach Abzug der Einheit, ein Vierfaches). — 273 LEONARDO PISANO, I, S. 31 (Anm. 17). — 274 Daselbst S. 37. — 275 *Exercitationes mathematicae,* Leiden 1657, lib. V, sectio V, S. 394—403. — 276 LAMBERT, *Beitr. zum Gebrauch der Math.,* II, Berlin 1770.

Million vollendete der niederländische Professor CHERNAC (zu Deventer).[277] Bis zur dritten Million erstrecken sich die Berechnungen des französischen Akademikers JOH. KARL BURCKHARDT (1773 Leipzig — 1815 Paris).[278] Eine bis zur fünften Million ausgedehnte Tafel, die das besondere Interesse EULER's erregte, soll HINDENBURG (1741 Dresden — 1808, Prof. in Leipzig) in Angriff genommen haben;[279] der Druck kam jedoch nicht über den Anfang hinaus. Der berühmte Rechenkünstler ZACH. DASE (1824—1861, Hamburg) bearbeitete die siebente, achte und neunte Million.[280] Für die fehlenden Millionen, die vierte, fünfte und sechste, war man lange auf ein Manuskript CRELLE's (1780—1855; Oberbaurat, Berlin), das der Berliner Akademie gehörte, angewiesen. Erst in der neuesten Zeit wurde die vorhandene Lücke durch den englischen Physiker JAMES GLAISHER (geb. London 1809) ausgefüllt.[281]

D. Die Brüche.

I. Die gewöhnlichen Brüche.

a) Allgemeiner Teil.

Gleich bei ihrem Eintritt in die geschichtliche Überlieferung bietet sich die Lehre von den gewöhnlichen Brüchen dem Forscher in einer staunenswerten Vollkommenheit dar. Das altägyptische Rechenbuch des AHMES, der sog. *Papyrus Rhind*,[181] der etwa aus dem Beginn des zweiten Jahrtausend vor unserer Zeitrechnung stammt, weist ein vollständiges System einer Bruchrechnung auf, das uns freilich durch seine merkwürdigen Stammbruchmethoden fremdartig berührt, aber in überraschend befriedigender Weise die gestellten Aufgaben, wie insbesondere die vier Rechenoperationen, auszuführen im stande ist. Im Vergleich zu der Ausführlichkeit, die der Verfasser den Brüchen zu teil werden läßt, verschwindet fast die Behandlung der Lehre von

277 *Cribrum arithmeticum s. tabula continens numeros primos a compositis segregatos,* Deventer 1811; vgl. GAUSS' Besprechung, Gött. gel. Anzeigen 23. März 1882; GAUSS' Werke, III, Gött. 1876, S. 181—182. — 278 J. C. BURCKHARDT, *Tables des Diviseurs p. tous les nombres du 1., 2. et 3. million avec les nombres premiers,* 3 part., Paris 1814—17; vgl. GAUSS, Gött. gel. Anz. 3. November 1814, 7. November 1816, 9. August 1817; GAUSS' Werke, III, S. 183—186. — 279 Nouv. Mém. de Berlin 1781 (gedruckt 1783), Histoire, S. 31 ff. — 280 Z. DASE, *Faktorentafeln f. alle Zahlen der 7., 8. und 9. Million mit den darin vorkommenden Primzahlen,* Hamburg 1862—65, 3 Bände. — 281 *Factor-Table for the 4. Million,* London 1879; desgl. *5. Mill.,* Lond. 1880; *6. Mill.* Lond. 1883.

den ganzen Zahlen. Das Rechenbuch des Ahmes scheint den Höhepunkt der damaligen Entwicklung der Arithmetik darzustellen; es ist ein für seine Zeit hochwissenschaftliches Werk, das auf elementare Herleitung wie auf Ausführung der gemeinen Rechenoperationen nicht eingeht, das den spürenden Geschichtsschreiber nur erraten läßt, was als allgemein Bekanntes vorauszusetzen ist. Um so schmerzlicher vermißt man weitere Vorquellen. Aus dem ganzen dritten Jahrtausend, das an der Bildung jener Methoden gearbeitet haben muß, ist keine Spur litterarischer Überlieferung vorhanden. Leider ist es bei dem emsigen Suchen der neuesten Zeit nach Überresten der alten Kulturen mehr wie zweifelhaft, ob die Zukunft auf weitere Quellenfunde wird rechnen dürfen.

Charakteristisch für die ägyptische Wissenschaft ist das traditionelle Festhalten an den einmal gewonnenen Methoden und Resultaten. Gleichsam als wenn dem Stoff selbst der Stempel dieser zähen Beständigkeit aufgeprägt wäre, treffen wir in späteren Jahrtausenden bei den verschiedensten Völkern immer und immer wieder auf ägyptische Weisheit. Altägyptische Verfahren sehen wir zur Zeit der Griechen beobachtet, von den Römern getrieben, von den Arabern gepflegt — verändert und durchdrungen von dem sie behütenden Volke, aber in den Umrissen sicher erkennbar. Wir können die ägyptische Stammbruchlehre verfolgen über die Zeit der Araber hinweg bis ins deutsche Mittelalter hinein; in der Geometrie arbeiten wir noch heute nach ägyptischem Muster, da die euklidische Beweisform, der wir folgen, von den griechischen Mathematikern ägyptischer Schulung nachgebildet ist.

Die *Ägypter* kannten nur Stammbrüche. Begrifflich haben sie auch Brüche mit höherem Zähler als 1 besessen; doch vermochten sie diese — mit Ausnahme von $\frac{2}{3}$, wofür ein eigenes Zeichen vorhanden war — nicht schriftlich auszudrücken, da nur die Zahl des Nenners mit einem übergesetzten Punkt, etwa $\dot{7}$, geschrieben und dann als $\frac{1}{7}$ gelesen wurde. Nichtstammbrüche mußten durch Summen von Stammbrüchen ersetzt werden, wie $\frac{2}{5}$ durch $\frac{1}{3}+\frac{1}{15}$, $\frac{2}{13}$ durch $\frac{1}{8}+\frac{1}{52}+\frac{1}{104}$, und zu diesem Zweck giebt Ahmes eine umfangreiche Zerlegungstabelle aller Brüche von der Form $\frac{2}{2n+1}$ $(n = 1, 2 \ldots . 49)$.[282] Brüche mit geradem Nenner $2n$ weist die Tafel nicht auf, da sie sofort mit 2 gehoben werden konnten. Lag ein Bruch mit höherem Zähler vor, so konnte er zerfällt werden in eine Summe gleichnamiger Brüche, deren Zähler nur 2 bezw. 1 sind.

282 Eisenlohr, S. 46—48 (Anm. 181).

Die ersten ließen sich, falls nicht mit 2 zu heben war, mit Hilfe der Tabellen in Summen von Stammbrüchen verwandeln, so daß sich schließlich der in Rede stehende allgemeine Bruch vollständig in Stammbrüche auflösen ließ. In der Zusammenstellung der Tafel ist ein einheitliches Zerlegungsprinzip nicht zu entdecken; sie läßt sich daher kaum als Arbeit eines Verfassers auffassen. Alle Wahrscheinlichkeit spricht dafür, daß sie eine Sammlung einzeln gefundener Zerlegungen ist, an deren Vervollständigung Rechner aus verschiedenen Zeiten beigetragen haben, so etwa, wie in moderner Zeit eine Formelsammlung die Forschungen vieler Gelehrten auf einem speziellen Gebiete vereinigt.

Mit diesen Stammbruchsummen werden nun von Ahmes Beispiele aus allen vier Rechnungsarten vorgeführt, die Subtraktion in der Form einer additiven Ergänzung des Subtrahendus zum Minuendus, ähnlich die Division durch multiplikative Ergänzung des Divisors zum Dividendus. Bei schwierigeren Aufgaben begnügt sich der Rechner zunächst mit einem angenäherten Resultat, das dann allmählich zum richtigen verbessert wird. Bezeichnend für das Verfahren, das Ahmes einschlägt, ist in fast allen Aufgaben ein Erweitern mit einem nicht besonders erwähnten oder hingeschriebenen, aber aus den Resultaten klar hervorgehenden Hauptnenner. Oft ist dieser Hauptnenner, für den auch kein terminus technicus üblich ist, nicht einmal ein gemeinsames Vielfaches der Einzelnenner, so daß dann als Zähler wiederum gebrochene Zahlen auftreten.

Die ägyptische Methode, mit Brüchen zu rechnen, erlernten die *Griechen* und bedienten sich ihrer, anfangs allgemein auch im wissenschaftlichen, später nur noch im praktischen Rechnen, wie in der Feldmeßkunst.[283] Sie schufen sich eine Schreibart für Nichtstammbrüche, indem sie neben den als ganze Zahl (z. B. ι ζ′ = 17) geschriebenen Zähler die Nennerzahl zweimal und mit doppeltem Komma versehen setzten (z. B. $\frac{17}{21}$ = ι ζ′ κα″ κα″)[284] oder sie erhöht (mit oder ohne Accent) dem Zähler beifügten

$$\overline{\iota\zeta}^{\,\kappa\alpha'} \text{ oder } \iota\zeta^{\kappa\alpha}\,{}^{285} \text{ oder } \iota\zeta^{\kappa\tilde{\alpha}}.\,{}^{286}$$

[283] So bei Heron (erstes Jahrhundert v. Chr.), der die Brüche λεπτά = Geschältes, Dünnes, Feines nennt. — [284] Heron, Stereometrie, I, 8, ed. Hultsch, Berlin 1864, S. 155, Z. 10—11; vgl. auch Hultsch, *Metrologicorum scriptorum reliquiae*, vol. I, Lips. 1864, S. 175. — [285] Bei Archimedes nach Eutokius, vgl. Nesselmann, *Algebra der Griechen*, S. 114 (Anm. 86); Nizze, S. 280, (Anm. 6) schreibt 1838 $\frac{9}{11}$ = ϙωλη ϑ^ια′; ed. Heiberg (Leipzig 1880/81) hat (Bd. II, S. 295) ϙωλη′ ϑ′ια″. — [286] Bei Diophant, vgl. Nesselmann a. a. O.; ed. Tannery (Leipzig 1893) benutzt: $\frac{\kappa\alpha}{\iota\zeta}$.

κα" für sich in Schriftlinie bedeutete den einfachen Stammbruch $\frac{1}{21}$. Nur für $\frac{1}{2}$ bestand ein altertümliches Zeichen C, ein Halbkreis mit senkrecht gestelltem Durchmesser und nach rechts gerichteter Öffnung, ähnlich für $\frac{2}{3}$ — vielleicht ägyptischen Ursprungs — ein ω-ähnliches Symbol.

Es wurde schon kurz erwähnt, daß die *Araber* das Stammbruchrechnen von den Griechen entlehnten. Ein Beispiel liefert uns hierfür neben anderen das sogen. *Rechenbuch des* JOHANNES VON SEVILLA, (XII, Saec. vgl. S. 37) das die lat. Übersetzung einer ausführlichen arabischen Bearbeitung des Rechenbuches von MUHAMMED IBN MUSA ALCHWARIZMI (Anfang des neunten Jahrhunderts) ist, in dem Aufgaben, wie das Multiplikationsexempel $8\frac{1}{2}\,\frac{1}{4}\,\frac{1}{8} \times 3\frac{1}{4}\,\frac{1}{9}$[287] vorgerechnet werden. Von den Arabern gelangte es zu LEONARDO VON PISA (liber abaci 1202), der vielfach die Schreibart in Stammbruchform bevorzugt,[288] und ist nunmehr bei verschiedenen mittelalterlischen Schriftstellern zu verfolgen. Die letzten Ausläufer liegen gewissen kaufmännischen Rechenvorteilen zu Grunde, die, von Italien ihren Ursprung nehmend, unter dem Namen *„Tolletrechnung"* und *„Wälsche Praktik"* lange Zeit bei den deutschen Rechenmeistern in hervorragendem Ansehen standen.[289]

Hatte sich in Ägypten in entlegener Zeitperiode eine eigenartige Bruchrechnung herausgebildet, so tritt uns ein zweites unabhängiges Entwicklungszentrum in *Babylon* entgegen, dessen Methoden, wenigstens in der wissenschaftlichen Mathematik der Griechen und Araber, die ägyptischen ablösten. Dem konstanten Zähler 1 der ägyptischen Brüche steht der konstante Nenner 60 der chaldäischen Sexagesimalbrüche gegenüber. Wie die Reihe der ganzen Zahlen in Gruppen zu je 60 zusammengefaßt wurden und die Sprache sogar für die oberen Einheiten besondere Wörter bildete, 1 *Sar* = 3600, 1 *Soss* = 60, so daß die Zahl 3721 mit 1 *Sar* 2 *Soss* 1 *Einer*[290] oder kurz 1. 2. 1 geschrieben werden konnte (vgl. die Täfelchen von Senkereh, in denen das Quadrat von 8 statt mit 64 mit 1. 4, $9^2 = 81$ mit 1. 21 u. s. w. ausgedrückt ist, siehe S. 70), so wurden Unterabteilungen der Einheit, 60^{tel}, 3600^{tel} ... gebildet und zu einer unserer Dezimalbruchform ähnlichen Schreibweise benutzt. Der Bruch $\frac{1}{2}$, $\frac{1}{3}$ wurde einfach ersetzt durch 30, 20 mit Ergänzung des Nenners 60. Der Siegeszug der Sexagesimalbrüche begann am Ende des dritten Jahrhunderts vor unserer Zeitrechnung (S. 23); um 200 v. Chr. fanden sie Eingang in Alexandria und wurden

287 Trattati d'arithm., II, Rom 1858, S. 61 (Anm. 131). — 288 LEONARDO PISANO, I, S. 52 (Anm. 17). — 289 CANTOR, II^b, S. 226. — 290 HANKEL, S. 65 (Anm. 40).

bei den griechischen Astronomen Handwerkszeug der wissenschaftlichen Mathematik. Ihrem Vorbild folgten arabische und nach ihnen mittelalterliche Gelehrte, bis sie vom fünfzehnten Jahrhundert an allmählich den Dezimalbrüchen (siehe S. 86 ff.) weichen mußten.

Flugsamen östlicher Kultur gelangte in vorgeschichtlicher Zeit nach *Italien*[291] und rief dort einen dritten Bildungsherd für die Bruchlehre hervor. Während sich das starke, mächtige Rom der mathematischen Bildung gegenüber unbeholfen und unselbständig zeigte und sich kaum als mittelmäßigen Schüler Griechenlands erwies, ging es in der Entwicklung des Bruchrechnens auffallender weise selbständig vor und schuf jenes bekannte Zwölfersystem, das das praktische Rechnen des früheren Mittelalters bis zum zwölften Jahrhundert beherrschte. Ursprünglich waren die sogen. *minutiae* Unterabteilungen des *as*, einer Kupfermünze von anfangs einem Pfund Gewicht.[292] $\frac{12}{12}$ = *as*, $\frac{11}{12}$ = *deunx* (de uncia = as weniger uncia), $\frac{10}{12}$ = *dextans* (de sextans = as weniger sextans), $\frac{9}{12}$ = *dodrans* (de quadrans = as weniger quadrans), $\frac{8}{12}$ = *bes* (2 Teile des as), $\frac{7}{12}$ = *septunx* (septem unciae), $\frac{6}{12}$ = *semis* (halb), $\frac{5}{12}$ = *quincunx* (quinque unciae), $\frac{4}{12}$ = *triens* (Drittel), $\frac{3}{12}$ = *quadrans* (Viertel), $\frac{2}{12}$ = *sextans* (Sechstel), $\frac{1}{12}$ = *uncia*; ferner: $\frac{1}{24}$ = *semuncia* ($\frac{1}{2}$ uncia), $\frac{1}{48}$ = *sicilicus* ($\frac{1}{4}$ uncia), $\frac{1}{72}$ = *sextula* ($\frac{1}{6}$ uncia), $\frac{1}{144}$ = *dimidia sextula*, $\frac{1}{288}$ = *scripulus*. Allmählich verloren diese Bruchteile des as ihre konkrete Bedeutung und erhielten den Wert echter Bruchbezeichnungen. Eigene Zeichen erhöhten ihre Verwendbarkeit; schließlich wurden Zusammenstellungen, wie *septunx jugeri* (Livius) = $\frac{7}{12}$ Morgen Land, nicht ungewöhnlich. Additionen und Subtraktionen lassen sich mit diesen benannten Brüchen in verhältnismäßig einfacher Weise vornehmen; auch gestatten gewisse, oben nicht angeführte Gruppen von Brüchen, wie $\frac{1}{8}$ durch *sescuncia* ($= \frac{1\frac{1}{2}}{12} = 1\frac{1}{2}$ uncia), noch eine einigermaßen bequeme Ausdrucksweise, während man sich bei anderen mit ausdrückbarer Annäherung begnügen mußte. Aber welche grausamen Regeln hatte der Anfänger sich anzueignen, wenn er die Multiplikation mit Minutien lernen sollte, daß etwa 1 *triens* · 1 *quadrans* = 1 *uncia* ($\frac{1}{3} \cdot \frac{1}{4} = \frac{1}{12}$) u. s. w. ist. Es kann nicht verwundern, daß der gewöhnliche Mann und selbst der kaufmännische Rechner zu Tafeln griff, wie sie uns aus späterer Zeit in dem *Calculus* des VICTORIUS VON AQUITANIEN

291 So ist das altetruskische Zeichen für $\frac{1}{2}$ ein Halbkreis, wie in Griechenland, nur so gedreht, daß er auf dem wagerechten Durchmesser steht: ∩, (CANTOR, I^b^, S. 490). — 292 vgl. HANKEL, S. 57—62 (Anm. 40).

(450 n. Chr.)[293] noch erhalten sind, die ihm gestatteten, die gewünschten Produkte, fertig ausgerechnet, zu entnehmen.

Das römische Bruchrechnen war einer weiteren Entwickelung nicht fähig. Das lange Festhalten an diesem höchst ungeschickten Systeme, in dem schwierigere Rechnungen römischer Ingenieure und Feldmesser nur noch schwieriger und unübersichtlicher wurden, ist ein Zeugnis für die geringe wissenschaftlich-mathematische Veranlagung der Römer. Die Grundlage unserer modernen leicht faßlichen und durchsichtigen Bruchlehre konnte nur durch das Positionssystem Indiens — eines vierten Geburtsortes des Bruchrechnens — gelegt werden.

Die Schreibart der *Inder* ist bis auf den fehlenden Bruchstrich bereits die unsere, die Zahl des Zählers steht über der des Nenners. Auftretende Ganze werden nötigenfalls als Brüche mit dem Nenner 1 geschrieben. Bei gemischten Brüchen stehen die Ganzen in einer dritten Stufe über dem Zähler, so daß $2\frac{4}{5}$ die Form $\begin{matrix}2\\4\\5\end{matrix}$ annimmt. Sämtliche 4 Rechnungsoperationen werden nach Regeln vollzogen, die nur wenig von den heutigen abweichen. So lehrt Brahmagupta (geb. 598 n. Chr.): „Das Produkt aus den Zählern, geteilt durch das Produkt aus den Nennern, ist Multiplikation u. s. w.[294] Indes wird beim Gleichnamigmachen kein Gewicht auf Benutzung des kleinsten Hauptnenners gelegt. Daß auch Sexagesimalbrüche in Indien vereinzelt auftreten, ist bei der Nähe Babylons nicht zu verwundern; man braucht zur Erklärung ihres Vorkommens nicht erst mittelbare oder unmittelbare griechische Einwirkung anzunehmen.

Indische Wissenschaft vereinigte sich bei den *Arabern* mit griechischer. In ihren Lehrbüchern finden wir das griechisch-ägyptische Stammbruchrechnen (vgl. S. 76), wie das griechisch-babylonische Sexagesimalsystem, aber auch rein indisches Bruchrechnen. Ihre Stellung in der Geschichte der Völker machte sie zu den Vermittlern, durch die das Abendland die alten Methoden kennen lernte. In dem ältesten arabischen Rechenbuch, das etwa um 820 n. Chr. nach indischen Vorlagen ausgearbeitet war, dem

293 Cantor, I^b, S. 495. — 294 Aryabhatta (geb. 476 n. Chr.), ed. L. Rodet „*Leçons de Calcul d'Aryabhata*", Journal Asiatique, Sept. série, Tome XIII, Mai—Juni 1879, Strophe XXVII a u. b, S. 402, 425; Brahmagupta (geb. 598 n. Chr.), Gaṇita, ch. II, sect. I, 8—10, ed. Colebrooke, „*Algebra with Arithmetic and Mensuration from the Sanscrit of Brahmagupta and Bháscara*", London 1817, S. 281 bis 283; Bhaskara (geb. 1114 n. Chr.), *Lîlâvatî*, ch. II, sect. III, ed. Colebrooke, S. 13—18; ch. IV, sect. II, ed. Colebrooke, S. 42.

Rechenbuch des MUHAMMED IBN MUSA ALCHWARIZMI (arab. Astronom in Bagdad und Damaskus), sind freilich indische Brüche nur kurz erwähnt; aber es ist erklärlich, daß ein Astronom auf diese weniger Wert legt, sein Hauptaugenmerk in seinem Lehrbuch vielmehr auf die Erklärung der Operationen mit Sexagesimalbrüchen richtet.[295] In ausführlicheren Bearbeitungen dieses Werkes, wie uns z. B. eine solche in einer lateinischen Übersetzung aus dem zwölften Jahrhundert, das sogenannte *Rechenbuch* des JOHANNES VON SEVILLA (S. 37), erhalten ist, finden wir das Fehlende nachgeholt;[296] so auch in dem *„Befriedigenden Tractat"* des ALNASAWI (1030 n. Chr.), der uns selbst das Ausziehen von Quadrat- und Kubikwurzeln aus gemischten Bruchzahlen vorrechnet. Die Schreibweise ist bei beiden die indische; bei letzterem wird sie bis zu der Konsequenz durchgeführt, daß, wenn bei einem Bruche Ganze nicht vorhanden sind, doch eine 0 über die Zählerzahl gesetzt wird, $\frac{1}{11}$ also durch $\begin{matrix}0\\1\\11\end{matrix}$ bezeichnet wird.[297] Bei anderen arabischen Verfassern finden sich auch die Ganzen rechts neben die Brüche gestellt, entsprechend der bei den Arabern üblichen Schreibrichtung.

Die älteren *mittelalterlichen* Schriftsteller, LEONARDO VON PISA 1202; *liber abaci*), JORDANUS NEMORARIUS († 1237; *algorithmus demonstratus*) lassen die arabischen Quellen sehr stark durchleuchten und werden für die Folgezeit vorbildlich. Die Aufgabe, welche in der elementaren Mathematik dem Mittelalter zufiel, war weniger eine Vervollkommnung der indischen Methoden, als eine Verbreitung in immer größere Kreise. Noch viel schwerer und langsamer als bei dem Rechnen mit ganzen Zahlen gelang es dem Mittelalter, das Rechnen mit Brüchen zum Volkseigentum zu machen. Die Gelehrten und die besseren Rechenmeister beherrschten selbstverständlich das Rechnen mit Brüchen, sowohl mit gewöhnlichen als auch mit sexagesimalen; in ihren Lehrbüchern finden wir auch im allgemeinen zufriedenstellende Darlegungen. Auf dem Höhepunkt, was kurze, klare und übersichtliche Darstellung betrifft, steht z. B. die Behandlung der Bruchlehre bei STEVIN (1548 Brügge — 1620 Leiden; Kaufmann, später als Ingenieur im Staatsdienst) in seiner L'Arithmetique von 1585. STEVIN beginnt (Buch II, Regel V) mit dem Aufsuchen des gemeinsamen Teilers, dem sich das Heben (*Estant donné nombre Arithmetique rompu: Trouver son premier rompu;* Probl. VI)

[295] Trattati d'aritmetica I (Anm. 130), S. 17 (lat. Übers. aus dem XII. Jahrh.). — [296] Ebendaselbst II, Rom 1858, S. 56—72 (Anm. 131). — [297] CANTOR, I[b], S. 718.

anschließt; es folgt (Probl. VII) das Einrichten gemischter Brüche *(trouver un rompu, qui leur soit égale)* nebst Umkehrung (Probl. VIII). Das Aufsuchen des kleinsten Vielfachen (Probl. IX) bereitet Addition und Subtraktion (Probl. X, XI) vor; danach wird die Multiplikation (Probl. XII) und Division (Probl. XIII) gelehrt.[298] STEVIN wandte sich an wissenschaftliche Leser; recht traurig stand es mit den Rechenbüchern, die dem Anfangsunterricht dienen sollten. Beim Volke waren die Brüche als schwerstes Kapitel verrufen, was noch in unserer Redensart „in die Brüche geraten" nachklingt. Man beschränkte sich in den meisten Unterrichtsbüchern auf das allergeringste Maß und begnügte sich damit, Gedächtnisregeln, manchmal in Versen, zu geben, nach denen die betreffenden Aufgaben mechanisch zu berechnen waren. Auf Beweise und folgerichtige Anordnung des Stoffes wird in diesen Volksbüchern erst seit Beginn des achtzehnten Jahrhunderts Gewicht gelegt, wie in den *„Anfangsgründen"* des Freiherrn CHR. v. WOLFF (1. Aufl. 1710). KÄSTNER's *„Anfangsgründe"* (1. Aufl. 1758) stellen die Forderung auf, daß alle für ganze Zahlen geltenden Regeln und Sätze, wie die von der Vertauschbarkeit der Faktoren, Probe bei der Division u. s. w., neu bewiesen werden müßten, bevor man sie auf die Bruchrechnung zu übertragen berechtigt wäre.[299] — Methodische Unterrichtsgrundsätze, besonders in den Ableitungen der Regeln beim Unterricht u. a., verschaffen sich sogar erst im neunzehnten Jahrhundert Geltung.

b) Spezieller Teil.

Die Definition eines Bruches ist eine doppelte; er kann aufgefaßt werden entweder als ein Vielfaches einer Untereinheit der Einheit oder als ein aliquoter Teil einer von 1 verschiedenen, ganzen Zahl. Die erste Definition giebt EUKLID (um 300 v. Chr., Alexandria) in den Elementen Buch VII, Erkl. 3, 4: „Ein Bruch ist die kleinere Zahl von der größeren, wenn sie, ohne die größere genau zu messen, Teile der größeren enthält." Die zweite Erklärung wird gewiß ebenso alt sein, vielleicht älter, als die erste, da sie den Zusammenhang der Bruchlehre mit der Division, also gerade den Ausgangspunkt der Bruchlehre, giebt; nur findet sie sich nicht ausdrücklich der ersteren gegenübergestellt. In der Litteratur erscheint die Auffassung eines Bruches als einer nicht aufgehenden

298 *Les oeuvres math. de Simon Stevin*, S. 21—23 (Anm. 88). — 299 Anfangsgründe I, Kap. I, Nr. 82 ff. (II. Aufl. v. 1764).

Division bei dem Abacisten ODO VON CLUNY (879 Tours — 942/43, Abt von Cluny).[300]

Die heutige Schreibart eines Bruches geht, wie im allgemeinen Überblick bemerkt ist, aus der altindischen hervor, die die Araber übernahmen. Der Zähler stand oberhalb des Nenners. Durch einen Strich (virgula) wurden beide erst im Liber abaci (1202) des LEONARDO VON PISA voneinander getrennt. Da LEONARDO sich den ihm vorliegenden arabischen Manuskripten selbst in Äußerlichkeiten anschloß, wie er z. B. auch die Ganzen eines gemischten Bruches dem echten Bruch rechts beifügte (S. 79), so ist vielleicht anzunehmen, daß die Benutzung eines Bruchstriches ebenfalls auf arabische Gewohnheit zurückging. JORDANUS NEMORARIUS († 1237; Deutscher, Ordensgeneral der Dominikaner) verwendet den Bruchstrich nicht.[301] In der späteren Zeit schwankt der Gebrauch. Noch im Bamberger Rechenbuch von 1483, welches, abgesehen von einigen Bruchstücken aus dem Jahre 1482, das älteste deutsche, im Druck erschienene Rechenbuch ist, fehlen die Bruchstriche; doch sind Zähler und Nenner mit kleineren Typen gedruckt. Von nun ab ist aber der Bruchstrich immer vorhanden; er wird besonders von den Rechenmeistern am Anfang des sechzehnten Jahrhunderts als notwendiger Bestandteil eines Bruches stets gewissenhaft erwähnt; so von KOEBEL, „Das new Rechēpüchlein" von 1518: „Du solt merken | das ein ygklicher Einfaltiger Bruch geschriben vn außgesprochen wirt | durch zweierlei zale vnd wirt die Erst zale oben gesetzt | vnd heißt der Zäler . . . vnd wirt vnder dy selb zale ein über zwerch strichlein gemacht . . ." S. XXXII[b].

Daß die Ganzen links von dem zu ihnen gehörigen Bruch stehen, ist bereits in den Handschriften des vierzehnten Jahrhunderts üblich; so im *Algorismus proportionum* des ORESME (1323? — 1382, zuletzt Bischof von Lisieux).[302]

Der Name Bruch geht zurück auf LEONARDO's *numerus ruptus* (1202 *liber abaci*, cap. 5, ed. Boncompagni S. 47).[17]

Die Wörter Zähler und Nenner sind Übersetzungen der lateinischen bezw. italienischen Fachausdrücke. Das Rechenbuch des JOHANNES VON SEVILLA (zwölftes Jahrhundert; S. 37, 79)[296]

300 STERNER, S. 120 (Anm. 59); diese Definition bevorzugt GIRARD (1590 ?—1632, Leiden, Lehrer d. Math.) in seiner „*Invention nouvelle en l'algèbre*", Amsterdam 1629, Neudruck von BIERENS DE HAAN, Leiden 1884 (unpaginiert), Signatur A_3 verso. — 301 Algorithmus demonstratus (Anm. 18), Teil 2, Kap. 1, z. B. $\frac{3}{4}$. — 302 M. CURTZE, „der Algorismus proportionum des NICOLAUS ORESME", Berlin 1868, S. 9.

hat „*numerus denominationum*“ und „*denominatio*“, LEONARDO VON PISA (1202 liber abaci): *denominans* und *denominatus,*[303] JORDANUS NEMORARIUS († 1237): *numerans* und *denominans*; in der Regoluzze Di Maestro PAOLO dall' Abaco (PAOLO DAGOMARI, † 1374 Florenz) wird *denominato* und *denominante*[304] benutzt, in der Summa (1494) des LUCA PACIUOLO *numeratore* (bezw. *denominato*) und *denominatore*;[305] ihm folgt TARTAGLIA im General trattato (1556) mit *numerator* und *denominator*[306] (so auch vorher CARDANO 1545 Ars magna).

Die Endsilbe -tel (wie in Viertel, Elftel) war noch im fünfzehnten Jahrhundert das vollständige Wort Teil, wie das KOEBEL'sche Rechenbuch von 1538[307] in der Wortform „Neun eylfftheyl“ beweist.

Unsere Einteilung in echte und unechte Brüche wird im Mittelalter nicht vorgenommen. Man erkennt meistens nur die ersten an. Noch KAUKOL (1696) hebt diese allein als die *rechten* Brüche hervor.[308] In WOLFF's Anfangsgründen (Ausg. v. 1750) fehlt die Unterscheidung gänzlich; KÄSTNER's gleichartiges Lehrwerk (2. Aufl. 1764)[309] trennt *eigentliche* (*verae*) und *uneigentliche* Brüche (*Bastardbrüche, spuriae fractiones*). Die Verbreitung der Wörter echte und unechte Brüche geht wohl von EULER aus, der sie in seiner Algebra von 1770[310] einführt.

Das Wort Heben (*reductio fractionum*), für das bis zum Anfang des neunzehnten Jahrhunderts fast regelmäßig, jetzt nur selten „*Aufheben*“ gesagt wird, stammt aus dem mittelalterlichen *Rechnen auf der Linie* (vgl. S. 54). Die betreffenden Kapitelüberschriften in den Rechenbüchern der ersten Hälfte des sechzehnten Jahrhunderts lauten in der Regel: „Brüch kleiner machen“; so bei GRAMMATEUS 1518,[24] in RUDOLFF's Coß von 1525 (S. 38) u. a. Das einfache Wort *Heben* im rein technischen Sinne scheint nicht vor RUDOLFF's Rechenbuch 1532[311] in Übung gewesen zu sein. Das Wort Erweitern ist erst im neunzehnten Jahrhundert zum Fachausdruck

303 LEONARDO PISANO, I, S. 24, Z. 3 (Anm. 17). — 304 Libri, *Histoire des Sciences math.*, 2. Aufl., Halle 1865, III, S. 284. — 305 Summa, I, Dist. III, tract. I, S. 48 (Anm. 10). — 306 General trattato, Parte I, lib. 7 (Anm. 25). — 307 J. KOEBEL, Zwey Rechenbüchlein uff den Linien und Zipher mit eynem angehenckten Visirbuch (erste Aufl. 1531). — 308 *Filium Ariadne in Labyrintho Fractionum Arithmeticarum* etc., Regensburg 1696, nach STERNER, S. 282 (Anm. 59). — 309 Buch I, Kap. I, § 57. — 310 *Vollständige Anleitung zur Algebra* v. LEONHARD EULER, Petersburg 1770, Teil I, Abschn. I, cap. 7, § 75, S. 44. — 311 „hab ich gehebt mit 5“, Rückseite g_7 Zeile 9 unter der Überschrift: „Das aus warnemung der zweyer züge vil fortheil in Rechnung mag gebraucht werden“ (Anm. 8).

geworden. Weder WOLFF (1750)[105] noch KÄSTNER (1764)[14] noch BUGGE (1800)[312] kennen dasselbe.

Den Wert des Hebens beim Rechnen mit Brüchen wird natürlich das Altertum ebenso erkannt haben wie wir, wenngleich Vorschriften für Ausführung dieser Operation nicht auf uns gekommen sind. Mitteilsamer sind die mittelalterlichen Verfasser einschlägiger Schriften. Abweichend von dem modernen Verfahren ist die Art, in der JORDANUS NEMORARIUS († 1237) das Heben vornimmt; er erweitert den Bruch $\frac{a}{b}$ mit einer Zahl d, die so beschaffen ist, daſs nunmehr der Zähler durch den alten Nenner b dividierbar ist: $\frac{a}{b} = \frac{a\,d}{b\,d} = \frac{a\,d : b}{d}$.[313] Im *Bamberger Rechenbuche* von 1483 wird nur mit kleinen Zahlen gehoben und zwar so oft, bis Zähler und Nenner teilerfremd sind. In dem nur handschriftlich erhaltenen Triparty des Franzosen N. CHUQUET († um 1500; Lyon, Paris) von 1484[314] wird die Reduktion auf einmal vorgenommen, nachdem mittels des euklidischen Verfahrens der gemeinsame Teiler zwischen Zähler und Nenner festgestellt war. Wenn bei den Rechenmeistern des sechzehnten Jahrhunderts anscheinend ein Rückschritt zu verzeichnen ist, indem RIESE und GRAMMATEUS z. B. empfehlen, zuerst mit 2 zu heben, und zwar so oft, wie es geht, dann mit 3 zu probieren, mit 5 u. s. f., so liegt diese Beschränkung wohl weniger an dem wissenschaftlichen Stand der Verfasser, als vielmehr an der Mittelmäßigkeit der Leser, denen möglichst wenig geistige Anstrengung zugemutet werden soll. Die Anführung des Satzes, daß durch Heben und Erweitern der Wert eines Bruches nicht geändert wird, ist fast durchgängig unterlassen; nur CLAVIUS (1537 Bamberg — 1612 Rom; Jesuit, zuletzt Lehrer am Ordenshause zu Rom) macht eine rühmliche Ausnahme.[315].

Die Multiplikation der Brüche wird in den mittelalterlichen Rechenbüchern meistens nach der Addition und Subtraktion gelehrt; der erste, der sie, was heute die Regel ist, an die Spitze stellt, ist LUCA PACIUOLO in der Summa von 1494,[316] in Deutschland

312 BUGGE, *Lehrbuch der gesamten Mathematik*, aus dem Dänischen übersetzt von TOBIESEN, Altona 1800. — 313 Algorithmus demonstratus, ed. SCHÖNER, Teil II, Kap. XXII, Subtiliores minutias in grossiores reducere, (Anm. 18). — 314 TRIPARTY, S. 604 ff. (Anm. 11). — 315 CLAVIUS, *Epitome Arithmeticae Practicae*, 1583, Ausg. von 1585, S. 91: *non mutato ejus valore ac pretio;* CL. Werke, Mainz 1612, Bd. II, Arith. pract., S. 24. — 316 SUMMA, Dist. III, tract. II, S. 50ᵃ (Anm. 10).

Grammateus im Rechenbuch von 1518.[317] Von denselben Verfassern wird auch die Sonderung in verschiedene Einzelfälle bis höchstens 5, je nachdem man echte Brüche bezw. gemischte Brüche mit ganzen Zahlen oder miteinander zu multiplizieren hat, fast stets vorgenommen.[318]

Leonardo von Pisa (1202 *liber abaci*) multipliziert zwei Brüche miteinander, indem er erst die Zähler multipliziert und dann das erhaltene Produkt durch die beiden Nenner nacheinander dividiert,[319] während Jordanus Nemorarius († 1237) und die meisten Verfasser nach ihm Zähler mit Zähler und Nenner mit Nenner multiplizieren.[320].

Bei der Multiplikation mit einem Bruch entsteht der scheinbare Widerspruch, daß entgegengesetzt ihrer Definition bei ganzen Zahlen das Resultat kleiner ist als der Multiplikandus. Daß dies im Mittelalter eine wirkliche Schwierigkeit für das Verständnis war, erkennt man daraus, daß immer wieder die einzelnen Rechenbücher auf dieselbe zu sprechen kommen und sie sogar mit spitzfindigen Gründen aus der Welt zu schaffen suchen. Der erste, der das Verdienst hat, diesen Punkt überhaupt hervorzuheben, ist Luca Paciuolo in der Summa von 1494.[321] In klarer Weise suchen Rudolff (1532),[322] Tartaglia (1556),[323] Clavius (1583)[324] dem entstehenden Zweifel entgegenzutreten. Auch im siebzehnten und achtzehnten Jahrhundert wiederholen sich diese Erörterungen ständig (so Recher 1692, Kaukol 1696, Elend 1724, Wolff 1750, Spengler 1773),[325] meist freilich in viel weniger verständlicher Art.

Bei der Division durch einen Bruch verfährt Jordanus Nemorarius († 1237) auch abweichend von der heutigen Vorschrift. Er will die Multiplikationsregel auf die Division übertragen, so daß Zähler durch Zähler und Nenner durch Nenner zu dividieren ist. Da dies selten bei einem vorliegenden Bruch auszuführen ist, so erweitert er in der Aufgabe

317 Blatt 25: Multiplikation, Blatt 26: Addition, Subtraktion, Division (Signatur 𝔇) (Anm. 24). — 318 Unger, S. 85 (Anm. 54). — 319 Leonardo Pisano, I, S. 47 unten, Beispiel: $23\frac{1}{3} \cdot 11\frac{1}{2}$ (Anm. 17). — 320 Algorithm. dem., Teil II, Kap. 12 (Anm. 18); so ferner Widmann 1489, 41. Blatt (Anm. 55); Grammateus 1518, Blatt 25 (Anm. 24). — 321 Summa, Dist. IV, tract. I, S. 53^a letzte Zeile und S. 53^b (Anm. 10). — 322 Rechenbuch, Ausg. v. 1550, S. 𝔇 (Signatur). — 323 General trattato (Anm. 25), Parte I, S. 119 „*Resolutione di un dubbio adduto d'alcuni pratici sopra al multiplicare di rotti*, desgl. nächster Abschnitt . . . *sopra al partire* . . . — 324 Ausg. v. 1585, S. 114 (Anm. 315). — 325 Sterner, S. 286 und 339 (Anm. 59).

$$\frac{a}{b} : \frac{c}{d}$$

den Dividendus mit $c \cdot d$ und erhält

$$\frac{a \cdot c \cdot d}{b \cdot c \cdot d} : \frac{c}{d},$$

worin er nunmehr die gewünschte Division vollziehen kann, so daß sich $\frac{a \cdot d}{b \cdot c}$ ergiebt.[326] Das aus dieser Formel abzuleitende mechanische Verfahren des Multiplizierens der beiden Brüche $\frac{a}{b}$ und $\frac{c}{d}$ *„ins Creutz"* ist im *Bamberger Rechenbuch* (cap. 9)[327] und nach ihm in vielen späteren, auf Verständnis gänzlich verzichtenden Lehrbüchern die mitgeteilte Divisionsregel. Wie durch JORDANUS das Multiplizieren und Dividieren in eine einheitliche Regel gebracht ist, so versuchen andere die Division in der Weise vorzunehmen, daß die entsprechende Regel mit der Vorschrift bei der Addition und Subtraktion übereinstimmt. Wie dort sind hier zunächst die Brüche gleichnamig zu machen und dann nur die Zähler zu dividieren: $\frac{a}{b} : \frac{c}{d} = \frac{ad}{bd} : \frac{bc}{bd} = \frac{ad}{bc}$. Diesen Modus empfiehlt LEONARDO VON PISA (1202),[328] GRAMMATEUS (1518),[329] RUDOLFF (Coß 1525, Rechenbuch 1532), STIFEL (1546, *Rechenbuch von der Welschen und Deutschen Praktik*). Die heute übliche Vorschrift, den Divisorbruch *„umzukehren"* und dann — also mit seinem reziproken Wert — zu multiplizieren, findet sich zum erstenmal in STIFEL's deutscher Arithmetik von 1545;[330] er nimmt diese an anderer Stelle[331] ausdrücklich für sich in Anspruch. Im Anschluß an STIFEL benutzt CLAVIUS (1583) dieselbe Regel.[332]

Auch die Division durch einen Bruch enthält logische Schwierigkeiten, auf die indes seltener als bei der Multiplikation aufmerksam gemacht wird. TARTAGLIA (1556)[323] sucht ihnen entgegenzutreten, indem er hier die Division als ein Enthaltensein aufzufassen lehrt.

Dem Unterricht im Addieren und Subtrahieren der Brüche muß eine Unterweisung, sie gleichnamig zu machen, vorausgehen. Fast allgemein beschränkt sich diese auf die Zusammenstellung

326 Alg. dem., Teil II, Kap. 17 ff. (Anm. 18). — 327 CANTOR, II^b, S. 224. — 328 LEONARDO PISANO, I, S. 71 ff. (Anm. 17). — 329 S. D (Signatur) (Anm. 24). — 330 UNGER, S. 86. — 331 Neubearbeitung der RUDOLFF'schen Coß (1525), Königsberg i. Pr. 1553, S. 25^a: „Es hat auch Christoff Rudolff die Regel vom diuidieren wol künstlich gemacht | an den brüchen | Aber doch ist meyn Regel vom diuidiren der brüch | viel gebreuchlicher (wie mich bedünckt) denn des Christoffs. Aber also thu ich im. Den Teyler kere ich vmb | also das der Zeler komme an die stat des Nenners | vnd der Nenner an die stat des zelers | so wirt denn aus dem Diuidiren ein multipliciren." — 332 CLAVIUS, Epitome (1585), S. 116 (Anm. 315).

zweier Nenner. Erst STIFEL (1545, Deutsche Arithm.) behandelt mehrere Nenner gleichzeitig, ohne indes sich auch soweit über die anderen Rechenbücher zu erheben, daß er den *kleinsten* Hauptnenner aufzusuchen sich bestrebt; er, wie die übrigen, begnügen sich mit dem Produkt der auftretenden Nenner. Hier setzt TARTAGLIA (1556) ein und giebt in seinem *General trattato*[333] ein Verfahren an, den kleinsten Hauptnenner bei mehreren Brüchen zu finden. Zunächst sucht er das kleinste Vielfache der ersten beiden Nenner; das erhaltene Multiplum kombiniert er mit dem dritten Nenner u. s. f. Mit Ausgang des siebzehnten Jahrhunderts bildet sich unsere moderne Methode heraus. So schreibt KAUKOL 1696[308] vor, bei einer gegebenen Reihe von Nennern gleiche Nenner bis auf einen zu streichen, ebenso diejenigen wegzulassen, die in anderen enthalten sind. Besitzen 2 Nenner einen gemeinsamen Teiler, so werde einer von beiden durch ihn dividiert. Das Produkt der übrig bleibenden Zahlen sei der Hauptnenner. — Unser Additionsschema mit senkrechter Anordnung der zu addierenden Brüche und rechts daneben beigefügter Angabe der erweiterten Zähler tritt uns schon bei GIRARD (1590? — 1632, Lehrer d. Math. in Leiden) 1629[334] entgegen; es wird im achtzehnten Jahrhundert allgemein gebräuchlich.

2. Die Dezimalbrüche.

Die Dezimalbrüche haben in den Sexagesimalbrüchen (S. 23 — 24, 76) ihre Vorläufer. Mögen diese ihren Ausgangspunkt von sexagesimal geteilten Maßen, ähnlich dem Winkelmaße, genommen haben, in ihrer Verwendung in der Astronomie und Mathematik streifen sie schließlich den konkreten Charakter völlig ab und werden zu reinen Bruchtypen, ein Vorgang, den wir sehr klar bei dem Duodezimalsystem des römischen as erkannten (S. 77). Erst sehr allmählich scheint sich die Erkenntnis Bahn gebrochen zu haben, daß nicht die Zahl 60 das Wesentliche ist, sondern die gleichmäßige, systematische Abstufung in weitere und weitere Unterabteilungen mit konstanter Verhältniszahl. Diesen Gedanken entwickelt eine Abhandlung über das Bruchrechnen, *„Algorismus de minutiis"*, aus dem vierzehnten Jahrhundert, deren Verfasser unbekannt ist;[335] in ihr wird auseinandergesetzt, daß man 60 nur

333 General trattato, P. I, S. 112^a und 112^b (Anm. 25). — 334 Invention nouvelle en l'algèbre, unter der Überschrift: „Conjugaisons des fractions" (Anm. 13). — 335 CANTOR, II^b, S. 127.

deshalb vorziehe, weil diese Zahl durch eine große Anzahl von Teilern ausgezeichnet ist; man könne ebensogut 12 oder 10 nehmen. Mit dem letzten Hinweis wird ein prophetischer Ausblick in die Zukunft gethan. Die spätere Zeit sah sich immer mehr veranlaßt, die Zahl 10 nun wirklich zu bevorzugen. Wollte man das Rechnen der dekadisch geordneten ganzen Zahlen auf Unterabteilungen übertragen, so mußte man zur 10 greifen. Es ist nicht ausgeschlossen,[336] daß die *Inder* bereits ein Weitergehen unter die Eins in dekadischer Abstufung vornahmen, daß sie etwa beim Dividieren oder Quadratwurzelausziehen Nullen anhingen, wenn sie zu den Einern gekommen waren, um die Genauigkeit des Resultates weiterzutreiben. Wir finden diese Methode wenigstens für Quadratwurzelausziehen in einer Bearbeitung jenes ältesten, auf rein indischen Quellen fußenden arabischen Rechenbuches des Muhammed ibn Musa Alchwarizmi von 820 n. Chr., die uns in einer lateinischen Übersetzung aus dem zwölften Jahrhundert erhalten ist, dem sog. *Rechenbuch des* Johannes von Sevilla, wie der Übersetzer hieß.[337] Aus ihm ist sie auf irgend einem Wege ins Mittelalter hinübergerettet worden, vielleicht auch aus einer anderen, jenem Bearbeiter vorliegenden Quelle, die ebenso das Dividieren vornahm. Das Dividieren in der angegebenen Art begegnet uns in den Rechenbüchern des fünfzehnten und sechzehnten Jahrhunderts nur vereinzelt,[338] ungleich häufiger das Quadratwurzelausziehen (*Teil II, D. 3a*). Es ist kein Zweifel, daß aus dieser Methode, freilich erst nach schwerem Ringen mit der Sexagesimalteilung, das Dezimalbruchsystem seinen Anfang genommen hat. Johannes von Gemunden († 1442),[339] ein Mathematiker von bedeutendem Ruf, den uns die Geschichte als ersten mathematischen Fachprofessor an einer Universität (Wien) nennt, hatte die Lehre von den Sexagesimalbrüchen sowohl in seinen Vorlesungen als auch in Schriften (*tractatus de minutiis physicis*) eingehend behandelt. Er empfahl nicht nur die sexagesimale Einteilung auch der Ganzen, indem er eine Gruppe von 60 Ganzen als *signum phisicum* zusammenfaßte und die Benutzung des neuen Symbols lehrte, sondern er verwandte auch eine positionsartige Schreibform seiner Brüche und setzte einfach .2.24.36.45. statt 2 Signa 24 Grad 36 Minuten 45 Sekunden ($= 144^0$ 36′ 45″). Trotzdem griff er, wenn genaueres Quadratwurzelausziehen verlangt wurde, zu jener arabischen

336 Hankel, S. 185, Anm. (Anm. 40). — 337 Trattati d'arithm., II, S. 86 ff. (Anm. 131) unter der Überschrift *„item de invenienda radice integrorum numerorum alio modo per circulos"*. — 338 Bei Grammateus, nach Unger, S. 104 (Anm. 54). — 339 Cantor, II^b, S. 177—179.

Methode. Die gegebene sexagesimale Zahl reduzierte er auf die kleinste Unterabteilung; waren die vorhandenen Ziffernstellen beim Radizieren erschöpft, so hing er eine gerade Anzahl von Nullen an und rechnetė weiter. Das erhaltene Resultat wurde dann rückwärts wieder in Sexagesimalbrüche umgesetzt.

Eine ähnliche Vermischung des sexagesimalen und dezimalen Prinzipes nehmen wir bei seinem Nachfolger auf dem wiener Lehrstuhl, Georg von Peurbach (1423—1461), wahr.[340] Es hatte sich für die rechnende Astronomie infolge des allmählichen Überganges in dem trigonometrischen Rechnen von den Sehnen des griechischen Altertums zu den indisch-arabischen Sinus das Bedürfnis nach Neuberechnung der ptolemäischen Sehnentafel unter Benutzung der Sinusfunktion herausgestellt *(siehe Trigonometrie VI, D.)*. Diese Lücke auszufüllen, setzte sich Peurbach zur Aufgabe. Er wählte als Größe des zu Grunde gelegten Radius $r = 600000$, um sich jenes Vorteils beim Dividieren und Radizieren ohne weiteres bedienen zu können. Seine neuen Tafeln sind nie im Druck erschienen, aber heute noch in der wiener Bibliothek vorhanden. Hilfreich ging ihm bei den mühsamen, notwendigen Berechnungen sein hochbegabter junger Schüler, Regiomontanus (Joh. Müller aus Königsberg in Franken, 1436 — 1476 Rom; Wien, Italien, Nürnberg) zur Hand. Regiomontanus trieb die Genauigkeit noch um eine Stelle weiter und nahm $r = 6000000$ an. In diesem Maße ausgeführte Tabellen sind einer Abhandlung Peurbach's, *„tractatus super propositiones Ptolemaei de sinubus et chordis“*, die erst 1541 in Nürnberg zum Druck kam, angeschlossen worden; die Wahl des Radius ist in einer Einleitung eingehend begründet.[341]

Ein derartiges Schwanken zwischen dezimaler und sexagesimaler Teilung war nichts Halbes und nichts Ganzes und konnte selbstverständlich nicht von langem Bestand sein. Der Schritt zur reinen Dezimalteilung war unvermeidlich. Ihn unternahm Regiomontanus selbst, sechs Jahre nach dem Tode seines Lehrers, in vollem Bewußtsein dessen, was er that. Sein *Opus tabularum directionum profectionumque*, berechnet 1467, gedruckt 1490 in Augsburg,[342] weist zwei hochwichtige Neuerungen auf; erstens lernte durch dasselbe das Abendland zum erstenmal die Tangensfunktion kennen, und zweitens lag — was uns hier besonders angeht — den beigegebenen Tangententafeln der Radius $r = 10^5$ zu Grunde. Ausdrücklich wird bei einer

340 Cantor, II^b, S. 181—183. — 341 *Tractatus Georgii Purbachii super Propositiones Ptolemaei de sinubus et chordis* (1541 Nürnberg), Seite B$_2$ (Signatur) in der Einleitung zu den Tabellen. — 342 Cantor, II^b, S. 275.

einleitend behandelten Aufgabe (Nr. 10) die Bemerkung gemacht, daß diese Annahme die Rechnung wesentlich erleichtere.

Ein wirkliches Dezimalbruchsystem war dadurch indessen auch noch nicht geschaffen, da die von REGIOMONTANUS berechneten Tangenswerte fünfstellige ganze Zahlen waren. Man sollte meinen, daß durch Benutzung einer dekadischen Einheit als Radius die Hauptschwierigkeit beseitigt sei, daß es nunmehr ein Leichtes gewesen wäre, statt des gleitenden Radius, der von $r = 10^5$ schließlich bis zu $r = 10^{15}$ in weiter verfeinerten Tabellen stieg, die Einheit anzunehmen und durch irgend ein Zeichen die an der Spitze stehende 0 von den übrigen Ziffern abzutrennen. Doch verstrich bis zu der Ausführung dieser für uns so unscheinbaren Neuerung mehr als ein Jahrhundert; es bedurfte hierzu sogar eines Mathematikers von dem Range eines VIETA (1540—1603 Paris, franz. Staatsbeamter). In dem *Canon mathematicus*[343] dieses größten französischen Algebraikers — 1579 zum erstenmal, 1609 zum zweitenmal gedruckt — wird endlich die erste Ziffer von den übrigen abgehoben, anfangs nur dadurch, daß die folgenden Ziffern mit kleineren Typen gedruckt werden, schließlich auch, indem zur besseren Übersicht ein senkrechter Strich zwischen beide gesetzt wird. **Damit war der erste Dezimalbruch geschrieben.** Sehr nahe waren der Erfindung der Dezimalbrüche auch schon andere Mathematiker in dem verflossenen Jahrhundert gewesen; sie hätten die Palme errungen, würden sie ihre Ideen schärfer verfolgt haben. So ist der Italiener PIERRO BORGI[344] zu nennen, der in seiner *Arithmetica* von 1484 zeigt, daß man bei der Division durch eine Zahl wie 3000 vom Dividendus drei Stellen rechts abschneiden und die links übrig bleibenden Ziffern durch 3 dividieren müsse. Ferner ist auf den Deutschen CHR. RUDOLFF VON JAUER hinzuweisen, der im Rechenbuch von 1532 für die Division durch Potenzen von 10 unsere moderne Regel giebt; so für 10 selbst: „Wenn eine zal getheilt sol werden in 10. schneyd jr ab mit eyner virgel die erste Ziffer | die figuren gegen der lincken hand sein der quocient | vnd die erst abgeschnittene figur der Rest.“[345] (ähnlich für 100, 1000 . .).

Da VIETA's Canon sehr geringe Verbreitung fand, ist es erklärlich, daß der Holländer SIMON STEVIN (1548 Brügge — 1620 Leiden; Kaufmann, später im Staatsdienst als Ingenieur), der zuerst die Lehre von den Dezimalbrüchen systematisch behandelte, allgemein als deren Erfinder genannt wird. STEVIN widmete der

343 CANTOR, II^b, S. 583. — 344 CANTOR, II^b, S. 305. — 345 Ausgabe von 1550 Nürnberg, Rückseite b_4 (Signatur).

neuen Bruchart eine kleine Abhandlung *La Disme*, die er seiner 1585 gedruckten *Practique d'Arithmétique* als Anhang beifügte.[346] Er hebt in derselben den hohen Wert der dezimalen Unterabteilungen, die erleichterte Schreibweise dieser Brüche und das einfache Rechnen mit ihnen gebührend hervor. Am Schluß der Abhandlung[347] richtet er weitausblickend die dringende Bitte an alle Regierungen, dezimale Münz-, Maß- und Gewichtssysteme einzuführen, um dem neuen Rechnen zu seiner vollen Ausnutzbarkeit zu verhelfen (vgl. S. 25).

Die Schreibweise Stevin's ist noch nicht auf dem Höhepunkt. Unser 0,3759 und 8,937 sieht bei ihm folgendermaßen aus:

3①7②5③9④   8⓪9①3②7③.[348]

Er schreibt auch, freilich nur einmal in der angeführten Schrift, statt 0,54 kürzer 54②.[349] In späteren Werken erscheint diese bessere Form öfter, so 707② statt 7,02 — 458② statt 4,58 — 141② statt 1,41[350] — 28① statt 2,8.[351] Doch das sind Äußerlichkeiten; die Rechenoperationen selbst erfolgen bereits ganz nach unseren modernen Regeln. Ein Subtraktionsbeispiel[352] hat bei ihm die Gestalt

		⓪	①	②	③
2	3	7	5	7	8
	5	9	7	3	9
1	7	7	8	3	9,

wobei die übergeschriebenen Indices für alle senkrecht darunter stehenden Ziffern gelten. Ändern sich die Indices, so schreibt sie Stevin daneben oder darunter, aber nie dazwischen, um den Rechnungscharakter ganzzahliger Operationen deutlich zu zeigen, wie uns das Multiplikationsbeispiel[353]

		④	⑤	⑥
		3	7	8
			5	4②
		1	5	1	2
	1	8	9	0	
	2	0	4	1	2
	④	⑤	⑥	⑦	⑧

lehrt.

[346] Stevin, ed. Girard, I, S. 206—213 (Anm. 88). — [347] Daselbst S. 212—213, Article VI, Schluß. — [348] Daselbst S. 208, Explication. — [349] Daselbst S. 209, Propos. III Nota, in einem Multiplikationsbeispiel. — [350] Daselbst S. 391. — [351] Daselbst S. 394. — [352] Daselbst S. 209. — [353] Daselbst S. 209.

Wenn noch andere Männer neben STEVIN als Erfinder der Dezimalbrüche genannt werden, so ist das nicht zu verwundern. Die Erfindung der Dezimalbruchrechnung lag gleichsam in der Luft; Gelehrte aus allen Ländern beteiligten sich an ihr. Der Astronom KEPLER schreibt 1616[354] den Ruhm seinem Freunde JOOST BÜRGI, jenem genialen Autodidakten, dem die Mathematik so vieles verdankt (1552—1632; Mechaniker; Kassel, Prag), zu. Nach BÜRGI's Anleitung benutzte KEPLER in seinen Tabellen einen echten Dezimalpunkt oder einen kleinen runden Haken, dessen Öffnung den Dezimalstellen zugewandt war. Es ist durchaus wahrscheinlich, daß BÜRGI, der nur deutsch verstand, also die vorhandenen fremdsprachlichen Abhandlungen VIETA's und STEVIN's nicht durcharbeiten konnte, selbständig auf seinen Vorschlag gekommen war. Wie KEPLER so wird auch PITISCUS[355] (1561—1613, Hofprediger beim Kurfürst Friedich IV. v. d. Pfalz) unter BÜRGI's Einfluß gestanden haben, wenn er in seinen trigonometrischen Tabellen einen Dezimalpunkt einführt (zum erstenmal 1608 im Anfang seiner Trigonometrie, noch nicht in der Auflage von 1600). Dasselbe thut, wohl nach VIETA's Vorbild, JOHN NEPER (1550—1617, schott. Baron) in der hinterlassenen *Constructio* von 1619.[356]

Weniger berechtigt als bei BÜRGI ist die Annahme eigener Erfindung bei JOH. HARTMANN BEYER (1563—1625, Frankfurt a/M.), obgleich er in seiner *Logistica decimalis* von 1603[357] sich selbst als Erfinder der Dezimalbrüche ausgiebt. Es scheint aus Ähnlichkeiten mit den STEVIN'schen Abhandlungen gefolgert werden zu können, daß er diese oder Schriften, die von ihnen beeinflußt waren, gekannt hat. Neben den STEVIN'schen Ausdrücken für die Dezimal-

---

354 „Auszug aus der vralten Meſſe-kunſt Archimedis u. ſ. w. (bekannt unter dem Namen *„Oesterreichisches Wein-Visier-Büchlein"*), Nr. 60, Lintz 1616; KEPLER's gesammelte Werke, ed. FRISCH, Bd. V, Frankfurt u. Erlangen 1864, S. 547: „... Fürs ander, weil ich kurtze Zahlen brauche, derohalben es offt Brüche geben wirdt, ſo mercke, daß alle Ziffer, welche nach dem Zeiger folgen (c), die gehören zu dem Bruch, als der Zehler, der Nenner dazu wird nicht geſetzt, iſt aber allezeit eine runde Zehnerzahl von ſo viel Nullen, als vil Ziffer nach dem Zeichen kommen. Wann kein Zeichen nicht iſt, das iſt eine gantze Zahl ohne Bruch, vnd wann alſo alle Ziffern nach dem Zeichen gehen, da heben ſie bißweilen an von einer Nullen. Diſe Art der Bruchrechnung iſt von Joſt Bürgen zu der ſinusrechnung erdacht, vnd iſt darzu gut, daß ich den Bruch abkürtzen kann, wa er vnnötig lang werden wil, ohne ſondern Schaden der vberigen Zahlen; kan jhne auch etwa auff Erheiſchung der Notdurfft erlengern. Item laſſet ſich alſo die gantze Zahl vnd der Bruch mit einander durch alle species arithmeticae handeln wie nur ein Zahl." — 355 CANTOR, II^b, S. 604, 619. — 356 Ausgabe, Lugduni 1620, S. 6, positio prima § 4, 5. — 357 CANTOR, II^b, S. 619—620; STERNER, S. 297—299 (Anm. 59).

stellen, Prime, Sekunde u. s. w. verwendet Beyer: *erste Teile, erste Scrupel, erste decimalia, erste Zehnder* u. s. w. Auf seine Schreibart

$$\overset{0}{123}.\ \overset{\mathrm{I}}{4}.\ \overset{\mathrm{II}}{5}.\ \overset{\mathrm{III}}{9}.\ \overset{\mathrm{IV}}{8}.\ \overset{\mathrm{V}}{7}.\ \overset{\mathrm{VI}}{2}.\ \text{und}\ 123^{0}.\ \overset{\mathrm{III}}{459}.\ \overset{\mathrm{VI}}{872}\ \text{statt}\ 123{,}459872,$$

ebenso $\overset{\mathrm{IV}}{643}$ statt 0,0643, ähnelt derjenigen Stevin's. Beim Dividieren hängt er an den Divisor, bezw. den Dividendus, so viel Nullen, bis in beiden gleichviel Dezimalstellen stehen, und dividiert dann wie mit ganzen Zahlen; bei größerer Genauigkeit wird der Dividendus um weitere Nullen vermehrt.

Durch die angeführten Schriften ist die Aufmerksamkeit der Mathematiker auf den neuen Stoff gelenkt worden. Die besseren Lehrbücher der folgenden Zeit können nicht umhin, in ihren zusammenhängenden Darstellungen auch den Dezimalbrüchen längere oder kürzere Abschnitte zu widmen. Neben Oughtred (1574—1660, engl. Landpfarrer; Clavis mathematica 1631) ist besonders Hérigone zu erwähnen, der in seinem encyklopädischen *cursus mathematicus* von 1634 ihre Theorie in ganz moderner Weise begründet.[358] Kurze Erläuterungen für das Rechnen mit ihnen giebt Cavalieri (1591?—1647; Jesuit, Prof. d. Math. in Bologna).[359] Ausführlicher sind Adriaen Metius (1633),[360] Wingate (1660)[361] und Böckler (1661).[362] Wo die Dezimalbrüche und ihre Lehre nicht behufs der Erläuterung von Tabellen trigonometrischer oder logarithmischer Zahlenwerte vorgeführt werden, wird ihre Verwendung in der Geometrie bei der Ausmessung von Linien, Flächen, Körpern gelehrt. Oft werden hierbei, um deutlicher zu sein, künstliche dezimale Maße angenommen; fast stets wird dem lebhaftesten Bedauern Ausdruck gegeben, daß in Wirklichkeit die dezimale Maßteilung noch fehle. Dieses Fehlen ist auch der Grund, daß in den Rechenbüchern des siebzehnten und achtzehnten Jahrhunderts, die sich auf das Notwendigste zu be-

358 Paris 1634, Bd. II, arithm. pract., Kap. IV, S. 31: *De numeris Decimarum: „Si series numerorum continuetur in proportione decupla a sinistra ad dextram ultra figuram unitatum, valor numerorum decrescet infra unitatem eadem proportione, qua crescit supra unitatem progrediendo versus sinistram; ac proinde prima figura ab unitatibus versus dextram significat decimas, secunda centesimas, tertia millesimas et ita deinceps“.* Setzt man die Reihe der Zahlen im Verhältnis 10 : 1 von links nach rechts über die Einheit hinaus fort, so fällt der Zahlenwert unterhalb der Einheit in ähnlicher Weise, wie er beim Fortschreiten über die Einheit nach links wächst; die erste Ziffer rechts neben der Einheit bedeutet Zehntel u. s. w. — 359 Cavalieri, *Trigonometria*, Bononiae 1643, XXIII, S. 3. — 360 *Manuale Arithmeticae et Geometricae* (nach Sterner, S. 298). — 361 *Arithmetica*, London 1660 (Sterner, S. 301). — 362 *Arithmetica nova militaris*, Nürnberg 1661 (Sterner, S. 300).

schränken pflegen, die Dezimalbruchrechnung nicht oder nur vorübergehend erwähnt wird. So sind auch, wenn wir die seiner Zeit verbreitetsten Elementarbücher daraufhin ansehen, in v. Wolff's „Anfangsgründen" (Aufl. v. 1750) die Dezimalbrüche als unnötig ganz fortgelassen; in den Kästner'schen „Anfangsgründen" (Aufl. v. 1764, S. 77, I. 3. ff.) ist das Rechnen mit ihnen auseinandergesetzt, aber mit Ableitung von den gewöhnlichen Brüchen aus, wobei die Anzahl der Dezimalstellen als „Exponent des Bruches" besonders benannt wird. — Aus anderen Rechenbüchern, die sich mit ihnen eingehender abgeben, sei auf den Ausdruck *„Dezimalzahlen"* statt Dezimalbrüche bei Elend 1724 (*Einleitung zur arithmetischen Wissenschaft*) aufmerksam gemacht. Dieses Wort wird in der neueren Zeit wieder aufgenommen[363] und im Unterricht benutzt, wenn die Dezimalbrüche vor den gewöhnlichen Brüchen, also vor Einführung in den Bruchbegriff durchgenommen werden. Ferner erwähnen wir die Vorschrift, die zuerst Paricius (Compendium, Regensburg-Ulm 1707) besonders anführt, daß die Dezimalstellen bei Längenmaßen zu je 1, bei Flächenmaßen zu je 2, bei Körpermaßen in Gruppen zu je 3 zusammenzufassen sind.

Ganz anders gestaltete sich die Sachlage nach der so lange ersehnten Einführung des metrischen Maß-, Münz- und Gewichtssystemes (vergl. S. 26). Nunmehr gelangten die Dezimalbrüche aus den Gelehrtenschulen in die kaufmännische Praxis, sie gewannen gesetzlichen Eingang in die Volksschule, ja begannen in kurzem dem Rechnen mit gewöhnlichen Brüchen den Platz wegzuerobern, so daß diese sich eine Beschränkung auf die am häufigsten vorkommenden Brüche $\frac{1}{2}$, $\frac{1}{4}$, $\frac{1}{8}$, $\frac{1}{3}$, $\frac{1}{6}$, $\frac{1}{9}$, $\frac{1}{5}$, $\frac{1}{10}$, $\frac{1}{100}$ gefallen lassen mußten. Extreme Methodiker[364] wollten sogar die gewöhnlichen Brüche ganz aus der unteren und mittleren Schule entfernt sehen und so das Kind mit dem Bade ausgießen.

Eine neuere, viel behandelte methodische Streitfrage betrifft die Stellung der Dezimalbrüche im Unterricht. Die einen wollen sie nach den gewöhnlichen Brüchen durchgenommen wissen, die anderen empfehlen ebenso warm die umgekehrte Reihenfolge. Sieht auch zweifellos der Mathematiker im Dezimalbruch einen gewöhnlichen Bruch und wird hiernach vom wissenschaftlichen, und ebenso auch

---

363 Von Dr. Hartmann, *Der Rechenunterricht in der deutschen Volksschule,* Hildburghausen 1888 (Sterner, S. 344, 517). — 364 Mauritius, *Dezimales Rechnen und metrisches Messen,* Paderborn 1869 (Sterner, S. 517); H. Wendt *„Über den Rechenstoff der höh. Mädchenschule"* in Mann's Deutsch. Blättern f. erziehenden Unterricht, Jahrgang XI, Langensalza 1884, S. 96.

vom historischen Standpunkt aus, der gewöhnliche Bruch in einem systematischen Aufbau der Elementarmathematik das Vorrecht haben, so ist ebenso sicher der Methodiker und Pädagoge gezwungen, allein Unterrichtsprinzipien den Ausschlag geben zu lassen. Dieser muß danach dem Rechnen mit ganzen Zahlen das mit dezimalen Brüchen durch Vermittelung des Rechnens mit dezimal benannten Zahlen nachfolgen lassen, da hierzu nur geringe Ergänzungen nötig sind. Dabei ist die Benutzung des Wortes Dezimalzahl statt Dezimalbruch gut angebracht. Man darf nicht in dieses beinahe als ein Ganzes aufzufassende Pensum (das Rechnen mit ganzen Zahlen, mit dezimal benannten Zahlen, mit Dezimalbrüchen) die ungleichartige allgemeine Bruchlehre einschieben, etwa wie früher das geometrische Pensum der Mittelklassen unterbrochen wurde, um einen algebraischen Lehrgang einzuschieben. Ein organisch aufgebauter Unterrichtsplan, der vom Leichteren zum Schwereren zu führen hat, kann keine andere Auffassung als die auseinandergesetzte gestatten. Demgemäß scheint sich auch gegenwärtig, besonders nach dem Erscheinen der für diese Unterrichtsanordnung so wertvollen Aufgabensammlung von GÜNTHER und BÖHM[365] und ihrer Nachahmungen, die Entwicklung zu vollziehen. Ganz selbstverständlich ist, daß nach Erledigung der gewöhnlichen Bruchrechnung ihr Zusammenhang mit der Dezimalbruchrechnung und die Gleichwertigkeit der entsprechenden Regeln gezeigt werde.

Wir kommen zu der Geschichte der periodischen Dezimalbrüche. In wissenschaftlichen Schriften treten diese erst vom siebzehnten Jahrhundert ab auf; in Schulbüchern werden sie nicht vor dem neunzehnten Jahrhundert erwähnt.

Die Verwandlung der gewöhnlichen Brüche in Dezimalbrüche und umgekehrt hatte schon der Italiener CAVALIERI 1643[366] gelehrt, sich aber bei unendlichen Dezimalbrüchen mit Annäherungen begnügt, ohne auf die Periodizität acht zu geben. Eingehenderer Untersuchung würdigt sie der Engländer WALLIS (1616—1703, Prof. d. Geometrie in Oxford). Seine *Algebra* vom Jahre 1693 enthält im 89. Kapitel einige der wichtigsten Eigenschaften dieser Brüche; er versichert selbst, keine Vorgänger auf diesem Gebiete zu kennen.[367] WALLIS lehrt, daß die Division des Nenners in den Zähler bei einem Bruch aufgeht, wenn der Nenner nur 2

365 GÜNTHER u. BÖHM, Rechenbuch für höhere Lehranstalten, 2. Aufl., Berlin 1890. — 366 CAVALIERI, *Trigonometria*, Bononiae 1643, Kap. XXIV, S. 3/4. — 367 WALLIS, Opera omnia, Bd. II, Algebra, Oxoniae 1693, cap. 89, S. 364: „*Nescio an quisquam me prior eam distincte examinaverit.*“

oder 5 als Primfaktor enthält, die Periode aber nur dann sofort mit der ersten Dezimalstelle ihren Anfang nimmt, wenn unter den Primfaktoren des Nenners keine einzige 2 oder 5 vorkommt. Auch über die Anzahl der zu einer Periode gehörenden Ziffern kennt er die einfachsten Sätze, so, daß bei einem vorliegenden Bruche $\frac{Z}{N}$ die Höchstanzahl gleich $N-1$ ist, sehr oft aber die wirkliche Größe n der Periode nur einen aliquoten Teil von $N-1$ darstellt. Er beobachtet, daß auch andere Werte für n unterhalb $N-1$ auftreten, die nicht aliquote Teile von $N-1$ sind; doch entgeht ihm dabei, daß dies nur bei Nichtprimzahlen N sich einstellt. Auch die Verwandlung eines rein periodischen Dezimalbruches rückwärts in einen gewöhnlichen Bruch ist Wallis nicht unbekannt; denn er giebt den Rat, wenn man die Anzahl n der periodischen Stellen für einen bestimmten Bruch kennen lernen will, denselben so zu erweitern, daß im Nenner eine Zahl erscheint, die nur mit Neunen geschrieben wird. Seinen Betrachtungen fügt Wallis hinzu, daß Wurzeln nie zu periodischen Dezimalbrüchen führen, erweitert dann seine Erörterungen auf Sexagesimalbrüche, die auch periodisch werden könnten.

Erst nach der Mitte des achtzehnten Jahrhunderts fand die Lehre der periodischen Dezimalbrüche zahlreichere Bearbeiter. Fast gleichzeitig erscheinen Abhandlungen von Lambert[368] (1728—1777, Oberbaurat in Berlin), dem Engländer John Robertson[369] und dem jüngeren Johann Bernoulli[370] (1710—1790, Prof. in Basel). Auch Euler[371] (1707 Basel — 1783 Petersburg; Prof. in Petersburg, Berlin und wieder in Petersburg) streift in seiner Algebra vorübergehend unser Gebiet. Von den erstgenannten drei Abhandlungen ist die von Lambert die systematischere; jedoch kommen alle drei nur wenig über Induktionsresultate hinaus. Robertson ist der erste, der eine besondere Schreibweise für periodische Brüche vorschlägt, er schreibt $0,\dot{3}$, $0,\dot{2}\dot{3}$, $0,\dot{7}8\dot{5}$ statt 0,33 . . ., 0,2323 . . ., 0,785785 . . . Brüche mit derselben Periodenzahl nennt er ähnlich. Bei ihm treffen wir zum erstenmal auch die Identität $0,999\ldots = 1$ an. Für Multiplikationen und Divisionen unendlicher Dezimalbrüche empfiehlt er, auf die entsprechenden gewöhnlichen Brüche überzugehen. Aus Lambert's Schrift ist die Verwendung des Fermat'-

368 Acta Helvetica 1758; Acta Eruditorum, Lips. 1769, S. 107—128: „*Adnotatio quaedam de numeris eorumque anatomia.*" — 369 Philosoph. Transactions 1768, Nr. XXXII, S. 207—213 „*Of the Theory of circulating decimal fractions.*" — 370 Nouv. Mémoires de Berlin 1771, S. 273 ff. — 371 Euler, *Vollständige Anleitung zur Algebra,* Petersb. 1771, Buch I, Abschn. 3, Kap. XII, § 525—539.

schen Primzahlsatzes (S. 62) erwähnenswert, da durch diesen die so fruchtbare Verbindung mit der Zahlentheorie hergestellt wird. Lambert weiß aus ihm eine große Menge wichtiger, besonders für die Berechnung der Perioden und ihrer Stellenanzahl geeigneter Folgerungen zu ziehen. Nach einem Bericht über die Vorarbeiten wendet sich Bernoulli ähnlichen Untersuchungen zu wie Lambert, unabhängig von demselben, aber in weniger übersichtlicher Anordnung. In Verfolgung jenes Wallis'schen Gedankens sucht er u. a. die Größe der Periode zu bestimmen, indem er 9, 99, 999 u. s. w. in seine Faktoren zerlegt und alle in ihnen enthaltenen Divisoren zusammenstellt; Brüche, die Divisoren der 9 als Nenner besitzen, werden einstellige Perioden, alle solche mit Divisoren der 99, die nicht schon in 9 enthalten sind, werden zweistellige Perioden haben u. s. f. Dieser Untersuchung dient eine zweite Abhandlung Bernoulli's[372] in demselben Bande der Berliner Akademieberichte, die die Teiler von 11, 111, 1111 . . ., $\sum_{\nu=1}^{n} 10^{\nu}$ bis zu $n = 30$ bestimmt.

Zu wissenschaftlicher Höhe gelangte die Theorie der periodischen Dezimalbrüche mit Beginn des neunzehnten Jahrhunderts. Es ist Gauss, der sie 1801 in engster Verbindung mit seinen großen zahlentheoretischen Untersuchungen erfolgreich in Arbeit nimmt.[373] Sie kommt durch ihn mit der Theorie der Potenzreste und der primitiven Wurzeln in organischen Zusammenhang. Da die einschlägigen Resultate infolgedessen weit über das im Schulpensum gesteckte Ziel hinausführen, müssen sie hier übergangen werden. Es sei nur auf die neueren, die ganze Lehre zusammenfassenden bezw. ergänzenden Abhandlungen von Jos. Mayer[374] 1887/88 und Heinrich Bork 1895[375] hingewiesen.

Was Tabellen für die periodischen Dezimalbruchentwicklungen betrifft, so wird in der Regel in denselben nur n, die Größe der Periode, angegeben. Die große Primzahlentabelle Burckhardt's[278] von 1814—1817 liefert n für alle Primzahlen bis 2500 (noch einmal abgedruckt in Jacobi's *Canon arithmeticus* 1839). Für

372 Daselbst S. 318: *Recherches sur les diviseurs de quelques nombres très grands compris dans la somme de la progression géométrique* $1 + 10^1 + 10^2 + 10^3 + \ldots$ — 373 Gauss, *Disquisitiones arithmeticae*, Leipzig 1801, § 312—318; Gauss' Werke, Bd. I, Göttingen 1870, S. 382—388. — 374 Jos. Mayer, *Über die Größe der Periode eines unendlichen Dezimalbruches oder die Congruenz* $10^x \equiv 1$ (mod P.), Programm, Burghausen 1887/88. — 375 Heinrich Bork, *Periodische Dezimalbrüche*, Programm, Nr. 67, 1895, Kgl. Prinz-Heinrich-Gymnasium, Berlin.

die Primzahlen bis 15000 führt REUSCHLE (Prof. am Gymnasium zu Stuttgart) in den Jahren 1846—1851 die Berechnung durch, deren Ergebnisse er 1856 veröffentlichte.[376] Die Erweiterung auf den Zahlenraum bis 40000 unternahm der Engländer SHANKS,[377] auf die Primzahlen zwischen 60000 und 75000 der Dubliner Professor SALMON.[378] Ein sehr übersichtliches, abgekürztes Verzeichnis der Periodengrößen für die Primzahlen bis 100000, berechnet von KESSLER in Wiesbaden, ist der oben genannten Abhandlung BORK's[375] angehängt.

Die Perioden selbst enthält BERNOULLI's Tabelle[370] für 1—200; GAUSS dehnte sie bis 1000 aus.[379] Faktorenzerlegung der Zahlen 9, 99, 999, ..., $10^\nu - 1$ bis $n = 46$ hat REUSCHLE[380] vorgenommen und im Anschluß daran auch die Zerfällung der Zahlen 11, 101, 1001, ..., $10^\nu + 1$ ($n = 1 \ldots 21$) in Primfaktoren berechnet. Eine Zusammenstellung aller Nenner, die einstellige bezw. zweistellige, dreistellige ... Perioden ergeben, findet sich bis zu elfstelligen Perioden in der Schrift von MAYER.[381]

E. Das angewandte Rechnen.

I. Die Regeldetri.

Man sieht allgemein *Indien* als Heimat der Regeldetri an. Das ist jedoch nicht so zu verstehen, als ob die in der Regeldetri geübten Aufgabengattungen nicht schon vorher oder von anderen Völkern behandelt worden wären. Da solche Aufgaben einen Hauptteil der kaufmännischen Arithmetik bilden, wird ihre Verwendung im Gegenteil bei den handelsgewandten Völkern Ägyptens, Phöniciens und Griechenlands weit verbreitet gewesen sein; leider sind uns aber diese praktisch-elementaren Teile der Mathematik nicht überliefert worden. Der *griechische,* wissenschaftliche Mathematiker suchte vielmehr gerade darin etwas, seine Untersuchungen möglichst von der Praxis abzulösen; wie er es in der Geometrie verschmäht, Be-

376 B. REUSCHLE, *Neue zahlentheor. Tabellen,* Programm, Kgl. Gymnasium, Stuttgart 1856. — 377 Veröffentlicht 1874 in d. Proceedings der Royal Society (nach BORK, S. 1). — 378 Nach BORK, S. 4. — 379 Im Nachlaß v. GAUSS gefunden; Ges. Werke, Bd. II, Göttingen 1876, S. 411—434. — 380 REUSCHLE, S. 18 (Anm. 376). — 381 S. 9 (Anm. 374).

rechnungsvorschriften für Figuren und Körper zu geben, so überläßt er auch das eigentliche und angewandte Rechnen den Rechenmeistern, Feldmessern und Kaufleuten. Aus der Feldmeßkunst ist glücklicherweise in HERON's Lehrbüchern ein großer Teil der damaligen Kenntnisse und Methoden auf die Gegenwart gerettet; nicht so in der kaufmännischen Arithmetik. Hier setzt leider die Überlieferung ganz aus. Obgleich, wie wir wissen, die Lehre von den Proportionen in Griechenland hoch ausgebildet war, ja geradezu einen Ersatz für unsere Gleichungen darstellte, bietet sich uns nirgends in der griechischen Litteratur eine Anwendung derselben auf regeldetriähnliche Aufgaben.

Anders bei den *Indern*. Ihnen ist die praktisch-rechnerische Seite der Wissenschaft das erste. Dank seiner glücklichen Befähigung für das reine Rechnen hebt der Inder das Zahlenformale aus dem wissenschaftlichen Zusammenhange heraus und weiß ihm eine rechnerische Vollendung zu geben, die uns in so glänzender Weise das heutige Positionsrechnen und die moderne Trigonometrie mit der Sinusfunktion zeigt. Dem Inder genügt es, wenn seine Methoden zu entsprechenden Lösungen führen. Nicht nach dem Beweis für das von ihm eingeschlagene Verfahren forscht er; die Richtigkeit des Facits ist ihm allein ausschlaggebend.

Es ist weniger der Inhalt, als die Form der Regeldetriaufgabe, die dem Inder den Erfindungsruhm verschafft. Einfachere Aufgaben sind bei ARYABHATTA (geb. 476 n. Chr.) vorgerechnet, solche mit direktem, indirektem und zusammengesetztem Ansatz bei BRAHMAGUPTA (geb. 598 n. Chr.), ÇRIDHARA (zwischen BRAHM. und BH.) und BHASKARA (geb. 1114 n. Chr.).[382] In der einfachen Regeldetri werden, wie auch bei uns, drei Größen als bekannt angenommen, von denen zwei dieselbe Benennung haben. Der Inder kennt sogar für sie besondere termini technici. Er lernt nun mechanische Regeln, nach denen diese drei Größen in bestimmter Reihenfolge miteinander zu multiplizieren bezw. zu dividieren sind. Dabei wird die zusammengesetzte Regeldetri in mehrere Dreisätze zerspalten.

Daß die *Araber* gelehrige Schüler der Inder waren, haben wir mehrfach gesehen. Daher fällt es nicht auf, in ihren Lehrbüchern Regeldetriaufgaben nach indischer Art zu finden; so in der Algebra

382 L. RODET, *Leçons de calcul d'Aryabhatta,* Journal Asiatique 1879, S. 402 u. 425, Strophe XXVI; BRAHMAGUPTA, Gaṇita, ch. XII, sect. I, 10—13, ed. COLEBROOKE, London 1817, S. 283—286; BHASKARA, Lîlâvatî, ch. III, sect. VI, ed. COLEBROOKE, S. 33—38 (Anm. 294).

des MUHAMMED IBN MUSA ALCHWARIZMI (um 820; Bagdad, Damaskus),[383] im Rechenbuch des ALKARCHI[384] (um 1010, Bagdad) und in der *Essenz der Rechenkunst* (cap. III) des BEHA EDDIN (1547 bis 1622, Persien). Der Westaraber ALKALSADI († 1486 oder 1477 in Andalusien) verwendet in seinen Schriften eine Ansatzform mit Verwendung symbolischer Zeichen, die sehr an unsere Proportionsform erinnert.[385]

Den Übergang arabisch-indischer Wissenschaft zum *Mittelalter* vermittelt der *liber abaci* (1202) des italienischen Gelehrten LEONARDO VON PISA. Der Ansatz des einfachen Dreisatzes nähert sich im liber abaci schon dem modernen. Während aber bei uns stets die Bezeichnung, nach der gefragt wird, rechts steht, hat LEONARDO die Geldsumme stets links, die Warenmenge rechts, so daß in der Fragezeile die unbekannte Größe bald links, bald rechts gesetzt wird, je nachdem der Preis oder die Warenmenge unbekannt ist. Aufgaben mit dem Fünfsatz sind in ähnlicher Weise angeordnet.[386]

In der modernen Methodik lehrt man den Dreisatz, indem man mit Schlüssen von der Einheit aus auf ganze Zahlen oder umgekehrt beginnt, dann erst von Brüchen ausgeht bezw. auf Brüche schließt. Hierdurch entstehen mehrere Unterfälle. Diese sind — weniger aus methodischen Grundsätzen, als um möglichst vielseitig zu sein — bereits in dem ältesten gedruckten deutschen Rechenbuch, dem sog. *Bamberger Rechenbuch* von 1483, unterschieden.[387] Überhaupt galt die Regel Detri[388] (*regula de tribus numeris notis, regula magistralis, r. mercatorum, r. proportionum,* verdeutscht: *Regel von 3 bekannten Zahlen,*[389] *ein meisterlich Ordnung*[390]) als Gipfelpunkt in der mittelalterlichen Rechenkunst, so daß sie seit dem Bamberger Rechenbuch (1483) als *die gulden Regel* bekannt war und die einzelnen Rechenmeister nicht genug Rühmens von ihr machen konnten.[391]

[383] MUHAMMED BEN MUSA, ed. ROSEN, S. 68—70, *On mercantile transactions* (Anm. 119). — [384] Kâfi fîl hisâb, cap. 43; ed. HOCHHEIM, II, S. 16—18 (Anm. 232). — [385] CANTOR, I^b, S. 762—766. — [386] LEONARDO PISANO, I, S. 84 ff. (Dreisatz), S. 118 ff. (Fünfsatz), S. 127 ff. (Siebensatz) (Anm. 17). — [387] CANTOR, II^b, S. 224; UNGER, S. 39—40 (Anm. 54). — [388] SIMON JAKOB, Rechenbuch v. 1565, nennt sie Regel Detri „mit verzuckten vnd gestumpfften Latinischen." — [389] GRAMMATEUS, Rechenbuch 1518 (Anm. 24), Rückseite C_{II}: Regula detre jn gantzen. Diese regel wirt genannt võ dreien zalen. ... — [390] BÖSCHENSTEIN 1514; nach FEL. MÜLLER, Ztschr. f. Math. u. Phys., Suppl. 1899, S. 320. — [391] So bei WIDMANN (Anm. 55), 92tes Blatt Rückseite „Die gulden Regel die dan alszo genãt ist wã gleicher weysz als das golt vbertrit all ander metal also auch dieszе Regel in gebrauchũg vbertrit al ander Regel. Auch wirt sy genant regula Detri wan in yr durch drey bekãte zal vird die viert vñ vnbekãt gefunden."

In dem Bestreben, sie ihrem Publikum möglichst klar zu machen und dem Leser eigene Denkthätigkeit, so viel es geht, zu ersparen, wurde sie aber so gelehrt, daß ein rein mechanisierendes Verfahren entstand. Da auf diesem Wege eingehenderes Verständnis nicht erzielt wurde, traten Schwierigkeiten für die indirekte Regeldetri (*regula de tri conversa sive eversa*) auf, und nur eine große Anzahl von Beispielen der letzten Art konnte die Schüler zu einer mehr gefühls- als verstandesmäßigen Behandlung ähnlicher Aufgaben durchbilden. Selten verstand man sich dazu, auf Erklärung der rechnerischen Handgriffe durch die Proportionslehre einzugehen. Eine Ausnahme macht in dieser Beziehung Simon Jakob (Rechenbuch von 1565), der sogar den Euklid citiert.[392] Erst im achtzehnten Jahrhundert beginnt man endlich, mehr Wert auf die Ableitung und Begründung der geübten Regeln zu legen und die Methodik im Unterricht hervorzuheben.

Infolge der großen Anwendbarkeit der Regeldetri in der kaufmännischen Praxis und im gewöhnlichen Leben waren vom fünfzehnten Jahrhundert ab eine große Anzahl von unterschiedenen Aufgabengattungen entstanden, für die entsprechende Regeln mit besonderen Namen, oft merkwürdigster Art, gelehrt wurden. Im Rechenbuch des Johannes Widmann von Eger (1489) beläuft sich ihre Zahl auf 28. Es ist ein Verdienst des schon anderweitig in der Geschichte des Rechnens rühmlichst genannten Tartaglia, in dieses Wirrsal von Regeln System hineingebracht zu haben; er unterscheidet in seinem General trattato (1556) dieselben Hauptgattungen, die heute noch geschieden werden: Zins-, Skonto-, Termin-, Zinseszins-, Gesellschafts-, Wechsel- und Mischungsrechnung.[393]

Für gewisse Aufgaben der Praxis stellte sich das Bedürfnis nach kürzeren Verfahren heraus, als die Regeldetri sie gab. So entstand die „Wälsche Praktik". Diese umfaßt keine einheitliche Rechenmethode, sondern bildet nur eine Sammlung der verschiedensten Rechenvorteile, wie sie in Italien und danach in Deutschland geübt wurden. Bei ihrer Darstellung mußten sich die Verfasser von Rechenbüchern, wie bei keinem anderen Thema, von dem Gesichtspunkte leiten lassen, daß Übung den Meister mache, und so gaben Rudolff (1525 Coß), Apian (1532 Rechenbuch), Stifel (1545 Deutsche Arithmetik), Riese (Ausg. von 1550) u. a. eine große Fülle einschlägiger Aufgaben. Stifel, der 1546 der „Wälschen Praktik"

392 Simon Jakob, S. 16b, 17. — 393 Tartaglia, General trattato, Parte I, Venedig 1556, Buch 11—15, S. 177—239; die Regeldetri heißt bei ihm (Buch 8, S. 127a) *regola detta del tre, ouer delle tre cose . . . regola del tre.*

allein ein Werk widmet, schildert in sehr offener Weise gerade im Gegensatz zu den ruhmredigen Lobpreisungen anderer, den geringen, ihr innewohnenden Wert „aber doch, wer die Welsch praktik nicht weiß, der bleibe bey der einfaltigen Regel Detri, so findet er eben das, welches jener findet durch die Wellisch practicam".[394] — Insbesondere gelangte im siebzehnten Jahrhundert die „Wälsche Praktik" zu einer so allgemeinen Verwendung, daß man sie geradezu als charakteristisch für dieses Jahrhundert bezeichnet hat.[395]

Eine zweite Fortführung fand die Regeldetri im Kettensatz. Dieser behandelt in erster Reihe Aufgaben, die das Verhältnis zweier Größen bestimmen sollen, wenn deren Verhältnis nur mit anderen Zwischengrößen bekannt ist. Es entstanden mit der Zeit verschiedene Schemata der Aufstellung, die eine rein mechanische Auflösung gestatten. Bereits bei dem Inder Brahmagupta (geb. 598) kommt eine derartige Aufstellung vor;[396] von einer ähnlichen Anordnung hat Leonardo von Pisa (1202 liber abaci)[397] Kenntnis. Widmann (Rechenbuch 1489) lehrt sie unter dem Namen *regula pagamenti*.[398] Rudolff (1532 Rechenbuch) betont, daß diese Regel nur ein Ausfluß der einfachen Regeldetri sei, und weist zugleich auch auf die Vorteile des Kürzens an dem erhaltenen bruchstrichähnlichen Schema hin.[399] Aber erst im achtzehnten Jahrhundert erweitert sich der Verbreitungskreis des Kettensatzes, als er unter dem Namen der Reesischen Regel eine bequeme Ansatzform erhielt. Ihr Erfinder ist Caspar Franz de Rees (geb. 1690); seine *Allgemeine Regel der Rechenkunst* wurde 1739 aus dem Holländischen ins Deutsche übersetzt. Einen weiteren Ausbau erfuhr die Reesische Regel im Basedow'schen Ansatz.[400]

Die Kettenregel und die „Wälsche Praktik" sind aus der Schule verschwunden. Wie sie einerseits nur für spezielle Aufgaben Verwendung finden konnten, so verführten sie anderseits, besonders die erste, zu rein mechanischer Anwendung. Um dies zu vermeiden, kehrte man im neunzehnten Jahrhundert lieber zu der einfachen Regeldetri zurück und verwendet mehrfache Ansätze, die zu demselben Resultat, aber in leichterer und durchsichtigerer Weise führen. Als eine selbständige Verbesserung aus der letzten Zeit ist

394 Stifel, Deutsche Arithmetik 1545, Bl. 15 (nach Unger, S. 94, vgl. Anm. 54); ferner Stifel, Neubearbeitung von Rudolff's Coß (Königsberg i. Pr. 1553), S. 39 unten. — 395 Unger, S. 170 (Anm. 54). — 396 Unger, S. 91; Sterner, S. 62 (Anm. 59). — 397 Leonardo Pisano, I, S. 118 ff. (Anm. 17). — 398 156tes Blatt, bes. das Schema auf der Rückseite (Anm. 55). — 399 Rudolff's Rechenbuch 1532, Seite g_7 (Signatur). — 400 Unger, S. 171; Sterner S. 352 ff.

vielleicht der sog. Bruchsatz[401] anzusehen. Statt in einem doppelten Dreisatz von einem Bruch auf die Einheit und dann auf einen zweiten Bruch zu schließen, wird eine Art Zweisatz vorgenommen, indem man direkt von dem ersten Bruch zum zweiten übergeht und die betreffenden Zahlen mit Berücksichtigung direkter und indirekter Verhältnisse sofort auf die entsprechende Seite eines Bruchstriches stellt, ein Verfahren, das für alle Aufgaben, in denen nur Multiplikationen und Divisionen auftreten, anwendbar ist.

Betrachten wir im folgenden einige Aufgabengruppen, denen die Regeldetri mehr oder minder versteckt zu Grunde liegt! Man pflegt dieselben seit der zweiten Hälfte des achtzehnten Jahrhunderts, in Verbindung mit einigen höheren Gebieten, unter den Namen „politische Arithmetik" zusammenzufassen. Diese Wortverbindung erscheint zuerst in einem Briefe über Arithmetik des Nikolaus Rhabda von Smyrna (um 1340), *μέθοδος πολιτικῶν λογαριασμῶν.*[402]

2. Die Zinsrechnung.

Die Aufnahme von Darlehen kann aus zwei Gründen erfolgen, einmal in Notlage zur Bestreitung der Kosten des Lebensunterhaltes (konsumtiver Kredit), dann zur Ermöglichung geschäftlicher Unternehmungen, die einen Gewinn abwerfen sollen (kaufmännischer Kredit). Unter der Auffassung der ersten als Unterstützungsdarlehen sind zu fast allen Zeiten, vielfach auch aus religiösen Gründen, Bestrebungen vorhanden, Zinsforderungen zu verbieten. Besonders in Zeiten noch unentwickelten Verkehrs sind die Darlehen erster Art die einzigen. So werden Zinsverbote verständlicher, wie sie im mosaischen Gesetz,[403] im alten Rom (341 *lex Genucia,* 172 v. Chr. erneuert), in der christlichen Kirche durch die Päpste (443 Papst Leo, 1311 Konzil zu Vienne), in deutschen Reichspolizeiordnungen von 1530, 1548, 1577[404] erlassen sind.[405] Emporblühen von Handel

[401] Unger, S. 188; nach diesem zum erstenmal bei Stern, *Lehrgang des Rechenunterrichtes nach geistbildenden Grundsätzen,* 1832. — [402] Cantor, I[b], S. 479; Cantor, *Politische Arithmetik,* Leipzig 1898, S. 1. — [403] 2. Mos. 22, V. 25; 3. Mos. 25, V. 36—37; 5. Mos. 23, V. 19. — [404] Conrad, *Handwörterbuch der Staatswissenschaften,* Bd. VI, 1894, S. 781. — [405] Auch philosophische Gründe sind bereits im Altertum vorgebracht. So sagt Aristoteles (384—322), das Geld sei von Natur aus unfruchtbar, und darum sei das Zinsnehmen, in dem gleichsam Geld vom Geld gezeugt wird, von allen Erwerbszweigen der naturwidrigste (*πολιτικῶν α',* Berl. Akademieausgabe, 1831, Bd. II, S. 1258 rechts, Kap. 10 Schluß).

und Verkehr bildete den kaufmännischen Kredit aus, den der Einzelne beansprucht, um Geschäfte, zu denen sein eigenes Geld nicht ausreicht, mit Gewinn unternehmen zu können. In solchen Zeiten stellte sich ein durchschnittlicher Zinsfuß von selbst ein, zu dem von einigen Gesetzgebern Bestätigung erteilt wird. Interessant ist die Veränderlichkeit dieses Zinsfußes in den verschiedenen Zeitabschnitten.[406]

In *Griechenland* betrug der durchschnittliche Zinsfuß bei der delischen Tempelbank im fünften und vierten Jahrhundert v. Chr. 10 v. H., in Athen zwischen 376—366 12 v. H.; 360—350 erscheint 10 v. H. als niedrig. In Grund und Boden angelegtes Kapital verzinst sich zwischen 380 und 345 mit 6 bis 8 v. H. Bei Seedarlehen (für Handelsfahrten) war das Risiko ein sehr großes; daher erklärt sich für Hin- und Rückfahrt der Prozentsatz von $20—33^1/_3$, der noch dazu nicht auf ein Jahr, sondern nur auf die Dauer der Fahrt, die im Sommer stattfand, erhoben wurde. Im dritten Jahrhundert v. Chr. sinkt der Zinsfuß auf 10 v. H., im zweiten auf 7 bis 8 v. H., während bei Verzugszinsen und schlechterer Bürgschaft immer noch 12 v. H. gefordert wurden. Im ersten Jahrhundert v. Chr. steigt der Zinsfuß infolge der römischen Kontributionen wieder. In der Kaiserzeit bis auf Hadrian beläuft er sich auf 9 v. H., später auf 8 bis 7 v. H.

In *Rom*[407] hatte das Zwölftafelgesetz den Höchsbetrag auf 10 v. H. bestimmt. Infolge von Übertretungen wurde dieses 357 wieder erneuert, 347 aber auf 5 v. H. herabgesetzt und 341 Zins überhaupt verboten. Selbstverständlich kam dieses Verbot allmählich in Vergessenheit. Im ersten Jahrhundert v. Chr. bildete sich seit Sulla ein Zinsfuß von 4 bis 6 v. H. heraus, der aber in besonderen Fällen bis 12 v. H. stieg. Die letzte Zahl wurde seitdem als Maximum gesetzlich festgelegt (Senatsbeschluß, 50 v. Chr.) und blieb als obere Grenze bis zum Ausgang des weströmischen Reiches bestehen. Zu Justinian's Zeiten verzinsten sich sichere Anlagen nur mit 4 bis 6 v. H.

Je mehr die Kirche zur Herrschaft kam, desto mehr erhielt das Nehmen von Zinsen einen verächtlichen Charakter; schließlich wurden die bereits angeführten Verbote erlassen. Juden nahmen eine Ausnahmestellung ein, mußten sich aber dafür eine erhebliche Besteuerung gefallen lassen. Mit dem allmählichen Wiederanwachsen von Handel und Verkehr änderten sich die Anschauungen; im

[406] Nach Billeter, *Geschichte des Zinsfußes im Altertum*, Leipzig 1898. — [407] Bei den Römern wurden die Zinsen monatlich entrichtet. *Centesima* bedeutet demnach 12 v. H. 6 v. H. wurde ausgedrückt durch *dimidia centesima;* 5 v. H. = *quincunx cent.*, 4 v. H. = *tertia pars cent.*, 3 v. H. = *quadrans cent.*

Jahre 1654 betrachtete das Reichsgericht das Fordern mäßiger Zinsen als erlaubt. Es wurden vielfach Zinsmaxima (bis 5 und 6 v. H.) gesetzlich festgelegt,[408] zum Teil nur in dem Sinne, daß höhere Zinsen nicht verboten, aber gesetzlich nicht einklagbar sind.

Wie Zinsberechnungen vorgenommen wurden, dafür sind uns aus dem *Altertum* keine Beispiele überliefert. Daß sie zu den elementaren, bei Geschäftsleuten täglich geübten Kenntnissen im Rechnen gehörten, geht aus den vielen Autorenstellen hervor, die jedes Lexikon über fenus, usura u. s. w. aufzählt. Besonders bei den Römern spielen sie in juristischen Angelegenheiten eine Hauptrolle.

Aus den *indischen* Lehrbüchern[409] sind uns Beispiele für Zinsrechnung bekannt. Hervorzuheben ist gelegentliche Verwendung von Zinseszins, ferner die außerordentliche Höhe eines Zinsfußes 5 v. H. pro Monat.

Von den *mittelalterlichen Lehrbüchern* enthalten besonders die italienischen und die aus ihnen schöpfenden deutschen Werke vieles aus der kaufmännischen Arithmetik. Einfache Zinsberechnungen kommen ebenso oft vor, wie solche auf Zinseszins. Eine besonders hervorragende Stelle nimmt die *Summa* des Luca Paciuolo (1494) ein. In ihr handelt der ganze 5. Traktat der 9. Distinktion *de meritis* von Zinsberechnungen. Unter anderem verschafft uns die Summa auch Kenntnis, daß damals bereits Zinstafeln im Gebrauch der Kaufleute waren, deren Anwendung und Zusammenstellung Paciuolo zeigt.[410] Von Italien aus müssen sich solche Tabellen als kaufmännische Hilfsmittel, deren Gebrauch mehr oder weniger Geschäftsgeheimnis war, über Deutschland nach Holland und anderen Ländern verbreitet haben. Der erste, der solche Zinstafeln im Druck veröffentlichte, war der Holländer Simon Stevin (1548 Brügge — 1620 Leiden; Kaufmann, später im Staatsdienst als Ingenieur). Er ließ die 1584 erschienenen Tabellen 1585 in verbesserter Form in der *Practique d'Arithmétique* neu auflegen.[411] Einige sind mit einfachen Zinsen,[412] die meisten mit Zinzeszinsen berechnet. — Die Verwendung von Zinszahlen, den Produkten der Kapitalien in die Anzahl der Tage bei gleichbleibendem Prozentsatz,

408 Conrad, S. 782 (Anm. 404). — 409 Aryabhatta (geb. 476 n. Chr.), ed. L. Rodet, Strophe XXV, S. 402, 424—425; Brahmagupta (geb. 598 n. Chr.), Gaṇita, ch. XII, S. II, ed. Colebrooke, S. 287—289; Bhashara (geb. 1114 n. Chr.), Lîlâvatî, ch. IV, S. I, ed. Colebrooke, S. 39—41 (Anm. 294). — 410 Summa, I, Dist. 9, tract. 5, S. 174ᵇ und 175ᵃ (Anm. 10). — 411 Simon Stevin, ed. Girard, I, S. 191—197 (Anm. 88); bei Stevin ist das Wort capitale bereits durchweg gebräuchlich. — 412 Daselbst S. 189.

benutzen gelegentlich, wie wir in der Terminrechnung sehen werden (S. 107, 108), WIDMANN (1489)[419] und TARTAGLIA (1556).[413] In die Praxis wurden sie jedoch erst durch CLAUSBERG's *Demonstrative Rechenkunst* (1732) eingeführt. Im Gegensatz zur heutigen Art waren CLAUSBERG's Rechnungen indes immer noch schwülstig, da er das Jahr zu 365 Tagen annahm, also mit dem sehr unangenehmen Verzinsungsfaktor $\frac{p}{36500}$ zu arbeiten hatte.[414] – Die Behandlung der Zinsrechnung bei CLAUSBERG ist überhaupt eine außerordentlich eingehende und nach allen Richtungen hin erschöpfende; es tritt uns hier zum erstenmal eine einheitliche Bearbeitung dieser Lehre entgegen, indem alle nur möglichen Aufgaben systematisch zusammengestellt und ihre Lösungen methodisch vorgeführt werden, im Gegensatz zu anderen Lehrbüchern, die kaum jene vier Hauptaufgaben, in die wir heute gruppieren, vollständig bringen. Von den vier vorkommenden Größen (k = Kapitel, i = Jahre, z = Zinsen, p = Prozentsatz) nehmen wir heute, wie auch schon STEVIN[415] 1585, drei als bekannt an und suchen aus ihnen die vierte zu berechnen. CLAUSBERG kombiniert diese vier Größen zuerst zu zweien, dann zu dreien und kommt zu 24 Fundamentalaufgaben, die er einzeln, nicht in Buchstaben, da er algebraisches Rechnen nicht voraussetzt, sondern in Zahlenbeispielen vorrechnet. Die Aufgabe für die Kombination kz, bei der p und i konstant gedacht sind, lautet z. B. unter Benutzung von Buchstaben: Wieviel Zinsen erhält man von k_1 *M* Kapital, wenn k_2 *M* Kapital z_2 *M* Zinsen bringen?, eine andere aus der zweiten Gruppe, etwa für kiz: Wieviel Zinsen geben k_1 *M* Kapital in i_1 Jahren, wenn k_2 *M* Kapital in i_2 Jahren z_2 *M* Zinsen geben?

Die Verwendung der Zinsformel $z = \frac{k \cdot i \cdot p}{100}$ mit ihren drei Umkehrungen fehlt nicht nur in CLAUSBERG's Buch und anderen gleichzeitigen Werken, sondern auch in den Rechenbüchern aus der ersten Hälfte des neunzehnten Jahrhunderts. Eingang in den Schulunterricht scheint sie zuerst in Österreich gefunden zu haben; so 1871 durch das Rechenbuch von TEIRICH (Schulrat und Schulinspektor in Wien), 1873 durch das Rechenbuch für Untergymnasien von MOČNIK. In Deutschland empfiehlt HOFFMANN ihre Benutzung sowohl für das schriftliche Rechnen, als auch für das Kopfrechnen.[416]

Der Prozentbegriff liegt schon in dem *centesima*[407] des alten

[413] TARTAGLIA, General trattato, I, lib. 11, S. 185—186 (Anm. 25.) — [414] CLAUSBERG, 5. Aufl. 1795, IIII, S. 1257 ff. — [415] STEVIN, I, S. 187—188 (Anm. 88). — [416] HOFFMANN's Zeitschrift IV, 1873, S. 415.

römischen Kaufmannes; ebenso stammt das Wort Prozent aus dem Lateinischen. Statt *pro centum* wurde vielfach im Mittelalter nach dem Vorbild des italienischen per cento *pro cento*[417a] gebildet. In Österreich (Perzent) und England (per cent) schloß sich die kaufmännische Praxis noch viel enger dem italienischen Fachausdruck an. Im achtzehnten Jahrhundert findet sich in Deutschland häufig die verkürzte Form *pro cent*,[417b] aus der dann durch Zusammenziehen unser *„Prozent“* wurde.[417c] — Das Zeichen $^0/_0$ ist nichts weiter als die Abkürzung *Cto* für Cento; es läßt die Linienführung der drei Buchstaben noch erkennen. Beweis für diese Deutung ist eine Stelle in dem sehr verbreitet gewesenen kaufmännischen Leitfaden DE LA PORTE's (*Le guide des Negocians et teneurs de livres*, Paris 1685 und Amsterdam 1687), in dem es heißt (in einer Kontokorrentprobe hinter S. 52): ... *en avance à* $\frac{1}{2}$ *p.* $\frac{0}{0}$ *par mois*, während es an einer Parallelstelle, die den Begriff „avance“ erklärt (S. 140) lautet: ... *à raison de* $\frac{1}{2}$ *pour cent par mois.* Im schriftlichen Verkehr ist das Zeichen $^0/_0$ als direkter Ersatz für Cto wahrscheinlich ganz häufig gewesen, im Druck aber sehr selten. Bei DE LA PORTE ist es allein an der citierten Stelle anzutreffen, scheint aber auch nur durch ein Versehen des Druckers, der das geschriebene Cto falsch als Bruch las und seine Form den benachbarten wirklichen Brüchen anpaßte, dorthin gekommen zu sein. Erst mit dem neunzehnten Jahrhundert erlangt $^0/_0$ mehr den Charakter eines Symboles, indem es auch das *pro* in sich aufnimmt; so bei MICHAELIS (*Die Arithmetik oder das bürgerlich-kaufmännische Rechnen*, 3. Aufl. Berlin 1809, S. 392. „Man kann auch per Cent p. a. also schreiben: $\frac{0}{0}$ p. A.“).[417d] Allgemeinere Anerkennung hat es nicht vor der Mitte des neunzehnten Jahrhunderts erhalten. Neuerdings wird es wieder durch das amtliche „von Hundert, v. H.“ zu verdrängen gesucht. Man greift mit dieser Verdeutschung unbewußt auf die älteren deutschen Rechenbücher, wie WIDMANN 1489 (Anm. 55; Blatt 127 „ſol er mir von 100 geben 20“), RUDOLFF 1532 (Rechenbuch; Exempelbüchlein Nr. 71, Seite x ... „wenn man vom Hundert

---

417a 1565, Rechenbuch von SIMON JAKOB; 1687, DE LA PORTE (vgl. oben; daselbst auch P^0, ferner pro mille); 1748, L. WENTZ, *Demonstrative Einleitung zur gemeinen prakt. Rechenkunst*; 1782, HIZLBERGER, *Staatsrechner*. — 417b 1780, HEYNATZ, *Ausführl. Rechenbuch*; 1785, REINHOLD, *Arithmetica forensis*; 1800, LECHNER, *Rechenbuch*; 1809, MICHAELIS, vgl. oben. — 417c 1782, MICHELSEN, *Anleitung zur jurist., polit. u. oekonom. Rechenkunst*, S. 7; 1791, KRÜGER, *Kurzes kaufm. Rechenbuch*, S. 5; 1801, BÜSCH, *Schriften über Banken und Münzwesen*, I, S. 76. — 417d Die älteren Aufl. v. 1791 u. 1801 waren nicht zu erlangen.

zu jährlichem Zins geben soll 5 fl ...") zurück; ob mit Erfolg, ist zweifelhaft, da sehr gebräuchliche Wortbildungen, wie *Prozent* (*Prozentgehalt*, *Prozentrechnung*), *prozentig* u. a. ohne Ersatz bleiben.

3. Die Terminrechnung.

In der Terminrechnung wird die Aufgabe gestellt, bei mehreren an verschiedenen Terminen zu leistenden Zahlungen einen mittleren Zahlungstag für die ganze Summe anzugeben, so daß weder der Geldgeber noch der Geldnehmer Zinsverlust erleidet; der Einfachheit wegen wird in der Regel ein gleichmäßiger Prozentsatz der Verzinsung angenommen. Bei der Lösung einer solchen Frage verfährt der italienische Mathematiker Luca Paciuolo, dessen Werk „*Summa de Arithmetica Geometria Proportioni et Proportionalita*" 1494 großen Wert auf die Darstellung der seiner Zeit üblichen kaufmännischen Rechenmethoden legt, in einfacher Weise so, daß er die Zinsen berechnet, die der Geldnehmer verlieren würde, falls er alle Zahlungen am Fälligkeitstermine der ersten Zahlung zurückerstattet, dann die Zeit sucht, während der das gesamte Darlehen noch stehen bleiben kann, um diese Zinsen auszugleichen.[418] Diese durchsichtige Lösungsart verdichtete sich im praktischen Gebrauch zu einer mechanischen Rechenregel, die Paciuolo freilich nicht giebt, aber zu seiner Zeit ganz verbreitet gewesen sein muß, da ein deutscher Rechenlehrer, Johannes Widmann von Eger, sie 1489 bereits seinen Lesern zeigt;[419] auch im General trattato des Tartaglia (1556)[420] ist die kurze Form enthalten. Es werden dabei jene in der Zins-

418 Luca Paciuolo, Summa, I, Dist. IX. — 419 Um aus dem Widmann'schen Rechenbuch eine Probe zu geben, sei das betreffende interessante Beispiel im folgenden abgedruckt. Es beginnt auf der Rückseite des 181ten Blattes unter der Überschrift: Schuld. „Jtm̃ Eyner pleyb dem andern schuldigk vnd sol yn zalen an dem drittñ tag yn dem menet (=Monat) 10 fl. vnnd an dem 7 tag 32 fl. vnd an dem 15 tag 40 fl. vnd an dem 26 tag 52 fl. Nu pitt der den schuldiger also ser er bedurff vol gelcz dz yn dz auf 1 tag zal er wol ym des erstñ gelcz dester lenger harren ader porgen. Wiltu das vissen ader des gleichñ So machs also Multiplicir das gelt mit den tagen als dan hie nyden stet. Vnd das multiplicat teyl in die fl. vñd vz dann kũpt das synt tag Als diuidir 2206 durch 134 facit 16 tg $\frac{62}{134}$ vnd ist recht.

10		3	30	
32 fl.		7 tag	224	product." —
40		15	600	
52		26	1352	

420 Parte I, liber XI, S. 185ʰ ff (Anm. 25).

rechnung erwähnten Zinszahlen (S. 104, 105) benutzt. Sind in moderner Bezeichnung $z_1\, z_2\, z_3 \ldots$ die Zahlungen, $t_1\, t_2\, t_3 \ldots$ die Zeiten, nach deren Ablauf von einem gewissen Haupttermin an die Zahlungen zu leisten sind, so soll man die Produkte $z_1 \cdot t_1,\ z_2 \cdot t_2,\ z_3 \cdot t_3 \ldots$ addieren und die erhaltenen Summen durch die Summen der Einzelzahlungen dividieren. Der sich ergebende Quotient

$$T = \frac{z_1 \cdot t_1 + z_2 \cdot t_2 + z_3 \cdot t_3 + \ldots}{z_1 + z_2 + z_3 + \ldots}$$

liefert die Zeit bis zu dem gemeinsamen Verfalltag.

Nach demselben Verfahren wird heute noch gerechnet. Mit Recht jedoch sind diese allzu speziellen, auch im Geschäftsleben nicht sehr häufig vorkommenden Aufgaben aus dem Schulpensum in jüngster Zeit gestrichen worden.

4. Die Gewinn- und Verlustrechnung.

Ähnlich wie in der Geschichte der Terminrechnung können wir uns auch bei der Gewinn- und Verlustrechnung kurz fassen. Aufgaben dieser Art werden heute nicht mehr als streng gesondertes Kapitel, sondern nur als Anwendung der allgemeinen Prozentrechnung behandelt. Bis zum siebzehnten Jahrhundert bildeten sie einen getrennten Abschnitt in den Rechenbüchern, der eine abwechslungsreiche, ungeordnete Sammlung der verschiedensten geschäftlichen Praktiken darstellt — immer in direkter Anlehnung an die Regeldetri, selten unter Verwendung eines Prozentsatzes. So lernen wir sie im *Bamberger Rechenbuche* von 1483 und in WIDMANN's Buch von 1489 kennen. Etwas mehr System brachte das achtzehnte Jahrhundert hinein; man gruppierte die einschlägigen Beispiele, indem man eine Reihe von Fragen unterschied. Es wird untersucht, wie jemand die eingekaufte Ware verkaufen müsse, um einen bestimmten Gewinn zu erzielen, wieviel bei einem abgeschlossenen Verkaufe gewonnen bezw. verloren ist, wie groß der Einkaufspreis war, wenn beim Verkauf ein gewisser Gewinn bezw. Verlust eingetreten ist, wie der Verkaufspreis gestellt werden muß, damit ein gewisser Prozentsatz, auch in vorgeschriebener Zeit, erzielt werde.[420a]

CLAUSBERG (1689 Danzig — 1751 Kopenhagen; Lehrer der Mathematik, zuletzt dänischer Staatsrat), der an der Spitze der Verfasser von Rechenbüchern im siebzehnten Jahrhundert steht, bespricht in seiner *demonstrativen Rechenkunst* (1. Aufl. 1732)[421] die Gewinn-

[420a] STERNER, S. 348 (Anm. 59). — [421] 5. Aufl. v. 1795, S. 915 ff.

und Verlustrechnung nur beim Wechselgeschäft. Gerade dies war eins der schwierigsten Kapitel in der damaligen Rechenlehre: man bedenke, welch eine Unzahl von Maßsystemen, Gewichtssätzen, Münzwährungen in Deutschland bestanden, von denen die letzten noch dazu, selbst an einem und demselben Ort, im Kurs veränderlich waren. Da galt es zu kalkulieren, was vorteilhafter sei, eine Geldsumme direkt von einem Handelsplatz zum anderen anweisen zu lassen oder die Vermittlung eines oder mehrerer Zwischenorte zu benutzen, an denen der Kurs günstiger stand. Zu derartigen Überlegungen hat heute nur noch der Großkaufmann im internationalen Verkehr Gelegenheit; im Kleinverkehr ist nach Einführung einheitlicher Systeme keine Veranlassung mehr dazu. Anzuerkennen ist bei CLAUSBERG auch das Bestreben, seine Leser vor häufig sich einstellenden Fehlern zu warnen. Bei der Gewinn- und Verlustrechnung macht er z. B. darauf aufmerksam, daß, wenn ein Gegenstand, der 100 Thaler gekostet hatte, mit 110 Thalern verkauft wird, dann aber nur für 100 Thaler wieder weitergegeben werden kann, der Prozentsatz des Gewinnes und Verlustes für beide Verkäufe nicht übereinstimmen; der Gewinn betrüge 10 v. H., der Verlust jedoch nur $9\frac{1}{11}$ v. H., da er auf die größere Ausgabe von 110 Thalern zu beziehen sei.[422]

5. Die Rabattrechnung.

Eine umfassendere Geschichte, in der sogar ein Mathematiker wie LEIBNIZ eine Rolle spielt, besitzt die Rabattrechnung. Sie holt schon bedeutend weiter aus und beginnt in der Überlieferung mit Berechnungen, die die *Römer* anstellten, um den baren Wert einer später anzutretenden Erbschaft für einen bestimmten Zeitpunkt anzugeben. Das dabei eingeschlagene Verfahren ist nicht ganz klar, scheint aber in der Hauptsache auf unseren Rabatt in Hundert hinauszukommen.[423] Ähnliche Fragen behandelte um die Wende des zweiten Jahrhunderts n. Chr. der berühmte Rechtsgelehrte ULPIAN (170—228), sogar unter Zugrundelegung einer wahrscheinlichen Lebensdauer.[423]

Wenn in dem folgenden langen Zeitabschnitt nichts für unser Thema zu finden ist, so hängt dies mit dem damaligen Niedergang des kaufmännischen Verkehrs zusammen. Mit dem Entstehen eines blühenden Handels in Italien nach Beginn des zweiten Jahrtausends

[422] Daselbst S. 920. — [423] CANTOR, I[b], S. 522.

leben solche Rechnungen von neuem wieder auf. Wir sehen aus der Summa (1494) des LUCA PACIUOLO, daß zu der Zeit desselben sogar Rabattierungstafeln üblich waren, die die umständlichen Rechnungen ersetzen sollten.[424] Die ersten Veröffentlichungen im Druck verdankt man SIMON STEVIN (1585) — vgl. S. 104.

Den wichtigsten Abschnitt in der Geschichte der Rabattrechnung bildet der Streit um die Berechtigung des Rabattes in und auf Hundert.[425] BENEDICT CARPZOW, ein namhafter Jurist (1595—1666; Prof. der Rechte in Leipzig, dann kursächs. Geheimrat in Dresden), bediente sich in seinen richterlichen Entscheidungen bei Geldklagen des Rabatts in Hundert (z. B. 5 v. H. Rabatt in Hundert = 100 Mark Forderung, 95 Mark Barzahlung), der, so falsch er ist, noch heute bei Diskontierung von Wechseln im Gebrauch ist, freilich bei der für gewöhnlich kurzen Zeit auch nur unerhebliche Fehler im Gefolge hat. Demgemäß zogen CARPZOW und seine Anhänger den Rabatt, der für die bestimmte Zeit sich leicht berechnen ließ, einfach von dem Kapital ab, um den Barwert dieser Forderung für einen Termin, der um die bewußte Zeit früher liegt, zu erhalten. In sehr einleuchtender Weise widerlegt CLAUSBERG 1732[426] dieses unrichtige Verfahren durch das bekannte, auch heute noch jedesmal angeführte Beispiel für 5 v. H. bei 20 Jahren, worin nach CARPZOW die Geldforderung 20 Jahre vorher durch den Barwert 0 dargestellt würde. Gegen CARPZOW hatte LEIBNIZ (1646 Leipzig — 1716 Hannover) sich gewendet und in der eben gegründeten Zeitschrift „Acta Eruditorum" von 1683 gezeigt,[427] daß man einmal Rabatt *auf Hundert* (5 v. H. Rabatt auf Hundert = 105 Mark Forderung, 100 Mark Barzahlung) nehmen und dabei noch Zinseszins anrechnen müsse. Er bediente sich in seiner hierzu aufgestellten Anticipationsrechnung nicht unserer Zinseszinsformel $K = c \cdot \left(1 + \frac{p}{100}\right)^n$ — K Forderung, c Barzahlung —, aus der sich ohne weiteres $c = K \cdot \left(\frac{100}{100 + p}\right)^n$ ergeben würde, sondern leitete dieses Resultat auf umständlicherem Wege ab. Würde von dem Kapital, das als 1 angenommen werden kann, bei der Zahlung um ein Jahr früher $\frac{1}{v}$ des Kapitals $\left(v = \frac{100}{p}\right)$ als Zinsen dieses Jahres abgezogen

424 Summa, I, Dist. 9, tract. 5, S. 174b—175a (Anm. 10). — 425 CANTOR, IIIa, S. 49 ff.; UNGER, S. 132 (Anm. 54). — 426 *Dem. Rechenkunst*, 5. Aufl., 1795, S. 1300. — 427 *„Meditatio juridico-mathematica de interusurio simplice"*, Acta Erud., Leipzig 1683, S. 425—432, gesammelte Werke v. LEIBNIZ, ed. GERHARDT, III. Folge, Bd. VII, Halle 1863, S. 125—132.

$$1 - \frac{1}{\nu},$$

so müßte, da die Zinsen erst am Schluß des Jahres zu zahlen sind, für den Anfang des Jahres eine Vergütung von $\frac{1}{\nu^2}$, als Zinsen von den Zinsen, eintreten

$$1 - \frac{1}{\nu} + \frac{1}{\nu^2}.$$

Diese Vergütung dürfte aber auch nicht am Anfange des Jahres vorgenommen werden; geschieht dies, so muß eine Rückrechnung von $\frac{1}{\nu^3}$ erfolgen u. s. f. Es ergiebt sich sonach als Barwert, ein Jahr früher, die unendliche Reihe

$$1 - \frac{1}{\nu} + \frac{1}{\nu^2} - \frac{1}{\nu^3} + \frac{1}{\nu^4} - \ldots.$$

Leibniz beweist, daß der Gesamtwert dieser Reihe $\frac{\nu}{\nu + 1}$ ist. Für ein zweites Jahr früher muß sich dieser Wert $\frac{\nu}{\nu + 1}$ ebenso verändern, wie 1 zu $\frac{\nu}{\nu + 1}$, d. h. der neue Barwert wird $\left(\frac{\nu}{\nu + 1}\right)^2$; für n Jahre früher erhält man schließlich $\left(\frac{\nu}{\nu + 1}\right)^n$, und dieses deckt sich mit dem oben angegebenen Resultat. Ist $p = 5$, so wird ein Jahr früher der Wert eines Kapitals von K Mark zu $\frac{20}{21} \cdot K$; er sinkt also nicht, wie beim Carpzow'schen Rabatt, um $\frac{1}{20}$, sondern um $\frac{1}{21}$.

Nichtmathematikern, wie den Juristen Barth und Horn,[428] waren diese Herleitungen so wenig klar, daß sie in dem Glauben, Leibniz' Ansicht gerecht zu werden, nach 2 Jahren $\frac{2}{21}$, nach 3 Jahren $\frac{3}{21}$ u. s. w. abzogen. Auf Grund dieser irrtümlich Leibniz zugeschriebenen Folgerung griff ein anderer Rechtsgelehrter, Hoffmann (1700—1775), diesen an, ohne Leibniz' Abhandlung selbst studiert zu haben, und stellte nun den sogenannten einfachen *Rabatt auf Hundert* als allein richtig auf, nach dem sich Kapital zur Barzahlung bei n Jahr früherer Zahlung wie $(100 + np) : 100$ verhalten müsse. Auf seinen Irrtum, besonders durch Clausberg, aufmerksam gemacht, blieb er bei seiner Ansicht, mit der neuen Begründung, daß auch der richtige Leibniz'sche Rabatt vom juristischen Standpunkt aus zu verwerfen sei, da das Gesetz Zins auf Zins verbiete.[429]

[428] Cantor, III², S. 498. — [429] Cantor, III², S. 505.

Die neuere Gesetzgebung hat indes LEIBNIZ Recht gegeben; jedoch ist bei kleineren Zeitfristen auch der HOFFMANN'sche Rabatt üblich geworden.[430]

6. Die Tararechnung.

So alt wie Tausch- und Handelsverkehr ist die Übung, von dem Gewicht der eingehandelten Ware bei der Bezahlung eine gewisse Menge in Abzug zu bringen, sei es für die Verpackung, bei Flüssigkeiten für die Gefäße, sei es für Unreinlichkeiten oder Bruch in der Ware selbst. Die angewandten Rechenmethoden decken sich vollständig mit dem bei Regeldetriaufgaben beobachteten Verfahren. Wir können uns daher im folgenden auf einige wenige erwähnenswerte Punkte beschränken.

Das Wort Tara ist stammverwandt dem arabischen *ṭarḥ* (= Subtraktion, abgeleitet von *taraha* = wegwerfen).[431] Aus arabischen Lehrbüchern gelangte es in italienische Handelskreise, von denen die reinitalienischen Worte *Brutto* (= unrein, roh) und *Netto* (= rein) hinzugefügt wurden. Diese drei Wörter können im fünfzehnten Jahrhundert noch nicht allgemeiner Sprachgebrauch gewesen sein, da die deutschen Rechenbücher am Ende des fünfzehnten und am Anfang des sechzehnten Jahrhunderts sie sonst in der bekannten Sucht nach Fremdwörtern übernommen haben würden. Im *Bamberger Rechenbuch* von 1483 wird ein Gewichtsabzug als *„das Minus"* bezeichnet;[432] die Behandlungsweise solcher Aufgaben im Rechenbuch (1489) des JOHANNES WIDMANN VON EGER geht unter dem Namen *regula fusti.* Richtiger sagt KOEBEL 1537 *regula fusci* (fuscus = braun, unrein) und erklärt:[433] „Das wort Fusci | bedeut nichts anders dann ein zerbrochen gut gemülb | odder ander vnreynigkeyt | so in der Specerei funden wirt | als vnd den Negelin | Ingber | Saffran ꝛc. Auch Silber vnderm golt | Kupffer vnderm sylber. Die vaß vom Honig | Butter | Oley ꝛc. vnd der gleichenn vermischt vnreinigkeit . . ." Dieser allgemeinen Erklärung gemäß behandelt KOEBEL auch Legierungsaufgaben in seiner regula fusci. Das Wort Tara scheint in deutschen Rechenbüchern zuerst von RIESE benutzt worden zu sein; sein Rechenbuch von 1550[434] weist es einmal in einer Überschrift auf:

430 MEYER's Konversationslexikon, Bd. IX, 5. Aufl., 1895, S. 300 *„Interusurium"*. — 431 CANTOR, I^b, S. 763. — 432 CANTOR, II^b, S. 224. — 433 J. KOEBEL „Zwey Rechenbüchlein: uff den Linien und Zipher mit eynn angehenkten Visirbuch". OPPENHEIM, 1537/38, S. 76^a. — 434 Rechnung nach der lenge | auff den Linihen und Feder; Aufl. Leipzig 1550, S. 25, 85.

„Von Tara auff und in den Centner", im Laufe der Rechnung erscheint aber immer das altgewohnte Wort Minus. Auch im Rechenbuch „auff der linihen" von 1518 ist Tara im Text (3. Aufl., Erfurt 1530, Signatur E_{III}) gelegentlich verwendet.

Von späteren Rechenbüchern, in denen Aufgaben unserer Art einen festen Bestandteil bilden, nennen wir nur noch dasjenige von CLAUSBERG (1732) wegen seiner großen Verbreitung. In ihm ist der *Thararechnung* ein besonderes Kapitel gewidmet.[435] Neben *Brutto* benutzt er das Wort *Sporco* (= schmutzig), neben *Thara* die alte Bezeichnung *Fusti*, letzte aber nur für einen Abzug von Ware, die verunreinigt oder durch Wasser beschädigt ist. Die Behandlung der Aufgaben findet auch unter Anwendung von Prozentsätzen statt. U. a. weist er auf das Fehlerhafte hin, Betrachtungen aus der Rabattrechnung auf Taraaufgaben zu übertragen und etwa die Rechnung *„auf 100"* anzustellen; wie diese beim Rabatt allein richtig ist, so sei sie bei der Tara durchaus falsch. Der Begriff „Gutgewicht" wird bei CLAUSBERG nicht in modernem Sinne gebraucht. Gutgewicht wurde zu seiner Zeit nur dann in Anrechnung gebracht, wenn die erhandelte Ware nicht auf der öffentlichen Stadtwage, sondern auf einer Privatwage im Hause des Verkäufers abgewogen worden war. Natürlich wurde es unter diesen Umständen vom Bruttogewicht, nicht, wie heute, vom Nettogewicht berechnet.

7. Die Mischungsrechnung.

Die älteste Aufgabe, die das Gebiet der Mischungsrechnung streift, ist die Kronenaufgabe des ARCHIMEDES (287—212, Syracus). Der König HIERO hatte eine goldene Krone anfertigen lassen; da der Verdacht entstand, der Verfertiger habe, statt nur reines Gold zu benutzen, im Innern Silber untermischt, wandte sich HIERO, der das Kunstwerk nicht zerbrechen wollte, an ARCHIMEDES. Es ist bekannt, wie dieser in geistreicher Weise mit Hilfe des spezifischen Gewichtes die Untersuchung vornahm.[436] An diese Aufgabe erinnert eine andere, die in einem griechischen Epigramm des METRODORUS (330 n. Chr.) mitgeteilt wird:[436a] „Eine Krone ist 60 Minen schwer und besteht aus einer Legierung von Gold, Kupfer, Zinn und Eisen. Gold

[435] *Demonstrative Rechenkunst*, 5. Aufl., 1795, S. 1361 ff. — [436] Überliefert durch VITRUVIUS, *De architectura*, IX, 3, ed. ROSE, MÜLLER-STRÜBING, Leipzig 1867, S. 215, Z. 8 — S. 216, Z. 12, und durch PLUTARCHUS, *Non posse suaviter vivi sec. Epic.*, XI, § 5, ed. DÜBNER, Bd. 4, Paris 1841, S. 1338; vgl. auch CANTOR, I^b, S. 295 ff. — [436a] CANTOR, I^b, S. 432—433.

und Kupfer betragen zusammen $\frac{2}{3}$, Gold und Zinn $\frac{3}{4}$, Gold und Eisen $\frac{3}{5}$ des Gesamtgewichtes. Die Einzelgewichte sind zu bestimmen."

Dies sind die einzigen Beispiele aus der überlieferten *griechischen* Litteratur, die wir hier für die Mischungsrechnung anführen könnten, wenngleich sie ihr nur bedingt zuzurechnen sind. Wirklich hierher gehörige Aufgaben finden sich erst in *indischen* Schriften, aber auch hier nur vereinzelt.[437] Die *Araber* scheinen der Ausbildung der Mischungsrechnung größere Aufmerksamkeit zugewandt zu haben; wenigstens hat LEONARDO VON PISA, dem das Abendland die Übermittlung arabischer Mathematik verdankt, in seinem liber abaci (1202) einen umfangreichen Abschnitt mit Aufgaben solcher Art angefüllt.[438] Diese Sammlung betrifft fast nur Legierungen zu Münzmetall und besteht hauptsächlich aus zwei Gruppen, deren Lösung in recht mechanischer Form gegeben wird. In der einen Gruppe sucht LEONARDO den Feingehalt einer Legierung, die aus anderen Legierungen bekannten Feingehaltes zusammengeschmolzen ist, in der anderen fragt er nach dem Zusammensetzungsverhältnis gegebener Legierungen, aus denen eine Mischung von vorgeschriebenem Feingehalt hergestellt werden soll. Wird auch der Grundstock dieser Rechnungen arabischer Wissenschaft angehören, so hat LEONARDO sie doch nicht ohne selbständige Bearbeitungen einfach aus ihr übernommen; aus seinen späteren Schriften sind eigene Untersuchungen bekannt, die zu einer neuen, ihm eigentümlichen Lösungsmethode allgemeiner Mischungsaufgaben führten.[439]

Aus italienischen Kaufmannskreisen kam mit anderen Teilen der praktischen Arithmetik auch die Mischungsrechnung nach Deutschland. Allmählich sonderte sich von ihr die sogenannte Gold- und Silberrechnung ab (cap. 16 im *Bamberger Rechenbuch* von 1483), in der Preisbestimmungen für Gold- und Silberwaren verschiedenen Feingehaltes vorgenommen wurden. Im Rechenbuch von JOHANNES WIDMANN (1489) treten Mischungsaufgaben in der *regula alligationis*, in späteren Rechenbüchern auch in *der regula fusci* auf (vergl. Tararechnung, S. 112)).

Im Laufe der nächsten Jahrhunderte vermehrte sich der Stoff nicht sonderlich; es wurde immer wieder nach früheren Mustern gearbeitet. In CLAUSBERG's *Demonstrativer Rechenkunst* 1732 ist der Stoff systematisch zusammengefaßt, die Gold- und Silberrechnung

437 BHASKARA, Lîlâvatî, ch. IV, sect. III u. V, ed. COLEBROOKE, S. 43 u. 46—48 (Anm. 294). — 438 LEONARDO PISANO, I, Abschnitt 11, S. 143—166 (Anm. 17). — 439 LEONARDO PISANO, II, S. 247 *Flos, de avibus emendis secundum proportionem datam;* vgl. CANTOR, II^b, S. 50—51.

wie im fünfzehnten Jahrhundert getrennt,[440] in der Regel *Alligationis* das übrige behandelt.[441] Den Schluß bilden verschiedene Aufgaben von der Art der archimedischen Kronenaufgabe.

8. Die Gesellschaftsrechnung.

Ein viel reichhaltigeres Bild liefert die Geschichte der Gesellschaftsrechnung; sie reicht zurück bis an die Grenze unseres geschichtlichen Wissens überhaupt. In dem oftmals erwähnten *altägyptischen Rechenbuch* des AHMES (aus dem zwanzigsten bis siebzehnten Jahrhundert v. Chr.) treten uns Aufgaben dieser Art entgegen und zwar sowohl Durchschnittsberechnungen als auch allgemeine Verteilungsaufgaben. Als Beispiel für die ersten führen wir an: „Bekannt ist der Ernteertrag eines ganzen Jahres, gesucht der Durchschnittsbetrag pro Tag."[442] Hierbei wird einfach durch 365 dividiert. Von den anderen ist eine Aufgabe durch ihre falsche Fassung auffallend: „700 Brote sollen so unter 4 Personen geteilt werden, daß die eine $\frac{2}{3}$, die andere $\frac{1}{2}$, die dritte $\frac{1}{3}$, die vierte $\frac{1}{4}$ erhält."[443] Die Summe dieser Brüche ist größer als 1; die Verteilung kann daher höchstens den angegebenen Brüchen proportional vorgenommen werden. Solche falsch gestellten Aufgaben finden wir auch in späterer Zeit sehr häufig. Im sechzehnten Jahrhundert n. Chr. erhebt der namhafte italienische Mathematiker TARTAGLIA, 1556 General trattato,[444] ausdrücklich seine Stimme gegen die Lässigkeit, mit denen zeitgenössische Rechenlehrer solche unmöglichen Aufgaben ihrem Publikum anzubieten wagten. AHMES kümmert sich um diesen Fehler in seiner Aufgabe nicht, teilt die Einheit durch die Summe der gegebenen Brüche und multipliziert das Ergebnis mit 700; von dem Resultat nimmt er alsdann $\frac{2}{3}$ bezw. $\frac{1}{2}$, $\frac{1}{3}$, $\frac{1}{4}$. Wenn das eigenartige Rechnen mit Stammbrüchen (vergl. S. 73ff.) uns nicht befremdlich vorkäme, wäre die Behandlung der Aufgabe eine durchaus moderne.

Aus der *griechischen* Mathematik ist hier zunächst die Archimedische Kronenaufgabe, die wir in der Mischungsrechnung anführten, dann die Heron'sche (erstes Jahrhundert v. Chr., Alexandria) Brunnenaufgabe zu erwähnen. Die letzte sucht die Zeit zu bestimmen, in der mehrere Röhren eine Zisterne bei gleichzeitigem Fließen füllen, wenn die Zeiten bekannt sind, die jede einzelne braucht.[445] Sie erscheint unvermittelt in einer

440 CLAUSBERG, 5. Aufl., 1795, S. 1404—1414. — 441 Daselbst S. 1414—1451. — 442 EISENLOHR, S. 165—166, Nr. 66 (Anm. 181). — 443 EISENLOHR, S. 158—159, Nr. 63. — 444 General trattato, Venedig 1556, I, lib. XII, S. 200b. — 445 HERO, Mensurae, cap. 20, ed. HULTSCH, Berlin 1864, S. 194, Z. 1—15;

Schrift HERON's, Ausmessungen (*Mensurae, μετρήσεις*), und bildet von hier ab einen festen Bestandteil fast aller Rechenbücher bis auf die Gegenwart. Wir finden sie in einem algebraischen Epigramm des METRODORUS (um 330 n. Chr.), in einer dem Abt ALCUIN (735—804, Tours) zugeschriebenen Handschrift, in indischen Schriften wie in denen des BHASKARA, in arabischen Lehrbüchern (ALKARCHI, um 1010 Bagdad), im liber abaci (1202) des Italieners LEONARDO VON PISA, in den meisten mittelalterlichen Rechenwerken u. s. f. WIDMANN 1489 erzählt von einem Schaf, das von einem Löwen allein in einer Stunde, von einem Wolf in vier, von einem Hund in sechs Stunden verzehrt werden könnte, aber von allen zugleich in Angriff genommen wird, und an einer anderen Stelle von einem Schiff mit drei Segeln verschiedener Größe, die der Schiffer einzeln, aber auch alle zusammen benutzen kann, in einer dritten von einer Mühle mit drei ungleich großen Mahlgängen. Bei HUSWIRT 1501 ist es ein Haus, das von vier Baumeistern gleichzeitig erbaut werden soll, von denen der erste es allein in einem Jahr, der zweite in zwei Jahren u. s. w. zu errichten verspricht, u. a.[446]

In der *römischen* Zeit gab das Erbrecht der Römer in der Praxis vielfach zu Teilungsaufgaben Veranlassung. Sei es, daß die vorgefundene Erbschaft die verfügten Legate nicht deckte, sei es, daß

Zeile 1—3 lautet: *Ἔστω κινστέρνα εἰς ἣν εἰσέρχονται ἀγωγοὶ β΄. ὁ μὲν εἷς γεμίζει αὐτὴν εἰς ὥραν μίαν, ὁ δὲ ἕτερος εἰς ὥρας δ΄. διὰ πόσων ὡρῶν ὁμοῦ γεμίζουσιν τὴν κινστέρναν.* Es sei ein Brunnen, in den 2 Zuflüsse führen. Der eine füllt ihn in einer Stunde, der andere in vier. In wieviel Stunden füllen beide zusammen den Brunnen? — [446] METRODORUS (um 330 n. Chr.), vgl. CANTOR, I[b], S. 432—433; ALCUIN († 804), Opera, ed. FROBENIUS, 1777, Bd. II, S. 442, prop. VIII de cupa in den *propositiones Alcuini ad acuendos juvenes;* ALKARCHI (um 1010), Extrait du Fakhrî, II, 15, ed. WOEPCKE, 1853, S. 83; BHASKARA (geb. 1114), Lîlâvatî, ed. COLEBROOKE, ch. IV, sect. II, S. 42 (Anm. 294); LEONARDO PISANO (1202), I, S. 183 (Anm. 17); *Bamberger Rechenbuch* 1483, vgl. UNGER, S. 106 (Anm. 54); CHUQUET, Le Triparty (1484), Anhang, Aufg. XXI, Bullet. Boncompagni XIV, Rom 1881, S. 420/21; WIDMANN (1489) 134. Blatt „Von der Mulen", 136. Blatt „Leb Wolff Hunt", 136. Rückseite „Schiff" (Anm. 55); HUSWIRT (1501), Enchiridion, Aufg. 26 u. 27 (Anm. 27); RIESE, Coß (Manuscript 1524), nach BERLET, *Die Coß von Adam Riese*, Leipzig-Frankfurt a./M. 1892, S. 55, Aufg. 118; RUDOLFF, Coß, 1525, Exempl der Ersten regl, Nr. 150 (Signatur O_{III}); CARDANO, Practica Arithmeticae, 1539, cap. 66, § 125, Opera, Lugduni 1663, IV, S. 180; BEHA-EDDIN (1547—1622), *Essenz der Rechenkunst*, ed. NESSELMANN, Berlin 1843, cap. X, Aufg. 4, deutsch S. 49—50; BUTEO, Logistica, Lugd. 1559, S. 205 (3 Zecher v. verschiedener Trinkfestigkeit); SCHOOTEN, Exercitationes mathematicae, Lugd. Bat. 1657, S. 17, Aufg. 28; NEWTON's Vorlesungen, unter dem Titel *Arithmetica universalis*, 1707 v. WHISTON veröffentlicht, S. 65, probl. VII (ganz allgemein behandelt), u. a.

die Erben in unvorschriftsmäßiger Weise vom Testament bedacht waren — nach der lex Falcidia (40 v. Chr.) mußte dem eigentlichen Erben ein Viertel des Ganzen überlassen werden, den anderen Erben also Abzüge gemacht werden, wenn das Viertel nicht beachtet war —, immer mußte die gerichtliche Regelung durch eine Art Gesellschaftsrechnung vorgenommen werden. Ja, verwickelte Fälle werden besonders erdacht, um an ihnen den juristischen Scharfsinn zu üben. Eine solche Aufgabe, die sich ähnlich der eben erwähnten Brunnenaufgabe wie ein roter Faden durch die Geschichte des Rechnens bis zur Neuzeit hinzieht, ist die folgende: „Ein Mann stirbt kurz vor der Geburt seines Kindes und verfügt, daß, wenn ihm ein Sohn geboren wird, dieser das Doppelte des Anteiles der Mutter, wenn eine Tochter, die Mutter das Doppelte der Tochter erben sollte. Jetzt gebiert die Frau aber Zwillinge verschiedenen Geschlechtes. Wie ist die Erbschaftsverteilung vorzunehmen?" Ein Jurist SALVIANUS JULIANUS[447] (unter den Kaisern HADRIAN und ANTONINUS PIUS) beginnt den Reigen der uns bekannten Bearbeiter. Er teilt das Vermögen in sieben Teile; der Sohn erhält vier, die Mutter zwei, die Tochter einen von diesen. Dann wären die Proportionen des Testamentes erfüllt. Hierbei beruft sich JULIANUS schon auf einen älteren Rechtsgelehrten JUVENTIUS CELSUS (um 100 n. Chr.), von dem wir indes nichts Genaueres wissen. Spätere Autoren, wie CÄCILIUS AFRICANUS, JULIUS PAULUS (drittes Jahrhundert), suchen zu anderen Lösungen zu gelangen, da in der angegebenen Art die Tochter zu schlecht wegkommt. Wieder aufgenommen wird unser Problem in der ALCUIN'schen Handschrift,[448] in CHUQUET's Triparty 1484, PACIUOLO's Summa 1494, vor allem in den deutschen Rechenbüchern des Mittelalters, bei deren Verfassern sich die kühne Phantasie sogar zu Drillingen und Fünflingen versteigt.[449] Ihnen erscheint diese Aufgabe so interessant, daß sie dieselbe, selbst auf Kosten wirklich wichtiger Dinge, nicht übergehen zu dürfen glauben.

---

[447] CANTOR, I^b, S. 523—524. — [448] ALCUINI Opera, ed. FROBENIUS, 1777, II, S. 445, prop. XXXV De obitu cuiusdam Patris familias. — [449] CHUQUET, 1484, La Triparty, Anhang, Aufg. XXIII (Anm. 446); WIDMANN, 1489 (Anm. 55), Blatt 143^b (Drillinge: 1 Sohn u. 2 Töchter); LUCA PACIUOLO, 1494, Summa, Teil I, dist. 9, tract. 1, Nr. 80, S. 158, Z. 9 ff.; HUSWIRT, 1501, IV, Aufg. 8; KOEBEL, 1518, Das new Rechēpüchlein, S. 42^b; RUDOLFF, Coß, 1525, unpaginiert, eine Seite nach der Signatur $\mathfrak{M}_{IIII}$ (Drillinge, wie WIDMANN); APIAN, Rechenbuch, 1532 (Anm. 167) unter: Geselschafft „von theylung des geldts vnnd gewins in Geselschaffte, Erbschaffte, Kauffen vnd verkauffen" etc.; THADDÄUS Danus, Basel 1546. Quaestio XIII; BUTEO, Logistica, Leiden 1559, S. 264 f., Quaestio 60; RAMUS, Arithmetik, 1592 Frankfurt, lib. II, cap. 12, § 9, S. 194 (Fünflinge, 3 Söhne und 2 Töchter).

Auch in CLAUSBERG's *demonstrativer Rechenkunst* (1732)[450] ist sie der Besprechung für wert gehalten worden, mit ernsthaft tadelnder Anmerkung gegen diejenigen, die diesen kniffIichen Fall durch höhere Mehrgeburten noch verwickelter gemacht hatten.

Gar nicht haben sich an der Tradition dieser Aufgabe die *Araber* beteiligt, was eigentlich auffallen müßte, da auch bei den Arabern Erbschaftsvergleiche eine große Rolle spielten,[451] indes dadurch zu erklären ist, daß die Araber wohl die indische und besonders die griechische Wissenschaft benutzten, die römische Litteratur aber nur in geringem Maße kennen lernten.

In dem Hauptwerk des frühen Mittelalters, dem liber abaci (LEONARDO VON PISA, 1202), ist der zehnte Abschnitt Gesellschaftsaufgaben gewidmet: *De societatibus factis inter socios.* Es sind vorzugsweise einfache Gewinnverteilungsaufgaben, bei denen mehrere Personen mit verschieden großen Einsätzen angenommen werden.[452] Systematischer wird unsere Aufgabengruppe im *Bamberger Rechenbuch* von 1483, cap. 13, behandelt. 17 Musteraufgaben werden in sechs Arten gruppiert. Erstens erstrecken sich die Einlagen der einzelnen Personen auf gleiche Zeit, zweitens auf verschiedene Zeit; drittens sind die Einlagen nicht ihrer absoluten Größe nach, sondern nur in ihrem Verhältnis zu einander bekannt. Viertens werden Aufgaben von der Art gelöst, daß A etwa $\frac{1}{3}$, B $\frac{1}{4}$, C $\frac{1}{5}$ etc. zu beanspruchen hat, wobei auf ein Überschreiten der Einheit bei Summierung der Brüche nicht geachtet wird. Fünftens sind für die Einlagen nicht zusammenhängende Proportionen gegeben, wie $A:B = 3:1$, $B:C = 4:1$. Schließlich wird noch Vermehrung und Verminderung der Einlagen während der Dauer des Geschäftes berücksichtigt.[453] Daß auch ein Abschnitt der *Summa* des Italieners LUCA PACIUOLO (1494) eingehend *de societatibus* handelt, liegt bei der umfassenden Darlegung, die die kaufmännische Wissenschaft in diesem bedeutenden Werke erfährt, auf der Hand.[454]

Nach diesen Vorbildern arbeitet nun der große Haufen der deutschen Rechenmeister — so mechanisch, wie möglich! Die Lösung wird vollzogen durch soviel einfache Regeldetriaufgaben, als Gesellschafter vorhanden sind. Ist ein Gewinn auf verschiedene Anteile zu zerlegen, so multipliziert man den Gesamtgewinn mit je einem Anteil und dividiert durch die Summe der Anteile. Die dabei heute üblichen Rechenvorteile, statt der Anteile kleinste Verhältniszahlen zu nehmen

450 Ausg. v. 1795, S. 1403. — 451 MUHAMMED IBN MUSA ALCHWARIZMI, ed. ROSEN, London 1831, S. 86 ff. — 452 LEONARDO PISANO, I, S. 135—143 (Anm. 17). — 453 UNGER, S. 40 (Anm. 54). — 454 Summa, I, dist. 9, tract. 1, S. 150ª ff.

oder gar die Division vor der Multiplikation auszuführen, um so eine gemeinsame Vorarbeit für alle Dreisätze zu erledigen, ließ man sich fast stets entgehen. In gebührender Weise hervorgehoben werden solche Erleichterungen beim Rechnen erst im achtzehnten Jahrhundert, wie in CLAUSBERG's *demonstrativer Rechenkunst* von 1732.[455]

9. Wechselrechnung.

Die Verschiedenheit des Münzfußes von Ländchen zu Ländchen, die zu den größten Umständlichkeiten bei Bezahlung gekaufter Ware führte, die vielfache Gefährdung des Eigentumes, die mit der Beförderung von barem Gelde bei den unsicheren Verkehrsverhältnissen verbunden war, endlich wiederholt erlassene Ausführungsverbote einheimischen Geldes führten zur Erfindung des Wechselbriefes. Die Erkenntnis seiner Nützlichkeit ließ seinen Gebrauch sich immer weiter verbreiten und ihn schließlich zu dem vervollkommneten Zahlungsmittel werden, das der Geschäftsmann heute an ihm besitzt.

Juden sollen seine Erfindung gemacht und ihn im siebenten Jahrhundert, als sie aus Frankreich vertrieben wurden, nach der *Lombardei* gebracht haben, wo er bei dem bald hochstrebenden Handel Italiens günstigen Boden fand. Am Anfang des dreizehnten Jahrhunderts bildeten sich die ersten Privatbanken in Italien (Girobanken von *giro* = Kreis, Gesellschaft von Kaufleuten), die die gegenseitigen Zahlungen ihrer Mitglieder ausglichen. Politische Flüchtlinge aus der Lombardei, Ghibellinen, führten die Kenntnis des Wechsels in *Amsterdam* ein und schufen hier ein neues Zentrum, von dem aus sein Gebrauch sich über Europa ausdehnte. Mit dem dreizehnten Jahrhundert beginnt der Handel Nürnbergs; seine Kaufmannssöhne wanderten zur Erlernung ihrer Wissenschaft nach Italien und brachten die dort üblichen Verfahren zurück in ihre Heimat. Durch sie kam der Wechsel nach Deutschland.

Der älteste, uns bis jetzt bekannt gewordene Wechsel stammt aus dem Jahre 1325 (ausgestellt in Mailand, zahlbar in Lucca nach 8 Monaten); ein zweites Formular teilt uns LUCA PACIUOLO in seiner *Summa* von 1494 mit.[456]

Dem Gebrauche folgte schließlich auch die staatliche Anerkennung. Venedig hat den Ruhm, die erste Staatsgirobank (1584)[457] errichtet

[455] 5. Ausg. v. 1795, S. 1388. — [456] Summa, Venedig 1494, Teil I, dist. IV tract. IV, S. 167ᵇ am Rand (d. Seitenzahl heißt durch einen Druckfehler 168). — [457] E. L. JAEGER, *Beiträge zur Geschichte der Doppelbuchhaltung*, Stuttgart 1874, S. 278.

zu haben; ihr folgten andere in Amsterdam (1609), Hamburg (1619) und Nürnberg (1621). In der *Ordonnance pour le commerce* von 1673 schuf Frankreich ein allgemeines Wechselrecht, das durch den *Code de commerce* NAPOLEON's abgelöst wurde. In Deutschland trat einheitliche Regelung erst 1849—1862 ein. Ein internationales Wechselrecht existiert noch nicht.

Lehrbücher, aus denen der junge Kaufmann sich bilden konnte, werden bald nach Aufschwung von Handel und Verkehr in Italien entstanden sein. Das älteste Dokument kaufmännischer Rechenlehre ist für uns PACIUOLO's *Summa* von 1494. Die letzte Distinktion des ersten Abschnittes stellt für die Geschichte des Handels, besonders des italienischen, eine hochwichtige Quelle dar. Hier sind Belehrungen über die Form und Verwendung des Wechsels[458] zum erstenmal in der Litteratur gegeben, hier erscheinen zuerst die Bezeichnungen „*Soll*“ und „*Haben*“, hier findet sich vor allem die älteste Anleitung zur doppelten Buchführung.[459] Eigene Neuerungen PACIUOLO's sind dies keineswegs; er gab nur das wieder, was er in seinem kaufmännischen Verkehr erlernt hatte. Daß er es aber wiedergab und wie er es wiedergab, bleibt sein unbestreitbares Verdienst. — Bearbeitungen der Summa in verschiedenen Sprachen führten zu schneller Verbreitung der geschilderten Methoden und Gewohnheiten. Deutsche Schriftsteller beteiligten sich in der ersten Hälfte des sechzehnten Jahrhunderts wenig daran. Nur GRAMMATEUS († 1525 in Wien, Universitätslehrer daselbst) übernimmt einiges aus der Summa in sein Rechenbuch von 1518. 1543 erschien eine vlämische und französische Anleitung zur Buchführung von JAN YMPYN, die auch ins Englische übersetzt wurde, 1549 in Nürnberg eine Schrift *Zwiefach Buchhalten* von WOLFFGANG SCHWEICHER, der ein die Summa nachahmendes Werk des DOMENICO MANZONI zu Grunde liegt.[460] Auch in TARTAGLIA's *General trattato* 1556[461] findet sich die Wechsellehre behandelt. Das ausführlichste Lehrbuch des siebzehnten Jahrhunderts ist ZUBRODT, *Unterricht der Wechselhandlung* 1669, im achtzehnten Jahrhundert CLAUSBERG's *Demonstrative Rechenkunst* von 1732.[462]

[458] Teil I, dist. IX, tract. IV, de cambio, S. 167^{a} ff. — [459] Daselbst tract. XI, de computis et scripturis, S. 198^{b} ff., übersetzt in E. L. JAEGER, *Lucas Paciuoli und Simon Stevin nebst einigen jüngeren Schriftstellern über Buchhaltung*, Stuttgart 1876, S. 8. — [460] Vgl. Zeitschr. f. Math. u. Physik, Bd. 42, Jahrgang 1897, litt.-hist. Abtlg., S. 46. — [461] General trattato, I, lib. XIV, S. 219^{b} ff. — [462] 5. Ausg. v. 1795, S. 791—1053.

ZWEITER TEIL

DIE ALGEBRA

A. Die algebraische Ausdrucksweise.

I. Allgemeiner Überblick.

Keine Wissenschaft kann sich eines so mächtigen Hilfsmittels rühmen, wie es die Mathematik in der Algebra besitzt. Die Philosophie versuchte ihr nachzuahmen; doch trotz der Beteiligung des Großmeisters Leibniz blieb ihre Formelsprache in den Kinderschuhen. Nur der Chemie glückte es, in ihren Konstitutionsausdrücken dem Vorbilde etwas nachzukommen. Während aber die chemische Formel uns allein eine Anschauung des inneren Zusammenhanges für den durch sie dargestellten Stoff liefert, also uns nur einen Thatbestand vorführt, erfand sich die Mathematik Operationszeichen, die der Formel gleichsam Leben einhauchen und sie zu dem herrlichen Werkzeug machten, das in der Hand des genialen Mathematikers den Bildhauermeißel zu staunenswerten Wunderwerken bildet. Aber dieser Meißel ist nicht das tote Eisenstück des technischen Künstlers; eigenes Leben birgt er und wirkt, selbst geschaffen, auf das Schaffende befruchtend zurück. Wie plötzlich wuchs die Lehre des Unendlichen nach tausendjähriger, langsamer Entwickelung, die oft einem Stillstand gleichkam, zu glänzenden, alles überstrahlenden Leistungen empor, als ein Leibniz ihr den Algorithmus der Differential- und Integralrechnung erdachte! Wie oft ist die Frage aufgeworfen, was für Erfolge die Altmeister griechischer Mathematik zu verzeichnen gehabt hätten, wenn sie im Besitz unserer Ziffer- und Formelsprache gewesen wären! — Nichts regt den Geschichtsforscher mehr an, als die Betrachtung der allmählichen Entwicklung solcher Hilfsmittel, die sich der menschliche Geist ersonnen, um sich der in unzugänglicher Erhabenheit thronenden, dem Irdischen in ihrer ganzen Fülle stets verborgenen Wahrheit zu nähern. Langsam, nur sehr langsam sind diese Hilfsmittel dem Menschen zu dem geworden, was sie ihm heute sind. Unzählig vieler Feilenstriche hatte es bedurft, manche plötzlich auftretende Scharte mußte wieder geschärft werden, bis der Mathematiker die schneidige Waffe in der Hand hatte, mit der er einen siegreichen Angriff auf die sich ihm entgegenstellenden Probleme machen konnte.

Die Geschichte der algebraischen Sprache und Schrift liefert uns durchaus kein einheitliches Bild. Eine Zusammenfassung unbewußter und bewußter Neuerungen, steht auch sie unter dem großen Weltgesetz der Lebewesen, dem Prinzip der natürlichen Zuchtwahl. Praktische Neuerungen verschaffen sich von selbst Geltung, ungeeignete versinken nach längerem oder kürzerem Gebrauch in die Vergessenheit zurück. Das Gewohnheitsrecht ist der größte Gegner des Fortschrittes. Wie hartnäckig war der Kampf, ehe die Dezimalteilung zur Geltung kam, ehe die Proportionsform durch die Gleichung verdrängt wurde, ehe die indische Ziffer, der Buchstabe Vieta's eine Weltmathematik einleiten konnte!

Überblicken wir die Geschichte der algebraischen Ausdrucksweise in großen Zügen, so können wir drei Stufen der Entwicklung voneinander trennen, die *rhetorische*, die *synkopierte* und die *symbolische* Algebra.[463]

In der ersten Periode herrscht das Wort. Die Rechnung wird ohne Benutzung von Zeichen auseinandergesetzt; nur öfters wiederkehrende Redewendungen bilden sich als Fachausdrücke heraus. Auf dieser untersten Stufe stehen die Griechen bis in die ersten Jahrhunderte n. Chr., die Ostaraber, die Perser, die Westaraber bis zum dreizehnten Jahrhundert, die älteren Italiener, wie Leonardo von Pisa (1180—1250?), Jordanus Nemorarius († 1237) und ihre Schüler bis zu Regiomontanus (1436—1476). Bei einigen Arabern wird die Vermeidung jeder Zeichen so weit getrieben, daß selbst die Ziffern durch Worte ersetzt werden.[463a]

Der Übergang zur nächsten Periode liegt auf der Hand. Häufig gebrauchte Ausdrücke werden im Text abgekürzt; die gewählten Abbreviaturen entziehen sich jedoch noch nicht dem Satzbau. Der bedeutendste Vertreter dieser Entwicklungsstufe ist der griechische Arithmetiker Diophantus von Alexandria (drittes bis viertes Jahrhundert n. Chr.); er ist zugleich der einzige Vertreter in der älteren Litteratur. Seine großartigen Leistungen erscheinen fast unvermittelt in der Geschichte der Algebra; über Arbeiten von Vorgängern, die uns die Entstehung der diophantischen Schreibart und Methode erklären könnten, schweigt die Überlieferung gänzlich und läßt Vermutungen über die Bildung einer Algebra in Griechen-

463 Nesselmann, S. 302 (Anm. 86). — 463a Vgl. Woepcke, *Recherches sur l'histoire des sciences math. chez les Orientaux*, Paris 1855 (Extr. Nr. XIII de l'année 1854 du Journal Asiatique), S. 2.

land freien Spielraum. Für die unbekannte Zahl, den *ἀριθμός* an sich, schreibt Diophant ein Schlußsigma mit einem Accent ς', im Plural $ςς̃$; es würde dies ς' demnach an der Stelle des modernen x stehen. Nach einigen soll ein Schlußsigma darum genommen worden sein, weil es der einzige griechische Buchstabe ist, der nicht beim Zahlenschreiben von den Griechen benutzt wurde, also allein von allen noch zur Verfügung stand. Nach anderen — und dies dürfte die ansprechendere Erklärung sein — ist ς' kein Schlußsigma, sondern eine Ligatur für *αρ*, die ersten beiden Buchstaben des Wortes *ἀριθμός*.[464] Konstante Größen drückt Diophant nicht durch die einfachen Zahlen allein aus, sondern fügt ihnen die Benennung „Einheiten" (*μονάδες*, abgekürzt μ^{o}) hinzu. So liest man $\bar{\iota}$ $ςς̃$ modern mit $10x$, $\overline{\iota\alpha}$ $ςς̃$ mit $11x$, $\bar{\lambda}\,\mu^{\text{o}}$ mit 30, $\overline{\iota\varepsilon}\,\mu^{\text{o}}$ mit 15. Beachtenswert ist, daß erstens diese Abkürzungen nicht durchgängig benutzt, sondern hin und wieder auch ausgeschrieben werden, zweitens, daß sie durch rechts oben herangeschriebene Endungen dem Satzbau gemäß dekliniert werden können. Sie besitzen folglich nicht den Charakter von Symbolen, sondern sind die nur angedeuteten Fachwörter selbst. Als Beispiel sei die Gleichung $10x + 30 = 11x + 15$ angeführt, die bei Diophant folgendermaßen aussieht:

ςς^{οἰ} *ἄρα* $\bar{\iota}$ μ^{o} λ *ἴσοι εἰσὶν* ςς^{οῖς} $\overline{\iota\alpha}$ *μονάσι* $\overline{\iota\varepsilon}$,[465]

wörtlich übersetzt: „also 10 Zahlen (und) 30 Einheiten sind gleich 11 Zahlen (und) 15 Einheiten". Hier zeigt uns ςς^{οἰ} und ςς^{οῖς} die Flektion, *μονάσι* das ausgeschriebene Wort statt μ^{o}. Das Wort „und" ist weggelassen, so daß einfaches Aneinanderschreiben zweier Größen die Operation des Addierens andeutet.

Andere diophantische Abkürzungen sind $\delta^{\bar{\upsilon}}$ (= *δύναμις*, Quadrat) für x^2, $\varkappa^{\bar{\upsilon}}$ (= *κύβος*, Würfel) für x^3, $\delta\delta^{\bar{\upsilon}}$ (= *δυναμοδύναμις*) für x^4, $\delta\varkappa^{\bar{\upsilon}}$ (= *δυναμόκυβος*) für x^5, $\varkappa\varkappa^{\bar{\upsilon}}$ (= *κυβόκυβος*) für x^6. Die Subtraktion wird durch das Wort *λείψει* (*λεῖψις* das Negative; Gegensatz *ὕπαρξις* das Positive) angegeben; abgekürzt wird *λείψει* meistens durch ein ψ, und zwar ein umgekehrtes ⋔, damit es nicht mit der Zahl $\psi' = 700$ verwechselt werden kann. Die Notwendigkeit, eine Multiplikation anzudeuten, fällt weg, da nur Zahlenkoeffizienten auftreten. Die Division wird mit dem Worte *ἐν μορίῳ* oder *μορίου* vorgeschrieben. Der Satz:

$\delta^{\bar{\upsilon}}$ $\bar{\zeta}$ *λείψει* $ςς̃$ $\overline{\varkappa\delta}$ *μορίου* $\delta^{\bar{\upsilon}}$ $\bar{\alpha}$ μ^{o} $\overline{\iota\beta}$ *λείψει* $ςς̃$ $\bar{\zeta}$,[466]

464 Vgl. Cantor, I^b, S. 440. — 465 Diophantus, *Ἀριθμητικῶν βιβλία* VI, letzte Gleichung im ersten Buch, ed. Tannery, Leipzig 1893, S. 80; vgl. Nesselmann, S. 301 (Anm. 86). — 466 lib. IV, Aufg. 42, ed. Tannery, S. 286; vgl. Nesselmann, S. 209.

wo $\overline{\zeta} = 7,\ \overline{\varkappa\delta} = 24,\ \overline{\alpha} = 1,\ \overline{\iota\beta} = 12,$

deckt sich sonach mit unserem algebraischen Bruch

$$\frac{7x^2 - 24x}{x^2 + 12 - 7x}.$$

Abgesehen von diesen Kürzungen sind bei DIOPHANT sämtliche algebraischen Herleitungen und Operationen ausführlich mit Worten beschrieben.

DIOPHANT's Algebra steht nicht mehr in dem Anfangsstadium der Entwicklung, so wenig wir auch von einer vordiophantischen Algebra wissen; im Keime bahnt sich eine echte Zeichensprache an. Leider fehlten nach DIOPHANT führende Geister, die auf seinen Bahnen fortschritten. Die *Araber*, denen sonst in der Mathematik eine so hohe Rolle zufiel, blieben, selbst nachdem sie DIOPHANT's Werk kennen gelernt hätten — um 970 n. Chr. verfaßte ABUL WAFA (940—998, Bagdad) einen Kommentar über dasselbe[467] —, beinahe durchgängig bei ihrer rein rhetorischen Form stehen. Ihr Vorbild wurde maßgebend für diejenigen, die unmittelbar oder mittelbar aus ihren Arbeiten schöpften, wie für LEONARDO VON PISA (1202 liber abaci), JORDANUS NEMORARIUS († 1237), ja bis zu den Zeiten REGIOMONTAN's (1436—1476). Erst im fünfzehnten Jahrhundert wird der Schritt wieder gethan, den wir über ein Jahrtausend früher bei DIOPHANT vollzogen sahen. Langsam stellen sich immer gebräuchlicher werdende Abkürzungen ein. Ganz allmählich macht sich aber auch ein neues Prinzip geltend — und leitet damit die dritte Entwicklungsstufe ein —: es erscheinen symbolartige Zeichen. Bei LUCA PACIUOLO (1494) wird für plus und minus $\tilde{p}$ und $\tilde{m}$ gebraucht und noch lange nach ihm in Italien und Frankreich; in Deutschland aber treten plötzlich die Zeichen + und − auf, zum erstenmal bei JOHANNES WIDMANN VON EGER (1489) (siehe S. 131 ff). Ebenso spielen in der deutschen Behandlungsform der Algebra, die unter dem Namen der *„Coß“* bekannt ist, eigenartige Potenzsymbole, die die italienischen Fachausdrücke bezw. Abkürzungen ersetzen, eine Hauptrolle (vergl. Potenzlehre, Teil II, D 2 a). Ihre Erfinder und Benutzer sind sich des Wertes einer solchen Neuerung wohl bewußt und empfehlen angelegent-

467 NESSELMANN, S. 274. — 468 STIFEL, der glänzendste Vertreter der „Coß“ (1486/87 Eßlingen —1567 Jena), fordert geradezu seinen Leser auf, bei der Lektüre der Ars magna des Italieners CARDANO, des damals bedeutendsten Werkes, die hier gebräuchliche Ausdrucksweise in die „cossischen“ Zeichen umzusetzen: *„assuescas signa eius, quibus ipse utitur, transfigurare ad signa nostra. Quamvis enim signa quibus ipse utitur, vetustiora sint nostris, tamen nostra signa (meo quidem iudicio) illis sunt commodiora* (gewöhne dich daran, die von ihm ge-

lichst[468] den Gebrauch dieser sogen. *Charaktere.*[469] Die im Anhang I gegebene Übersicht zeigt, wie sich nach und nach unsere modernen Zeichen und Schreibarten einstellten. Das große Verdienst des französischen Mathematikers VIETA (1540—1603; Paris, Staatsbeamter) ist es, statt der Zahlenkoeffizienten Buchstaben eingeführt zu haben (siehe S. 146, 149), die eine wesentliche Zusammenziehung allgemeinerer Herleitungen ermöglichten. Bis zum siebzehnten Jahrhundert ist die langatmige Ausdrucksweise älterer Autoren noch nicht ganz überwunden. Erst in LEIBNIZ (1646—1716) und EULER (1707—1783) erscheint der Gipfel erklommen. Eine Algebra ist geschaffen, die es gestattet, ohne ein verbindendes Wort mathematische Deduktionen in einer jedem Fachmann verständlichen Form vorzuführen: die mathematische, internationale Kurzschrift ist endlich erfunden.

Wir haben in kurzen Strichen diejenige Entwickelung der Algebra verfolgt, die in gerader Linie bis zur Gegenwart führt. Wir hätten bei rein geschichtlicher Behandlung des Stoffes noch auf andere Versuche, algebraisches Rechnen zu erfinden, einzugehen gehabt, Versuche, die, wie diejenigen der gelehrten Inder oder der späteren Westaraber, durchaus nicht in den Anfängen stecken blieben, sondern es sogar bis zum Ausbau einer symbolischen Algebra brachten, der sich freilich eine Weiterentwickelung bis auf die Jetztzeit nicht anschloß. Schon bei dem ältesten Kulturvolk, den *Ägyptern*, kann man die Benutzung mathematischer Symbole nachweisen. Im Papyrus Rhind, der ein altägyptisches mathematisches Lehrbuch, nach noch älteren Vorlagen von einem Schreiber AHMES ausgearbeitet, (etwa aus dem siebzehnten bis zwanzigsten Jahrhundert v. Chr.) enthält, werden u. a. schon Gleichungen ersten Grades mit einer Unbekannten behandelt. Die Hieroglyphe für das Wort „Unbekannte" *Hau* (= Haufen) wird wie unser x verwendet. Ein Schriftzeichen, das ausschreitende Beine darstellt, gilt als Zeichen der Addition, wenn die Beine in der Richtung der abgebildeten Tier- und Menschenköpfe zu gehen scheinen, bei entgegengesetzter Richtung als Zeichen der Subtraktion.[470] Ferner ist ein Zeichen für die Gleichheit[471] und ein solches für die Differenz nachzuweisen.[472]

brauchten Zeichen in die unserigen umzusetzen. Wenn auch seine Zeichen die älteren sind, so sind doch die unserigen, meiner Meinung wenigstens nach, die bequemeren); Arithmetica integra, Nürnberg 1544, APPENDIX, S. 306ᵃ. — [469] Nach CHR. RUDOLFF in seiner „Coß" von 1525, Buch I, Kap. 5: „Lernt die zalen der coß außsprechen vnnd durch ire charakter erkennen vnd schreiben"; vgl. ferner STIFEL's Neubearbeitung der RUDOLFF'schen Coß, Königsberg i. Pr. 1553, S. 62ᵃ. — [470] EISENLOHR, S. 22—23 (Anm. 181). — [471] EISENLOHR, S. 23. — [472] EISENLOHR, S. 26.

Zu einer wirklichen Algebra gelangten die *Inder*. Unsere geschichtliche Kenntnis der indischen Mathematik setzt bedeutend später ein, als man allgemein glaubt. Eine der ältesten indischen Quellen, das sogen. Rechenbuch von Bakhshali, scheint auf das dritte oder vierte nachchristliche Jahrhundert zurückzureichen, wenn auch das aufgefundene Exemplar, das aus beschriebener Birkenrinde besteht, erst im siebenten bis neunten Jahrhundert verfaßt ist.[473] In der Wiedergabe der auftretenden Rechnungen erkennen wir den Beginn eines Überganges von der synkopierten zur symbolischen Algebra. Gruppen zusammengehöriger Zahlen, die wir heute in Klammern einschließen, werden durch ein geradliniges Rechteck eingerahmt. Als Gleichheitszeichen dient die Silbe *pha* (Anfang des entsprechenden Wortes *phalain*); die Addition wird durch *yu* (von *yuta*), die Subtraktion durch ein unserem Pluszeichen ähnliches Kreuz (wahrscheinlich ein *k* statt *ka* von *kanita* = vermindert), die Division durch *bhâ* (von *bhâga* = Teil) angedeutet. Einfaches Aneinandersetzen der Zahlen bezeichnet die Multiplikation. Erinnern wir uns der S. 78 erwähnten indischen Art, Brüche zu schreiben, so können wir die Ausdrücke

$$\boxed{\begin{matrix}5 & 7 \\ 1 & 1\end{matrix}\ \textit{yu}}\ \textit{pha}\ 12 \text{ und } \boxed{\begin{matrix}5 & 32 \\ 8 & 1\end{matrix}}\ \textit{pha}\ 20$$

entziffern und lesen sie als $\frac{5}{1} + \frac{7}{1} = 12$ bezw. $\frac{5}{8} \cdot \frac{32}{1} = 20$. — Für die Einheit wird *rûpa*, für die unbekannte Zahl *sunya* gebraucht. *Sunya* bedeutet das Leere; wir lernten es als indisches Fachwort für die Ziffer Null (vergl. S. 8) kennen. Der Inder will also die Stelle der Unbekannten solange *leer* gelassen haben, bis sie durch Ausrechnen gefunden ist. Nur folgerichtig erscheint uns demnach auch das Symbol, das für die unbekannte Zahl in der Regel eintritt, ein starker Punkt, der zugleich auch als Zifferzeichen für die Null gebraucht wird.

Sehr vervollkommnet ist diese algebraische Schreibweise bei den späteren indischen Mathematikern. Aryabhatta (geb. 476 n. Chr.) nennt die bekannte Größe *rûpakâ* („mit Zeichen versehene Münzen"), die unbekannte *gulikâ* (Kügelchen),[474] bei Brahmagupta (geb. 598 n. Chr.) heißt die letztere allgemein: *yâvat tâvat* (quantum-tantum);[475] die Anfangssilben *rû* und *yâ* dienen nun direkt als

473 Vgl. Cantor, I[b], S. 573—574. — 474 Aryabhatta, ed. L. Rodet, Strophe XXX, S. 427 (Anm. 294). — 475 Brahmagupta, Cuṭṭaca, ch. XVIII, sect. III, ed. Colebrooke, S. 344 (Anm. 294). Der indische terminus *yâvat-tâvat* ist bis jetzt bei keinem arabischen Mathematiker als von den Indern übernommen nachweisbar, begegnet uns aber ganz unvermittelt in einer lateinischen Übersetzung

Symbole. Die Addition geschieht durch einfaches Aneinandersetzen der *rû* und *yâ*, die Subtraktion durch ein dem Subtrahendus übergesetztes Pünktchen. Hierbei sieht man sofort den ungeheuren Fortschritt gegenüber der diophantischen Algebra. Während DIOPHANT nur mit Differenzen, die einen positiven Wert ergeben, rechnet, wird das indische Pünktchen direkt zum Kennzeichen einer rein negativen Zahl, so daß hier also zum erstenmal in der Geschichte der Mathematik der Gegensatz zwischen Positiv und Negativ in Zeichen umgesetzt ist. — Auch für die Potenzen der unbekannten Größe sind Abkürzungen vorhanden. *Varga* ist im Indischen ein Ausdruck für eine Gruppe gleichartiger Dinge, dann im Speziellen für Quadrat bezw. Quadratzahl (griech. *δύναμις*); *ghana* heißt Körper (griech. *κύβος*).[476] Die Anfangssilben dieser Worte dienen dem indischen Mathematiker als Potenzsymbole. Er bildet die Reihe

va $= x^2$	*va gha* $= x^6$
gha $= x^3$	*va va gha ghata* $= x^7$
va va $= x^4$	*va va va* $= x^8$
va gha.ghata $= x^5$	*gha gha* $= x^9$.[476a]

Dabei tritt ein weiterer wesentlicher Unterschied gegen DIOPHANT hervor. Die Kombination der Bezeichnungen für die 2. und 3. Potenz ist bei diesem *δυναμόκυβος* und gleichwertig mit der 5. Potenz; bei dem Inder ist jedoch *va gha* die 6. Potenz. Der Grieche *addiert* die Exponenten, der Inder *multipliziert* sie. Es bedarf im Indischen erst des besonderen Zusatzes *ghaṭâ*, wie in $x^5 =$ *va gha ghata*, um die Addition zu bewirken.

Ein Zeichen der Multiplikation ist in *bhâ* (*bhâvita* das Hervorgebrachte), das dem Multiplikator nachgesetzt wird, vorhanden. Mehrere Unbekannte werden durch die Farbe unterschieden; so wird die zweite bei BRAHMAGUPTA mit *kâ* (*kâlaka* die schwarze), die dritte mit *nî* (*nîlaka* die blaue), die vierte mit *pî* (*pîtaka* die gelbe) u. s. w. bezeichnet.[477] Ein Gleichheitszeichen fehlt, wenn auch ein entsprechender terminus technicus (*tulyau* = im Gleichgewicht sein) zu-

(zwölftes Jahrhundert, JOHANNES VON SEVILLA) eines arabischen Rechenbuches, das unter dem Namen seines Übersetzers bekannt ist, in der Wortverbindung tantum-quantum wieder; B. Boncompagni, trattati d'Aritmetica II, Rom 1858, S. 118, Zeile 5 (Anm. 130, 131). — [476] BHASKARA, Lîlâvatî, ch. II, sect. II, ed. COLEBROOKE (Anm. 294), S. 8 Anm. 5, S. 10 Anm. 1. — [476a] Daselbst, ed. COLEBROOKE, S. 10 Anm. 3. — [477] BRAHMAGUPTA, Gaṇita, ch. XVIII, sect. V., ed. COLEBROOKE (Anm. 294), S. 348 Anm. 1, S. 355; BHASKARA, Vîjagaṇita, ch. I, sect. IV, ed. COLEBROOKE, S. 139 Anm. 1.

weilen gebraucht wird. Die Gleichheit wird angedeutet durch einfaches Übereinandersetzen der beiden Glieder der Gleichung. Unsere Rechnung

$$1. \qquad 10x - 8 = x^2 + 1$$

$$2. \qquad -9 = x^2 - 10x$$

schreibt Brahmagupta[478]

$$1. \left\{ \begin{array}{l} \textit{yâ va } 0 \textit{ yâ } 10 \textit{ rû } \dot{8} \\ \textit{yâ va } 1 \textit{ yâ } \;\; 0 \textit{ rû } \;1 \end{array} \right., \text{ d. h. } 0x^2 + 10x - 8 = 1x^2 + 0x + 1$$

und

$$2. \left\{ \begin{array}{l} \qquad\qquad\qquad \textit{rû } \dot{9} \\ \textit{yâ va } 1 \textit{ yâ } \dot{1}0 \end{array} \right., \text{ d. h. } -9 = 1x^2 - 10x. —$$

Es wurde bereits erwähnt (S. 126), daß die *Araber* die symbolische Algebra der Inder nicht übernahmen, sondern zur alten rhetorischen Form zurückkehrten. Erst in verhältnismäßig später Zeit begannen westarabische Gelehrte einen höheren Standpunkt einzunehmen. Die Entwicklung dieser neuen Zeichensprache ist noch nicht geschichtlich verfolgt; wir sehen sie in ziemlicher Vollkommenheit bei dem Andalusier Alkalsadi († 1477 oder 1486) verwertet. Ein uns erhaltenes Werk *Aufhebung des Schleiers der Wissenschaft des Gubâr* (Gubâr = Staub, hier im Sinne von „Rechnen", vgl. S. 27, 34) zeigt Zeichen für die Unbekannte mit ihren Potenzen, für die Quadratwurzel, für die Subtraktion u. a. m. In der Benutzung eines Gleichheitszeichens und einer Schreibart für Proportionen, die ähnlich der unsrigen ist, geht Alkalsadi sogar über die Inder hinaus.[479]

2. Geschichte der modernen Zeichen und Symbole.

Die zuletzt geschilderten Entwicklungsepochen der Algebra trugen zu ihrem modernen Ausbau nichts bei. Die heutige Form der algebraischen Symbolik nimmt ihren Anfang erst im fünfzehnten Jahrhundert. Ihre Ausbildung ging verhältnismäßig langsam vor sich. Die im Anhang I beigefügte Zusammenstellung wird am besten im stande sein, dieses allmähliche Wachstum zu veranschaulichen; sie giebt uns in geschichtlicher Folge das erste Auftreten der einzelnen

[478] Brahmagupta, Cuttaca, ch. XVIII, sect. IV, 49, ed. Colebrooke, S. 346—347. — [479] Vgl. Woepcke, *Recherches sur l'histoire des sciences math. chez les Orientaux*, Paris 1855, S. 4—6 (Extrait Nr. 13 de l'année 1854 du Journal Asiatique).

Zeichen, Symbole u. s. w., über die dann im besonderen an den angeführten Stellen gesprochen wird. Demselben Zweck soll auch eine im Anhang II gegebene Sammlung charakteristischer Aufgaben aus Werken der verschiedensten bedeutenderen Mathematiker dienen.

Der Ursprung der Zeichen + und — liegt im Dunkeln. Das Pluszeichen tritt in dem Rechenbuch des JOHANNES WIDMANN VON EGER (Leipzig 1489; unpaginiert, Blatt 85) zuerst im Druck auf. Es wechselt hier das Zeichen + beliebig mit dem Wort „und" ab; der Preisangabe „9 fl $\frac{1}{3}$ und $\frac{1}{4}$ + $\frac{1}{5}$ Schilling" folgt unmittelbar die Ausführung der Addition „$\frac{1}{3}$ vñ $\frac{1}{4}$ vñ $\frac{1}{5}$". Ja das Pluszeichen erscheint auch da, wo gar keine Addition vorliegt, wie in der Überschrift (Blatt 110): „Regula augmenti + decrementi". Zwei Seiten nach der zuerst hervorgehobenen Stelle (also Blatt 86) wird das Minuszeichen benutzt; es wird erklärt mit „was — ist das ist minus", dabei wird auch die Definition des + nachgeholt: „das + das ist mer". Die Verwendung der Zeichen + und — macht in den hier aufgestellten Rechnungen den Eindruck, als ob sie aus der kaufmännischen Praxis hervorgegangen seien. So heißt 3 Czentner — 11 lb, 5 Cz. + 50 lb (Blatt 86[a]), daß an vollen 3 Zentnern 11 ℔ fehlen, bezw. 50 ℔ über 3 Zentner zuviel sind.

Das Zusammenziehen einer ganzen Reihe solcher Ausdrücke läßt die Geschicklichkeit WIDMANN's erkennen, mit diesen Zeichen zu rechnen; der freie Gebrauch in verschiedenen anderen Aufgaben verrät geradezu, daß ihm das + nicht mehr einen Wortersatz, oder, in Gemeinschaft mit dem —, nur eine kaufmännische Signatur darstellt, sondern beide Zeichen ihm bereits wirkliche Symbole geworden sind. So stellt er in einer späteren Aufgabe (Blatt 110) die Frage, wieviel Pfund Anis jemand gekauft hatte, der bei einem Preise von 12 Pf. für das Pfund 37 Pf. von seiner Barschaft übrig behält, bei einem Preise von 15 Pf. aber 44 Pf. zu wenig besitzt, und schreibt vor: „So machs nach der Regel, also subtrahir 12 von 15 pleyben 3 vnd das ist der teyler darnach addir + vnd — zcu sam wirt 81 die dividir mit 3 kummen 27 lb." In einer anderen Aufgabe (Blatt 113; vgl. Anhang II, Nr. 25[a]) wird der Wert von „6 Eiern — 2 Pfennigen" mit dem ebensogroßen Wert von „4 Pfennigen + 1 Ei" verglichen, um daraus den Preis eines Eies zu berechnen, so daß WIDMANN selbst vor negativem Gelde nicht zurückschreckt.

Bei der Abfassung seines Rechenbuches hat WIDMANN nachweisbar eine Reihe von Manuskripten benutzt,[480] die noch heute in

480 WAPPLER, *Zur Geschichte der deutschen Algebra im fünfzehnten Jahrhundert.* Programm. Zwickau 1887, S. 5 ff.

einem Sammelbande der dresdener Bibliothek (C. 80) vorhanden sind. Unter denselben befindet sich eine deutschgeschriebene Algebra, in der bereits das Minuszeichen — (gelesen: minner) auftritt, statt des Pluszeichens aber das Wort „und" gebraucht wird (vgl. Anhang II, Nr. 22ª). In einer in demselben Sammelbande vorgefundenen lateinischen Algebra ist der Gebrauch sowohl des Pluszeichens als des Minuszeichens nachzuweisen. Leider läßt sich nicht ersehen, ob diese Handschriften über die Zeit WIDMANN's hinaufreichen, auch, ob sie nicht nur Auszüge oder Ausarbeitungen darstellen, die von WIDMANN selbst oder auf seine Veranlassung hin angefertigt worden sind. Über ein größeres Alter der Zeichen + und — können sie also nichts Bestimmtes aussagen.

Ebensowenig erfahren wir Genaueres aus einem Rechenbuch des wiener Universitätsprofessors GEORG VON PEURBACH (1423—1461), das, vielfach handschriftlich verbreitet, etwa um 1490 zum erstenmal zum Druck kam und sehr viel Neuauflagen erlebte. Zwar läßt PEURBACH bei Auseinandersetzung der regula falsi Bemerkungen fallen, die man dahin deuten kann, daß er die Kenntnis eines Additions- und Subtraktionszeichens hat; so fordert er an einer Stelle, daß man eine Zahl hinschreibe „*cum signo denotante ipsum (numerum) fuisse additum vel diminutum*" (mit einem Zeichen, welches anzeigt, daß die Zahl selbst addiert oder subtrahiert werde) oder „*cum signo additionis vel diminutionis*",[481] ohne indes diese Zeichen selbst zu benutzen. Aber es ist außerordentlich zweifelhaft, ob das Originalbemerkungen PEURBACH's sind. Man kann annehmen, daß hier spätere Zusätze vorliegen, die ein Herausgeber des PEURBACH'schen Buches sich erlaubt hat; einmal fehlen nämlich in verschiedenen Auflagen diese Bemerkungen gänzlich, dann ist die gebrauchte Redewendung die beliebte Ausdrucksweise in verschiedenen Rechenbüchern des beginnenden sechzehnten Jahrhunderts, als die Zeichen + und — längst benutzt wurden.

Sonach läßt sich nur behaupten, daß im *zweitletzten Jahrzehnt des fünfzehnten Jahrhunderts* unsere modernen Zeichen + und — in Gebrauch kamen. Hinzugefügt kann werden, daß sie deutsche Erfindungen sind. Der Italiener LEONARDO VON PISA (1202 *liber abaci*) verwendete das Wort *et* beim Addieren, selten *plus* (z. B. ed. Boncompagni I, 414, Z. 28),[17] *minus* beim Subtrahieren (siehe An-

[481] Nach TREUTLEIN, *Die deutsche Coß.* Abhandlungen zur Geschichte der Mathematik, Bd. II, 1879, S. 29; Verfasser hat verschiedene Ausgaben des PEURBACH'schen Rechenbuches eingesehen, ohne die von TREUTLEIN angeführten Bemerkungen zu finden.

hang II, Nr. 16b). Nach ihm erschienen in Italien und in Werken, die aus italienischen Quellen schöpften, ausschließlich die Wörter *plus* und *minus*. CHUQUET (Lyon und Paris; † um 1500) benutzte in seinem *Triparty* (1484, Manuskript) die überstrichenen Anfangsbuchstaben p̃, m̃;[482] ebenso verfuhr LUCA PACIUOLO in der *Summa* von 1494,[483] während WIDMANN, wie oben erwähnt, längst + und − in seinem Rechenbuch eingeführt hatte. Andere deutsche Rechenmeister ahmten WIDMANN nach und verhalfen in ihrem Lande diesen Zeichen zu immer weiterer Verbreitung; so GRAMMATEUS 1518,[24] RUDOLFF 1525 (Coß), STIFEL (1544, 1545, 1553) u. a. In Italien aber und anderen Ländern finden wir zunächst, und zum Teil noch viel später, sie nirgends erwähnt. Selbst CARDANO (1501—1576, Prof. d. Math. u. Med. an verschiedenen italienischen Universitäten), dessen *Ars magna* 1545 in einer deutschen Stadt, Nürnberg, gedruckt wurde, der auf seinen großen Reisen auch Deutschland besucht hatte, verwendet nur p̃ und m̃, ebenso sein bekannter Gegner TARTAGLIA (1500 Brescia — 1557 Venedig), nur daß des letzteren ꝑ etwas verschnörkeltere Linienführung hat. Sogar BOMBELLI folgt in seiner *Algebra* von 1572 noch der Schreibart seiner älteren Landsleute, die auch bis nach Portugal, wo der gelehrte PEDRO NUÑEZ (1492—1577) an der Universität Coimbra wirkte, gedrungen war[484] (siehe die Beispiele im Anhang II).

Betreffs der Entstehung der Zeichen + und − sind die verschiedensten Vermutungen im Umlauf.[485] Aus den italienischen Zeichen p̃ und m̃ können sie sich nicht gut gebildet haben, wenngleich in dem m̄ einiger Verfasser der horizontale Strich stark hervorgehoben und mit dem m zur Verschmelzung gebracht erscheint. Schwieriger wäre jedenfalls das + aus dem p zu erklären. Als Beleg könnten immerhin die WIDMANN'schen Definitionen „das + das ist mer" „was − ist das ist minus" herangezogen werden. Interessant wäre es, daraufhin einmal die Form dieser Zeichen in den Manuskripten des dresdener Sammelbandes genauer anzusehen. Näher liegt die Annahme, daß das Additionskreuz aus einer Ligatur für *et* entstanden ist. In nichtmathematischen Schriften aus dem vierzehnten und fünfzehnten Jahrhundert findet sich vielfach an Stelle des *et* ein Zeichen ⁊, das einem umgekehrten t ähnlich ist.[485a]

---

482 *Le Triparty* z. B. S. 655 ff. (Anm. 11). — 483 *Summa* I, dist. VIII, tract. I, S. 112a ff. (Anm. 10). — 484 PEDRO NUÑEZ, *Libro de Algebra en arithmetica y geometria*, Anvers 1567. — 485 CANTOR, IIb, S. 230 ff. u. S. 320. — 485a Vgl. W. WATTENBACH, *Anleitung zur lateinischen Paläographie*, 2. Aufl., Leipzig 1872, Anhang S. 24.

Das Minuszeichen, das naturgemäß mit dem Pluszeichen verwandt ist, soll durch Weglassen des Vertikalstriches künstlich gebildet worden sein. Diese Hypothese für das Minuszeichen hat etwas Gezwungenes an sich; es ist nicht ausgeschlossen, daß das Minuszeichen eine eigene Entstehungsgeschichte hat. In kaufmännischen Kreisen war es im fünfzehnten Jahrhundert und später üblich, den Gewichtsabzug bei einem Warenposten, der durch Verpackung u. a. bedingt war, als das *Minus*[486] zu bezeichnen, wofür seit dem sechzehnten Jahrhundert allmählich „*Tara*“ gebräuchlich wurde (vgl. S. 112). Wog nun eine Sendung insgesamt 4 Zentner und gingen etwa 5 Pfund auf Verpackung davon ab, so mag man dies, auf den Kisten u. s. w. oder in dem Begleitschreiben, durch *4 Z — 5 Pf* angedeutet haben, wobei der Strich zunächst rein als Trennungsstrich aufzufassen ist. Wir können hier die WIDMANN'schen Ausdrücke (S. 131): 3 Czentner — 11 lb u. s. w. zum Vergleich heranziehen. Da alle kaufmännische Praxis aus Italien stammt, ja auch die von deutschen Kaufleuten gehandelten Waren vielfach von Italien aus eingeführt wurden, so könnte man mit demselben Recht solche Signaturen wie *4 Z — 5 Pf* auch als italienische Sitte vermuten, und dann liegt wieder der Gedanke nicht fern, daß der Strich ein Rudiment des m̃ ist und dieses durch die in der Regel nicht wissenschaftlich gebildeten deutschen Kaufleute schließlich als einfacher Strich aufgefaßt wurde. Einer gleichen Erklärung des Pluszeichens, das WIDMANN in obigen Ausdrücken ganz ähnlich gebraucht, würde widersprechen, daß bei ihm das +, wie wir gesehen haben, an anderen Stellen geradezu für „et“ und „und“ verwendet wird. Auch in der von WIDMANN benutzten lateinischen Algebra des dresdener Manuskriptenbandes C. 80 kommt + für ‚et‘ so häufig vor, daß die Entstehung des + aus ‚et‘ nahezu sichergestellt ist.[486a]

Mit allen derartigen Erklärungsversuchen muß man sehr vorsichtig sein. Mögen auch geschichtliche Ableitungen bei einigen Zeichen gelungen sein, wie bei dem Prozentzeichen $^0/_0$ (S. 106), bei dem Wurzelhaken (vgl. diesen) u. s. w., so ist zweifellos die Mehrzahl der algebraischen Zeichen ein Ergebnis willkürlicher Erfindung, und es ist meist müßig, hinterher die Frage zu stellen, was sich der Erfinder und die ersten Benutzer dabei gedacht haben. Die Zeit ist vorüber, daß sich solche Symbole gleichsam unbewußt, etwa aus Anfangsbuchstaben der zugehörigen Operation, allmählich ent-

486 So im Bamberger Rechenbuch von 1483. — 486a So WAPPLER (Anm. 480), S. 21, Z. 4 v. u.: „*pro lucro + lucri lucro*“; S. 21, Z. 18: „*+ remanet valor 1 cosae*“; besonders S. 17 unten.

wickeln; dazu nimmt vom sechzehnten Jahrhundert an die Algebra selbst einen zu raschen Aufschwung.

Bei dem Zeichen der Addition und Subtraktion haben solche Erörterungen nach ihrem Werden und Entstehen noch eine Berechtigung, wahrscheinlich aber schon nicht mehr bei dem Multiplikations- und Divisionszeichen. Das Bedürfnis nach solchen Zeichen empfanden die Mathematiker sofort, als sich die symbolische Algebra im Anfang des sechzehnten Jahrhunderts weiter ausbildete. Michael Stifel (1486/87 Eßlingen — 1567 Jena; lutherischer Prediger an verschiedenen Orten) stellte (1545) den Zeichen + und – zwei neue als gleichwertig an die Seite, 𝔐 für die Multiplikation, 𝔇 für die Division,[487] indem er einfach die Anfangsbuchstaben der entsprechenden Verben wählte. Merkwürdigerweise benutzt er aber selbst die Zeichen nicht. Vielleicht hatte er in seinem Hauptwerk, der *Arithmetica integra* von 1544, den neuen Gedanken noch nicht gefaßt. In der *Deutschen Arithmetik* (1545) aber, die sich offenbar an einen weniger wissenschaftlichen Leserkreis wendet, wollte er dem Studierenden nicht zu viel zu der schon ungewohnten, damals sich bildenden Coß (S. 126 unten) zumuten und beschränkte sich daher auf den bloßen Vorschlag. In seinem dritten Werke von 1553 gab er anderseits nur eine neue Bearbeitung eines älteren, damals vergriffenen Lehrbuches der Coß, 1525 verfaßt von Rudolff v. Jauer, heraus, bei der er sich keine größeren Abweichungen von der ersten Fassung gestatten durfte. Aber auch nicht einmal bei zeitgenössischen oder späteren Mathematikern fand sein Vorschlag Nachahmung, mit alleiniger Ausnahme von Simon Stevin (1548 Brügge — 1620 Leiden; Kaufmann, später im Staatsdienst als Ingenieur), der ganz gelegentlich,[488] man weiß nicht, ob unabhängig von Stifel, ein *M* bezw. ein *D* als Operationszeichen benutzte (siehe Anhang II, Nr. 38, d, e, f). Unser liegendes Kreuz × wird neben vielen anderen, heute nicht mehr gebräuchlichen Kunstzeichen von dem Engländer Oughtred (1574—1660, Pfarrer in einem englischen Landort) in seiner *Clavis mathematica* (Mathematischer Schlüssel) von 1631 eingeführt.[488a] Man behauptet neuerdings, daß das liegende Kreuz aus einer im sechzehnten Jahrhundert allgemein beliebten Strichanordnung bei der komplementären Multiplikation (S. 44) hervorgegangen sei. Indes ist dieses Strichkreuz

[487] M. Stifel, „Deutsche Arithmetica, enthaltend die Haußrechnung, Deutsche Coß, Kirchrechnung; nach Cantor, II[b], S. 444. — [488] ed. Girard, S. 7, Def. 28 (Anm. 88). — [488a] *Clavis mathematica* 1631; Ausg. von 1667, Oxford, S. 10, Nr. 6; vgl. Wallis, Algebra, Op. math. II, Oxford 1693, S. 73.

bei der Multiplikation nur von einzelnen Verfassern gebraucht; ungleich häufiger waren solche „über Creutz" gezogenen Geraden bei der Addition und Subtraktion zweier Brüche in Übung, um die Reihenfolge des Erweiterns derselben anschaulich zu machen. Man kann also nicht einsehen, wie das Kreuz gerade zum Symbol der Multiplikation erhoben werden konnte. Richtiger dürfte die Ansicht sein, daß das neue Zeichen, vielleicht in Anlehnung an das Pluszeichen, von OUGHTRED ohne weitere Begründung neu eingeführt ist. — Durch einfaches Nebeneinanderschreiben der Faktoren wird die Multiplikation bereits im altindischen Rechenbuch von BAKHSHALI (S. 128) angedeutet; auch LEONARDO VON PISA (1202 *liber abaci*)[489] (vgl. S. 147 unten) verfuhr in derselben Weise, während sein Zeitgenosse JORDANUS NEMORARIUS († 1237) dadurch die Addition ausdrückt. Unsere moderne Gewohnheit, die Multiplikation nicht besonders anzudeuten, geht natürlich weder auf jene indische Schrift noch auf den liber abaci zurück. Die ersten, bei denen wir sie im Mittelalter antreffen, waren die Cossisten, jene Mathematiker, die eine symbolische Algebra mit der Wende des fünfzehnten Jahrhunderts anbahnten; es mußte sich diese Schreibart ganz von selbst wieder einstellen, da man bis zu VIETA nur mit Zahlenkoëffizienten rechnete und bei Ausdrücken, wie $7x$ oder $8x^2$, die Multiplikation selbstverständlich ist. Man vergleiche hierzu die im Anhang II gegebenen Beispiele aus der sog. lateinischen Dresdener Algebra (1481) Nr. 23a, b, aus dem Rechenbuch des GRAMMATEUS (1518) Nr. 31, aus STIFEL's *Arithmetica integra* (1544)[490] Nr. 28 u. a. Auch Ausländer, wie STEVIN (*L'Arithmétique* 1585)[491] und GIRARD (*Invention nouvelle* 1629),[492] OUGHTRED (*Clavis mathematica* 1631) — vgl. die entsprechenden Beispiele Nr. 38, 44 —, nahmen bereitwilligst die kurze und bequeme Ausdrucksweise an. Der Multiplikationspunkt, der heute das liegende Kreuz fast gänzlich verdrängt hat, ist bedeutend jüngeren Datums; er erscheint zum erstenmal 1693 bei LEIBNIZ[493] (1646 Leipzig — 1716 Hannover), gelangte sogar erst

489 LEONARDO PISANO, I, S. 131—132 bei Verwendung allgemeiner Buchstabenzahlen (Anm. 17). — 490 Vgl. besonders *Arithm. integra* v. 1544, S. 252ᵃ. — 491 Z. B. STEVIN's Werke, ed. GIRARD, S. 6, Def. XXVI (Anm. 88). — 492 GIRARD, *Invention nouvelle* (Anm. 13), Seite B verso Zeile 7 „AB" statt A mal B. — 493 LEIBNIZ' Werke, ed. GERHARDT, 3. Folge, Bd. II, Berlin 1850, S. 239; siehe auch einen undatierten Brief an L'HOSPITAL, Werke, Bd. II, S. 222, Z. 3 ff., ferner die Abhandlung: *Matthesis universalis — pars prior, De Terminis complexis*, Nr. 10, ed. GERHARDT, 3. Folge, Bd. VII, Halle 1863, S. 54, „2. 3 significat bis tria . . . Notae divisionis $\frac{a}{b}$ vel $a:b$".

durch CHRISTIAN v. WOLFF's Lehrbücher[14] allgemeiner in Aufnahme.

Von den modernen Divisionszeichen ist der Bruchstrich der älteste. Er tritt bei gewöhnlichen Brüchen wie $\frac{2}{3}$ bereits im *liber abaci* von LEONARDO (1202) auf, wohl nach indisch-arabischen Vorbildern (vgl. S. 81). In die eigentliche Algebra wird er durch die Cossisten eingeführt (vgl. die Beispiele aus der dresdener lat. Algebra, von GRAMMATEUS, RUDOLFF, STIFEL u. a.). Sein erstes Auftreten dürfte nach bisheriger Kenntnis in einem münchener Manuskriptenband, dessen einzelne Abhandlungen nachweislich zwischen 1455 bis 1464 geschrieben sind, in schon ziemlich allgemeinen Ausdrücken, wie

$$\frac{100}{1 \text{ ding}} \text{ statt } \frac{100}{x}{}^{493a} \text{ und } \frac{12 \text{ res et } 45}{1 \text{ census et } 3 \text{ res}} \text{ statt } \frac{12x + 45}{x^2 + 3x}{}^{493b},$$

zu finden sein. Hauptsächlich durch VIETA (1591, *in artem analyticam Isagoge*)[494] fand er schließlich allgemeinste Verwendung. LEIBNIZ ersetzte ihn 1684 durch den Doppelpunkt;[495] ein Zusammenhang mit dem gleichbedeutenden Zeichen ÷, das der Engländer JOHN PELL (1610 — London 1685) empfahl,[496] ist nicht nachzuweisen.

Das jetzt gebräuchliche Gleichheitszeichen = ist eine Erfindung des Engländers RECORDE (1510—1558, kgl. Leibarzt). Er macht diesen Vorschlag in einem algebraischen Lehrbuch, das er 1556 in Gesprächsform unter dem Titel *The Wetstone of witte* (Wetzstein des Witzes) verfaßte, und begründete ihn damit, daß *„nichts gleicher sei als ein Paar paralleler Strichelchen"*.[497] Es dauerte ziemlich lange, bis das neue Zeichen zur Anerkennung kam. XYLANDER (WILHELM HOLZMANN, 1532 Augsburg — 1576 Heidelberg, Prof. d. Logik) verwendet in seiner Diophantausgabe (1575, Basel) zwei senkrechte parallele Striche, die wahrscheinlich einer Ligatur für *ιι* (= *ἴσοι*) im Original entsprechen; in einer französischen Diophantübersetzung, der die HOLZMANN'sche zu Grunde liegt, ist das Zeichen durch das entsprechende Wort wieder ersetzt.[498] Der

---

493a Abdruck v. CURTZE in d. Zeitschr. f. Math. u. Phys., Bd. 40, Supplement, S. 56. — 493b Daselbst S. 59. — 494 VIETA's Werke, ed. SCHOOTEN, Leiden 1646, S. 7; auch im Originaldruck, Tours 1591. — 495 Acta Eruditorum, Leipzig 1684: *Nova methodus pro maximis et minimis, itemque tangentibus, quae nec fractas nec irrationales quantitates moratur, et singulare pro illis calculi genus*, S. 470, Z. 5—6 v. u.: „*$x : y$ quod idem est ac x divis. per y seu $\frac{x}{y}$*"; LEIBNIZ' Werke, ed. GERHARDT, 3. Folge, Bd. V, HALLE 1858, S. 223, Z. 4—3 v. u. (vgl. auch Anm. 493). — 496 vgl. WALLIS, Algebra, Opera math., Bd. II, Oxford 1693, S. 138. — 497 CANTOR, II^b, S. 479. — 498 CANTOR, II^b, S. 552.

für die symbolische Algebra so verdienstvolle VIETA (1540—1603 Paris; franz. Staatsmann) behilft sich noch mit dem Verbum *aequare* (siehe Anhang II, Nr. 39), ähnlich GIRARD (1590?—1632; Leiden, Lehrer der Mathematik) mit dem Adjektivum *esgale*, dem heutigen égale (Beispiel Nr. 42). OUGHTRED (1574—1660, engl. Landpfarrer)[499] und HARRIOT (1560—1621, Oxford)[500] nehmen das Zeichen ihres Landsmannes RECORDE wieder auf, während DESCARTES (1637, *Géométrie*) sich aus dem umgekehrten Linienzug ae (*aequalis*) ein eigenes Kunstzeichen ∞ bildet,[501] das vielfach von späteren Mathematikern, besonders den engeren Anhängern DESCARTES', übernommen wurde.[502] Inzwischen hatte sich aber das RECORDE'sche Zeichen schon zu sehr eingebürgert, als daß es sich durch DESCARTES' Neuerung noch hätte verdrängen lassen können.

Ungleichheitszeichen hatte PIERRE HÉRIGONE im *Cours mathématique* von 1634 — freilich wenig glücklich — in a 3/2 b bezw. a 2/3 b für „a größer als b" und „a kleiner als b" aufzustellen gesucht. Folgerichtig schrieb er auch a 2/2 b statt „a gleich b".[503] Wie diese, so fanden auch die OUGHTRED'schen Zeichen $\sqsupset$ für größer und $\sqsubset$ für kleiner (1631, *Clavis mathem.*)[504] keinen günstigen Boden. Erst HARRIOT's Wahl, $>$ für größer, $<$ für kleiner (1631, *Artis analyticae praxis*),[505] blieb bis auf den heutigen Tag maßgebend.

Klammern stellten sich, solange das Wort die algebraischen Deduktionen unterbrach, noch nicht als durchaus dringendes Bedürfnis heraus. Nur bei zusammengesetzten Wurzelgrößen, bei denen wir heute den Horizontalstrich des Wurzelhakens so weit wie nötig verlängern, galt es Vorkehrungen zu treffen, die etwaigen Mißverständnissen vorbeugen konnten. Eigenartig war das Hilfsmittel, das sich der Italiener BOMBELLI (1572 *Algebra*) aus-

499 OUGHTRED, *Clavis mathematica*, 1631, Vierte Ausg., Oxford 1667, S. 15 u. öfters. — 500 HARRIOT, *Artis Analyticae praxis*, 1631 London, Sectio I, S. 10 (10 Jahre nach dem Tode des Verfassers veröffentlicht). — 501 Oeuvres de DESCARTES, ed. COUSIN, Bd. V, Paris 1824, *La Géométrie*, S. 316. — 502 Es findet sich auch in FERMAT's *Isagoge ad locos planos et solidos*, Varia opera, Toulouse 1679, z. B. S. 3. Nach TANNERY (Oeuvres de FERMAT, ed. TANNERY et HENRY, Bd. I, Paris 1891, S. 91) steht es in FERMAT's Manuskript nicht; die kartesische Schreibweise soll erst durch den Herausgeber der Varia opera 1679 hineingebracht worden sein. — 503 HÉRIGONE, *Cursus mathematicus*, Paris 1634, Bd. I, vgl. die am Anfang stehende *Explicatio notarum*. — 504 Die Ausgabe v. 1631 war dem Verfasser nicht zugänglich. Außer in der vierten Ausgabe v. 1667 finden sich die erwähnten Zeichen in der *Element. decimi Euclidis declaratio*, Oxford 1662, S. 1. — 505 Sectio I, S. 10 (Anm. 500).

dachte;[506] er fügte seinem Wurzelzeichen ℞ in dem Falle, daß es sich auf weitere Ausdrücke erstrecken sollte, ein lateinisches großes L bei (radix legata) und deutete den Schluß des Radikanden durch ein umgekehrtes, etwas tiefer stehendes ⅃ an, so daß unser $\sqrt{4+\sqrt{6}}+2$ bei ihm folgendermaßen aussieht[507]

R. q. L 4. *p. R. q.* 6. ⅃ *p.* 2.

(*Radix quadrata legata 4 plus Radix quadrata 6, plus 2*). Bemerkenswert ist, daß diesem L nie ein Punkt nachgesetzt ist, wodurch es zum wirklichen Zeichen wird. Jedenfalls sind die Anfänge unserer eckigen Klammern hier unverkennbar. Weniger glücklich als Bombelli verfuhr der Holländer Stevin in der *Arithmétique* von 1585.[508] Er trennte den Radikanden von den folgenden Ausdrücken durch eine Doppelklammer)(und unterschied demnach

$\sqrt{}\,9$ ② von $\sqrt{}\,9$)(②,

wo das erstere $\sqrt{9x^2}$, das zweite $\sqrt{9}\cdot x^2$ bedeuten soll. Wirkliche (geschweifte und eckige) Klammern finden wir bei Vieta (1540 — 1603 Paris; franz. Staatsbeamter). In dem Originaldruck der 5 Bücher *Zetetica* (Turonis 1593) begnügt er sich zwar oft mit Halbklammern (vgl. 1.—3.), da eingefügte Worte oder die Stellung des Ausdruckes die anderen Halbklammern entbehrlich machen; doch gebraucht er auch häufig Doppelklammern, nicht nur (4.), um die eine Seite einer Gleichung zusammenzufassen, sondern auch um zusammengehörige Ausdrücke als solche hervorzuheben (5.). Folgende Beispiele erläutern am besten seine Schreibweise:

1. Zet. IV, 10, S. 18^a: $B \text{ in } \left\{\begin{matrix} D \text{ quadratum} \\ + B \text{ in } D \end{matrix}\right.$, statt $B\cdot(D^2+B\cdot D)$

2. Zet. V, 20, S. 20^b: $\dfrac{D \text{ in } \left[\begin{matrix} B \text{ cubum } 2 \\ - D \text{ cubo} \end{matrix}\right.}{\begin{matrix} B \text{ cubo} \\ + D \text{ cubo} \end{matrix}}$, statt $\dfrac{D\cdot(2B^3-D^3)}{B^3+D^3}$

3. Zet. V, 10, S. 23^a: $\dfrac{\begin{matrix} B \text{ quadr. in } Z \text{ planum} \\ + D \text{ quadr. in } Z \text{ planum} \end{matrix}}{B+D] \text{ quadrato}}$, statt $\dfrac{B^2 Z + D^2 Z}{(B+D)^2}$

4. Zet. IV, 6, S. 16^b: $\left\{\dfrac{\begin{matrix} D \text{ quadratum} \\ - B \text{ planum} \end{matrix}}{D \text{ bis}}\right\}$ aequabitur E, statt $\dfrac{D^2-B}{2D}=E$

5. Zet. I, 8, S. 3^b: $\dfrac{B \text{ in } A}{D}+\left\{\dfrac{\begin{matrix} B \text{ in } A \\ - B \text{ in } H \end{matrix}}{F}\right\}$ aequabuntur B, statt $\dfrac{B\cdot A}{D}+\dfrac{B\cdot A-B\cdot H}{F}=B.$

---

[506] Bombelli, *L'Algebra*, 2. Aufl., Bologna 1579, S. 6. — [507] Daselbst S. 107. — [508] S. Stevin, ed. Girard, I, S. 10, Def. 34 (Anm. 88).

Girard (1590?—1632; Leiden, Lehrer d. Math.), dem man bisher die Einführung von Klammern zuschrieb,[509] hat nur das Verdienst, etwas freier in deren Verwendung vorzugehn; neu wäre bei ihm höchstens die Benutzung runder Klammern. So schreibt er unser $\sqrt{7-\sqrt{47}}$ mit $\surd(7-\surd 47)$.[510] In der Ausgabe der Werke Vieta's, die 1646 (Lugd. Bat.) durch Fr. von Schooten (1615 — 1660, Professor an der Universität Leiden) veranstaltet wurde, sind die oben erwähnten Klammern fast durchgehends weggelassen und, wenn nötig, durch Überstreichen der zusammenzufassenden Komplexe ersetzt. Man vergleiche folgende Proben mit den Vieta'schen Originalausdrücken:

1. Zet. IV, 10: $B \text{ in } \overline{D \text{ quad.} + B \text{ in } D}$

5. Zet. I, 8: $\dfrac{B \text{ in } A}{D} + \dfrac{+ B \text{ in } A, - B \text{ in } H}{F}$ *aequabitur B*,

wobei ganz nebenbei auf den Singular in *aequabitur* aufmerksam gemacht werden soll, der entschieden einen Fortschritt in der symbolischen Algebra zeigt. Der von Schooten hineinkorrigierte Klammerstrich ist unter den Schülern Descartes' sehr gebräuchlich. Descartes selbst verwendet ihn zum erstenmal in seiner *Géométrie* von 1637[511] in einem Wurzelausdruck

$$\sqrt{C. + \tfrac{1}{2}q + \sqrt{\tfrac{1}{4}qq + \tfrac{1}{27}p^3}} \quad \text{statt} \quad \sqrt[3]{\tfrac{1}{2}q + \sqrt{\tfrac{1}{4}q^2 + \tfrac{1}{27}p^3}}.$$

Wir sehen, daß damit unser Wurzelstrich erfunden ist. Vielleicht ist der Engländer Harriot schon als Vorgänger Descartes' zu erkennen, da er bereits 1631 statt $\sqrt[3]{c^3 + \sqrt{c^6 - b^6}}$

$$\overbrace{\surd\, ccc + \surd\, cccccc - bbbbbb}$$

schrieb[512] (siehe Anhang II, Nr. 43). An dem Klammerstrich hielt noch Newton (1643—1727; Prof. d. Mathem. in Cambridge, kgl. Münzmeister in London, Präsident der Royal Society) fest, so daß er ihn selbst zu mehrfachen Einklammerungen, wie in

$$\overline{\overline{\overline{y-4} \times y + 5} \times y - 12} \times y + 17 = 0 \; ^{513}$$

$$\left(\text{heute } \left\{[(y-4)\cdot y + 5]\cdot y - 12\right\} y + 17 = 0\right),$$

---

509 Cantor, II^b, S. 787. — 510 Girard, *Invention nouvelle*, 1629 (Anm. 13), Rückseite Signatur B_3. — 511 Oeuvres de Descartes, ed. Cousin, Bd. V, Paris 1824, *Géométrie*, S. 415. — 512 Harriot, *Artis analyticae praxis*, London 1631, S. 100. — 513 Commercium epistolicum, par Biot et Lefort, Paris 1856, S. 63.

benutzte. Zuweilen schloß er ihn mit einem kleinen, senkrechten Schlußstrich ab, so in

$$\overline{P + PQ}\Big|\,\overline{\tfrac{m}{n}}.$$ [514]

Bei LEIBNIZ ist der Gebrauch der runden Klammern fast ganz zur Anerkennung gelangt; nur sehr vereinzelt findet man bei ihm Ausdrücke wie $y \cdot \overline{y+1} \cdot \overline{y+2} \cdot \overline{y+3} \ldots$

Es hätte noch vorausgeschickt werden müssen, daß bereits 1484 im *Triparty* des französischen Mathematikers CHUQUET (Lyon, Paris, † um 1500) durch Unterstreichen (vgl. Anhang I, Nr. 24c) gewisse koordinierte Ausdrücke aus dem Zusammenhange der übrigen abgehoben zu werden pflegen.[515] Da jedoch bekanntlich dieses Werk bis auf die neueste Zeit stets Manuskript geblieben ist, also die ihm gebührende Verbreitung nicht gefunden hat, so ist das Vorbild CHUQUET's ohne Zusammenhang mit dem geschilderten Entwickelungsgang der Verwertung von Klammern.

Das Summierungszeichen Σ ist von EULER (1707 Basel — 1783 Petersburg) eingeführt. Wir finden es zum erstenmal in seiner Differentialrechnung von 1755.[516] Das Differenzenzeichen Δ stammt von JOHANN BERNOULLI (1667—1748, Basel), der es in einer Abhandlung der Académie des Sciences von 1706 mit den Worten empfiehlt:[517] *„en prenant Δ pour le signe ou le caractéristique des différences des fonctions."* Zum Allgemeingut der Mathematiker wurde es durch EULER; NEWTON gebraucht es in seinem *Methodus differentialis* von 1711 noch nicht.

Das Zeichen $n!$ für $1 \cdot 2 \cdot 3 \cdot 4 \cdot 5 \cdot \ldots \cdot n$ tritt erst im neunzehnten Jahrhundert auf. Es ist ein Vorschlag KRAMP's in seinen *Élémens d'Arithmétique universelle*, Cologne 1808, Nr. 289.[518] Das Wort Fakultät ist von demselben 1797[519] in Anlehnung an das Wort Potenz gewählt; während das letzte ein Produkt gleicher Faktoren darstellt, bedeutet erstes ein Produkt regelmäßig wachsender Glieder $a \cdot (a+n) \cdot (a+2n) \ldots$. Für die spezielle Form der Fakultät, in

514 Daselbst S. 103. — 515 *Triparty* (Anm. 11), z. B. S. 655 u. öfters. — 516 EULER, *Institutiones calculi differentialis cum ejus usu in analysi finitorum ac doctrina serierum*, St. Petersburg 1755, cap. 1, § 26, S. 27: *„Quemadmodum ad differentiam denotandam usi sumus signo Δ, ita summam indicabimus signo Σ"*. — 517 Mém. de l'Ac. d. sc. 1706, gedruckt 1707, Paris „Sur les isopérimètres" S. 237; JOH. BERNOULLI, Opera, Lausanne 1742, S. 426, Zeile 7—9 v. u. — 518 Nach BALTZER, *Die Elemente der Mathematik*, Bd. I, Buch I, § 23, 2, Vierte Aufl., Leipzig 1872, S. 132. — 519 KRAMP, *Analyse des réfractions astronomiques et terrestres*, Straßburg u. Leipzig 1797, cap. III.

der $n = 1$ und $a = 1$ hatte LEIBNIZ sich die Bezeichnung *numeri continui* gebildet,[520] während ARBOGAST sie 1800 Faktorielle[521] nannte. Der letzte terminus ist noch heute gebräuchlich.

Das Zeichen ∞ für *Unendlich* verdankt man dem englischen Mathematiker WALLIS (1616—1703, Prof. d. Geom. in Oxford). Er giebt es zuerst in einer 1655 herausgegebenen Schrift von den Kegelschnitten: *Tractatus de sectionibus conicis nova methodo expositis*,[522] und verwendet es dann auch sofort in der ebenfalls 1655 erschienenen *Arithmetica Infinitorum.*[523] Eine Erklärung dieses Zeichens ist noch nicht versucht worden. Sollte WALLIS, der ein sehr tüchtiger Philologe war und sicherlich viel Manuskripte älterer Autoren in die Hand bekam, es aus einer verbreiteten Ligatur ∞[524] für $M = 1000$ (siebentes Jahrhundert und später) sich gebildet haben?

Funktionalzeichen empfiehlt zuerst JOHANN BERNOULLI in einem Brief vom August 1698 an LEIBNIZ,[525] und zwar will er mit X oder ξ eine Funktion von x bezeichnen. Abweichend davon sind die gleichzeitig von LEIBNIZ gebrauchten Symbole, die unter Benutzung von Indices eine ungleich umfassendere Verwendung gestatten.[526] Den Buchstaben f mit rechts danebenstehendem eingeklammerten Argument gebraucht EULER zuerst in den Comment. Petropol. ad annos 1734/35;[527] ähnlich bezeichnet zu derselben Zeit CLAIRAUT (1713—1765; Paris, Mitgl. der Akademie) eine Funktion von x mit Πx, Φx oder Δx,[528] beide sicherlich voneinander unabhängig. Die Zusammenstellung $\varphi(x)$ benutzt zuerst D'ALEMBERT (1717—1783, Paris, Akademie) 1754 in den *Recherches sur différens points importants du système du monde* I. 50.[529]

Wenn es auch unserem eigentlichen Thema fernliegt, so wollen

---

520 LEIBNIZ, Ges. Werke, ed. GERHARDT, 3. Folge, Bd. VII, Halle 1863, S. 102 ff. — 521 ARBOGAST, *Du calcul de dérivations*, Straßburg 1800, S. 364; nach (ebenso Anm. 519) EYTELWEIN, *Grundlehren der höheren Analysis*, Berl. 1824, Bd. I, S. 8/9. — 522 WALLIS, Opera math., I, Oxford 1695, S. 297, *De sectionibus conicis*, Pars I, prop. I: „*Esto enim ∞ nota numeri infiniti*". — 523 Daselbst S. 405, Prop. XCI. — 524 Vgl. W. WATTENBACH, *Anleitung zur latein. Paläographie*, 2. Aufl., Leipzig 1872, Anhang S. 41. — 525 LEIBNIZ' Werke, ed. GERHARDT, 3. Folge, Bd. III^b, Halle 1856, S. 531 „*Ad denotandam Functionem alicuius quantitatis indeterminatae x, mallem uti litera majuscula cognomine X vel graeco ξ, ut simul appareat, cuius indeterminatae sit Functio*". — 526 Daselbst, S. 537 $\overline{x}^{|1|}$, $\overline{x}^{|2|}$ etc., entsprechend unseren $f_1(x)$, $f_2(x)$. ... — 527 Bd. VII (gedruckt St. Petersb. 1740), daselbst S. 186^a letzte Zeile: „*Si* $f\left(\frac{x}{a} + c\right)$ *denotet functionem quamcumque ipsius* $\frac{x}{a} + c$". — 528 Hist. de l'Acad. d. sc. de Paris 1734 (gedr. 1736), S. 197. — 529 CANTOR, III^a, S. 711.

wir doch noch auf das Erscheinen des Wortes Funktion[530] an dieser Stelle eingehen. LEIBNIZ verwendet es 1694 in den Acta Eruditorum (Juliheft) zuerst in geometrischem Sinne für eine Strecke, die sich in einer speziellen Aufgabe nach gewissen Vorschriften ändert.[531] Im Oktober 1694 griff es JAKOB BERNOULLI in derselben Zeitschrift in gleicher Bedeutung auf.[532] Die moderne Auffassung findet sich bei JOHANN BERNOULLI in einem Brief an LEIBNIZ aus dem Juni 1698, in dem er bei Gelegenheit des isoperimetrischen Problems von „Funktionen der Ordinaten" spricht.[533] Die Antwort, die LEIBNIZ Ende Juli 1698 zurücksendet, zeigt, daß auch dieser inzwischen dem Wort Funktion die neue Bedeutung beigelegt hat.[534] Im Druck erschien das neue Kunstwort dann zuerst durch JOHANN BERNOULLI 1706 in einer Abhandlung der Acad. des Sciences.[535] Auch die erste Definition giebt JOHANN BERNOULLI und zwar in den Akademieberichten von 1718.[536]

Ferner wollen wir noch ein sehr wichtiges modernes Hilfsmittel, den Algorithmus der Determinanten, behandeln, wenngleich er nicht zur Schulmathematik gehört. Bei Gelegenheit der Auflösung eines Systemes von Gleichungen mit mehreren Unbekannten behandelt LEIBNIZ (in einem Brief vom 28. April 1693 an den Marquis DE L'HOSPITAL)[537] folgende drei Gleichungen

$$\begin{aligned} 10 + 11x + 12y &= 0 \\ 20 + 21x + 22y &= 0 \\ 30 + 31x + 32y &= 0, \end{aligned}$$

wo die Koëffizienten 10, 11 u. s. w. als Indicesbezeichnungen, wie unsere $a_{1,0}$, $a_{1,1}$, $a_{1,2}\ldots$ aufzufassen sind. LEIBNIZ eliminiert zuerst y

530 CANTOR, III[a], S. 438 ff. — 531 Act. Erud., Leipz. 1694, S. 316, Z. 12—13; LEIBNIZ, Werke, ed. GERHARDT, 3. Folge, Bd. V, Halle 1858, S. 306 Mitte. — 532 Acta Erud., Leipzig, Okt. 1694, S. 391, Z. 17 und öfter; JAC. BERNOULLI, Opera I, Genev. 1744, S. 618. — 533 LEIBNIZ, Werke, ed. GERHARDT, 3. Folge, Bd. III[b], Halle 1856, S. 507, Z. 6 v. u. — 534 Daselbst S. 525, Z. 26—27: „*Placet etiam, quod appellatione Functionum uteris more meo*". — 535 Mém. de l'Ac. d. sc. de Paris 1706 (gedruckt 1707), S. 235; JOH. BERNOULLI, opera I, Lausanne 1742, S. 424, Zeile 3 v. u. u. öfter. — 536 Mém. de l'Ac. d. sc. de Paris 1718 (gedruckt 1741?), S. 106, Z. 3—1 v. u.; JOH. BERNOULLI, opera II, Laus. 1742, S. 241, Z. 21—24: „*On appelle Fonction d'une grandeur variable une quantité composée de quelque manière que ce soit de cette grandeur variable et de constantes.*" Nachtrag: Nach ENESTRÖM, Bibl. math., 3. Folge, Bd. II, S. 150 kommt *functio* schon 1692 in einem Aufsatz von LEIBNIZ vor: *De linea ex lineis numero infinitis ordinatim ductis* (Act. Erud. 1692, S. 168—172, bes. 170), dann in einem Brief an HUYGHENS v. 28. VI. 1694. — 537 LEIBNIZ, Werke, ed. GERHARDT, 3. Folge, Bd. II, S. 239 und Bd. V, S. 348.

$$10 \cdot 22 - 12 \cdot 20 + 11 \cdot 22x - 12 \cdot 21x = 0$$

$$10 \cdot 32 - 12 \cdot 30 + 11 \cdot 32x - 12 \cdot 31x = 0,$$

dann noch x, und schreibt das erhaltene Resultat in der Form

$$\begin{matrix} 1_0 \cdot 2_1 \cdot 3_2 & & 1_0 \cdot 2_2 \cdot 3_1 \\ 1_1 \cdot 2_2 \cdot 3_0 & = & 1_1 \cdot 2_0 \cdot 3_2 \\ 1_2 \cdot 2_0 \cdot 3_1 & & 1_2 \cdot 2_1 \cdot 3_0, \end{matrix}$$

in der die drei links bezw. rechts stehenden Produkte mit je drei Faktoren zu addieren sind. Er hat also, wenn auch noch nicht der Form nach, die heute als Resultante bezeichnete Determinante gegeben. Sehr wichtig ist die sich daran anschließende Bemerkung, daß man derartige Untersuchungen auch allgemein vornehmen könnte und dabei immer zu einer Gleichung zwischen Produkten mit soviel Faktoren gelangt, wie Gleichungen vorhanden sind, die Produkte aber stets nur Koëffizienten verschiedener Gleichungen als Faktoren aufweisen. Auch darauf macht Leibniz noch aufmerksam, daß hier die Kombinatorik der Algebra sehr wichtige Dienste leisten könne. Fortführungen dieser Untersuchungen hat man weder bei Leibniz noch bei einem seiner Zeitgenossen (bis auf eine ganz gelegentliche Notiz in den Acta Erud. von 1700, S. 206—207) gefunden. Erst in der Mitte des achtzehnten Jahrhunderts tauchen solche Untersuchungen wieder auf — ob ganz unabhängig von Leibniz, ist nicht zu entscheiden, wenn auch die jedermann zugängliche, zuletzt erwähnte Notiz in den Acta Erud. von dem neuen Bearbeiter nirgends erwähnt wird. Dieser zweite Erfinder der Determinanten ist Gabriel Cramer (1704—1752, Prof. d. Math. zu Genf), dessen *Introduction à l'analyse des lignes courbes* von 1750 (Genf) in einem Appendix[538] die neue Lösungsmethode eines Systemes von n Gleichungen ersten Grades mit n Unbekannten

$$A^1 = Z^1 z + Y^1 y + X^1 x + V^1 v + \text{etc.}$$

$$A^2 = Z^2 z + Y^2 y + X^2 x + V^2 v + \text{etc.}$$

$$A^3 = Z^3 z + Y^3 y + X^3 x + V^3 v + \text{etc.}$$

mitteilt. Die Werte der Unbekannten $z, y, x, v \ldots$ stellen sich in seinen Rechnungen als Brüche mit gleichem Nenner heraus. Aus den Produkten $Z \cdot Y \cdot X \cdot V \ldots.$, in denen jeder Faktor einen anderen oberen

538 Daselbst S. 657—659 *De l'évanouissement des inconnus*, bes. S. 658.

Index aus der Reihe 1, 2, 3, 4 .... erhält, und deren so viele möglich sind, wie die Reihe 1, 2, 3, 4 .... permutiert werden kann, bildet CRAMER eine algebraische Summe. Jedem Produkte, das in der Indicespermutation eine gerade Anzahl von Inversionen, *dérangements*, aufweist, erteilt er das positive Vorzeichen, jedem anderen das negative Vorzeichen. Diese Summe bildet den gemeinsamen Nenner. Der Zähler — etwa für die Unbekannte y — wird aus diesem Nenner sehr einfach dadurch abgeleitet, daß man die zugehörigen Koëffizienten Y durch die entsprechenden A ersetzt.

Wir erkennen deutlich unsere moderne Determinantenauflösung. CRAMER's Methode hatte den Vorzug, nicht unbeachtet zu bleiben. BÉZOUT (1730—1783, Paris),[539] dann VANDERMONDE (1735—1796, Paris),[540] der zum erstenmal Symbole für die auftretenden Summen benutzte, ferner LAPLACE (1749—1827, Paris)[541] nahmen die neu entstehende Theorie in Arbeit. LAGRANGE (1736 Turin — 1813 Paris; Turin, Berlin, Paris)[542] betrachtete ihre Verwendbarkeit bei Problemen der analytischen Geometrie. Von wesentlicher Bedeutung sind die Forschungen GAUSS' von 1801 in den *Disquisitiones arithmeticae* (z. B. Nr. 159, 270). Die moderne Benennung *Determinante* rührt von CAUCHY (1789—1857, Paris)[543] her, ebenso auch die quadratische Anordnung der Elemente. Den Arbeiten von CAUCHY[544] und BINET 1812[545] verdankt man die Ausführung der Multiplikation zweier Determinanten. In der Meisterhand JACOBI's (1804—1851, Berlin)[546] bildete die Determinantentheorie sich zu dem bewunderungswürdigen Instrument heraus, das heute jedem Mathematiker unentbehrlich ist. Die ersten bedeutenderen Lehrbücher für die Theorie der Determinanten sind

[539] Hist. de l'Ac. de Paris 1764 (gedr. 1767), Mém. S. 288—338: *Recherches sur le degré des Équations résultantes de l'évanouissement des inconnus et sur les moyens, qu'il convient d'employer pour trouver ces Équations;* Théorie génér. des Équat. algébr., 1779 Paris. — [540] Hist. de l'Ac. de Paris 1772 (gedr. 1776), Bd. II, Mém. S. 516—532. *Mémoire sur l'élimination* vom 12./I. 1771. — [541] Hist. de l'Ac. de Paris 1772, Bd. II, in einer Abhandlung: *Recherches sur le calcul intégral et sur le système du Monde*, cap. IV, Mém. S. 294—304. — [542] Nouv. mém. de l'acad. roy. de Berlin 1773 (gedr. 1775) S. 149 ff.: *Solutions analytiques de quelques problèmes sur les pyramides.* — [543] Journal de l'École polytechn., cah. 17 (gedr. 1815), *Mém. sur les fonctions* . . ., S. 52—53, 30./XI. 1812. — [544] Daselbst S. 29—112. — [545] Journal de l'École polyt., cah. 16 (gedr. 1813), S. 280 ff., *Mém. sur un système de Formules analytiques*, 30./XI. 1812. — [546] CRELLE'sches Journal von 1826 an, besonders 1841 *De formatione et proprietatibus determinantium*, S. 285 ff. und *De determinantibus functionalibus*, S. 319 ff.

das italienische Werk von BRIOSCHI 1854[547] und das deutsche von BALTZER 1857.[548]

3. Einführung allgemeiner Buchstabengrößen.

Im vorstehenden haben wir die Geschichte der algebraischen Zeichen und Symbole, soweit sie nicht zu späteren Kapiteln, wie zur Potenzlehre, Wurzellehre, Trigonometrie u. s. w., gehört, besprochen. Ohne die Einführung allgemeiner Buchstabengrößen mußte die Algebra in den Anfängen verbleiben. Diesen Fortschritt verzeichnet die Zeit VIETA's (1540—1603; Paris, franz. Staatsmann); erst durch ihn vermochte sich eine wirkliche Formelsprache zu entwickeln. Vor VIETA gab es natürlich ebenso wie nach ihm Regeln und Lehrsätze, denen die modernen Formeln entsprechen; aber sie mußten durch schwülstige, zumeist äußerst langatmige Satzkonstruktionen ausgedrückt werden. Ihre Wahrheit wurde hinterher oft nur durch Zahlenbeispiele, gleichsam wie zur Probe, gezeigt.

Man darf nun nicht glauben, daß vor VIETA überhaupt keine allgemeinen Buchstabengrößen gebraucht worden seien; nur ihre ausschließliche und folgerichtige Verwendung ist VIETA's hohes Verdienst. Wir wissen, daß die Griechen in ihrer Geometrie die Gewohnheit hatten, Flächen, Linien und Punkte mit mehreren oder mit einem Buchstaben zu bezeichnen. Schon bei HIPPOKRATES (Chios, um 440 v. Chr.) läßt sich diese Sitte mit einiger Sicherheit nachweisen.[549] ARISTOTELES (384 v. Chr. Stagira in Macedonien — 322 Chalkis; Athen, Schule der Peripatetiker) belegte auch andere allgemeine Größen mit Buchstaben:[550] „Wenn *A* das Bewegende, *B* das Bewegte, *Γ* aber die Länge und *Δ* die Zeit ist, in der es bewegt worden ist, so wird die gleiche Kraft *A* in der gleichen Zeit auch die Hälfte des *B* doppelt so weit als *Γ* bewegen oder auch in der Hälfte der Zeit *Δ* gerade so weit wie *Γ*." Große Buchstaben mußten von den Griechen gewählt werden, damit keine Verwechslung mit bestimmten Zahlen, die bei ihnen bekanntlich durch kleine Buchstaben bezeichnet wurden, eintreten konnte. Bei EUKLID (Alexandria,

[547] F. BRIOSCHI, *Teoria dei Determinanti e le sue princ. applicaz.*, Pavia 1854, deutsch v. SCHELLBACH, Berlin 1856. — [548] R. BALTZER, *Theorie u. Anwend. d. Determinanten*, 1. Aufl., Leipzig 1857, 5. Aufl., Leipzig 1881. — [549] CANTOR, I^b, S. 194. — [550] ARISTOTELES, *Φυσικῆς ἀκροάσεως H*, cap. 5, Berlin. Akademieausg., Bd. I, 1831, S. 249, Z. 30 ff.: „*Εἰ δὴ τὸ μὲν Α τὸ κινοῦν, τὸ δὲ Β τὸ κινούμενον, ὅσον δὲ κεκίνηται μῆκος τὸ Γ, ἐν ὅσῳ δὲ ὁ χρόνος ἐφ' οὗ Δ, ἐν δὴ τῷ ἴσῳ χρόνῳ ἡ ἴση δύναμις ἡ ἐφ' οὗ Α τὸ ἥμισυ τοῦ Β διπλασίαν τῆς Γ κινήσει, τὴν δὲ τὸ Γ ἐν τῷ ἡμίσει τοῦ Δ*"; vgl. CANTOR, I^b, S. 240.

um 300 v. Chr.), dem Elementenschreiber κατ' ἐξοχήν, sehen wir schon allgemeine Zahlengrößen durch Buchstaben bezeichnet, ohne daß er sich indes von dem geometrischen Bilde gänzlich loslösen konnte. Ähnlich bei APOLLONIUS v. PERGAE (zw. 250 und 200 in Alexandria, dann in Pergamum). Wenn dieser aber bei der Erörterung und Gruppierung seines Zahlensystemes die Zahlen von 1—9999 als die „Tetrade der Einheiten", diejenigen von 10000 bis 99999999 als die „Tetrade der Myriaden", danach folgend die „Tetrade der zweifachen Myriaden, dreifachen" u. s. w. bis zu der der „$\varkappa$-fachen Myriaden" aufführt, so ist in dem letzten Ausdruck eine erste Abstraktion von der geometrischen Anschauung, also eine erste, wirkliche allgemeine Buchstabenzahl zu erblicken.[551] Fraglich ist nur, ob dieses Verdienst dem APOLLONIUS oder nicht vielmehr dem Überlieferer dieser Stelle, PAPPUS (295 n. Chr., Alexandria), zuzuschreiben ist. Bei diesem steht nämlich der allgemeine Gebrauch großer Buchstaben zur Bezeichnung unbestimmter Zahlen sicher fest.[552] Jedenfalls ist so einigermaßen das Auftreten unbestimmter Größen, wie das des ς, in der diophantischen Algebra (drittes bis viertes Jahrhundert n. Chr.) vorbereitet (vgl. S. 125—126). Bekannte Größen werden aber auch noch bei DIOPHANT, wie in der ganzen Folgezeit bis VIETA, durch spezielle Zahlen ausgedrückt; nur einmal spricht DIOPHANT (lib. II, 8, 9) von einem beliebigen Vielfachen der Unbekannten, wie wir von einem n-fachen.[553]

Mit dem Eintritte in das Mittelalter ist ein Weitergehen in Verwendung von Buchstabengrößen unverkennbar. LEONARDO VON PISA (1202 *liber abaci*), jener mathematisch so hoch veranlagte italienische Gelehrte, dem das Abendland in erster Reihe die Kenntnis indisch-arabischen Wissens verdankt, gebrauchte im Anschluß an griechisch-arabische Muster bei arithmetischen Beweisen Buchstaben und zwar wie EUKLID unter dem geometrischen Bilde von Linien, indes ohne sie daneben zu zeichnen. Auch finden wir bereits bei ihm Sätze wie: „a Pferde fressen b Gerste in c Tagen" und „d Pferde fressen e Gerste in f Tagen", woraus die Gleichheit der Produkte $.a.e.c$ und $.d.b.f$ gefolgert wird (die Punkte zwischen den Faktoren

551 PAPPUS, Collectiones, lib. II, § 1—27, ed. HULTSCH, Bd. I, Berl. 1876, z. B. S. 2, Z. 8 ἁπλῆ μυριάς, Z. 11—13 διπλῆ μυριάς, S. 6, Z. 22 τριπλῆ μυριάς, S. 22, Z. 6 τετραπλῆ μυριάς . . ., S. 24, Z. 19 τριςκαιδεκαπλῆ μ. . . ., S. 4, Z. 15 μυριάδες ὁμώνυμοι τῷ *Z*, S. 18, 16 ff. μ. ὁμώνυμοι τῷ *K*. — 552 PAPPUS, lib. II, § 5 ff., ed. HULTSCH, S. 6 ff. — 553 DIOPHANT, lib. II, 8, 9, ed. TANNERY, Leipz. 1893, S. 90, Z. 14 bezw. S. 92, Z. 5: ἀπὸ ς$^{\tilde{ων}}$ ὅσων $= a$ quotlibet x.

sind keine Multiplikationszeichen, sondern nur Trennpunkte, durch die jede Buchstabenzahl, wie *.a.*, *.b.*, eingeschlossen wird, um sie aus dem Zusammenhang der übrigen herauszuheben).[554] Einen viel größeren Umfang nimmt die Verwendung allgemeiner Buchstabenzahlen bei seinem Zeitgenossen JORDANUS NEMORARIUS (Deutscher; † 1237, Ordensgeneral) an; ja im Texte seiner Schriften erscheinen sogar ausschließlich Buchstaben, Zahlen höchstens am Rande bei Beispielen. Man könnte JORDANUS als den Begründer einer allgemeinen Buchstabenrechnung bezeichnen, wenn ihm nicht das Wichtigste bei der Benutzung von Buchstaben — Operationszeichen und andere Rechnungssymbole — vollständig fehlte. Die Addition drückte JORDANUS NEMORARIUS durch einfaches Aneinanderschreiben aus. Bei allen anderen Rechenoperationen versagt ihm dieses Hilfsmittel: es bleibt ihm nichts anderes übrig, als für das Resultat der gerade vorliegenden Operation einen neuen Buchstaben einzuführen. So muß er beim Weiterschreiten der Rechnung zu immer neuen Buchstaben greifen,[555] und es ist klar, daß schließlich der Leser den Faden verliert, also gerade der Vorteil der Buchstabenformeln, die hohe Übersichtlichkeit, nicht vorhanden ist. — Ähnlich wie JORDANUS NEMORARIUS muß auch noch BELDOMANDI († 1428; Prof. in Padua) im *Algorismus de integris* von 1410 verfahren.[556] Wohl im Gefühl der Unzulänglichkeit vermeidet LUCA PACIUOLO, den wir als den Verfasser des bedeutendsten Rechenwerkes seiner Zeit (1494 *Summa*) schätzen gelernt haben, die Verwendung allgemeiner Größen in der *Summa* gänzlich. Nur gelegentlich zieht er in einer anderen Schrift Buchstaben heran (*Divina proportione* von 1509, geschrieben 1497),[557] aber in einem Falle, wo weitere Rechnungsoperationen nicht wahrgenommen zu werden brauchen — etwa so, wie der deutsche Mathematiker GRAMMATEUS († 1525, Universitätslehrer in Wien) sich an einer Stelle im Rechenbuch von 1518 den Satz erlaubt: „Wie sich hat *a* zum *b* | also hat sich *c* zum *d*".[558]

In der Entwicklung der *Coß*, wie die Algebra um die Wende des fünfzehnten Jahrhunderts bis über die Mitte des sechzehnten hinaus genannt wurde (siehe S. 126; ferner S. 189 ff.), bildeten sich

---

554 LEONARDO PISANO, I, 132 ff. (Anm. 17). — 555 „Vgl. TREUTLEIN, *Der Traktat des Jordanus Nemorarius „De numeris datis"*, Abh. zur Geschichte der Math., II, 1879 (Suppl. zu Bd. 24 der Ztschr. f. Math. u. Phys.), S. 132—133, und M. CURTZE, Ztschr. f. Math. u. Phys., Leipzig 1891, Bd. 36, Hist.-litt. Abteilung, S. 1—3. — 556 CANTOR, II^b, S. 206. — 557 CANTOR, II^b, S. 343. — 558 Rechenbuch v. 1518[24] „Regula de tre in gantzen", zweite Seite des so betitelten Abschnittes.

Operationszeichen, wie das Plus- und Minuszeichen (S. 131—134), der verlängerte Bruchstrich (S. 137), und Aufgaben aus dieser Zeit sehen modernen Rechnungen bereits im allgemeinen ähnlich. Aber man blieb bei der Verwendung reiner Zahlenkoëffizienten stehen; die einzige durch Buchstaben ausgedrückte Größe war die Unbekannte in Gleichungen, die man, ähnlich wie DIOPHANT (S. 125) mit dem Anfangsbuchstaben des für sie gebräuchlichen Wortes radix, durch ein verschnörkeltes *r*, andeutete (vgl. S. 150, 190—195). Auch für die Potenzen der Unbekannten erschienen nach und nach symbolartige Abkürzungen (vgl. S. 190ff). Der ungemein wichtige und anscheinend so nahe liegende Schritt, dieses symbolische Rechnen mit der Verwendung von Buchstabenkoëffizienten in Verbindung zu bringen, ist eben die Neuerung VIETA's (1591 *In artem analyticam Isagoge*). Seine Buchstaben sind zunächst allgemeine Bezeichnungen für Linien, Flächen u. s. w., nach dem Vorbild der griechischen Mathematiker; sie sind Ausdrücke für geometrische Größen, nicht für reine Zahlen. Daher kommt es, daß er so großes Gewicht auf Homogenität legt und streng darauf achtet, daß die Dimensionen seiner algebraischen Ausdrücke überall Einheitlichkeit zeigen. Hat er es z. B. mit einem Ausdruck wie $a \cdot b - c$ zu thun, so schreibt er *A in B — C planum*, sieht also *A* und *B* als Strecken, *B* als Fläche an, um die zweite Dimension zu wahren. Während sich aber die antike Mathematik von einer dreidimensionalen Anschauung nur sehr spät, wie in DIOPHANT's Algebra, freimachen konnte, überschritt VIETA die Raumanschauung ohne weiteres und stieg zu höheren Dimensionen auf, die nun nur noch algebraisch verstanden werden können. Wir finden in seinen Beispielen Potenzen der Unbekannten bis zur neunten vor, wohlgemerkt unter Aufrechterhaltung dieser Höhe innerhalb des ganzen Ausdruckes. Auch in der Auswahl der zu benutzenden Buchstaben zeigt VIETA ein festes Prinzip. Er verwendet, wiederum vielleicht in Anlehnung an die griechische Mathematik, nur große Buchstaben, die Initialen der lateinischen Schrift. Als Zeichen der unbekannten Größen dienen ihm die Vokale *A, E, I, O, V, Y,* für die Bekannten schreibt er die Konsonanten *B, G, D* u. s. w.[559]

Fehlten VIETA an einer vollkommenen Algebra auch noch ver-

559 VIETA, *Isagoge*, Tours 1591, S. 7ª: „*Quod opus, vt arte aliqua juuetur, symbolo constanti & perpetuo ac bene conspicuo datae magnitudines ab incertis quaesititiis distinguantur, vt pote magnitudines quaesititias elemento A aliâ ue literâ vocali E, I, O, V, Y, datas elementis B, G, D aliis ue consonis designando*“. = Weil man, um durch irgend ein Hilfsmittel unterstützt zu werden, eines

schiedene Operationszeichen, wie besonders unter den einfacheren ein Multiplikationszeichen, an dessen Stelle er sich mit der Präposition *in* begnügen mußte, so war doch im Prinzip die Richtschnur zu einer befriedigenden Weiterentwicklung gegeben. — In betreff der Benutzung allgemeiner Buchstabengrößen standen nur noch einzelne Verbesserungen aus. Zunächst ersetzte der Engländer HARRIOT (1560 bis 1621, Oxford) die großen Buchstaben VIETA's durch die kleinen, folgte ihm aber noch in der Verwertung der Vokale für unbekannte Größen.[560] Hierin traf DESCARTES (1596—1650) in der *Géométrie* von 1637, jenem Werke, das in der Geschichte der Mathematik eine ganz neue Epoche einleitete, eine bis heute gültige Änderung. Für die bekannten Größen bestimmte er die ersten Buchstaben, für die unbekannten die letzten Buchstaben des Alphabets. Von diesen bevorzugte er das x, wenn auch in der *Géométrie* zuerst z,[561] dann y[562] und zuletzt x[563] auftritt. Wie das x zu dieser Ausnahmestellung kam, ist nur geschichtlich zu verstehen. Die deutschen Mathematiker bis zur Mitte des sechzehnten Jahrhunderts, die Cossisten, pflegten die Unbekannte und ihre Potenzen durch die Anfangsbuchstaben der für sie gebräuchlichen Worte zu bezeichnen (vgl. S. 190ff.); so schrieben sie für die erste Potenz, die *radix* genannt wurde, ein ꝛc, anscheinend ein lateinisches, verschnörkeltes *r*. Dieses ꝛc, dessen Vorgeschichte wir in der Geschichte der Potenzlehre kennen lernen werden (S. 190—195), hat eine so abgeänderte Linienführung, daß es eher einem x als einem *r* ähnlich sieht. Der Schritt, es schließlich als x zu lesen, konnte, da es niemals als Wort geschrieben wurde, nicht ausbleiben und ist gewiß längst vor DESCARTES gethan worden.[564] — Dieser Erklärungsversuch ist ansprechender als ein zweiter, nach dem DESCARTES eine in gleichem Sinne verwendete Bezeichnung des Italieners CATALDI († 1626, Bologna), eine durchgestrichene Eins 1̸ (= erste Potenz der Unbekannten, ähnlich 7̸ und 3̸ für x^7 und x^3, vgl. S. 196), mißverständlich als x angesehen haben soll.[565]

stets gleichen und anschaulichen Symboles bedarf, sollen die gegebenen Größen von den unbekannten unterschieden werden, etwa dadurch, daß man die gesuchten Größen mit dem Buchstaben *A* oder einem anderen Vokal *E, I, O, U, Y,* die gegebenen mit *B, G, D* oder anderen Consonanten bezeichnet. — **560** 1631, *Artis anal. praxis*, S. 4 ff. (Anm. 500) — **561** Oeuvres de DESCARTES, ed. COUSIN, Bd. V, Paris 1824, S. 317. — **562** Daselbst, S. 319, Z. 8 v. u. — **563** Daselbst S. 319, Z. 1 v. u. — **564** TREUTLEIN, *Die deutsche Coß*, Abh. z. Gesch. d. Math., Bd. II, 1879, S. 32; vgl. Ztschr. f. Math. u. Phys., II, Leipz. 1857, S. 366 und CANTOR, II^b, 793. — **565** WERTHEIM, Ztschr. f. Math. u. Phys., Bd. 44, litt.-hist. Abteilg. S. 48.

Die letzte Stufe in der Einführung von Buchstaben bildet die Anwendung von Indices. Ihre Erfindung geht, wenn wir das ganz gelegentliche Auftreten punktierter Buchstaben $\dot{B}$ $\ddot{B}$, die STEVIN (1548 Brügge — 1620 Leiden) für zwei gleichberechtigte, bei einer Dreieckskonstruktion erhaltene Punkte B gebrauchte, nicht beachten, auf LEIBNIZ (1646 Leipzig — 1716 Hannover) zurück. Dieser nannte z. B. die Punkte, die einer Kurve C angehören, ${}_1C, {}_2C, {}_3C$ u. s. w. mit linksstehenden Indices (1675/76)[566] und an anderer Stelle die Elemente determinantenähnlicher Ausdrücke 1_0, 2_1, 3_2 (vgl. S. 144) mit rechtsstehenden Indices (1693).[567] Auch sein großer Zeitgenosse NEWTON (1643—1727) erkannte bald den Nutzen solcher Indices an; er bediente sich ihrer in einer Abhandlung *Methodus differentialis*, die 1711 erschien.[568] Von nun an verschwinden die Indices nicht mehr aus dem Bestande der Mathematik. Gestrichelte Buchstaben finden sich zuerst in ausgedehnterem Maße bei EULER (1707 Basel — 1783 Petersburg).[569]

B. Der Name Algebra.

Bereits zur Zeit PLATON's (429—348 v. Chr., Athen) teilte man die Lehre von den Zahlen in eine theoretische, Arithmetik, und eine praktische, Logistik.[570] Für die erste sind uns verschiedene Vertreter und ihre Werke bekannt, wie EUKLID (um 300 v. Chr., Alexandria), NIKOMACHUS v. GERASA (um 100 n. Chr.), THEON VON SMYRNA (um 130 n. Chr.), JAMBLICHUS (um 325 n. Chr.); von den Logistikern sind, abgesehen von geringen Bruchstücken bei THEON VON ALEXANDRIEN (um 365 n. Chr.) und EUTOKIUS (geb. 480 n. Chr. zu Askalon), keine Schriften auf uns gekommen, wahrscheinlich auch sehr wenige vorhanden gewesen. Denselben Unterschied können wir auch in der Geometrie bei den Alten nachweisen; hier stand der theoretischen Geometrie die praktische Geodäsie gegenüber. Der eigentliche Mathematiker zog die theoretische Wissenschaft vor und überließ die praktische Seite den Rechenlehrern, Feldmessern u. a., die wiederum mit seltenen Ausnahmen nicht genügend wissenschaft-

566 LEIBNIZ, Werke, 3. Folge, Bd. V, ed. GERHARDT, Halle 1858, S. 100 ff.: *Compendium quadraturae arithmeticae.* — 567 Vgl. die Einleitung zu Bd. VII (3. Folge, LEIBNIZ, Werke), Halle 1863, S. 6/7. — 568 Opuscula Newtonii, Lausannae et Genevae 1744, I, S. 275 ff.: A_1, A_2, A_3, B_1, B_2, B_3. . . . — 569 EULER, *Opuscula analytica*, Petrop. 1783, z. B. S. 35 sogar bis f'''''. — 570 PLATON, Gorgias 451 B und C, ed. STALLBAUM, Gotha 1861, II, 1, S. 93—94. —

liche Bildung besaßen, um Werke von solcher Bedeutung zu schreiben, daß sie der Nachwelt überliefert wurden.

Für die Buchstabenrechnung DIOPHANT's kannten die Griechen kein besonderes Wort; wohl aber hatten die Inder eine eigene Bezeichnung in *avyakta-gaṇita „Rechnung mit der Unbekannten"*, dem gegenüber die niedere Rechenkunst *vyakta-gaṇita „Rechnung mit bekannten Größen"*[570a] hieß. Von größerem geschichtlichen Interesse ist der Name, der bei den Arabern für den theoretischen Teil der Zahlenlehre gebräuchlich war. Dieser, *Aldschebr walmuḳâbala,* ist der Titel ihres bedeutendsten mathematischen Lehrbuches, dessen Verfasser, MUHAMMED IBN MUSA ALCHWARIZMI im ersten Viertel des neunten Jahrhunderts lebte. *Dschebr,* in den lateinischen Übersetzungen restauratio, bedeutet das Hinüberschaffen negativer Glieder auf die andere Seite einer Gleichung, so daß nur positive Glieder auftreten, *muḳâbala* (oppositio) das Vereinigen gleichartiger Glieder auf beiden Seiten zu einem Gliede. Daß ALCHWARIZMI den Titel seines Buches nicht weiter erklärt, lehrt, daß diese Worte Fachausdrücke waren, die zu seiner Zeit sehr geläufig waren. Wir werden später in der Lehre der Gleichungen dieselben beiden Hauptoperationen bei DIOPHANT wiederfinden und können dadurch nachweisen, daß die Araber hier aus griechischen Quellen geschöpft haben.

Durch die große Verbreitung des viel benutzten Lehrbuches MUHAMMED's wurde allmählich der Titel Aldschebr walmuḳâbala zur Bezeichnung der Gleichungslehre überhaupt. Der arabische Doppelname gelangte mit dem zwölften und dreizehnten Jahrhundert in der latinisierten Form *Algebra et Almucabala* zum Abendland; so hat LEONARDO VON PISA in seinem *liber abaci* (1202) im 15. Kapitel einen Abschnitt mit der Überschrift: *Incipit pars tertia de solutione quarundam quaestionum secundum Modum algebre et almuchabale.*[571] Allmählich verliert sich die zweite Hälfte. RAFAELE CANACCI aus Florenz (vierzehntes Jahrhundert) ist Verfasser eines Buches mit dem Titel *Ragionamenti di algebra*; auf ihn führt auch die Erzählung zurück, der Name Algebra stamme von einem arabischen Mathematiker GEBER.[572] Das Wort Algebra allein benutzt auch REGIOMONTAN (JOH. MÜLLER aus Königsberg in Franken, 1436—1476; Wien, Italien, Nürnberg);[573] LUCA PACIUOLO (1494 *Summa*) kennt zwar beide Worte

570a COLEBROOKE, S. 131, Anm. 3 (Anm. 294). — 571 LEONARDO PISANO, I, S. 406 (Anm. 17). — 572 CANTOR, II^b, S. 165. — 573 *De triangulis omnimodis*, 1533 Nürnberg, Anhang S. 49, Z. 3 ff. in seiner Streitschrift gegen CUSANUS: *paucis enim ad modum artem Algebrae sive rei et census satis cognitam scio, qua quidem arte hoc in negócio usus sum.*

noch,[574] aber bildet schon das Adjektivum *algebraticus*.[575] Im sechzehnten Jahrhundert tritt das zweite Wort Almucabala nur noch selten auf; RUDOLFF, STIFEL, SCHEUBEL, CARDANO, GEMMA FRISIUS u. a. haben nur Algebra. Zum letztenmal erscheint Almucabala in einem Buchtitel bei GOSSELIN 1577.[576]

Andere Namen sind bei den älteren Italienern: *Ars magna, Practica speculativa, Ars rei, Ars rei et census, Arte* oder *regola della cosa, ars cossica, ars cosae, cossa,* deutsch: die *Coß*.

VIETA nannte seine Wissenschaft *Logistica speciosa*, die benutzten Buchstabengrößen *species*. Auch der Name *ars analytica* ist durch VIETA's Titel *In artem analyticam isagoge* (1591) gebräuchlich geworden.

Im Anschluß an das Vorhergehende seien noch einige andere termini technici besprochen, die in der Algebra eine Rolle spielen.

Das Wort Binom geht zurück auf EUKLID X, 37, wo ein Ausdruck von der Form $a + \sqrt{b}$ *ἐκ δύο ὀνομάτων (ex binis nominibus)* genannt wird. In diesem Sinne hat sich binomium bis zum achtzehnten Jahrhundert erhalten und dann erst seine Bedeutung verallgemeinert.[577] Die Weiterführung Multinomium, die STEVIN 1585[578] anwendet, hat sich nicht festgesetzt; später trat die falsche Bildung Polynomium auf. Aggregat heißt noch bei VIETA eine Summe von nur positiven Gliedern.[577] Koëffizient erscheint zum erstenmal bei VIETA (*longitudo coëfficiens*) in einer 1591 veröffentlichten Abhandlung *Ad Logisticen speciosam notae priores*[579] (vgl. S. 244).

C. Die Entwicklung des Zahlbegriffes.

I. Die Zahl Eins.

In der Geschichte der Zahlen und Zahlwörter (S. 3ff.) wurde geschildert, wie sich die Reihe der ganzen Zahlen bildete und ausbaute. Noch tief in die griechische Zeit hinein, ja bis zum Auftreten DIOPHANT's hielt man an der alleinigen Existenzberechtigung

574 *Summa*, Teil I, Dist. 8, tract. 4, S. 144, Z. 25. — 575 Daselbst S. 144^b, Z. 1 u. öfters. — 576 *De arte magna seu de occulta parte numerorum, quae et Algebra et Almucabala vulgo dicitur*, nach NESSELMANN, S. 53 (Anm. 86). — 577 BALTZER, Elemente I, 2, § 6, 6. Aufl., S. 66. — 578 S. STEVIN, ed. GIRARD, I, S. 6, Def. 26 (Anm. 88). — 579 VIETA, Opera ed. SCHOOTEN, Leiden 1646, S. 23, Z. 1 von unten und dann häufiger.

derselben fest, eine Auffassung, zu der die modernsten Theorien in der Zahlentheorie zurückkehren.

Die Eins nimmt in der Reihe der ganzen Zahlen eine Ausnahmestellung ein; die Griechen erkannten sie überhaupt nicht als Zahl an. Sie sei als Einheit nur der Ursprung aller Zahlen, aber nicht Zahl selbst; in einer Zahl müsse immer der Begriff der Vielheit liegen — so lehren wahrscheinlich bereits die *Altpythagoreer* (sechstes Jahrhundert v. Chr.),[580] und ihnen nach sprechen alle, die aus ihren Lehren oder den von ihnen beeinflußten Schriften schöpfen. Auch bei EUKLID spielt die Eins durchaus noch eine Sonderrolle; anders ist es nicht zu erklären, daß in den Elementen VII. 9 u. 13 bewiesen wird, aus $a:b=c:d$ folge $a:c=b:d$, kurz darauf (VII. 15) aber dasselbe Theorem für $1:b=c:d$ noch einmal besonders dargelegt wird. — Fast unbemerkt scheint sich die Eins bei den griechischen Mathematikern die ihr zukommende Stellung zu erringen. Der Neuplatoniker THEON VON SMYRNA (um 130 n. Chr.) versichert nach altem Vorbilde an einer Stelle:[581] „οὔτε δὲ ἡ μονὰς ἀριθμός, ἀλλὰ ἀρχὴ ἀριθμοῦ" (die Einheit ist nicht Zahl, sondern nur Ursprung der Zahl), zählt aber wenige Zeilen später[582] 1 unter den ungeraden Zahlen und kurz darauf sogar in der natürlichen Zahlenreihe selbst auf.[583] Man vergleiche hierzu auch die ebenfalls 1 als Zahl auffassende Bemerkung seines älteren Zeitgenossen NICOMACHUS VON GERASA (um 100 n. Chr.), in der auseinandergesetzt wird, daß jede Zahl gleich der halben Summe zweier, in der Zahlenreihe nach verschiedener Richtung gleich weit entfernten Zahlen ist; nur die Einheit sei hiervon ausgenommen, da sie nicht zwei Nachbarzahlen besitze, sie sich vielmehr nur als Hälfte der einzigen Nachbarzahl 2 ergäbe.[584]

Die altpythagoreische Weisheit von dem Wesen der Eins wird noch oft in der Folgezeit von gläubigen Schriftstellern vorgebracht. So berichtet BOËTHIUS (480? Rom — 524 Pavia; röm. Staatsmann und Philosoph)[585] in der *Geometrie*: „*unitas enim .. numerus non est, sed fons et origo numerorum.*" Auch die arabische Gelehrsamkeit steht auf demselben Standpunkt, wie wir aus dem Rechenbuch des MUHAMMED IBN MUSA ALCHWARIZMI (Anfang des neunten Jahr-

580 ARISTOTELES, Metaph. XIII, 8, Berl. Akademieausgabe 1831, Bd. II, S. 1083 rechts, Z. 8 ff., und NICOMACHUS, *Eisagoge arithm.*, lib. II, cap. VI, 3, ed. HOCHE S. 84 Z. 8 ff. (Anm. 213). — 581 THEON SMYRNAEUS, ed. HILLER, S. 24, Z. 23 (Anm. 272). 582 Daselbst S. 28, Z. 5 und S. 32, Z. 11. — 583 Daselbst S. 33, Z. 4. — 584 NICOMACHUS, *Eisagoge*, lib. I, cap. VIII, 1—2, S. 14, Z. 13—18 (Anm. 213). — 585 BOËTIUS, *Ars Geometriae*, ed. FRIEDLEIN, S. 397, Z. 20 (Anm. 28).

hunderts) ersehen; eine spätlateinische Übersetzung (zwölftes Jahrhundert) desselben sagt: „*Unum est radix universi numeri, et est extra numerum.*“[586] Gleiche Bemerkungen finden sich bei dem spätgriechischen Mathematiker PSELLUS (um 1092),[587] bei dem Perser BEHA EDDIN (1547—1622)[588] und vielen anderen.

Noch am Ende des sechzehnten Jahrhunderts ist der Streit nicht völlig ausgetragen, ob Eins eine Zahl ist oder nicht. Denn SIMON STEVIN fühlte sich in der Einleitung zu seiner *Arithmétique* von 1585 veranlaßt, das Anrecht der Eins, eine wirkliche Zahl zu sein, eingehend und mit großem Aufwand von Dialektik zu verteidigen.[589]

2. Die Zahl Null.

Man wird sich nicht wundern, daß es der Zahl Null noch viel schlimmer ergangen ist, indem sie auf ihre endgültige Anerkennung sogar bis zum siebzehnten Jahrhundert hat warten müssen.

Daß den Griechen der Begriff Null keine Zahl war, geht aus der oben angeführten Stelle des NICOMACHUS,[584] ferner daraus hervor, daß DIOPHANT die Wurzel Null bei Gleichungen nicht kannte. Die Theorie der Gleichungen liefert uns überhaupt stets die beste Gelegenheit, zu erkennen, ob Null als wirkliche Zahl aufgefaßt wird oder nicht. Eine Gleichungslösung Null verwerfen die Araber, wie ALKARCHI (um 1010, Bagdad) in seinem Lehrbuch der Algebra Al-Fachri,[590] aber auch die mittelalterlichen Gelehrten des Abendlandes, wie der Franzose N. CHUQUET (1484, *Le Triparty en la science des nombres*)[591] und der Italiener LUCA PACIUOLO (1494 *Summa*).[592] Selbst im siebzehnten Jahrhundert rechnet MARINO GHETALDI (1566—1627, Ragusa) in dem nach seinem Tode (1630) gedruckten Werke *De resolutione et compositione mathematica* diejenigen Gleichungen zu den unmöglichen, die die Wurzel Null haben.[593] Erst GIRARD (1590?—1632; Leiden, Lehrer der Mathem.)[594] und besonders — durch die Erfindung der analytischen Geometrie

586 Trattati d. Boncompagni, I, S. 2 (Anm. 130) und *The Algebra of Mohammed ben Musa*, ed. ROSEN, S. 5, Z. 7—8 (Anm. 119). — 587 CANTOR, I^b, S. 473. — 588 *Essenz der Rechenkunst*, ed. NESSELMANN, Berlin 1843, Einleitung; Übersetzung S. 4. — 589 STEVIN, I, S. 1—2 (Anm. 88). — 590 Extrait du Fakhrî, p. WOEPCKE, Paris 1853, S. 11, letzte Zeilen. — 591 Im *Triparty*, S. 750, Z. 20 (Anm. 11) giebt CHUQUET die Gleichung $9x^2 = 5x^2$ als unmöglich aus, vgl. CANTOR, II^b, S. 358. — 592 LUCA PACIUOLO, *Summa*, S. 145 (Anm. 10); vgl. CANTOR, II^b, S. 322. — 593 CANTOR, II^b, S. 809. — 594 GIRARD, *Invention*, 1629 (Anm. 13), Seite D (Signatur), Abschnitt: „*Des Equations ordonnés*“.

(1637 *Géométrie*) — DESCARTES veranlaßte hier eine Anschauungsänderung, die bekanntlich auch zur Anerkennung der negativen Zahlen von ausschlaggebender Bedeutung wurde.

Wozu das siebzehnte Jahrhundert nach vielen Irrungen gelangte, das hatten viel ältere Mathematiker, über 1000 Jahre früher, bereits errungen, indes ohne daß die allgemeine Entwicklung der Mathematik durch ihre Ergebnisse auf die Dauer beeinflußt wurde. Wir wissen, daß die *Inder* sogar ein Zeichen für Null erfanden (S. 10ff.); wir kennen ferner die selbständige Stellung, die sie den negativen Größen einräumten (S. 129, 165). Im engen Zusammenhange damit steht die Bedeutung, die sie der Null beim Rechnen beilegten. Schon BRAHMAGUPTA (geb. 598) beschäftigt sich mit dem Auftreten der Zahl Null beim Multiplizieren und Dividieren;[595] ganz modern aber klingen die Erörterungen BHASKARAS (geb. 1114) z. B. über Brüche, deren Nenner gleich Null ist.[596] „Solche Größe läßt keine Änderung zu, mag auch vieles hinzugesetzt oder weggenommen werden",[597] wozu sein Kommentator KRISHNA (siebzehntes Jahrhundert) bemerkt: „Je mehr der Divisor vermindert wird, um so mehr wird der Quotient vergrößert. Wird der Divisor auf das äußerste vermindert, so vergrößert sich der Quotient auf das äußerste. Aber solange er noch angegeben werden kann, er sei so oder so groß, ist er nicht auf das äußerste vergrößert; denn man kann alsdann eine noch größere Zahl angeben. Der Quotient ist also von unbestimmbarer Größe und wird mit Recht unendlich genannt."[598]

3. Das Unendliche.

Eine Ahnung des Unendlichkeitsbegriffes dürfte keinem Volke abzusprechen sein, nur fällt sein Maßstab je nach dem Bildungsstand verschieden aus (S. 5). Während das Unmeßbare bei geringster Kulturstufe bereits vor den Tausenden beginnt, schoben die Griechen diesen Begriff soweit hinaus, daß ARCHIMEDES (287—212 n. Chr., Syrakus) zu zeigen unternahm, die Zahlenreihe besitze keine obere Grenze und man könne selbst das, was den irdischen Menschen am größten erscheint, die Anzahl der Sandkörner, die das Weltall in Fixsternweite erfüllen würden, noch in Zahlen ausdrücken.[599] Bei keinem älteren Volke dürfte aber die Betrachtung großer Zahlen, ja des

595 BRAHMAGUPTA, Cuṭṭaca, ch. XVIII, sect. II, 31—36, ed. COLEBROOKE, Lond. 1817, S. 339—340 (Anm. 294). — 596 BHASKARA, Vīja gaṇita, ch. I, sect. III, ed. COLEBROOKE, S. 136—138 (Anm. 294). — 597 Daselbst S. 138. — 598 Daselbst S. 137, Anm. 2; vgl. CANTOR, I[b], S. 576. — 599 Vgl. Anm. 6.

Unendlichen, so gepflegt worden sein, wie bei den *Indern*. Bei ihnen war sie geradezu ein fester Bestandteil in ihren religiösen Anschauungen; in keiner erhabeneren Weise konnten sie sich von ihren Gottheiten eine Vorstellung machen, als wenn sie sich deren Anzahl, Macht und Mittel in übergroßen Zahlen versinnbildlichten. — Die Verwertung des Unendlichen in der indischen Mathematik haben wir im vorhergehenden Abschnitt kennen gelernt.

Wissenschaftliche Betrachtungen des Unendlichen, des Unendlichgroßen, wie des Unendlichkleinen, stellte man in der Akademie PLATON's an (viertes Jahrhundert v. Chr.). Ein Ausfluß derselben war die Exhaustionsmethode der Alten, die von EUDOXUS VON KNIDOS (um 408—355 v. Chr., Schüler des ARCHYTAS und PLATON) wiederholt benutzt und besonders von ARCHIMEDES mit größter Gewandtheit verwertet wurde. Es blieb nicht aus, daß die Sophistik sich gegen diesen Begriff des Unendlichen und den damit zusammenhängenden der Stetigkeit wandte und beide mit ihren bekannten Trugschlüssen abthun zu können meinte.

Ziemlich klare Ansichten entwickelte im vierzehnten Jahrhundert BRADWARDINUS (1290?—1349; Prof. an der Universität Oxford, dann Hofgeistlicher in London) in seinem *Tractatus de continuo*. Bei ihm findet sich zum erstenmal der moderne Unterschied zwischen *Transfinit* und *Infinit*.[600] Weniger philosophisch als geometrisch sind die Unendlichkeitsuntersuchungen DESARGUES' (1593—1662; Paris, Baumeister). Ihm verdankt man die Einführung des unendlichfernen Punktes einer Geraden, in dem sich Parallelen zu derselben schneiden.[601] Von größter Wichtigkeit aber sind die Arbeiten KEPLER's (1615, *Stereometria doliorum*) und CAVALIERI's (1655 *geometria*); diese bildeten die Einleitung zu der Infinitesimalrechnung, deren Fundament ein LEIBNIZ und ein NEWTON im letzten Viertel des siebzehnten Jahrhunderts legte.

4. Die gebrochenen Zahlen.

Bei Betrachtung der Zahlen Eins und Null (S. 153ff.) wurde behauptet, daß die Griechen nur die ganzen Zahlen als wirkliche Zahlen ansahen. Diese Behauptung bleibt bestehen, auch wenn wir bei ihnen Brüche antreffen. In Wirklichkeit werden diese Brüche nämlich nicht als abstrakte, reine Bruchzahlen aufgefaßt, sondern mehr

600 CANTOR, II^b, S. 119. — 601 DESARGUES 1639, *Brouillon project d'une atteinte aux événemens des rencontres d'un cone avec un plan*, ed. POUDRA, Paris 1864, Bd. I, S. 104.

als konkrete Untereinheiten, die in der Einzahl oder Mehrzahl auftreten, ähnlich wie Unterabteilungen von Münzen, Maßen und Gewichten, ohne daß dabei der Charakter ganzer Zahlen verloren geht. Abstrakte Brüche wurden durch Verhältnisse ganzer Zahlen ersetzt, deren Verwendung eine hochausgebildete Proportionslehre lehrte. Man pflegt allgemein die Lehre von den unbestimmten Gleichungen, die in ganzen Zahlen gelöst werden sollen, mit dem Namen DIOPHANT's (drittes bis viertes Jahrhundert n. Chr.) in Verbindung zu bringen und könnte die Forderung nach ganzzahligen Lösungen durch diese griechische Gewohnheit, nur ganze Zahlen anzuerkennen, erklären. Hier liegt aber ein grober geschichtlicher Irrtum vor, dessen Aufdeckung die Bezeichnung „diophantische Gleichung“ als ganz unstatthaft zeigt. Nicht DIOPHANT hat sich mit solchen Gleichungen abgegeben (siehe Teil II, F, 8), sondern die Inder. Die indischen Untersuchungen blieben indes dem Abendland unbekannt, und erst im siebzehnten Jahrhundert wird unabhängig von ihnen die Forderung nach ganzzahligen Lösungen von neuem aufgestellt. Im Gegenteil, DIOPHANT ist der erste Grieche, bei dem die Brüche selbständigen Zahlenwert erhalten; wenn er seine Aufgaben beginnt mit *εὑρεῖν ἀριθμόν* oder *εὑρεῖν ἀριθμούς* (Eine Zahl zu finden . . . .), so erkennen wir an verschiedenen Stellen aus den Lösungen, daß darunter Brüche mit einbegriffen sind, ihm also *ἀριθμοί* diejenigen Zahlen sind, die wir heute rationale nennen.[602]

5. Die irrationalen Zahlen.

Viel umfassender ist die Geschichte der Entwicklung des Irrationalen; bei ihr handelt es sich um eine Zeit, die mit dem ersten Auftreten wissenschaftlicher Mathematik bei griechischen Gelehrten beginnt und bis in die neueste Zeit hineinreicht.

Wie hoch auch die Lehre vom Irrationalen von den *Griechen* ausgebildet wurde, so gelangten sie doch nicht zur wirklichen Aufstellung des Begriffes der irrationalen Zahl. Rein geometrisch war der Weg, auf welchem PYTHAGORAS zur ersten Irrationalität, der Diagonale des Einheitsquadrates, gelangte, rein geometrisch die Durchführung, die uns im zehnten Buch der Elemente EUKLID's entgegentritt. Aus dem erregten Widerspruch der Sophisten (wie ZENON's) kann man schließen, welch tiefen Eindruck die neue, bald aus der Geheimlehre der pythagoreischen Schule in die Öffentlichkeit gelangte Wahrheit,

602 Vgl. NESSELMANN, S. 310 (Anm. 86).

daß wohl jeder Zahl eine Strecke, nicht aber jeder Strecke eine Zahl entspreche, auf die gelehrte Mitwelt machte.

Pythagoras (sechstes Jahrhundert n. Chr.) soll das Irrationale entdeckt und den entsprechenden Nachweis bei $\sqrt{2}$ geführt haben. Vielleicht ist der Beweis in Euklid's Elementen lib. X. 117 der pythagoreische, wie aus einer Bemerkung des Aristoteles vermutet werden könnte.[603] Euklid giebt diesen Beweis auch nur anhangsweise, wahrscheinlich eben gerade aus historischem Interesse; an sich wäre Satz X. 117 sogar entbehrlich, da seine Richtigkeit schon aus X. 9 ohne weiteres folgt.[604]

Nach Mitteilung Platon's[605] hat Theodorus von Kyrene (um 410 v. Chr.) das gleiche für $\sqrt{3}$, $\sqrt{5}$ bis $\sqrt{17}$ geleistet. Dieser Bemerkung kann einerseits die Bestätigung entnommen werden, daß der Beweis für $\sqrt{2}$ bereits vorher gefunden war; anderseits sind diese Einzelbeweise auch charakteristisch für den Entwicklungsgang der griechischen Mathematik überhaupt. Erst ganz allmählich schwingt sich die griechische Mathematik von den besonderen Ableitungen und Einzelresultaten zu dem allgemeinen Satz (Eukl. X, 9) auf, daß „zwei Größen, deren Quadrate sich wie zwei nichtquadratische Zahlen verhalten, inkommensurabel zu einander sind." Wieviel an der Weiterentwicklung Theätet von Heraklea (um 390 n. Chr.) zuzuschreiben ist, läßt sich nicht abschätzen. Im zehnten Buche Euklid's tritt uns schließlich die griechische Irrationalitätslehre in einer so großartigen, durch ihr geometrisches Gewand uns freilich äußerst befremdlichen Form entgegen, daß anderthalb Jahrtausende verstrichen, bevor auf diesem Fundament weitergearbeitet wurde.

Euklid behandelt, gemäß seiner geometrischen Auffassung, nur Irrationalitäten, die mit Zirkel und Lineal konstruierbar sind, die also — nach unserer algebraischen Ausdrucksweise — in Quadratwurzeln, mehrfachen Quadratwurzeln (wie vierten Wurzeln etc.) oder additiven und multiplikativen Aggregaten derselben bestehen. Ein Zahlbegriff ist nicht mit ihnen verbunden; es geht das aus Eukl. X, 7 auf das klarste hervor: „*Inkommensurable Größen verhalten sich nicht wie Zahlen zu einander.*" Auch Diophant (drittes bis viertes Jahrhundert n. Chr.) erkennt solche Größen nicht als Zahlen an und läßt sie nicht als Wurzeln seiner quadratischen Gleichungen gelten, sondern legt den auftretenden Konstanten solche Beschränkungen

603 Vgl. Cantor, I^b, S. 170. — 604 Hankel, S. 102 Anm. (Anm. 40). — 605 Plato, Theätet, 147, D., ed. Stallbaum, VIII, 1, Gotha 1869, S. 62—63.

auf, daß nur rationale Wurzeln möglich sind. Aufgabe 30 im ersten Buch seiner *Ἀριθμητικῶν βιβλία*[606] sucht zwei Zahlen zu bestimmen, deren Summe und Produkt gegebenen Größen gleich sei. Verwandeln wir seine Darstellung in die Form moderner Algebra, so löst er die Gleichungen

$$x + y = a \text{ und } x \cdot y = b$$

durch die Werte $x = \frac{1}{2}a + \sqrt{(\frac{1}{2}a)^2 - b}$ und $y = \frac{1}{2}a - \sqrt{(\frac{1}{2}a)^2 - b}$. Diese Ausdrücke werden nur rational, wenn $(\frac{1}{2}a)^2 - b$ eine Quadratzahl ist; demnach fügt DIOPHANT die notwendige Bedingung zu, daß „das Quadrat der halben Summe der Zahlen deren Produkt um ein Quadrat übertreffen muß.“[607] — Liegt die Notwendigkeit vor, mit Irrationalitäten zu rechnen, wie in der Kreisberechnung durch ARCHIMEDES, so treten als Ersatz Ungleichheiten ganzzahliger Verhältnisse ein, deren Grenzen immer enger zu ziehen die Kunst des Rechners ist.

Von einer Fortführung der euklidischen Theorie durch APOLLONIUS VON PERGAE (zwischen 250—200 in Alexandria, dann in Pergamum) weiß ein arabischer Gelehrter zu erzählen; es ist uns unbekannt, was für Leistungen das sind.[608]

Bis zum fünfzehnten Jahrhundert n. Chr. ruht die Lehre vom Irrationalen. Die geringe mathematische Durchbildung selbst der führenden Mathematiker ließ im Studium des zehnten euklidischen Buches dem Verständnis unüberwindbare Schwierigkeiten entstehen. Der erste, der EUKLID's Forschungen wieder Interesse zuwandte, war der Italiener LUCA PACIUOLO (um 1445 Borgo San Sepolcro — 1514 Florenz; Franziskaner, Lehrer der Math. an verschiedenen ital. Universitäten); ihnen widmete er die achte Distinktion im ersten Teil seiner *Summa* (1494),[609] ohne dabei jedoch über die euklidischen Resultate hinauszukommen. Auf viel höherem Standpunkt steht der Deutsche MICHAEL STIFEL (1486/87—1567 Jena; protest. Prediger an verschiedenen Orten).[610] Selbst nicht mächtig der griechischen Sprache, arbeitete er die Elemente EUKLID's im Originaltext mit Unterstützung gelehrter Freunde durch und machte besonders das

---

606 Ed. TANNERY, Leipzig 1893, S. 60—62; ed. WERTHEIM (deutsch), Leipz. 1890, S. 35.— 607 Ed. TANNERY, S. 60, Z. 25—S. 60, Z. 2: „*δεῖ δὴ τῶν εὑρισκομένων τὸν ἀπὸ τοῦ ἡμίσεος τοῦ συναμφοτέρου τετράγωνον τοῦ ὑπ' αὐτῶν ὑπερέχειν τετραγώνῳ*“ (ähnlich in I, 31, 33; IV, 38, 40). — 608 CANTOR, I^b, S. 332. — 609 *Summa*, Venedig 1494, Teil I, dist. 8, tract. 2—4, S. 115^b—144^a. — 610 *Arithmetica integra*, Nürnberg 1544, Buch II, S. 103^a—223^b; vgl. dazu CANTOR, II^b, S. 438; TREUTLEIN, Coß, S. 44 ff. (Anm. 564); Math. Encyklopädie, S. 49 ff.

zehnte Buch in so genialer Weise zu seinem geistigen Eigentum, daß sich ihm der wirkliche Zahlbegriff des Irrationalen erschloß. Gab PACIUOLO nur die Sätze EUKLID's in arithmetischer Form, so ging STIFEL über EUKLID's zweite Wurzeln hinaus, indem er Irrationalitäten beliebig hoher Stufen definiert und deren mögliche Zusammensetzungen bespricht. Er bezeichnet seine neuen Zahlen als *numeri irrationales*, und, wenn er auch sagt: *„irrationalis numerus non est numerus“*, so meint er doch damit, wie aus den sich anschließenden Sätzen ohne Zweifel hervorgeht, sie seien keine Rationalzahlen.[611] Ihre Eigenschaft als Zahl erkennt er im Gegenteil so klar, daß er ihnen gerade so, wie den Rationalzahlen, einen bestimmten Platz in der Zahlenreihe anweist.[612]

Noch immer aber hatte der Irrationalitätsbegriff seine größte Allgemeinheit nicht erreicht. STIFEL und seine Zeit kannten als einziges Irrationalitätsproblem das Ziehen beliebig hoher Wurzeln — von der fernliegenden Kreisquadratur abgesehen — und das Rechnen mit ihnen innerhalb der vier Spezies. Der neue Zahlbegriff wuchs in der Theorie der Gleichungen zur allgemeinen algebraischen, dann zur transcendenten Zahl aus. Dazu verhalf ihm die Eröffnung neuer Gebiete der Mathematik, der analytischen Geometrie DESCARTES' (1637) einerseits, der Infinitesimalrechnung LEIBNIZ' und NEWTON's anderseits. — NEWTON ging in seinen Vorlesungen (etwa 1685) von der Identität zwischen Strecke und Zahl, als der Definition der letzten, aus[613]; ihm schließen sich die Späteren ohne weiteres an, wie CHR. VON WOLFF in seinen, zwischen 1700 und 1750 weit verbreiteten „Elementa“:[614] *„Quidquid refertur ad unitatem ut linea recta ad aliam rectam, numerus dicitur“* (Was sich auf die Einheit bezieht, wie eine Strecke zu einer anderen, wird Zahl genannt). Man suchte durch eine unendliche Reihe von Rechenoperationen

611 *Ar. int.*, S. 103ª: *Sicut igitur infinitus numerus non est numerus, sic irrationalis numerus non est verus numerus, et latet sub quadam infinitatis nebula.... Deinde, si numeri irrationales essent numeri veri, tunc aut essent integri aut essent fracti.* ... Wie das Unendliche keine Zahl ist, so ist auch die Irrationalzahl keine wahre Zahl, sie verbirgt sich gleichsam hinter dem Nebel unendlicher Ferne. ... Wenn die Irrationalzahlen wirkliche Zahlen wären, dann müßten sie entweder ganze oder gebrochene sein. ... — 612 *Ar. integr.*, S. 103ᵇ und 104ª: *Item licet infiniti numeri fracti cadant inter quoslibet duos numeros immediatos, quemadmodum etiam infiniti numeri irrationales cadunt inter duos numeros integros immediatos.* Ebenso wie die unbestimmten Brüche zwischen zwei benachbarte ganze Zahlen fallen, so fallen auch die unbestimmten Irrationalzahlen zwischen zwei benachbarte ganze Zahlen. — 613 *Arithmetica universalis*, 1707, S. 3 (Anm. 676). — 614 *Elementa Mattheseos universae*, Halle 1717, Bd. I, Def. 8, S. 21.

(etwa durch Dezimalbrüche oder Kettenbrüche) mittels rationaler Zahlen sich der zu fixierenden Stelle auf der Zahlengeraden möglichst zu nähern, ja die irrationale Zahl durch den betreffenden Algorithmus geradezu zu definieren, unbekümmert um den unerläßlichen Nachweis, ob nun auch wirklich jedem solchen Algorithmus ein bestimmter Linienpunkt entspreche. G. CANTOR[615] hat 1872 zuerst gezeigt, daß ein derartiger Beweis überhaupt nicht möglich ist, daß diese Zuordnung der Punkte einer Geraden zu der Zahlenreihe vielmehr ein geometrisches Axiom ist. Daher sind in neuester Zeit rein arithmetische Definitionen des allgemeinen Zahlbegriffes gegeben worden, zuerst von WEIERSTRASS in seinen Vorlesungen über analytische Funktionen[616] auf Grund von Summenbildungen, dann von G. CANTOR 1872[617] mit Hilfe der sogenannten Fundamentalreihe und gleichzeitig von DEDEKIND[618] als Schnitt zwischen zwei einander ausschließenden rationalen Zahlen.[619]

Innerhalb der irrationalen Zahlen entsteht der Unterschied zwischen algebraischen und transcendenten Zahlen. In der analytischen Geometrie trennte DESCARTES (1637) bereits die mechanischen Kurven, wie er unsere transcendenten Kurven nennt, von den übrigen ab.[620] Definiert hat diesen Begriff aber erst LEIBNIZ (1686): „Transcendente sind solche Größen, die durch keinerlei Gleichungen bestimmten Grades erklärt werden, vielmehr über jede algebraische Gleichung hinausgehen.“[621] Die endgültige Aufstellung und Erledigung des Problems ist erst im neunzehnten Jahrhundert vollzogen worden. Eine algebraische Zahl x wird definiert als Wurzel einer Gleichung

$$\alpha_n x^n + \alpha_{n-1} x^{n-1} + \alpha_{n-2} x^{n-2} + \ldots\ldots + \alpha_1 x + \alpha_0 = 0 .$$

Es fragt sich nun, ob es noch andere irrationale Zahlen giebt, die nicht einer solchen Gleichung genügen. Die Existenz solcher Zahlen

615 Math. Annalen, Bd. 5, Leipzig 1872, S. 128, G. CANTOR: *Über die Ausdehnung eines Satzes aus der Theorie der trigonometrischen Reihen,* S. 123—132. — 616 Erst 1872 durch KOSSACK veröffentlicht, Programm, Berlin, Werdersches Gymnasium. — 617 Math. Annalen, Bd. 5, 1872, S. 123 ff. (Anm. 615). — 618 DEDEKIND, *Stetigkeit und irrationale Zahlen,* Braunschweig 1872. — 619 Vgl. STOLZ, *Vorlesungen über allgemeine Arithmetik,* 2 Teile, Leipz. 1885—86, Bd. I, Abschn. VII, S. 97 ff. — 620 Oeuvres de DESCARTES, ed. COUSIN, Bd. V, Paris 1824, *Géométrie* S. 333 ff. — 621 Acta Eruditorum, Lips. 1686, *De Geometria recondita et analysi indivisibilium atque infinitorum;* LEIBNIZ, Werke, ed. GERHARDT, 3. Folge, Bd. V, Halle 1858, S. 228, Z. 4 von unten: *„Caeterum placet hoc loco, ut magis profutura dicamus, fontem aperire Transcendentium quantitatum, cur nimirum quaedam problemata neque sint plana . . . aut ullius certi gradus omnem aequationem Algebraicam transcendant.“*

wies zum erstenmal LIOUVILLE (1844)[622] auf Grund schwieriger Kettenbruchverfahren, einfacher später G. CANTOR (1874) nach.[623] Damit war der Unterschied zwischen algebraischen und transcendenten Zahlen auf das schärfste festgelegt.

Wir haben noch über die auftretenden Kunstwörter zu sprechen.

Unser Begriff „Irrational" deckt sich mit dem euklidischen *ἀσύμμετρον*. *'Ρητὸν* (aussprechbar) nennt EUKLID nicht nur eine Strecke, die durch die Einheit genau meßbar ist, sondern auch eine solche, wie $\sqrt{a}$, deren Quadrat durch die Flächeneinheit meßbar wird. Der Gegensatz von *ῥητόν* ist *ἄλογον*.[624] DIOPHANT faßt diesen Gegensatz *ῥητόν-ἄλογον* bereits in dem Sinne des heutigen „rational-irrational" auf.[625] Für das euklidische *σύμμετρος* sagt BOËTHIUS (480 Rom — 524 Pavia) *commensurabilis*, LEONARDO VON PISA (1202) *communicans*. Das Wort *irrationalis* erscheint zum erstenmal in einer lateinischen Übersetzung eines arabischen Kommentars zu EUKLID, die von GERHARD VON CREMONA (1114—1187, Toledo) herrührt;[626] BRADWARDINUS (1290?—1349; Oxford, London) gebraucht abwechselnd *assimetrus* und *irrationalis* (*Geometria speculativa*).[626a] Daß das letzte Wort sich bald verbreitete, geht daraus hervor, daß es von ORESME (um 1323—1382, zuletzt Bischof in Lisieux) im *Algorismus proportionum*[627] bevorzugt und ebenso bei ALBERT VON SACHSEN (1365 erster Rektor der Wiener Universität, † 1390 als Bischof von Halberstadt) als ständiger terminus technicus erscheint.[628] LEONARDO VON PISA hatte statt irrationalis das Wort *surdus* gebraucht, das im fünfzehnten und sechzehnten Jahrhundert oft wiederkehrt; so in RUDOLFF's *Coß* von 1525. STIFEL verdeutscht es sogar und spricht von ſurdiſchen Zahlen. Bei beiden findet sich aber auch *rationalis* und *irrationalis*.[629]

Das Wort algebraisch in funktionentheoretischem Sinne stammt von LEIBNIZ. Die Kurven, die er in einer als Manuskript aufgefundenen Abhandlung *Compendium quadraturae arithmeticae* analytische

---

622 Comptes rendus, Bd. 18, Paris 1844, S. 883 ff; LIOUVILLE's Journal, Bd. XVI, Paris 1851, S. 133 ff. — 623 CRELLE's Journal, Bd. 77, 1874, S. 258 ff.: *Über eine Eigenschaft des Inbegriffes aller reellen algebraischen Zahlen.* — 624 EUKLID, lib. X, Erklärungen. — 625 vgl. NESSELMANN, S. 166 (Anm. 86). — 626 Anaritii comm., ed. CURTZE, Leipzig 1899, S. 214, Z. 6. — 626a CANTOR, II[b], S. 117. — 627 *Algorismus Proportionum magistri Nicolay Orem Parisii*, ed. M. CURTZE, Berlin 1868, S. 13. — 628 *De proportione dyametri ad costam ejusdem*, Ztschr. f. Math. u. Phys., Bd. 32, Leipzig 1887, Hist.-litt. Abteilung, z. B. S. 44, 6[a]. — 629 RUDOLFF's *Coß*, 1525, lib. I, cap. 7; STIFEL's Neubearbeitung, 1553, S. 8[a].

nennt,[630] bezeichnet er 1684 in einem Aufsatz *De Dimensionibus figurarum* als algebraische.[631] Auch das Wort transcendent ist sein Eigentum; es erscheint zuerst in dem oben angezogenen Citat aus der *Geometria recondita* von 1686.[621] In der Verbindung „transcendente und algebraische Funktionen“ lernen wir die beiden Wörter zuerst bei Johann Bernoulli 1730 kennen.[632]

6. Die negativen Zahlen.

Wenn auch im Lehrsystem der Arithmetik die negativen Zahlen den gebrochenen vorangehen, so ist doch der Gang der historischen Entwicklung ein umgekehrter.

Rein negative Größen haben die *Griechen* noch nicht gekannt. Der erste, bei dem wir sie vermuten könnten, wäre Diophant von Alexandria (drittes bis viertes Jahrhundert n. Chr.), derselbe, in dessen Werke wir zum erstenmal die Erweiterung des Zahlbegriffes von den ganzen zu den rationalen Zahlen fanden. Diophant unterscheidet zwar „hinzuzufügende“ (ὕπαρξις) und „abzügliche“ (λεῖψις) Zahlen; für die letzten besitzt er sogar ein eigenes Zeichen ⋔ (vgl. S. 125). Ja, er giebt die Multiplikationsregel positiver und negativer Größen miteinander. Nichtsdestoweniger ist der abstrakte Begriff wirklicher negativen Zahlen ihm fremd; er rechnet nur mit Differenzen, die einen positiven Wert haben, nie mit solchen, bei denen der Subtrahendus den Minuendus übersteigt. Noch klarer tritt dieser Mangel rein negativer Zahlen in der Behandlung der Gleichungen hervor. Diophant sieht negative Lösungen durchaus als unstatthaft (ἀδυνατός) an und trifft, wenn seine Gleichungen auf solche führen können, über die vorhandenen Koëffizienten derartige Bestimmungen (προςδιορισμός), daß sie vermieden werden.[633]

630 Leibniz, Werke, ed. Gerhardt, 3. Folge, Bd. V, Halle 1858, S. 108. — 631 Acta Eruditorum, Leipz. 1684, S. 233; Leibniz, Werke, 3. Folge, Bd. V, S. 123: „... *curvas ex illarum numero, quarum natura seu relatio inter ordinatam et abscissam per aequationem Algebraicam seu certi gradus exprimi potest, quas Cartesius appellat Geometricas, ego ob graves rationes Algebraicas appellare soleo.*“ ... Kurven aus der Zahl derjenigen, deren Natur oder Beziehung zwischen Ordinate und Abscisse durch eine algebraische Gleichung, d. h. durch eine Gleichung bestimmten Grades ausgedrückt werden kann, pflege ich aus gewichtigen Gründen algebraische zu nennen. — 632 Histoire de l'Acad. de Paris 1730, gedr. 1732, Mém. S. 79; Joh. Bernoulli, Opera, Bd. III, Lausannae et Genevae 1742, S. 174, Déf. III. — 633 Vgl. Diophant, I, 5, 6, 8, 9, 14, 16, 17, 20, 23, 24, II, 6; Nesselmann, S. 311—312 (Anm. 86).

Auf einer viel höheren Stufe befindet sich das *indische* Rechnen (vgl. S. 129). Ein Pünktchen, das über eine Zahl gesetzt wird, macht diese in ihren Rechnungen zu einer rein negativen. Die Inder besitzen für positive und negative Größen sogar Worte, die sich mit unserem „Vermögen" bezw. „Schulden" decken;[634] auch kennen sie die Erklärung durch den Gegensatz in der Richtung einer Strecke.[635] Ihnen ist selbst die Doppeldeutigkeit einer Quadratwurzel nicht unbekannt. Bei Gleichungen lassen sie negative Lösungen zu, vernachlässigen sie freilich zuweilen mit der Begründung: „Absolute negative Zahlen werden von den Leuten nicht gebilligt."[636]

Auf diesen Höhepunkt erhob sich die abendländische Mathematik erst im sechzehnten und siebzehnten Jahrhundert. Bei den *Arabern* galten negative Lösungen für unzulässig, wie u. a. das Lehrbuch der Algebra von ALKARCHI (um 1010 n. Chr., arab. Mathem. in Bagdad) zeigt.[637] — Innerhalb gewisser Grenzen läßt LEONARDO VON PISA, als erster, negative Gleichungswurzeln wieder zu; bei einer speziellen Aufgabe aus der Gesellschaftsrechnung (in einer „Flos" betitelten Abhandlung etwa aus der Zeit um 1225) kommt LEONARDO zu einer negativen Lösung und bemerkt dabei, daß die Aufgabe nur dann einen Sinn habe, wenn der in Rede stehende Anteil eines Gesellschafters eine Schuld sei.[638] Noch weiter geht der Franzose CHUQUET († 1500; Lyon, Paris) in Aufgaben, die sich in einem Anhange zu seinem *Triparty en la Science des Nombres* (1484) vorfinden.[639] Bei einer von diesen handelt es sich um die Zerlegung der Zahl 20 nach gewissen Vorschriften; CHUQUET erhält als Lösung $-7\frac{3}{11}$ und $+27\frac{3}{11}$ und setzt nun die Richtigkeit seiner Auffassung über die Gültigkeit dieser Werte auseinander, *„mögen auch andere Autoren solche Zahlen für unmöglich halten."* — Zu besserer Klarheit ringt sich MICHAEL STIFEL (1486/87 — Jena 1567) durch, wenn er auch, wie alle seine Landsleute, bei Gleichungen nur positive Wurzelwerte benutzt. STIFEL erklärt die negativen Zahlen oder, wie er sagt, die *absurden* Zahlen für kleiner als

634 BHASKARA (geb. 1114), Vîjagaṇita, ch. I, sect. II, 3, ed. COLEBROOKE, S. 131, Anm. 1 (Anm. 294). — 635 BHASKARA, Lîlâvatî, ch. VI, 166, ed. COLEBROOKE, S. 71. — 636 BHASKARA, Vîjagaṇita, ch. V, 140, ed. COLEBROOKE S. 217: *„People do not approve a negative absolute number"*; vgl. CANTOR, I[b], S. 582. — 637 Extrait du Fakhrî, ed. WOEPCKE, Paris 1853, S. 11, letzter Abschnitt. — 638 LEONARDO PISANO, II, S. 238, Z. 23 (Anm. 17): *„Hanc quidem quaestionem insolubilem esse monstrabo, nisi concedatur primum hominem habere debitum."* — 639 CHUQUET, *Triparty*, Anhang; Bulletino Boncompagni XIV, Rom 1881, S. 419, Aufg. 14: *Ainsi ce calcule et vray, que aulcuns tiennent Impoble.*

Null[640] und lehrt, daß die Zahl 0 sich in der Zahlenreihe mitten zwischen beiden Zahlenarten befinde.[641] Sein großer Zeitgenosse, der Italiener CARDANO (1539), läßt selbst negative Gleichungslösungen unter dem Namen *numeri ficti* (im Gegensatz zu *numeri veri*) zu; in ihrer Erklärung verhält er sich wie LEONARDO VON PISA.[642] Der Holländer STEVIN (1585 *L'arithmétique*) weiß, daß es Gleichungen mit „Auflösungen durch Minus" gäbe.[643] Wie weit indes die Mathematiker selbst am Schluß des sechzehnten Jahrhunderts noch von der Erkenntnis der Gleichwertigkeit der positiven und negativen Zahlen waren, dafür ist uns der große Algebraiker VIETA (1540—1603; Paris, franz. Staatsbeamter) ein Beispiel, der negative Gleichungslösungen noch grundsätzlich ausschließt,[644] und weiter der Engländer HARRIOT (1560—1621, Oxford), der beweisen zu können glaubte, daß Gleichungen nur positive Wurzeln besitzen dürfen![645] Ein Umschwung trat im siebzehnten Jahrhundert ein, einmal durch ALBERT GIRARD (1590?—1632; Leiden, Lehrer der Math.), der besonders durch die Aufstellung der Sätze, daß jede Gleichung soviel Wurzeln besitze, wie ihr Grad anzeige, und daß die Gleichungskoëffizienten sich als symmetrische Funktionen verschieden hohen Grades aus den Wurzeln herstellen lassen, negative Lösungen als vollwertig annehmen mußte, — dann vor allem durch DESCARTES (*Géométrie* 1637).[646] Dieser vervollkommnete das Rechnen mit negativen Zahlen, indem er ein und demselben Buchstaben bald einen positiven, bald einen negativen Wert verlieh und den negativen Größen in seiner analytischen Geometrie eine ebenso gute geometrische Darstellbarkeit wie den positiven gab. Einen Rückschlag schien die Lehre der negativen Größen durch den Engländer WALLIS (1616 — 1703, Prof. der Geom. in Oxford), der dieselben auf Grund der Ungleichungen

$$\frac{1}{4} < \frac{1}{3} < \frac{1}{2} < \frac{1}{1} < \frac{1}{0} < \frac{1}{-1} \cdots$$

640 *Arithmetica integra*, 1544, S. 48a: „*Finguntur numeri minores nihilo ut sunt 0—3*" und S. 249a unten: „*Finguntur numeri infra 0, id est, infra nihil*". — 641 Daselbst S. 249b, Z. 6 ff.: „*Si ille numerus, a quo fieri debet subtractio, esset aequalis ei, qui subtrahitur, tunc relinqueretur 0 i. e. nihil (quod mediat inter numeros veros et numeros absurdos).*" — 642 1539, *Practicae arithmeticae generalis*, vgl. CANTOR, IIb, S. 502; *Ars magna*, 1545, cap. I, § 5—6; CARDANO's Werke, Lugd. 1663, IV, S. 223, wo für die Gleichung $x^3 = 12x + 16$ sowohl $x = 4$, als $x = -2$ zugelassen wird. — 643 STEVIN, I, S. 77, Abschnitt: *Des Solutions, que l'on peut faire par* — (Anm. 88). — 644 Vgl. CANTOR, IIb, S. 636. — 645 HARRIOT (Anm. 500), sect. VI, probl. I, Lemma, S. 89—90; vgl. CANTOR, IIb, S. 792. — 646 Oeuvres de DESCARTES, ed. COUSIN, Bd. V, Paris 1824, *Géométrie*, z. B. S. 344—345.

für größer als unendlich hielt, zu erfahren.[647] Zu Zweifeln, ob wirklich die negativen Zahlen kleiner als Null sind, führt auch die oberflächliche Betrachtung einer Proportion, wie

$$1 : -1 = -1 : 1,$$

gemäß der ein fallendes Verhältnis gleich einem steigenden sein müßte. Hier gaben erst Männer, wie LEIBNIZ (1712),[648] wie NEWTON (1707),[649] D'ALEMBERT (1751—80),[650] MACLAURIN (1748),[651] ROLLE (1690),[652] die nötige Aufklärung. Noch CHRISTIAN VON WOLFF (1717)[653] kann sich von der Alleinherrschaft der positiven Größen nicht befreien und stellt die negativen Größen als *„das Nichtvorhandensein der wahren Größen"*, als selbst nicht wahre Größen hin. EULER (1755)[654] machte zuerst darauf aufmerksam, daß zwischen den positiven und negativen Größen ein zweifacher Zusammenhang, sowohl durch 0 als durch ∞ hindurch besteht, so daß er die Ansicht STIFEL's mit der von WALLIS zur Übereinstimmung brachte.

Die Fachwörter positiv und negativ sind ziemlich willkürlich einander gegenübergestellt. Ursprünglich waren es zwei gleichwertige Gegensätze *positiv* und *privativ* bezw. *affirmativ* und *negativ*, die dem „Hinlegen und Wegnehmen" bezw. „Bejahen und Verneinen" entsprechen. Beide Paare, streng auseinandergehalten, finden sich schon in rein mathematischer Bedeutung in einem Sammelband von Manuskripten *(dresdener Codex C. 80)*, der, wie man nachgewiesen hat, in dem Besitze WIDMANN's VON EGER, dem Verfasser des ersten umfangreichen gedruckten Rechenbuches (1489 Leipzig), gewesen und vielleicht von diesem oder auf seine Anregung hin zusammengestellt worden ist.[655] Bei späteren Mathematikern fängt bald eine Vermischung der beiden Gegensatzpaare an. So spricht der Tübinger Professor SCHEYBEL (1494—1570) in der

---

647 WALLIS, Opera I, Oxoniae 1695, S. 409, Prop. 104. — 648 Acta Eruditorum, 1712, S. 167—169: *Observatio, quod rationes sive proportiones non habeant locum circa quantitates nihilo minores; et de vero sensu methodi infinitesimalis;* LEIBNIZ, Werke, ed. GERHARDT, 3. Folge, Bd. V, Halle 1858, S. 387—389. — 649 *Arithmetica universalis*, 1707, S. 3 (Anm. 676). — 650 Vgl. das Wort *négatif* i. d. Encyclopédie v. 1751—1780, begründet von DE GUA, fortgesetzt durch D'ALEMBERT und DIDEROT; CANTOR, III², S. 503. — 651 MACLAURIN, *A treatise of algebra,* London 1748, P. I, chap. 2, § 7, S. 6/7. — 652 ROLLE, *Traité d'algèbre,* Paris 1690, Livre I, Observat., S. 14—22. — 653 CHR. v. WOLFF, *Elementa analyseos math.,* Halle 1717, § 18: *„Sunt ideo quantitates privativae verarum, per quas intelliguntur, defectus; consequenter non quantitates verae."* — 654 EULER, *Institutiones calculi differentialis,* Petrop. 1755, artic. 98—101, S. 87—90. — 655 Vgl. WAPPLER, *Zur Geschichte der deutschen Algebra im XV. Jahrhundert,* Programm, Zwickau 1887, S. 31, Nr. 2.

algebraischen Einleitung seiner Ausgabe der ersten sechs Bücher EUKLID's (1550) von dem *signum affirmativum* und *privativum vel negativum.*[656] PETRUS RAMUS (1515—1572, Paris) sagt wieder folgerichtiger: „*E duabus negatis fit affirmativus*" (1569).[657] Denselben Gegensatz *affirmativus-negatus* benutzt VIETA 1591 in seiner Isagoge, während bei HARRIOT (1632) *positivus* bevorzugt wird.[658] Oft treten als Ersatz auch ganz andere Wörter ein, wie bei NEPER (1550—1617, schott. Baron)[659] *abundantes* und *defectivi n.* Ebenso verschiedenartig sind die Verdeutschungsversuche. STIFEL (*Deutsche Arithmetik* 1545) gebraucht *zugesetzte* und *abgezogene* Zahlen. In STURM's *Matthesis* von 1707 wird $+a$ mit *Sache*, $-a$ mit *Mangel* wiedergegeben. Besser sind KÄSTNER's Vorschläge (*Anfangsgründe*, 2. Aufl. 1764) *bejahend* und *verneinend*, die KLÜGEL (*Trigonometrie* 1770) in *bejaht* und *verneint* umänderte. Das neunzehnte Jahrhundert nahm keinen dieser Verdeutschungsversuche an, ließ vielmehr den nicht folgerichtigen Gegensatz „positiv-negativ" zum allgemein angenommenen terminus technicus erstarren.

7. Die komplexen Zahlen.

Die imaginären Zahlen bilden in der Geschichte der Mathematik das Gegenstück zu den negativen Zahlen. Beide wurden bei ihrem ersten Auftreten als *unmögliche* Zahlen bezeichnet, mit beiden begann man, ohne sie anzuerkennen, mehr oder minder vorsichtig zu rechnen, wie uns DIOPHANT einerseits, CARDANO, BOMBELLI u. a. anderseits lehren, beiden verhalf die alle Erwartungen übertreffende Verwendbarkeit mit ihren unanfechtbaren Resultaten endlich zur völligen Anerkennung und geometrischen Deutung.

Das älteste Auftreten einer imaginären Wurzel ist dem *griechischen Altertum* zu entnehmen. HERON (erstes Jahrhundert v. Chr.), der einzige uns in seinen Schriften bekannte Vertreter der griechischen Geodäsie, d. i. der rechnenden Geometrie, giebt[660] bei Berechnung eines Pyramidenstumpfes mit quadratischem Querschnitt in einem Beispiel für die Seiten des Grund- und Deckquadrates und für die schräge Kante falsch gewählte Zahlenwerte, die im

---

656 TREUTLEIN, *Coß*, S. 39 (Anm. 564). — 657 PETRUS RAMUS, *Scholae mathematicae*, Frankfurt a./M. 1569, S. 269. — 658 Vgl. WALLIS, *Algebra*, Opera II, 1693, S. 72. — 659 In NEPER's *Descriptio mirifici logarithmorum canonis* von 1614. — 660 HERON, Stereometr. I, 33 und 34, ed. HULTSCH, Berlin 1864, Z. 8—9: vgl. CANTOR, I^b, S. 374—375.

Laufe der Rechnung zu einer Wurzel $\sqrt{81-144}$ führen. Unter Vernachlässigung des Vorzeichens rechnet er von hier ab mit $\sqrt{63}$ weiter; ob aus Versehen, ob in Nichterkenntnis der Unmöglichkeit, ist nicht klar. Aus DIOPHANT's Werken (drittes bis viertes Jahrhundert n. Chr., Alexandria — *ἀριθμητικῶν βιβλία* VI) wissen wir, daß die griechischen Arithmetiker ihren Gleichungen einen *προςδιορισμός*, eine Koëffizientenbeschränkung, auferlegten, um die für sie nicht geltenden Wurzelwerte zu vermeiden. Die bei quadratischen Gleichungen aufgestellte Bedingung, daß, etwa bei $\sqrt{\left(\frac{a}{2}\right)^2 - b}$, $\left(\frac{a}{2}\right)^2$ die Größe b um eine Quadratzahl übertreffen muß (vgl. S. 160), ist so beschaffen, daß sie nicht nur Irrationalitäten, sondern zugleich auch imaginäre Lösungen ausschließt. Ob das letzte mit beabsichtigt war, geht nicht deutlich hervor; man ist daher seiner Sache nicht sicher, ob die Griechen die Unmöglichkeit einer Quadratwurzel aus negativen Zahlen erkannt haben.

Sicher steht dies aber für die *Inder* fest. BHASKARA (geb. 1114) sagt ausdrücklich: „Das Quadrat einer positiven und einer negativen Größe ist positiv und die Wurzel einer positiven Größe doppeldeutig, positiv und negativ. Es giebt aber keine Quadratwurzel aus einer negativen Größe; denn diese ist kein Quadrat.“[661]

Die *Araber* hatten keine Veranlassung, solchen Fragen näher zu treten, da sie die Algebra mit einer hochausgebildeten geometrischen Methode verbanden, bei der naturgemäß imaginäre Größen nicht auftreten können.

Die wirkliche Geschichte dieser neuen Zahlen beginnt erst mit dem sechzehnten Jahrhundert. Bereits der Italiener LUCA PACIUOLO setzte in der *Summa* 1494 bei der quadratischen Gleichung $x^2 + c = bx$ ausdrücklich voraus, daß $\frac{b^2}{4} \geqq c$ sein müsse.[662] Auch von dem Franzosen CHUQUET (*Triparty* 1484) ist wahrscheinlich gemacht worden, daß er die Kenntnis der Unmöglichkeit von $\sqrt{-a}$ besaß.[663] CARDANO (1501—1576; Mailand, Bologna), der noch in der *Practica arithmetica* von 1539 imaginäre Lösungen ein-

661 BHASKARA, Vîjagaṇita, ch. I, sect. II, 10; ed. COLEBROOKE, S. 135 (Anm. 294): *„The square of an affirmative or of a negative quantity is affirmative; and the root of an affirmative quantity is two-fold, positive and negative. There is no square-root of a negative quantity: for it is not a square.“* — 662 *Summa*, Venedig 1494, Teil I, Dist. 8, tract. 5, S. 147ᵃ; vgl. CANTOR, IIᵇ, S. 322. — 663 Anhang zum *Triparty*, Bulletino Boncompagni, XIV, S. 444—445, Aufg. 114; vgl. CANTOR, IIᵇ, S. 360.

fach für unmöglich hielt — so sagt er für dem Fall $x = \frac{b}{2} \pm \sqrt{\left(\frac{b}{2}\right)^2 - c}$: „*cum numerus non possit detrahi a quadrato dimidii radicum, tunc casus est impossibilis*“[664] (wenn c vom Quadrat der halben Größe b nicht abgezogen werden kann, dann ist der Fall unmöglich) —, macht im 37. Kapitel seiner *Ars magna* von 1545 den ersten Versuch, mit imaginären Wurzeln zu rechnen. Er will in einer Aufgabe die Zahl 40 so in zwei Faktoren spalten, daß die Summe derselben 10 beträgt, also in moderner Form die Gleichung lösen

$$x \cdot (10 - x) = 40\,.$$

Dabei ergeben sich die beiden Werte $5 + \sqrt{-15}$ und $5 - \sqrt{-15}$; CARDANO nennt diese Lösung „*per radicem m̃*“. Zur Probe multipliziert er sie nach den üblichen Regeln miteinander und erhält thatsächlich 40, wie verlangt. Dieses gewagten Schrittes anscheinend voll bewußt, fügt er hinzu, daß diese „*radices minus* nur rein formale (*vere sophistica*) Größen seien, die nicht unter den Gesetzen der Rechenoperationen stehen, auch keine Deutung zuließen“.[665]

Nicht wirkungslos blieb diese in dem viel gelesenen Werke CARDANO's gegebene Anregung. Ein anderer Italiener, RAFAEL BOMBELLI, verfaßte 1572 (Venedig) eine *Algebra* und machte in derselben bereits einen umfassenden Gebrauch vom Rechnen mit den imaginären Größen $+\sqrt{-a}$ und $-\sqrt{-a}$, die er *piu di meno* und *meno di meno* nannte. Er kam dazu hauptsächlich in der Absicht, die verwickelte Formel für die kubische Gleichung, die in dem sogenannten irreduciblen Fall nur scheinbar imaginäre Werte enthält, zu vereinfachen und die wahren Wurzeln herauszuschälen. Zu dem Zweck stellt er Regeln auf, nach denen man mit Größen wie $\sqrt{-a}$ und mit Aggregaten aus ihnen zu rechnen habe.[666]

Über diese Versuchsperiode der imaginären Größen gelangte man bis zum Ende des achtzehnten Jahrhunderts nicht hinaus. Manche Algebraiker wie VIETA (1540—1603 Paris) sprechen auch nicht einmal gelegentlich von imaginären Lösungen. Andere wie

---

664 *Pract. Ar.*, cap. 49, § 4; Cardan. opera, Leyden 1663, IV, S. 72. — 665 Cardan. opera, IV, S. 287, Z. 4 v. u.: „*erunt igitur hae* 5. p̃. ℞ m̃. 15. et 5. p̃. ℞ m̃. 15.“, S. 287, Spalte 2, Z. 31—27 v. u.: „*quantitas, quae vere est sophistica, quoniam per eam, non ut in puro m̃ nec in aliis operationes exercere licet nec venari quid sit*“; vgl. CANTOR, II^b, S. 508; HANKEL, S. 372. — 666 BOMBELLI, *Algebra*, S. 294—295 u. a. a. O.; vgl. CANTOR, II^b, S. 623—625; HANKEL, S. 372—374 (Anm. 40).

Stevin (1548—1620, Leiden) geben offen zu, daß man dieser Schwierigkeiten noch nicht Herr sei (1585).[667] Girard (1590?—1632, Leiden) kann nur mit ihrer Heranziehung seinen allgemeinen Satz aussprechen, daß eine Gleichung n^{ten} Grades n Wurzeln habe; er sieht aber ihre Berechtigung nur eben darin, solche Sätze in ihrer vollen Allgemeinheit aufrecht zu erhalten.[668] Descartes (1637 *Géométrie*) gesteht unumwunden ein, daß man sich von solchen Größen noch keine Vorstellung machen könne.[669] Newton (1643—1727) erkennt wohl negative, aber noch keine imaginären Gleichungswurzeln an.[670] Sein Zeitgenosse Leibniz (1646—1716) bereichert die Lehre vom Imaginären durch die Formel

$$\sqrt{1+\sqrt{-3}}+\sqrt{1-\sqrt{-3}}=\sqrt{6},$$

auf die er bei der Lösung kubischer Gleichungen im Anschluß an das Studium Bombelli's gekommen war,[671] und durch die Zerlegung

$$x^4+a^4=\left(x+a\sqrt{-\sqrt{-1}}\right)\cdot\left(x-a\sqrt{-\sqrt{-1}}\right)\cdot\left(x+a\sqrt{\sqrt{-1}}\right)\cdot\left(x-a\sqrt{\sqrt{-1}}\right),$$

die er bei der Zerlegung eines Bruches in Partialbrüche erhält.[672] Sonderbar mutet uns die mystische Schilderung der imaginären Wurzeln an, die Leibniz eine „feine und wunderbare Zuflucht des göttlichen Geistes, beinahe ein Zwitterwesen zwischen Sein und Nichtsein“ nennt.[673] Sehr wichtig ist eine in demselben Jahre (1702) erschienene Abhandlung Johann Bernoulli's (1667—1748 Basel),

667 Stevin, I, S. 71, Z. 3 v. u. ff. bis S. 72, Z. 11, (Anm. 88). — 668 *Invention* 1629 (Anm. 18), Seite mit der Signatur F: „*On pourroit dire à quoy sert ces solutions qui sont impossibles, je respond pour trois choises, pour la certitude de la reigle generale, et qu'il ny a point d'autre solutions, et pour son utilité*“ u. s. w. — 669 Oeuvres de Descartes, ed. Cousin, Bd. V, Paris 1824, S. 398 „. . . *mais qu'il n'y a quelquefois aucune quantité, qui corresponde à celles qu'on imagine*“ . . . aber zunächst giebt es noch keine Größe, die unserer Vorstellung entspräche. . . . — 670 Cantor, III², S. 103. — 671 Brief an Huyghens (1676); Leibniz, Werke, ed. Gerhardt, 3. Folge, Bd. II, Berl. 1850, S. 12. — 672 Acta Eruditorum, Leipz. 1702 *Specimen novum analyseos pro scientia infiniti circa summas et quadraturas*, S. 218 unten; Werke, ed. Gerhardt, 3. Folge, Bd. V, Halle 1858, S. 360, Z. 1—2. — 673 Leibniz, Werke, ed. Gerhardt, Bd. V, S. 357: „*Itaque elegans et mirabile effugium reperit in illo Analyseos miraculo, idealis mundi monstro, pene inter Ens et non-Ens Amphibio, quod radicem imaginariam appellamus*“ (Cantor, III², S. 262); vgl. auch *Mattheseos universalis* pars superior; Leibn., Opera, Bd. 7, Halle 1863, S. 69: „*Ex irrationalibus oriuntur quantitates impossibiles seu imaginariae, quarum mira est natura, et tamen non contemnenda utilitas; etsi enim ipsae per se aliquid impossibile significent, tamen non tantum ostendunt fontem impossibilitatis, et quomodo quaestio corrigi potuerit, ne esset impossibilis, sed etiam interventu ipsarum exprimi possunt quantitates reales.*“ . . . Den Wurzelgrößen entspringen die unmöglichen oder imaginären Größen, deren Eigenschaft wunderbar, deren Nutzen nicht zu verachten ist. Wenngleich sie an sich

die zum erstenmal das Imaginäre auch in höhere Gebiete der Mathematik einführt, indem sie einen Zusammenhang zwischen dem Arcustangens und dem Logarithmus eines imaginären Numerus herstellt.[674] Von solchen Logarithmen setzt 1712 LEIBNIZ auseinander, daß sie weder positiv noch negativ, daher allein imaginär sein könnten.[675] In der Theorie der Gleichungen hatte inzwischen NEWTON das Auftreten imaginärer Größen verfolgt und den Versuch gemacht, die Anzahl solcher Wurzeln für eine vorliegende Gleichung festzustellen,[676] Untersuchungen, die dann von anderen englischen Mathematikern, wie MACLAURIN (1727, 1729)[677] und CAMPBELL (1728),[678] weitergeführt wurden. Nach anderer Richtung machte sich DE MOIVRE (1667—1754, Privatgelehrter in London) verdient; er übertrug die Lehre vom Imaginären auf die trigonometrischen Funktionen und begründete (1730) durch Ableitung der (modern geschriebenen) Formel

$$\cos \alpha = \tfrac{1}{2}(\cos n\alpha + i \sin n\alpha)^{\frac{1}{n}} + \tfrac{1}{2}(\cos n\alpha + i \sin n\alpha)^{-\frac{1}{n}}$$ [679]

die nach ihm benannte MOIVRE'sche Formel

$$(\cos \alpha + i \sin \alpha)^n = \cos n\alpha + i \sin n\alpha.$$

Ihre heutige Fassung bringt erst EULER (1707—1783; Petersburg, Berlin, Petersburg) in seiner *Introductio in analysin infinitorum* von 1748 (cap. VIII); ebenso verdankt man EULER auch ihren ersten endgültigen Beweis für positive und negative, rationale und irrationale n, den er 1749 mit Hilfe der Differentialrechnung liefert.[680] Schon 1740 war EULER auf einen Zusammenhang der trigonometrischen Funktionen mit der Funktion e^x gestoßen, indem er Formeln wie

etwas Unmögliches bedeuten, zeigen sie nicht nur den Grund der Unmöglichkeit, sondern auch wie die Aufgabe geändert werden kann, um nicht unmöglich zu sein; ja mit ihrer Hilfe können auch reale Größen ausgedrückt werden. — [674] Hist. de l'Acad. d. Sciences d. Paris 1702 (gedr. 1704), S. 289—297; JOH. BERNOULLI, Opera I, Lausanne 1742, S. 393—400; vgl. CANTOR, III², S. 348. — [675] vgl. Anm. 648. — [676] NEWTON, *Arithmetica universalis* (NEWTON's Vorlesungen etwa aus dem Jahre 1685, von einem Zuhörer, WHISTON, 1707 herausgegeben) S. 242 ff. — [677] Philosoph. Transactions, 1726, Vol. 34, Nr. 394, S. 104—112 und Phil. Tr. 36, S. 59—96 (letztes nach CANTOR, III² S. 548). — [678] Phil. Tr., 1728, Vol. 35, Nr. 404, S. 515—531. — [679] *Miscellanea analytica*, London 1730, S. 1; nach WOLF, Handbuch der Astron., I, S. 104 (Anm. 63) soll MOIVRE schon 1707 den Satz gekannt haben (Bibl. math. 1901, S. 97—102); vgl. Phil. tr., 1707, Nr. 309, S. 2368—2371 und 1722, Nr. 374 S. 228—230. — [680] Hist. de l'Acad. d. Berlin 1749, Bd. V (gedr. 1751): *Recherches sur les racines imaginaires des équations.* S. 267—268.

$$\frac{\pi\sqrt{-q}}{\sin(\pi\cdot\sqrt{-q})} = \frac{2e^{\pi\sqrt{q}}\cdot\pi\sqrt{q}}{e^{2\pi\sqrt{q}}-1}$$

$$\frac{\pi\cdot\sqrt{-q}}{\operatorname{tang}(\pi\sqrt{-q})} = \frac{(e^{2\pi\sqrt{q}}+1)\cdot\pi\sqrt{q}}{e^{2\pi\sqrt{q}}-1}$$

ableitete.[681] Weitere Entdeckungen, die die Funktionen $\sin x$ und $\cos x$ schon klarer mit e^x verbinden, veröffentlichte er 1743.[682] Ihre definitive Form

$$\cos\alpha + i\sin\alpha = e^{i\alpha}$$

$$\sin\alpha = \frac{e^{i\alpha} - e^{-i\alpha}}{2i}$$

$$\cos\alpha = \frac{e^{i\alpha} + e^{-i\alpha}}{2}$$

erhielten diese Beziehungen wieder erst in der *Introductio* von 1748 (cap. VIII). 1746 hatte D'ALEMBERT (1717—1783; Paris, Akad.) den allgemeinen Satz ausgesprochen, daß jede Funktion von beliebig vielen Veränderlichen $x_n + y_n i$ stets auf die Form $p + qi$ gebracht werden könne.[683] Bündiger ist die Herleitung, die EULER 1749 für diesen Satz gab, indem er die Reihe der algebraischen Operationen, dann alle damals bekannten transcendenten Funktionen daraufhin einzeln behandelte.[684] Besonderes Interesse widmete EULER den Logarithmen imaginären Argumentes, einem Thema, das seit LEIBNIZ (vgl. S. 172) nicht in Ruhe gekommen war; er wies nach, daß $\log a$ immer unendlich viele Werte besitzt, von denen nur dann einer reell sei, wenn a reell und größer oder gleich 0 ist.[685]

Wir sehen aus dieser kurzen, natürlich nur die Hauptpunkte berührenden Übersicht, welchen großen Aufschwung das formale Rechnen mit imaginären Größen genommen hatte. Man muß die Wichtigkeit der erhaltenen Resultate, aber auch die Größe der Unbefangenheit bewundern, mit der man ohne eigentliche Grundlage die imaginären Größen zu verwenden sich gestattete. Erst die Wende des achtzehnten Jahrhunderts brachte einen Umschwung zum Besseren. Ein schwacher Versuch, den imaginären Größen geometrische Inter-

[681] Comm. Ac. Petropol. ad annum 1740 (gedr. 1750), Bd. XII, S. 66. — [682] *Miscellanea Berol.*, Bd. VII, 1743, S. 172 ff. — [683] Hist. de l'Acad. d. Berlin 1746, Bd. II (gedr. 1748), S. 195, Nr. 5: „*Une fonction quelconque de tant et de telles grandeurs imaginaires, qu'on voudra, peut toujours être supposée égale à* $p + q\sqrt{-1}$, *p et q étant des quantités réelles*". — [684] Hist. de l'Acad. d. Berlin 1749, Bd. V (gedr. 1751), S. 265—288. — [685] Ebendaselbst S. 137—179.

pretation zu geben, den ein Danziger Gelehrter, H. KÜHN (1690—1769), unternommen hatte,[686] war nicht gelungen. Mehr als eines Ansatzes bedurfte es, um unsere heutige Anschauung von der komplexen Zahlenebene zur allgemeinen Geltung zu bringen. Zum erstenmal ist die unter dem Namen GAUSS' bekannte Darstellung komplexer Größen, wie man neuerdings gefunden hat, von dem Dänen CASPAR WESSEL (1745—1818, dän. Feldmesser) vorgeschlagen worden; eine von ihm vollständig ausgearbeitete Theorie findet sich unter den Abhandlungen der dänischen Akademie von 1798 (verfaßt 1797, gedruckt 1799).[687] Spuren derselben geometrischen Deutung sind in der GAUSS'schen Dissertation von 1799 enthalten. Ausführlich — und zum drittenmal unabhängig — hat 1806 der Franzose ARGAND (geb. 1768 Genf) das gleiche Thema behandelt, aber in einem Werke,[688] das selbst in Frankreich wenig verbreitet war und erst 1874 durch einen Neudruck der Vergessenheit entrissen wurde. Die ARGAND'sche Theorie tauchte noch einige Male auf; so, nicht unabhängig von ARGAND, durch FRANÇAIS (Lehrer an der Kriegsschule zu Metz),[689] dem gegenüber ARGAND sofort sein Vorrecht wahrte,[690] ferner in England durch WARREN, dann wieder in Frankreich durch MOUREY.[691] Bei den letzten Autoren läßt sich zunächst kein Zusammenhang mit ARGAND nachweisen. Aber zu weiterer Verbreitung gelangte die komplexe Zahlenebene erst durch GAUSS' Fundamentalwerk *Theoria residuorum biquadraticorum II* (1828—1832).[692] Ihr ist daher bis auf den heutigen Tag der Name der GAUSS'schen Ebene geblieben; die Vorarbeiten wurden gänzlich übersehen, wenn auch 1847 CAUCHY (1789—1857, Paris) bereits auf die Verdienste ARGAND's wiederum aufmerksam gemacht hatte.[693]

Die hohe Bedeutung des GAUSS'schen Werkes liegt darin, daß in ihm der allgemeine Begriff der komplexen Zahl streng aufgestellt und die Anwendungsberechtigung desselben für alle arithmetischen Operationen dargelegt wird. Die Bezeichnung „unmögliche Zahlen" weist GAUSS zurück. Nach seinen Untersuchungen in der Theorie der quadratischen Reste waren es vorzüglich die

[686] Novi comm. Petropol. ad annos 1750—51 (gedr. 1753), Bd. 3, S. 170—223. — [687] Neudruck: *Essai sur la représentation analytique de la direction,* Copenhague 1897. — [688] ARGAND, Paris 1806, *Essai sur une manière de représenter les quantités imaginaires dans les constructions géométriques.* Neudruck 1874 par HOUËL (vgl. besonders das Vorwort von HOUËL). — [689] GERGONNE's Annalen, Bd. 4, 1813—1814, S. 61. — [690] Daselbst S. 133—147. — [691] Nach HOUËL's Vorrede; vgl. Anm. 688. — [692] Vgl. GAUSS' Selbstanzeige, Gött. gel. Anzeigen 1831; GAUSS, Werke, II, Gött. 1876, S. 175. — [693] *Exercices d'Analyse et de Physique math.,* Bd. IV, Paris 1847, S. 157.

Arbeiten ABEL's und JACOBI's über die elliptischen Funktionen, die die Anerkennung der komplexen Zahlen und die Ebenbürtigkeit der reellen und imaginären Größen erzwangen. Nunmehr war die Grundlage geschaffen, auf die die gesamte Funktionentheorie und Größenlehre für ihre weitere Entwicklung sicher gestützt war.

Die Aufstellung des allgemeinsten Begriffes komplexer Zahlen ist eine Errungenschaft des neunzehnten Jahrhunderts allein. GAUSS hatte die Einheiten $+1, -1, +i, -i$, also die Wurzeln der Gleichung $x^4 - 1 = 0$, zu Grunde gelegt. LEJEUNE DIRICHLET (1805—1859; Berlin, Göttingen) bildete die neue Lehre aus und schuf in derselben eine vollständige Zahlentheorie, die der der reellen Zahlen entsprach.[694] Hatte darauf EISENSTEIN (1823 — 1852, Berlin) die GAUSS'schen Untersuchungen so abgeändert, daß er die Wurzeln der Gleichung $x^3 - 1 = 0$ als Grundeinheiten wählte, so ging KUMMER (1810—1893; Breslau, Berlin) zu $x^n - 1 = 0$, DEDEKIND (geb. 1831; Braunschweig) und KRONECKER (1823—1899, Berlin) sogar zu allgemeinen algebraischen Gleichungen über. Indessen hatte schon GAUSS dargelegt, daß der Zahlkörper seiner komplexen Zahlen vollständig ausreichte und alle möglichen Gleichungen, deren Koëffizienten diesem Gebiete angehörten, nur wieder Zahlen desselben Gebietes lieferten. Außerdem ließ sich nachweisen, daß im Reiche der hyperkomplexen Zahlen einzelne arithmetische Grundgesetze ihre Gültigkeit verlieren. WEIERSTRASS (1815—1897, Berlin) fügte hinzu,[695] daß diese hyperkomplexen Zahlen durch Systeme einfach komplexer Größen überhaupt ersetzt werden können, so daß sich ihre Einführung als gänzlich überflüssig herausstellte. So sind allmählich auch spezielle hyperkomplexe Zahlengebilde, die in Einzelgebieten immerhin ganz gute Verwertbarkeit besaßen, wie die 1843 durch HAMILTON (1805—1865, Dublin) eingeführten Quaternionen, in der Gegenwart stark in den Hintergrund getreten.[696]

An Einzelheiten ist nachzuholen:

Der Buchstabe i für $\sqrt{-1}$ ist durch GAUSS Gemeingut ge-

[694] Berl. Akademieberichte 1841, 27. V., S. 190 ff. = Opera, ed. KRONECKER, Berlin 1889, I, S. 503 ff.; Abh. d. Berl. Akademie 1841, Mth. Abh., S. 141—161 = Opera, I, S. 509 ff.; Berl. Akademieberichte 1846, 30. III., S. 103 ff. = Opera, I, S. 639 ff. — [695] Gött. Nachrichten 1884, Bd. X *Zur Theorie der aus n-Haupteinheiten gebildeten complexen Größen,* S. 395—414. — [696] GAUSS hatte bereits 1819 oder 1820 diese Quaternionen aufgestellt, wie aus seinem Nachlaß hervorgeht, vgl. Gött. Nachr. 1898, Math.-phys. Klasse, S. 8, Anm. 1. Eingehende Darstellung der Quaternionen siehe bei HANKEL, *Die Theorie der komplexen Zahlensysteme,* Leipzig 1867, Abschn. VIII—XI.

worden;[697] doch ist er nicht sein Eigentum. EULER benutzte ihn bereits 1777.[698]

Auch das Wort komplex ist erst seit GAUSS (1831) ein fester Kunstausdruck;[699] bis dahin hatte man, GAUSS eingeschlossen, das Wort imaginär auch im weiteren Sinne gebraucht.

Der Gegensatz reell-imaginär erscheint zum erstenmal in DESCARTES' *Géométrie* 1637.[700] OUGHTRED (1631 *Clavis mathematica*) nennt noch die negativen Wurzeln einer Gleichung „imaginariae".[701]

Die Bezeichnung konjugiert (conjugé) für $a + bi$ und $a - bi$ stammt von CAUCHY (1821).[702] Von demselben ist für $\sqrt{a^2+b^2}$ das Wort Modulus eingeführt,[703] wofür WEIERSTRASS besser, da Modulus schon in der Logarithmenlehre gebraucht wird, Absoluter Betrag mit dem Symbol $|a + bi|$ gewählt hat. Das Quadrat hiervon $(a^2 + b^2)$ nannte GAUSS in der angeführten Schrift von 1828/32 „Norm".

Die Darstellung $a + bi = r\,(\cos\varphi + i \sin\varphi)$ erscheint zuerst bei EULER und D'ALEMBERT; den Faktor $\cos\varphi + i\sin\varphi$ nennt CAUCHY „expression reduite",[703] HANKEL Richtungskoëffizient.[704]

D. Die algebraischen Operationen.

I. Addition, Subtraktion, Multiplikation, Division.

Die algebraischen Grundoperationen haben sich bei der Behandlung der Gleichungen entwickelt. Naturgemäß traten zunächst

697 *Disquisitiones arithmeticae,* Lips. 1801, sect. VII, 337; GAUSS, Werke, I, Gött. 1870, S. 414. — 698 EULER, *Institutionum calculi integralis,* vol. IV, Petersb. 1794, S. 184 in einer daselbst abgedruckten Abhandlung *De formulis differentialibus* ... vom 5. Mai 1777. — 699 *Theoria resid. biquadrat.,* II, Abschn. 30; Gött. Comm., Vol. VII, 1832; GAUSS, Werke, II, Gött. 1876, S. 102: *„Tales numeros vocabimus numeros integros complexos, ita quidem, ut reales complexis non opponantur, sed tamquam species sub his contineri censeantur."* — 700 DESCARTES, Oeuvres, ed. COUSIN, Bd. V, Paris 1824, S. 398: *Au reste, tant les vraies racines que les fausses ne sont pas toujours réelles, mais quelquefois seulement imaginaires, c'est-à-dire qu'on peut bien toujours en imaginer autant que j'ai dit en chaque équation, mais qu'il n'y a quelquefois aucune quantité qui corresponde à celles qu'on imagine."* — 701 Vgl. auch WALLIS, Opera, II, *Algebra,* Oxoniae 1693, S. 72. — 702 *Cours d'Analyse algébr.,* Paris 1821, cap. 7, § 1, S. 180. — 703 Ebendaselbst § 2, S. 183. — 704 HANKEL's Dissertation, in der dieser Ausdruck erscheint, datiert aus dem Jahre 1861. M. CANTOR hat indes das Wort „Richtungskoeffizient" schon für 1855 nachgewiesen; vgl. Ztschr. f. Math.u. Phys. 1891, S. 75—77 (hist.-litt. Abt.).

die Addition, Subtraktion und Multiplikation auf. Die Division von Polynomen erschien nicht vor dem Mittelalter; sie stellte sich erst ein, als die Theorie der Gleichungen soweit vorgeschritten war, daß man durch Abspaltung von zusammengesetzten Faktoren Gleichungen höherer Grade auf solche niedrigeren Grades zurückzuführen suchte.

Diophant ist der älteste Schriftsteller (drittes bis viertes Jahrhundert n. Chr.), bei dem wir die drei ersten Operationen in rein algebraischem Gewande antreffen. In der Einleitung seiner *'Αριθμητικῶν βιβλία* VI betonte er die Wichtigkeit dieser Vorübungen für jeden, der sich der Lehre von den Gleichungen widmen will. „Wesentlich ist es für den Anfänger in unserer Wissenschaft, sich in der Addition, Subtraktion und Multiplikation mit algebraischen Ausdrücken zu üben, und zwar sowohl, wie man eine Reihe positiver und negativer Größen mit ungleichen Zahlenfaktoren zu anderen Ausdrücken addiert, seien diese rein positiv oder auch aus positiven und negativen Größen zusammengesetzt, als auch, wie man von einer Reihe positiver und negativer Größen andere Ausdrücke subtrahiert, die aus positiven oder aus positiven und negativen Größen bestehen."[705] Im weiteren Verlauf des Werkes haben wir allen Grund, die Gewandtheit zu bewundern, mit der Diophant selbst diese Operationen fortgesetzt vornimmt. — Er kennt sonach die Addition und Subtraktion positiver und negativer Größen, selbstverständlich immer mit der Beschränkung, daß die Endresultate positiv bleiben, da er den Begriff rein negativer Größen (vgl. S. 164) nicht besitzt. Diophant multipliziert aber auch Summen und Differenzen seiner „hinzuzufügenden" und „abzüglichen" Zahlen, miteinander und kommt dabei zur Aufstellung des allgemeinen Multiplikationsgesetzes: „Eine abzügliche Zahl, mit einer abzüglichen vervielfacht, giebt eine hinzuzufügende, eine abzügliche Zahl mit einer hinzuzufügenden eine abzügliche."[706]

Die Entstehung dieses rein algebraischen Rechnens Diophant's, über das nach ihm weder die Inder, noch die Araber, noch die

---

705 Diophant, Def. X, ed. Tannery, Leipz. 1893, S. 14, Z. 1—10; ed. Wertheim (Leipzig 1890), S. 7: „*Καλῶς οὖν ἔχει ἐναρχόμενον τῆς πραγματείας συνθέσει καὶ ἀφαιρέσει καὶ πολλαπλασιασμοῖς τοῖς περὶ τὰ εἴδη γεγυμνάσθαι, καὶ πῶς εἴδη ὑπάρχοντα καὶ λείποντα μὴ ὁμοπληθῆ προσθῇς ἑτέροις εἴδεσιν, ἤτοι καὶ αὐτοῖς ὑπάρχουσιν, ἢ καὶ ὁμοίως ὑπάρχουσι καὶ λείπουσι, καὶ πῶς ἀπὸ ὑπαρχόντων εἰδῶν καὶ ἑτέρων λειπόντων ὑφέλῃς ἕτερα ἤτοι ὑπάρχοντα, ἢ καὶ ὁμοίως ὑπάρχοντα καὶ λείποντα.*" — 706 Dioph., Def. IX, ed. Tannery, S. 12, Z. 19—21, ed. Wertheim, S. 6 (Anm. 705): „*λεῖψις ἐπὶ λεῖψιν πολλαπλασιασθεῖσα ποιεῖ ὕπαρξιν, λεῖψις δὲ ἐπὶ ὕπαρξιν ποιεῖ λεῖψιν.*"

Mathematiker des Mittelalters bis zum Ende des fünfzehnten Jahrhunderts hinauskamen, ist nur wenig aufgeklärt. Algebraiker vor DIOPHANT sind uns nicht bekannt, wenigstens Schriften dieses Inhaltes nicht erhalten; vielleicht daß einige Stellen in anderen Schriftstellern wie das „Epanthem" des *Thymaridas* (vgl. S. 247) algebraisch zu deuten sind. — Es scheint, als ob die Vorgeschichte griechischer Algebra in der geometrischen Behandlung der Zahlenlehre, die bis in die Zeit der Altpythagoreer hinaufreicht, zu suchen ist. Wir lernen diese geometrische Methode der älteren Griechen, soweit sie auf die vier Spezies Bezug hat, in EUKLID's Elementen (um 300 v. Chr.), lib. II, 1—10 kennen. Ihnen können wir die folgenden algebraischen Sätze entnehmen:

$$1)\ ab + ac + ad + \ldots = a(b + c + d + \ldots)$$

$$2)\ (a + b)^2 = (a + b)\cdot a + (a + b)\cdot b$$

$$3)\ (a + b)\cdot a = ab + a^2$$

$$4)\ (a + b)^2 = a^2 + b^2 + 2ab$$

$$5)\ ab + \left(\frac{a-b}{2}\right)^2 = \left(\frac{a+b}{2}\right)^2$$

$$6)\ (a + b)\cdot b + \tfrac{1}{4}a^2 = \left(\frac{a}{2} + b\right)^2$$

$$7)\ a^2 + b^2 = 2ab + (a - b)^2$$

$$8)\ 4ab + (a - b)^2 = (a + b)^2$$

$$9)\ a^2 + b^2 = 2\cdot\left(\frac{a+b}{2}\right)^2 + 2\cdot\left(\frac{a-b}{2}\right)^2$$

$$10)\ b^2 + (a + b)^2 = 2\cdot\left(\frac{a}{2}\right)^2 + 2\cdot\left(\frac{a}{2} + b\right)^2.$$

Die geometrische Form von 4) ist uns aus dem modernen Schulpensum bekannt. Satz 1) lautet z. B. bei EUKLID: Wird von zwei geraden Linien a und BC die eine BC in beliebig viele Abschnitte BD, DE, EC (d. h. $BC = BD + DE + EC = b + c + d$) geteilt, so ist das Rechteck aus diesen beiden Linien gleich den Rechtecken aus der ungeteilten Strecke a und jedem der Abschnitte BD, DE, EC.

Wir finden demnach in diesem Satze 1) das Multiplizieren von Polynomen mit Monomen angelegt, aber auch das Herausnehmen eines den einzelnen Summanden gemeinsamen Faktors (Heraussetzen, Ausklammern). In der Vermutung, daß die älteren griechischen Mathematiker in dieser geometrischen Einkleidung rein algebraische Operationen vorzunehmen verstanden, werden wir dadurch bestärkt, daß ein arabischer Kommentator ANARITIUS (AN-NAIRIZI; um 900 n. Chr.) uns von HERON (Alexandria, erstes Jahrhundert v. Chr.) erzählt, er habe bereits feste Fachausdrücke für diese algebraischen Operationen (compositio = Klammerausmultiplizieren, dissolutio = Heraussetzen) besessen.[707] Feste termini technici bilden sich erst, wenn eine beträchtliche Zeit hindurch die ihnen zukommenden Operationen ständig ausgeführt zu werden pflegen.

Sicherlich sind diese zehn Sätze EUKLID's nur eine Auswahl des zu seiner Zeit vorhandenen Bestandes, aus dem er sich gerade nur die auswählte, auf die er sich bei Ableitung in späteren Sätzen seines Werkes zu beziehen hatte. Man wird nicht weit vom Richtigen entfernt sein, wenn man annimmt, daß in ähnlicher Weise die antike Mathematik weiter ausgebaut worden war und sich auch andere allgemeine Sätze wie $(a \pm b)\cdot(c \pm d)$ als geometrische Lehrsätze eingestellt hatten. Dadurch war ein geometrischer Algorithmus entstanden, der einen vollständigen Ersatz für die algebraische Analysis, wenigstens in der ersten Zeit, zu bieten vermochte; aus ihm schälte sich allmählich die abstrakte algebraische Operation immer mehr heraus und machte sich endlich von der geometrischen Form ganz frei. Der Abschluß dieses Prozesses war zur Zeit DIOPHANT's (drittes bis viertes Jahrhundert n. Chr.) erreicht. Doch kann der geschärfte Blick des Historikers schon aus EUKLID's Elementen Beispiele der beginnenden, bezw. vorgeschrittenen Arithmetisierung herauslesen. Während im zweiten Buch noch streng die geometrische Form festgehalten wird, zeigt uns das siebente bis zehnte Buch einen ganz erheblichen Fortschritt zur Arithmetik; den Entwicklungsgang verraten aber noch die beigefügten Strecken, durch die die Zahlengrößen vorgestellt werden. Wörter wie „Flächenzahl" für ein Produkt zweier Zahlen, „Körperzahlen" für ein solches aus drei Faktoren sind aus offenbar geometrischen Fachwörtern zu arithmetischen Kunstausdrücken geworden. Ja, es werden, was die Geometrie nie vermag, Produkte aus mehr als drei Faktoren betrachtet. Der Hauptsatz der Multiplikation $a \cdot b = b \cdot a$ (EUKL. lib. VII, 16) hat sich seines geometrischen Kleides fast ganz entledigt; er steht als abstraktes Theorem für zwei reine Zahlen vor uns. — Weitere wichtige Belege für die hier geschilderte Entstehung der diophantischen Algebra werden wir in der Lehre der quadratischen Gleichungen erhalten (vgl. S. 252 ff.). Eine geometrische Lösung war wahrscheinlich schon vor EUKLID's Zeit für sie entdeckt worden; vielleicht hatte bereits

707 Anaritii Comm., ed. M. CURTZE, 1899 Leipzig (Supplementband zu EUKLID's Werken, ed. HEIBERG-MENGE), S. 89.

EUKLID (drittes Jahrhundert v. Chr.), sicher aber HERON (erstes Jahrhundert v. Chr.) eine einfache Rechenregel, die aus der geometrischen Konstruktion abgeleitet war, besessen.

Man muß annehmen,[708] daß die *Inder* von diophantischer Gleichungsbehandlung nicht unbeeinflußt waren. Nach indischen Quellen, aber auch nach dem diophantischen Originalwerk selbst, arbeiteten die *Araber*,[709] durch die das Wissen beider Völker in das *Mittelalter* hinüber gerettet wurde. Im Abendland wurde die Algebra erst langsam, dann aber schneller und schneller der Vervollkommnung entgegengeführt. Marksteine in dem weiteren Entwicklungsgange bildet die Behandlung der Gleichungen bei den deutschen Mathematikern des sechzehnten Jahrhunderts, die sogenannte *Coß* (S. 126, 189 ff.), in der die vier Rechnungsarten nicht mehr mit alleinigem Hinweis auf den Endzweck, die Lösung von Gleichungen, sondern als besondere Kapitel gelehrt wurden,[710] dann vor allem die Einführung allgemeiner Buchstaben durch VIETA (vgl. S. 149), die eine methodische Behandlung der vier Spezies einleitete. Als wichtig für die Anfangsperiode moderner Algebra sind weiter die englischen Lehrbücher von OUGHTRED (*Clavis mathematica* 1631) und HARRIOT (*Artis analyticae praxis* 1631) zu nennen, die eine eingehende Darstellung sowohl der uns hier angehenden Elemente des algebraischen Rechnens, als auch der damals bekannten weiteren Resultate bieten.

Eine **Zusammenstellung der Rechenregeln für alle vier Grundoperationen** mit positiven und negativen Zahlen giebt zuerst der Italiener LUCA PACIUOLO in seinem Lehrbuch, der *Summa* von 1494. Die Multiplikationsregeln stehen bei ihm in der Form kurzer Merksätze an erster Stelle:[711]

Piu via piu sempre fa piu	Plus mal Plus macht immer plus,
Meno via meno sempre fa piu	Minus mal Minus macht immer plus,
Piu via meno sempre fa meno	Plus mal Minus macht immer minus,
Meno via piu similiter anche meno.	Minus mal Plus ähnlich auch minus.

In gleicher Kürze folgen dann die Divisionsregeln[712] und nun erst diejenigen für die Addition[713] und Subtraktion.[714] Die Additionsregeln haben den Wortlaut:

708 CANTOR, I^b, S. 582. — 709 Vgl. MUHAMMED IBN MUSA ALCHWARIZMI, ed. ROSEN, S. 21 ff. (Anm. 119). — 710 GRAMMATEUS, Rechenbuch 1518 (Anm. 24), Signatur $\mathfrak{G}_{III}$ unter der Überschrift „Ain Algorithmus in gantzen | nutz den regeln Coſſe" (52. Bl.); RUDOLFF, 1525, *die Coß*, Buch I, Kap. 5 (Anm. 761); STIFEL, 1544, *Arithm. integra*, III. Buch; SCHEYBEL, Paris 1551, *Algebrae compendiosa facilisque descriptio* u. a. — 711 *Summa*, I, dist. IX, tract. 1, S. 112^b (Anm. 10). — 712 Daselbst S. 113^b. — 713 Daselbst S. 114^a. — 714 Daselbst S. 115^a.

Piu cõ piu gionto fa sempre piu	Plus zu Plus addiert giebt immer plus,
Meno cõ meno gionto fa ancor men.	Minus zu Minus addiert giebt auch minus,
Piu cõ meno gionto sempre se abatte e fara la magiore denominatione	Plus zu Minus addiert zieht immer ab und giebt das Vorzeichen der größeren Zahl,
Meno cõ piu quello medesimo che. p̃. cõ. m̃.	Minus zu Plus (wird) ebenso (addiert), wie Plus zu Minus.

Noch kürzer werden diese Regeln, wenn die Worte Plus und Minus durch die Zeichen + und − ersetzt werden, wie das leider auch im modernen Schulunterricht noch zuweilen vorkommt. So verfährt eine lateinisch geschriebene, um 1500 entstandene Algebrahandschrift: *Regulae Cosae vel Algebrae*, die in Wien aufbewahrt wird, und giebt daher die Additionsregeln in folgender Form: $\left.\begin{matrix}+ \text{ et } + \\ - \text{ et } -\end{matrix}\right\rangle$ *facit* $\left.\begin{matrix}+ \\ -\end{matrix}\right\rangle$ *addatur non habendo respectu quis numerus sit superior. Si fuerit* $\left\langle\begin{matrix}+ \text{ et } - \\ - \text{ et } +\end{matrix}\right\rangle$ *simpliciter subtrahatur brevior numerus a majori et residuo sua ascribatur nota,*[715] d. i. $\left.\begin{matrix}+ \text{ und } + \\ - \text{ und } -\end{matrix}\right\rangle$ giebt $\left.\begin{matrix}+ \\ -\end{matrix}\right\rangle$; man addiere, ohne Rücksicht darauf zu nehmen, welches die größere Zahl sei. Wenn $\left\langle\begin{matrix}+ \text{ und } - \\ - \text{ und } +\end{matrix}\right\rangle$ (zu vereinigen ist), so subtrahiere man einfach die kleinere Zahl von der größeren und gebe dem Rest das Zeichen der letzten.

Der wiener Gelehrte Chr. Rudolff (erste Hälfte des sechzehnten Jahrhunderts) benutzte in seinem Buche über die Coß (1525) dieses Manuskript und übernahm aus ihm die obige Fassung.[716] In dem Rechenbuch eines anderen wiener Gelehrten, des Grammateus (1518) — dem ersten deutschen Lehrbuch der Algebra — werden schon die Einzelregeln zu allgemeineren zusammengefaßt; so für das Addieren: „So die zaiche an ainander vngleich sein subtrahire alle mal das klainer von dem grössern vnnd züm übrigen setz der grössere zal zaichen."[717] Ein weiterer Fortschritt ist bei Stifel (1486/87 —1567, lutherischer Prediger an verschiedenen Orten) zu verzeichnen, wenn er die für die Praxis bequeme Vorschrift giebt: „Soll ich subtrahire . . . setz die angezeygte zal flugs hernach mit disem vorteyl . wa ich + hab | da setze jch − vnd wa jch − hab | da setz ich + so ist das subtrahiren geschehen."[718] Auf derselben Stufe steht

[715] Cantor, II^b, S. 240 und 424. — [716] Rudolff's *Coß*, 1525, Buch I, Kap. 5 unter „Addirn" u. s. w. (Anm. 761). — [717] Grammateus 53. Blatt, Signatur $\mathfrak{G}_{\text{IIII}}$ (Anm. 24). — [718] Stifel's Bearbeitung von Rudolff's *Coß*, Königsberg 1553, S. 72, Z. 1—4; *Arithmet. integra,* 1544, B. III, S. 238^a.

Stifel's allgemeine Multiplikationsregel: „*Eadem signa ponunt signum additorum; diuersa uero signa ponunt subtractorum.*"[719]

Beweise für diese Regeln werden, entsprechend dem Charakter aller damaligen Lehrbücher, nicht gegeben. Luca Paciuolo (*Summa* 1494) versucht zwar die Multiplikationsregel zu erklären;[720] die meisten Verfasser lassen sich aber auch nicht einmal darauf ein. Clavius (1537 Bamberg — 1612 Rom; Jesuit, zuletzt Lehrer der Math. im Ordenshause zu Rom), dessen *Algebra* von 1608 sich sehr eng an Stifel's *Arithmetica integra* (1544) anschließt, versteigt sich bei den Multiplikationsregeln algebraischer Größen sogar zu dem Ausruf: „Auf eine Begründung dieser Regel bei der Multiplikation cossischer Zahlen und der Zeichen + und — scheint man verzichten zu müssen. Man hat es der Ohnmacht des menschlichen Geistes zuzuschreiben, daß er es nicht begreifen kann, warum dies richtig sei. An der Richtigkeit der gegebenen Multiplikationsvorschrift ist indes nicht zu zweifeln, da sie durch viele Beispiele erhärtet ist."[721]

Die Anordnung der Rechnung in der Ausführung der Multiplikation ist bei den Cossisten von der unsrigen nicht verschieden (vgl. den Anhang II, Nr. 28, 31c).

Was die Behandlung der Division bei algebraischen Ausdrücken betrifft, so erledigte sich dieselbe, solange der Divisor ein Monom ist, nach der von Luca Paciuolo gegebenen Regel.[722] Ist der Divisor zusammengesetzt, so treten Bruchformen auf, die denselben Regeln unterliegen, nach denen die gewöhnlichen Brüche des gemeinen Rechnens behandelt werden. Vielfach haben die Cossisten des sechzehnten Jahrhunderts diesen algebraischen Brüchen besondere Kapitel gewidmet; so Grammateus 1518,[723] Rudolff 1525,[724] Stifel 1544.[725] In diesen werden die vier Rechnungsarten in Brüchen gelehrt, dabei auch das Heben durch einzelne

719 *Arithmetica integra,* Buch III, S. 238ª, Z. 7—8. — 720 *Summa* I, dist. VIII, tract. I, S. 113ª u. 113ᵇ (Anm. 10). — 721 Clavius, Werke, Mainz 1612, Bd. II, Algebrae caput VI, letzte Zeilen, S. 17: „*Causa autem huius rei in multiplicationem numerorum Cossicorum et signorum + et — reiicienda videtur: et debilitas ingenii humani accusanda, quod capere non potest, quo pacto id verum esse possit. Neque enim de ratione praedictae multiplicationis dubitandum est, cum illa per multa exempla sit confirmata.*" — 722 Diophant hatte diese Regeln für die Division nicht ausdrücklich gegeben, weil sie, wie er meinte, dem Schüler schon aus den vorgetragenen Multiplikationsregeln klar sein müssen; vgl. Nesselmann, S. 288 (Anm. 86). — 723 Grammateus Signatur $\mathfrak{H}_{II}$: Ain algorithmus in brüchen dienendt den regeln Coffe (Anm. 24). — 724 Coß, Buch I, Kap. 6: Über den *algorithmus de additis et diminutis* in prüchen. — 725 *Arithmetica integra* III, S. 239ᵇ: *De minutiis numerorum cossicorum.*

Zahlen oder einzelne Potenzen der Unbekannten. Die wirkliche Ausführung einer Divisionsaufgabe, in der Dividendus und Divisor Polynome sind, ist bei den älteren Cossisten, wie GRAMMATEUS 1518, RUDOLFF 1525, nicht nachzuweisen. Sie scheint eine der vielen Ergänzungen zu sein, die STIFEL der Elementaralgebra zufügte. In seinen Beispielen aus der *Arithmetica integra* 1544,[726] wie der Neuausgabe der RUDOLFF'schen *Coß* 1553,[727] befremdet uns noch die dem Mittelalter eigentümliche Art des Dividierens, das sog. Überwärtsdividieren (vgl. S. 46). Die Rechnungen des Portugiesen PEDRO NUNEZ (1492—1577) in seiner *Algebra* von 1567[728] haben jedoch, da er das heutige Unterwärtsdividieren bevorzugt, durchaus modernes Aussehen (siehe Anhang II, Nr. 36), ebenso die Aufgaben, die OUGHTRED (1574—1660, Pfarrer in einem englischen Landort) in seiner *Clavis mathematica* von 1631 vorführt.[729] Mit solchen Divisionen sucht SIMON STEVIN (1548 Brügge — 1620 Leiden; Kaufmann, später im Staatsdienst als Ingenieur) in dem 1585 gedruckten Werk: *L'arithmétique contenant les computations des nombres arithm. ou vulgaires* etc.[730] den gemeinsamen Teiler zwischen zwei gegebenen Polynomen, wie zwischen $(x^3 + x^2)$ und $(x^2 + 7x + 6)$. Die Ausführung solcher Aufgaben scheint von ihm selbst aufgefunden zu sein, da er besonders angiebt, sie bei Vorgängern, wie PEDRO NUNEZ, nicht gefunden zu haben. In dem angeführten Fall dividiert STEVIN $(x^3 + x^2)$ durch $(x^2 + 7x + 6)$ und erhält x, mit dem Rest $-6x^2 - 6x$; indem er diesen wieder in $x^2 + 7x + 6$ dividiert, kommt er zu dem Quotient $\frac{1}{6}$ mit dem Rest $6x + 6$. Dieser ist, da er in $-6x^2 - 6x$ aufgeht, der gemeinsame Teiler.

Daß die Division $\frac{a^n - b^n}{a - b}$ bei der Ausführung keinen Rest giebt, ist in EUKLID's Summation der geometrischen Reihe (El. IX. 35) enthalten, ohne jedoch den damaligen Mathematikern in dieser Auffassung zum Bewußtsein gekommen zu sein. DIOPHANT (drittes bis viertes Jahrhundert n. Chr.) kennt den Spezialfall $\frac{a^3 - b^3}{a - b} = a^2 + ab + b^2$; er benutzt ihn wenigstens, ohne direkte Anführung, in der achten Aufgabe seines fünften Buches,[731] während sich die entsprechende Formel $\frac{a^3 + b^3}{a + b} = a^2 - ab + b^2$ bei ihm nicht nachweisen

726 *Arithm. integra,* III, S. 239. — 727 S. 74 ff. — 728 PEDRO NUÑEZ, *Libro de Algebra en Arithmetica y geometrica*, Anvers 1567, S. 32ᵃ. — 729 WALLIS, *Algebra*, Opera, Bd. II, Oxon. 1693, S. 75, 76. — 730 STEVIN (Anm. 88), I, S. 56, probl. 53 „*Estant donnés deux multinomies algebraiques. Trouver leur plus grande commune mesure.*" — 731 DIOPHANT, V, 8, ed. TANNERY, S. 324—326; WERTHEIM, S. 200—201 (Anm. 705); vgl. NESSELMANN, S. 448 (Anm. 86).

läßt. Die allgemeinen Divisionen $\frac{a^n \pm b^n}{a \pm b}$ treten uns erst im sechzehnten Jahrhundert entgegen, wie bei dem Italiener CARDANO (vgl. Anhang II, Nr. 32b) in der *Practica Arithmeticae* von 1539[732] und bei seinem in der Geschichte der kubischen Gleichung bekannten Gegner TARTAGLIA; letzter muß diese Kenntnis auch besessen haben, da er in seinem *General trattato* von 1556[733] gelegentlich bemerkt, daß eine Division wie $\frac{243 - 25}{\sqrt[10]{243} + \sqrt[10]{25}}$ stets aufginge. Eine Zusammenstellung der drei möglichen Formeln gab WALLIS (1616—1703, Prof. der Geom. in Oxford) in seiner *Algebra.*[733a]

Die Vorschrift, daß man vor Beginn der Division nach den Potenzen eines und desselben Buchstabens, der dazu besonders geeignet erscheint, ordnen müsse, treffen wir in NEWTON's *Arithmetica universalis* 1707 an,[734] zugleich mit der Bemerkung, daß man dann die Division sowohl bei den Gliedern höchster als bei denen niedrigster Ordnung beginnen könne.[735]

Eine wichtige Neuerung war, so wenig es uns jetzt auch scheint, die Fortsetzung einer nicht aufgehenden Divisionsaufgabe bis ins Unendliche. Diesen Schritt that zum erstenmal NICOLAUS MERCATOR (1620 Holstein — 1687 Paris; bis 1683 in London); in einer Abhandlung *Logarithmotechnia* von 1668[736] verwandelte er auf diesem Wege den Bruch $\frac{1}{1+a}$ in die unendliche Reihe $1 - a + a^2 - a^3 + a^4 - \ldots$ Man kann hierin aber auch NEWTON (1643—1727) die Priorität zuerkennen, wofern man von dem Erscheinen im Druck absieht. NEWTON hatte nämlich eine Abhandlung *De analysi per aequationes numero terminorum infinitas* verfaßt und 1669 seinen Freunden vorgelegt. Aus späteren Notizen (Brief vom 24. Okt. 1676 an OLDENBURG)[737] läßt sich nachweisen, daß sie etwa 1665 oder 1666 geschrieben sein muß; ihr Druck erfolgte freilich erst im achtzehnten Jahrhundert. In dieser Schrift, die die wichtigsten Reihenuntersuchungen NEWTON's enthält, hatte er auch den Bruch $\frac{1}{1+x^2}$ in zwei verschiedene Reihen mit Hilfe des Dividierens aufgelöst, einmal in

732 Kap. XXII, § 11—15 (opera, Lugdun. 1663, IV, S. 29). — 733 *General trattato*, Parte II, S. 153ᵃ. — 733a *Algebra,* opera math. II, Oxford 1693, S. 363—364. — 734 Daselbst S. 27 (Anm. 676). — 735 Daselbst S. 30. — 736 MASERES, *Scriptores Logarithmici,* I (1791), Abdruck S. 167—196. — 737 *Commercium epistolicum,* S. 125, Z. 8—9 (Anm. 513).

$$\frac{1}{1+x^2} = 1 - x^2 + x^4 - x^6 + \ldots,$$

dann auch in

$$\frac{1}{x^2+1} = x^{-2} - x^{-4} + x^{-6} - \ldots,$$

von denen die erste Entwicklung bei hinlänglich kleinem x, die zweite bei hinlänglich großem x zu nehmen sei.[738]

2. Die Potenzierung.

a) Begriff, Zeichen, Name der Potenzen.

In der altpythagoreischen Schule (viertes bis fünftes Jahrhundert v. Chr.) fanden die Anregungen, die gelehrte Reisende aus Babylonien und Ägypten mitbrachten, fruchtbarsten Boden. Wir wissen, zu welch wichtigem und allgemeinem Lehrsatz durch das Genie des Pythagoras jene einfache, in Babylon und Ägypten bekannte Erfahrungsthatsache wurde, daß ein Dreieck mit den drei Seiten 3, 4, 5 rechtwinklig ist. Aus dem Morgenlande bezog die älteste griechische Wissenschaft auch die Urbegriffe von Quadrat- und Kubikzahlen, deren Kenntnis wir in Babylon schon für das dritte Jahrtausend v. Chr. als sicher vorhanden annehmen konnten (vgl. S. 70).

In eigenartiger Weise verbanden die *Pythagoreer* Zahlenlehre und Geometrie. Die beiden Worte *δύναμις* und *τετράγωνος*[739] sind in ihrer schließlich unterschiedlosen Verwendung eine charakteristische Folge dieser Betrachtungsweise. Letztes hat offenbar geometrischen, erstes rein arithmetischen Ursprung; dieses entspricht unserem „Quadrat“, das wir wie die Griechen auch für die Zahl a^2 gebrauchen, jenes dem Ausdruck „zweite Potenz“. Bald entlehnte die Arithmetik auch das Wort *κύβος* der Geometrie, um die dritte Potenz zu bezeichnen. Es geschah dies vor EUKLID's Zeit (ca. 300 v. Chr.), da es in seinen Elementen (Buch VII, Erkl.) wie ein längst üblicher terminus technicus benutzt wird.

Solcher Art sind die Uranfänge der Potenzlehre. Wann eine Fortführung auf höhere Potenzen vorgenommen wurde, weiß man nicht. Schwer war der Schritt jedenfalls, da eine völlige Loslösung

738 Daselbst S. 38, Z. 2—1 von unten: *„Priori modo procede, cum x est satis parva, posteriori cum satis magna supponitur.“* — 739 *τετράγωνος* scil. *ἀριθμός*, während das geometrische Quadrat *τετράγωνον* scil. *σχῆμα* (Figur) hieß; NESSELMANN, S. 158, Anm. 20 (Anm. 86).

von geometrischer Anschauung für die vierte und erst recht für eine höhere Potenz Vorbedingung war. Bei DIOPHANT (drittes bis viertes Jahrhundert n. Chr.) sehen wir diesen Schritt vollzogen (vgl. S. 125). Die vierte Potenz heißt in seinem Lehrbuch der Algebra (*Ἀριθμητικῶν βιβλία* VI) *δυναμοδύναμις*, die fünfte Potenz *δυναμόκυβος*, die sechste *κυβόκυβος*. Sogar für die reziproken Werte sind Fachausdrücke vorhanden: *ἀριθμοστόν* $= \frac{1}{x}$, *δυναμοστόν* $= \frac{1}{x^2}$, *κυβοστόν* $= \frac{1}{x^3}, \ldots,$ *κυβοκυβοστόν* $= \frac{1}{x^6}$. Wohlgemerkt gelten alle diese Potenzbezeichnungen allein für die Potenzen der Unbekannten, deren erste Potenz, wie wir wissen, kurz *ἀριθμός* hieß. Nur für die zweite Potenz giebt es bei bestimmten Zahlen in dem oben erwähnten, jetzt anders benutzten *τετράγωνος*[740] ein eigenes Fachwort. Diese Beschränkung des Potenzbegriffes auf die Unbekannte ist übrigens eine charakteristische Erscheinung der antiken und mittelalterlichen Algebra bis zum ausgehenden sechzehnten Jahrhundert; erst VIETA (1591 *Isagoge*) ermöglichte durch Einführung allgemeiner Buchstabengrößen an Stelle der speziellen Zahlenkoëffizienten eine eigentliche Potenzlehre.

Der wesentliche Unterschied zwischen der *indischen* und *griechischen* Potenzlehre liegt in der Bildung der Potenzbezeichnungen. Während DIOPHANT hierbei die Addition der Exponenten benutzt: *δυναμόκυβος* $= x^{3+2} = x^5$, verwendet der Inder die Multiplikation. Erinnern wir uns (vgl. S. 129), daß die Inder (BRAHMAGUPTA, geb. 598 v. Chr.) die zweite Potenz mit *va*, die dritte mit *gha* andeuteten, so ist bei ihnen *va gha* nicht die fünfte, sondern die sechste Potenz ($x^{2 \cdot 3}$), ähnlich ist *va va* $= x^4$, *va va va* $= x^8$, *gha gha* $= x^9$. Die Handlichkeit der gewählten Symbole gestattet zugleich auch ein leichtes Hinausgehen über die sechste Potenz, die DIOPHANT nicht überstiegen hatte.

Dieser Zwiespalt zwischen der griechischen und indischen Namengebung erbte sich durch die *Araber*, denen beide Quellen vorlagen, bis tief in das Mittelalter hinein fort und führte oftmals zu großen Verwirrungen, da das eintretende lateinische Wort Quadratocubus bei dem einen die sechste,[741] bei dem anderen die fünfte Potenz war.[742] Die Mehrzahl der arabischen Mathematiker wählte die indische Art; so z. B. MUHAMMED IBN MUSA ALCHWARIZMI (Anfang des neunten Jahrhunderts; Bagdad, Damaskus). Der streng nach griechischen Mustern arbeitende ALKARCHI (um 1010;

740 NESSELMANN, S. 295. — 741 PACIUOLO, STIFEL, NUÑEZ, TARTAGLIA, CARDANO, RECORDE, CLAVIUS, DESCARTES, LEIBNIZ. — 742 VIETA, OUGHTRED.

Bagdad) schloß sich hingegen DIOPHANT an. Auch in den anderen Bezeichnungen tritt bei den arabischen Mathematikern eine Verschiebung ein. Nennt DIOPHANT die erste Potenz der Unbekannten ἀριθμός (= Zahl), so heißen jetzt häufig die in einer Gleichung auftretenden Konstanten einfach *Zahlen* (in lateinischen Übersetzungen: *numeri*); der indischen Gewohnheit folgend (vgl. S. 128 *rûpakâ* = Münzen), benutzen aber auch viele für die bekannten Größen die landesübliche Münzbenennung „Dirhem" (lat. *dragma*, Drachme), ein Wort, das bei Übersetzern und späteren mittelalterlichen Mathematikern schließlich die ursprüngliche Bedeutung ganz verlor. Das arabische Wort für x^2 *mâl* (= Vermögen, Besitz) kann eine direkte Übersetzung des griechischen δύναμις sein; auch *ka'b* (Würfel) für x^3 verrät die Anlehnung an κύβος. Selbständige Wahl scheint bei der arabischen Bezeichnung *schai* (Sache, Ding) für die erste Potenz der Unbekannten vorzuliegen. Wie das in gleichem Sinne gebrauchte *dschiḏr* (Wurzel) mit dem indischen *mûla* (Pflanzenwurzel, dann auch Quadratwurzel) zusammenhängt, ist noch nicht völlig aufgeklärt, da mûla nicht für Gleichungswurzel gebraucht wird, dschiḏr aber auch für Quadratwurzel Verwendung findet (vgl. S. 214—215). Wahrscheinlich liegt hier eine arabische Verallgemeinerung vor. Indischen Ursprunges ist die zuweilen in arabischen Schriften auftretende Benutzung von Abkürzungen für die Potenzbezeichnungen, die in den Anfangsbuchstaben derselben bestehen.[743]

Bei Übersetzungen bezw. Bearbeitungen der arabischen Schriften in lateinischer Sprache suchte man die Originalworte möglichst getreu wiederzugeben. Mit dem Worte *radix*, das allgemein — so bei JOHANNES VON SEVILLA (thätig zwischen 1135 und 1153), GERHARD VON CREMONA (1114 Andalusien — 1187 Toledo), LEONARDO VON PISA (1202, *liber abaci*) — für die erste Potenz der Unbekannten eintrat, traf man eine gute Wahl. Sehr wenig geeignet nannte JOHANNES VON SEVILLA die zweite Potenz *res*,[744] da hiermit besser, entsprechend dem arabischen dschai (= Sache oder Ding), die erste Potenz wiederzugeben wäre, wie es auch wirklich durch LEONARDO VON PISA[745] geschah. Für x^2 wählte GERHARD VON CREMONA[746] und

[743] Vgl. CANTOR, I[b], S. 755. — [744] Rechenbuch des JOHANNES VON SEVILLA (Anm. 131), z. B. 112 daselbst: „*Quaeritur ergo, quae res cum . X . radicibus suis idem decies accepta radice sua efficiat 39.*" ($x^2 + 10x = 39$). — [745] LEON. P. (Anm. 17), I, S. 191, Z 19 und öfter; auch radix wird gebraucht, zuerst S. 406, Z. 7 v. u.; res findet sich auch in einer lat. Übers. v. MUHAMMED's Algebra (Anm. 750), z. B. Libri I, S. 268, Z. 2: *res in rem fit census.* — radix entspricht unserem Worte „die Unbekannte", res unserem Zeichen „x". — [746] CANTOR, I[b], S. 755.

nach ihm Leonardo[747] das Wort *census*. Für x^3 bleibt *cubus* allein möglich. Die absoluten Zahlen pflegten durch Hinzufügung von *numerus* oder *dragma* gekennzeichnet zu werden, zuweilen aber auch ohne Zusatz zu bleiben.[748]

Die Wortreihe *radix, census, cubus* hielt sich in mathematischen Abhandlungen durch das ganze Mittelalter hindurch, fast solange überhaupt in lateinischer Sprache geschrieben wurde; radix ist noch heute in dem modernen „Wurzel einer Gleichung" wiederzufinden. Weniger zäh war das Wort res, das mit radix im Wettstreit lag. Es tritt allmählich so in den Hintergrund, daß seine Benutzung in Schriften aus dem Schluß des fünfzehnten Jahrhunderts geradezu auffällt.[749] Hiermit ging aber nicht etwa eine Bevorzugung von radix Hand in Hand; der Grund, warum res verdrängt wurde, war ein anderer. Italienisch geschriebene Abhandlungen hatten das lateinische *res* durch *cosa* übersetzt. So findet sich in einem aus kaufmännischen Kreisen stammenden Manuskript des vierzehnten Jahrhunderts[750] die Reihe: *cosa, quadrato censo (quadrato, censo), censo cubo (cubo), censo di censo, censo di cubo.*[751] Das im Anhang II, Nr. 18 gegebene Beispiel aus diesem Manuskript zeigt die Verwendung dieser Ausdrücke; bei der absoluten Zahl steht die Münzbezeichnung *lire* (an Stelle des lat.-arabischen *dragma*). Statt der ausgeschriebenen Worte werden bei späteren italienischen Schriftstellern die Anfangssilben benutzt. Vertreter dieser Periode sind uns nur dem Namen nach, sehr selten in ihren Schriften erhalten, da sie, überstrahlt durch die *Summa* des Luca Paciuolo von 1494, des vollkommensten Werkes der damaligen Zeit, im Dunkel der Vergangenheit verschwunden sind. Bei Paciuolo selbst sehen wir die Reihe der Potenzbezeichnungen

[747] Leonardo Pisano, I, S. 407, Z. 1: *„quadratus, qui census dicitur"* ... — [748] Vgl. die lat. Übersetzung von Muhammed's Algebra in Libri (Anm. 750), Bd. I, Note XII, in der sich alle drei Arten finden: 1) S. 254, Z. 15: *„census equatur radicibus, et census aequatur numero et radices aequantur numero."* 2) S. 255, Z. 19: *„census et decem radices equantur triginta novem dragmis."* 3) S. 256, Z. 3: *„duo census et decem radices equantur quadraginta octo."* Leonardo Pisano gebraucht neben *numerus* auch *denarius* als Übersetzung von *dragma* (Leon. Pis., I, S. 407). — [749] So Regiomontanus (1464), vgl. Anhang II, Nr. 21b; Dresdener lat. Algebra (Manuskript um 1480; vgl. S. 133 unten), Wappler (Anm. 480), S. 13 ff. *„... valor rei"*; S. 15, Z. 10: *„compendium de ʒ et re"*; ferner noch bei Grammateus (1518) (Anm. 24), 48. Blatt, Rückseite ʒ 1: „von ainem Dinge oder *de re*". — [750] Abgedruckt von Libri, *Histoire des Sciences mathématiques en Italie*, 2. Aufl., Halle 1865, Bd. III, S. 288—336. — [751] Merkwürdig ist das Auftreten der diophantischen Bezeichnungsweise censo di cubi für x^5, womit bei allen anderen italien. Mathematikern x^6 gemeint wird.

bereits so vorgenommen, daß sie beliebig weit fortgesetzt werden kann. Sie lautet[752] mit Anführung der beim Rechnen ständig gebrauchten Abkürzungen

numero $= n^0. = x^0$		censo de cubo $=$ *ce. cu.* $= x^6$
cosa $=$ *co.* $= x^1$		secundo relato $= 2^0.r^0. = x^7$
censo $=$ *ce.* $= x^2$		censo de censo de censo $=$ *ce. ce. ce.* $= x^8$
cubo $=$ *cu.* $= x^3$		⋮
censo de censo $=$ *ce. ce.* $= x^4$		terzo relato $= 3^0.r^0. = x^{11}$
primo relato $= p^0.r^0. = x^5$		⋮

Unbekannt ist die Bedeutung des Wortes relato, das schon in dem oben erwähnten Manuskript aus dem vierzehnten Jahrhundert vorkommt[752a] und das vielleicht im Zusammenhang mit den Potenzbezeichnungen eines spätgriechischen, sonst nicht hervorgetretenen Mathematikers Psellus (Ende des elften Jahrhunderts) *ἄλογος πρῶτος* für x^5, *ἄλογος δεύτερος* für x^7 [753] steht; klar ist die Verwendung von relato in Verbindung mit den Ordinalzahlen primo, secundo, terzo bei Potenzen, deren Exponenten die Reihe der Primzahlen 5, 7, 11 u. s. w. sind.

Aus Italien flossen nun etwa um die Mitte des fünfzehnten Jahrhunderts mathematische Kenntnisse, besonders der Gleichungslehre, nach Deutschland und riefen dort eine selbständige Weiterentwicklung, die bis zum Ende des sechzehnten Jahrhunderts reicht, hervor. Dem Studium der italienischen Schriften bezw. der mündlichen Lehre italienischer Gelehrten, deren Ruf viele Wißbegierige an ihre Universitäten zog, entlehnte man sowohl die Art der Behandlung der Gleichungen als auch die hierbei üblichen Fachausdrücke. Die Hauptrolle bei diesen spielte natürlich die unbekannte Größe — *cosa* — selbst; sie bildete das Characteristicum der neuen Wissenschaft. Man übernahm nicht nur ihren Namen (so heißt die Unbekannte im deutschen Rechenbuch des Johannes Widmann von Eger: 1 coſſa,[754] später verdeutscht: 1 Coß, Riese 1524,[755] Rudolff 1525[756]), sondern benannte nach ihr auch das gesamte neuartige Rechnen. In diesem Sinne spricht Widmann (1489) von einer Regula Coſſe[757]

---

[752] *Summa*, S. 67ᵇ am Rand, bis x^{29} (Anm. 10). — [752a] Z. B. Libri III (Anm. 750), S. 333, Z. 13, 14: „*e radice relata de* 5153632 *è* 22", d. h. $\sqrt[5]{5153632} = 22$. — [753] Cantor, Iᵇ, S. 473. — [754] Widmann (Anm. 55), Blatt 218 bei der algebraischen Behandlung einer geometrischen Aufgabe. — [755] Berlet *Adam Riese, sein Leben, seine Rechenbücher und seine Art zu rechnen; die Coß von Adam Riese*, Leipzig-Frankfurt a. M. 1892, S. 35. — [756] Rudolff's *Coß* 1525, lib. I, cap. 5. — [757] Unter der Regula Falsi, 198. Blatt (Anm. 55).

und benennt sich eine wiener Handschrift, die zu Beginn des sechzehnten Jahrhunderts entstanden ist, *Regula Cose vel Algobre.*[758] Das Rechenbuch des Grammateus (Heinrich Schreiber aus Erfurt), geschrieben 1518, ist das älteste gedruckte deutsche Lehrbuch der Algebra; wenigstens enthält es einen kurzgefaßten algebraischen Abschnitt. Auf diesen bezieht sich der Verfasser, wenn in dem den Inhalt ankündigenden Titel von „etlichen Regeln Coſſe" die Rede ist. Von diesem Werkchen berichtet auch der berühmte Rechenmeister Adam Riese[759] (1492—1559, Annaberg) und erzählt, daß darin Aufgaben „durch Coß" gelöst seien. In der That erfährt jede Aufgabe bei Grammateus eine zweifache Behandlung, eine in der bis dahin üblichen Art und Weise, zumeist nach der Regeldetri, dann eine zweite, die stets die Überschrift „durch Coſſ" trägt. In so erweiterter Bedeutung wird das Wort „Coß", das schließlich die Lehre von den Potenzen der Unbekannten, der „cossischen Zahlen",[760] und die Lehre von den Gleichungen umfaßt, Allgemeingut der Mathematiker der damaligen Zeit, besonders durch das vielgelesene Werk[761] des wiener Gelehrten Christoph Rudolff, eines Schülers des Grammateus, das 1525 erschien und kurz „Rudolff's Coß" genannt wird.

Die nicht zu unterschätzenden Verdienste der Cossisten sind zweifacher Art. Einmal lösten sie von der Gleichungslehre das technische Rechnen mit Potenzen als besonderes Lehrkapitel ab; sie sind dadurch also Begründer einer eigentlichen Potenzlehre. Dann aber schufen sie sich für ihr Rechnen eine neuartige Zeichensprache und legten so das Fundament für unsere heutige symbolische Algebra.

Um die Entwicklung der in der Coß gebräuchlichen Symbole, die wir zunächst behandeln wollen, besser zu erkennen, sind die in den einzelnen Schriften verwendeten Zeichen nebenbei zusammengestellt. Das älteste Dokument deutscher Algebra ist ein *münchener Manuskriptenband,*[762] der in der Zeit zwischen 1455 und 1464 entstanden

[758] Vgl. Gerhardt, Monatsberichte der Berl. Akademie 1870, S. 143—144. — [759] Berlet, S. 35 (Anm. 755). — [760] Ein Ausdruck von Stifel, *Arithmetica integra,* Nürnberg 1544, S. 227ᵃ „*De numeris cossicis*". — [761] Titel: Behend vnd Hübſch Rechnung durch die kunſtreichen regeln Algebrae — ſo gemeinicklich die Coſs genẽt werden ... zuſammenbracht durch Chriſtoffen Rudolff von Jawer. (Straßburg 1525). Aus der Inhaltsangabe: Diß Buch wirt geteilt in zween teyl. der erſt beſchleußt acht algorithmos mit etlichen andern vorleufften | ſo zu erlernung der Coſs Nottürftig ſein. der andere zeigt an die reglẽ der Coſs | je eine in ſunderheit erkleret, mit vil vnd mancherley ſchönen exempeln. — [762] Vgl. den Bericht von Gerhardt in den Berl. Monatsberichten 1870, S. 141 u. 143. Genauer

	Wurzelzeichen	Konstante	x^1	x^2	x^3	x^4
1) Deutsche Algebra. Dresdener Manuskript C. 80	R	N	ϑ	z	chu	R von R
2) Lateinische Algebra. Dresdener Manuskript C. 80	R, · de 16 z	ø	r, re	z	ce	zz
3) Joh. Widmann, Rechenbuch 1489	R, ra.		r	zē∫		
4) Regulae Cosae vel Algebrae. Wiener Manuskr.		ø	r, r	z	ce	zz
5) Riese 1524	√	ϕ	r	z		
6) Rudolff 1525	√ ∛ ∜	φ	r	z	ce	zz
7) Apian 1527			r	z	c	zz
8) Stifel 1544 Arithm. integra	√z.		r	z	ce	zz
9) Stifel 1553 Rudolff's Coß	√z. √ce.	φ	r	z	ce	zz

ist und aus verschiedenen mathematischen Abhandlungen zumeist derselben Handschrift — wechselnd in lateinischer und deutscher Sprache — besteht. Neben Schriften über Geometrie und über die Lehre vom gemeinen Rechnen findet sich ein kurzes deutsches Bruchstück algebraischen Inhaltes, datiert vom Jahre 1461, das ein Auszug aus der Algebra des MUHAMMED IBN MUSA ALCHWARIZMI zu sein scheint, da nicht nur die Wortreihe numerus bezw. dragma, radix, census und die ganze Behandlungsweise der vorkommenden quadratischen Gleichungen, sondern auch die in den Beispielen gewählten Zahlengrößen auf MUHAMMED's Schrift hinweisen. Abkürzungen oder Zeichen werden nicht gebraucht. Eine zweite deutsche Algebraschrift desselben Manuskriptenbandes, etwa auf dieselbe Zeit zu datieren, weist durch die Reihe numerus = zal, cosa = Ding, censo, cubi, censo di censo, die sonderbarerweise mit duplex cubo = x^5, cubo di cubo = x^6 fortfährt, deutlich auf italienischen Ursprung. Dieses Manuskript enthält für cosa ein Zeichen, das einem ∂ ähnlich ist.[763]

Ein *zweiter Manuskriptenband*, wahrscheinlich aus den achtziger Jahren des fünfzehnten Jahrhunderts stammend, ist in *Dresden* (C. 80) aufbewahrt.[764] Es ist dies das schon öfter (S. 133, Anm. 749) erwähnte Exemplar, das bereits WIDMANN (1489, erstes größeres gedrucktes deutsches Rechenbuch[55]) besessen und benutzt hatte, das auch, wie ebenso sicher festgestellt ist, im Besitz von GRAMMATEUS († 1525; Universitätslehrer in Wien[24]) und RIESE (1492—1559, Annaberg) gewesen ist. In demselben sind zwei Algebrahandschriften, eine deutsche und eine lateinische zu unterscheiden. Die deutschen Fachwörter der ersten heißen: zall, dingk, zensi, chubi, wurzell von der wurzell, von denen das letzte unerklärbar, wahrscheinlich ein Mißverständnis des Schreibers ist. Die Zeichen, die in beiden Abhandlungen gebraucht werden, sind anscheinend verschiedener Natur. Fassen wir zunächst das Zeichen der Unbekannten in der deutschen Algebra ins Auge, so wird es sich als ein d (= Ding) deuten lassen können, wie es auch von CURTZE und CANTOR geschehen ist; größere Wahrscheinlichkeit aber liegt darin — besonders wenn man

Abdruck der algebraischen Abhandlungen durch CURTZE, Ztschr. f. Math. u. Phys., Bd. 40, Supplement S. 31—74. — 763 Die von CURTZE im Abdruck gegebenen Zeichen sind anscheinend nicht genau nachgebildet. Das Zeichen der Unbekannten dürfte sich mit dem gleich zu besprechenden Symbol der dresdener Algebra decken. Ganz unwahrscheinlich ist, daß in einer weiteren Abhandlung des münchener Bandes ein ꝛc auftritt, ein Zeichen, das erst durch RUDOLFF's Coß eingeführt wird. — 764 Abgedruckt bei WAPPLER (Anm. 480).

die Schlinge rechts oben betrachtet, die man bei einem *d* eher links unten erwartet — es als ein *co* anzusehen und in ihm die italienische Abkürzung für cosa wieder zu erkennen. Das Zeichen der Konstanten ist ohne Zweifel als ein *d* (= dragma) zu lesen, dem nur noch ein häufig auftretender Schnörkel angefügt ist (vgl. ꝺ); ʒ und ꝺu bedürfen keiner weiteren Erklärung. Der Verfasser der deutschen Algebra muß als Vorlage italienische Manuskripte, vielleicht Nachschriften von Vorlesungen, gehabt und ihnen seine Zeichen entnommen haben; es kann sein, daß er ihre Ableitung gar nicht erfaßt hatte. Die in Italien seit langer Zeit blühende Algebra wird selbstverständlich solche Abkürzungszeichen ausgiebig benutzt haben; oftmaliger Gebrauch kann aber leicht die anfangs erkennbaren Buchstaben so abschleifen, daß die Herkunft nur dem Kundigen klar ist, zumal in einer Zeit, die Vervielfältigung durch Druck noch gar nicht kannte und des schnelleren Schreibens wegen Ligaturen in ausgedehntem Maße verwendete. Ein Gelehrter vom Schlage des PACIUOLO war sich ihrer Deutung bewußt und ließ, als er seine *Summa* 1494 durch Druck veröffentlichte, das ursprüngliche *co* (vgl. S. 189) wiederherstellen; ein deutscher Bearbeiter wird sich nur schwer mit ihnen zurecht gefunden, ja sie gar nicht verstanden haben. Der Unerfahrenheit des Verfassers der kleinen deutschen Algebra im dresdener Codex ist sicher auch das eigentümliche Zeichen und Wort für x^4 zuzuschreiben. In seinem Original kann nur ʒʒ gestanden haben. Wird die untere Schlinge des ʒ weiter nach rechts gezogen (vgl. in der Tabelle Nr. 8 und 9 bei STIFEL), so ist es einem deutschen geschriebenen 𝔴 ähnlich und kann mit ihm verwechselt werden. Nun kommt aber in der deutschen Algebra C. 80 wirklich auch ein verschnörkeltes *r* vor, vielleicht im Original in etwas ähnlicher Linienführung, aber in der Bedeutung der Quadratwurzel;[765] folglich las und schrieb der deutsche Abschreiber auch für ʒʒ „wurzell von der wurzell".

Bestätigt wird die Deutung des Zeichens für die Unbekannte als *co*, wenn man die Zeichen der lateinischen Algebra desselben dresdener Bandes prüft (S. 191, Nr. 2). Aus der ganzen Behandlung des in dieser Handschrift gebotenen Stoffes können wir auf einen viel befähigteren und gelehrteren Verfasser schließen. Sein Zeichen für unser x gleicht einem *co*, in dem das *o* nach rechts geschlungen ist; bemerkenswert für spätere Veränderung bei anderen Autoren ist ein leichter Knick am *c* links unten. Daß der Verfasser sich bewußt ist, eine Abkürzung von cosa vor sich zu haben, geht ohne weiteres daraus hervor, daß er zuweilen die Flexionsendung des Genetivs (cosae) rechts oben

765 WAPPLER, S. 5, Z. 3.

beifügt.[766] Auf keinen Fall kann es ein *r* sein, das als Anfangsbuchstabe von radix freilich denselben Begriff darstellen würde, aber anders zu flektieren wäre. Ein wirkliches *r*, wieder für Quadratwurzel, ist an anderen Stellen der lateinischen Algebra, wie die Tabelle angiebt, übrigens auch anzutreffen.[767] — Die falsche Lesung des Zeichens für cosa als *r* setzt sofort bei den Benutzern der Handschrift C. 80 ein. Begünstigt wurde dieses Mißverständnis dadurch, daß damals das Studium der Algebra MUHAMMED's (S. 192) eifrig betrieben wurde und aus diesem das Wort *radix* für die Unbekannte jedem Mathematiker bekannt war. WIDMANN (1489 Rechenbuch[55]), vielleicht der erste Besitzer des dresdener Sammelbandes, wußte offenbar überhaupt nicht, was er mit dem Zeichen seiner Vorlage anfangen sollte. Seine Letter, an der möglicherweise auch der Drucker schuld sein kann, sieht einem *r* (radix), aber auch einem *n* (numerus) ähnlich; sie findet sich an der einzigen Stelle in WIDMANN's Rechenbuch, an der überhaupt algebraisch gerechnet wird[768] — bei Behandlung einer geometrischen Aufgabe, die ziemlich flüchtig durchgeführt ist —, und ersetzt daselbst das unmittelbar vorher benutzte ⲓ coſſa (vgl. Anhang II, Nr. 25[b]). Ein zweiter Benutzer des dresdener Manuskriptes ist RIESE. Seine Schrift über die Regeln der Coß, die sich der Quelle sehr eng anschließt und teils nur eine Übersetzung darstellt, ist von ihm nicht durch Druck veröffentlicht, sondern erst in jüngster Zeit überhaupt bekannt geworden.[769] Das von RIESE benutzte Symbol für die Unbekannte nähert sich noch mehr der Linienführung des 𝔵; bei der Aufzählung seiner Potenzzeichen nennt er es „Radix ader Coß. Die wurtzel oder das dingk genannt welches geschwengert etzliche Zal zu tragen";[770] jedenfalls heißt es in erster Reihe bei ihm *radix*.

Neben den münchener und dresdener Handschriften existiert noch eine *wiener Algebraabhandlung „Regule Cose vel Algobre“*,[771] deren Entstehung etwas später, etwa um 1500, anzusetzen ist. In den Berichten über dieselbe wird einmal das Zeichen der dresdener lateinischen Algebra C. 80,[772] ein andermal[771] ein dem RIESE'schen 𝔵 nahe stehendes Symbol als benutzt angegeben.

Auf ein wirkliches *r*, dem nur noch derselbe Schnörkel, den

[766] WAPPLER, S. 14, Z. 3: *„radix residui debet de medietate cosa° tolli“*, S. 21, Z. 18: *„et remanet valor 1 cosa°“* (für cosa steht das Zeichen der Tabelle). — [767] WAPPLER, S. 21, 29 u. ö. — [768] S. 216*, Signatur 𝔈 (Anm. 55). — [769] BERLET, *Die Coß von Adam Riese*, Annaberg 1860. — [770] BERLET, S. 35 (Anm. 755). — [771] GERHARDT, Berl. Monatsberichte, 1870, S. 143 ff. (Anm. 881). — [772] WAPPLER, S. 3 (Anm. 480).

das *c* für cubus ständig besitzt (c𝔯), angehängt ist, treffen wir in dem Rechenbuch des Apianus[773] (1495—1552, Prof. in Ingolstadt) von 1527; auch hier wird im Text ausschließlich das Wort radix benutzt.

In dem Lehrbuch der Algebra, das Chr. Rudolff von Jauer 1525 erscheinen ließ,[761] wird als Letter für das Unbekanntensymbol eine *r*-ähnliche Form 𝔯 benutzt, die allgemeinere Verbreitung erfuhr und im Laufe des sechzehnten Jahrhunderts sich nicht mehr veränderte. Zur Anerkennung verhalfen ihr hauptsächlich die Lehrbücher, die Michael Stifel (1544 *Arithmetica integra,* 1553 Neuausgabe der Rudolff'schen *Coß*), der bedeutendste unter den Cossisten, verfaßte. Bei Stifel ist die Auffassung als *r* und die entsprechende Lesart als radix so befestigt,[774] daß er sein Zeichen 𝔯 sogar im Sinne von Quadratwurzel gelegentlich benutzte.[775] Ein anderer Cossist Johann Scheybl (1494—1570) geht so weit, daß er für die Unbekannte geradezu *ra* schreibt.[776]

An früherer Stelle (S. 150) ist erwähnt worden, daß das Rudolff'sche Zeichen 𝔯 durch seine Form im Laufe der folgenden Zeit zu einem weiteren Irrtum Veranlassung gab, indem es nunmehr mit einem x, das ähnlich geschrieben wird, verwechselt wurde. Es wird lange Zeit schon als x gelesen worden sein, als Descartes der neuen Deutung dadurch volles Bürgerrecht verlieh, daß er endgültig den Buchstaben x — und sofort verallgemeinernd überhaupt die letzten Buchstaben des Alphabets — als Symbol der Unbekannten erwählte. Nur der Historiker erkennt in dem, von der modernen Algebra so umfassend verwerteten x jenes altitalienische cosa wieder; nur ein mühsamer Gang durch lange Zeiträume mathematischer Thätigkeit vermag nachzuweisen, daß zwischen beiden nicht nur ein begrifflicher Zusammenhang besteht, sondern daß beide miteinander auch thatsächlich identisch sind.

Bei der Vergleichung der in der Coß gebräuchlichen Potenzzeichen haben wir bisher nur auf das Symbol der Unbekannten selbst unser

---

773 Signatur $\mathfrak{Z}_8$ (Anm. 167). — 774 Vgl. *Arithmetica integra,* III, S. 227[b]: „*Inventurus numerum inueniendum absconditum ponat loco illius 1 Coß (nos autem ponimus 1 𝔯)*", wer eine zu findende unbekannte Zahl finden will, der setze an Stelle derselben 1 Coß (wir aber setzen ein 𝔯); *Arith. int.* III, S. 228[a]: „*Docet autem regula, primo ponendum esse 1 cossam seu (ut nos facimus) 1 radicem* ..." die Regel lehrt, zuerst setze man 1 Coß oder (wie wir es machen) 1 Wurzel ...; *Arith. int.* III, S. 235 „... *Ut 10 𝔯 fl. sunt decem radices seu lineae decem florenorum* ..."; *Coß* 1553, S. 59[b], Z. 1—3 „So wirt nu die Radix verzeichnet mit einem R, alſo 𝔯. Heyſet Radix. ... — 775 So *Arithm. integra,* S. 233[b]: „*quaerenda erit 1 𝔯 de quotiente hoc 12 𝔯* − 36 ...". — 776 Scheubelius, *Algebrae compendiosa facilisque descriptio,* Parisiis 1551, S. 3 ff.

Hauptaugenmerk gerichtet, da es die interessantesten Wandlungen zeigte. Über die übrigen Zeichen bleibt nur wenig zu sagen. Für die höheren Potenzen sind sie an sich klar. Das Symbol der konstanten Größen konnte als Anfangsbuchstabe von dragma (S. 193) gedeutet werden. Eine Bestätigung für diese Annahme findet man in der folgenden Bemerkung, die RUDOLFF der Aufführung und Erklärung seiner Zeichen, also auch seinem als dragma gelesenen φ, beifügt,[777] seine Vorgänger hätten die Potenzen der Unbekannten „von fürtz wegen mit einem charakter, genommen von anfang des worts oder namens, verzeichnet". Die verschiedenen Formen, die in den einzelnen Handschriften (vgl. die Tabelle) gebräuchlich waren, lassen sich dadurch sehr leicht in Übereinstimmung bringen, daß man den griechischen Buchstaben φ in den beiden Formen φ und Φ zum Vergleich heranzieht; es ist also nicht nötig, eine durchstrichene Null herauszuerkennen, die als Zeichen der nullten Potenz (x^0) erklärt werden könnte.[778] Der letzte Erklärungsversuch des mittelalterlichen Dragmazeichens ist nicht erst in neuester Zeit gemacht worden, sondern liegt gewiß auch der Potenzbezeichnung CATALDI's (PIETRO CATALDI; † 1626 in Bologna) zu Grunde, der statt $x^0, x^1, x^2, x^3 \ldots$ die durchstrichenen Ziffern Ø 1̸ 2̸ 3̸ ... gebraucht.[565] Im übrigen verschwindet das Dragmazeichen allmählich aus der Gleichungslehre. In der That ist es ja auch überflüssig, da, wenn sämtliche Potenzen der Unbekannten ihre eigenen Zeichen haben, die alleinstehenden Zahlen nur als Konstanten aufgefasst werden können. STIFEL scheint der erste zu sein, der die Entbehrlichkeit des φ grundsätzlich anerkennt und es in seinen Rechnungen wegläßt, höchstens hin und wieder im Text statt des Wortes „Konstante" heranzieht.[779]

Bei LUCA PACIUOLO (*Summa* 1494) sahen wir eine Erweiterung der Potenzreihe für beliebige Werte vorgenommen; auch die deutsche Coß kennt eine solche, aber mit etwas abweichenden Benennungen. Die fünfte Potenz heißt von RIESE und RUDOLFF ab *sursolidum* (Überkörperlich) und wird bei erstem mit ß, bei letztem mit β bezeichnet; die siebente führt den Namen *Bissursolidum* und hat die Symbole biß bezw. $b\beta$. Bei der neunten Potenz bleiben RIESE und RUDOLFF stehen; sie stellen demgemäß folgende Tabelle auf:

---

777 RUDOLFF's Coß, Signatur $\mathfrak{D}_{II}$ (Anm. 761). — 778 CANTOR, II^b, S. 243. — 779 RUDOLFF's Coß 1525, Signatur $\mathfrak{H}_{III}$: „6 𝔵 + 4 φ sein gleich 46 φ." Dieselbe Stelle heißt in STIFEL's Neubearbeitung, 1553, S. 149: „6 𝔵 + 4 sind gleich 46." In einer hier beigefügten Anmerkung heißt es anderseits: „alles dasjenige so von 𝔵 und φ exemplificirt ist | soltu auch von anderen quantiteten verstanden werden."

x^1 = 𝔯	= radix oder coss
x^2 = 𝔷	= zensus
x^3 = 𝔠𝔢	= cubus
x^4 = 𝔷𝔷	= zensus de zensus (Zensdezens)
x^5 = 𝔰 oder β	= sursolidum
x^6 = 𝔷𝔠𝔢	= zensicubus
x^7 = bi𝔰 oder $b\beta$	= bissursolidum
x^8 = 𝔷𝔷𝔷	= zensus zensui de zensus
x^9 = 𝔠𝔠𝔢	= cubus de cubo.

Das *b* in dem Symbol $b\beta$ der siebenten Potenz bringt Stifel auf einen glücklichen Gedanken, die Reihe ad libitum fortzuführen. Dem Alphabet folgend ist in seiner *Arithmetica integra* (1544) $c\beta = x^{11}$, $d\beta = x^{13}$, $e\beta = x^{17}$ u. s. w.; in der Neubearbeitung der Rudolff'schen *Coß* wählt er die deutschen Buchstaben und schreibt 𝔅𝔰, ℭ𝔰, 𝔇𝔰, 𝔈𝔰 .... Eingehend setzt er auseinander, wie man mit seinen neuen Symbolen jede noch so hohe Potenz auszudrücken im stande sei.[780]

Wiewohl diese Symbole der Cossisten einen außerordentlichen Fortschritt im Vergleich zu der italienischen Schreibart darstellen, liegt das Unzulängliche derselben, wenn wir ihren Wert mit unserer modernen Potenzschreibart vergleichen, auf der Hand, da ihnen eine wirkliche Exponentenangabe fehlt. In dunkler Erkenntnis dieses Mangels ordneten die Cossisten ihre „Charaktere" der natürlichen Reihe der Zahlen zu und betrachteten diese gleichsam als Rangzahlen. Grammateus († 1525; Universitätslehrer in Wien) verwarf in diesem Sinne die cossischen Zeichen gänzlich und führte die Abkürzungen pri für x (prima quantitas), ſe für x^2 (secunda quantitas), ter für x^3 (tertia quantitas) u. s. w. (vgl. Anhang II, Nr. 28) ein.[781] Damit war der Begriff der Exponenten gegeben. Zu demselben Fortschritt war schon früher ein französischer Mathematiker Chuqet (Lyon, Paris; † um 1500) gekommen; in seinem *Triparty en la science des nombres* (1484) finden wir sogar zum erstenmal eine Art Exponentenbezeichnung, indem Chuquet statt $12 \cdot x$, $12 \cdot x^2$, $12 \cdot x^3$ u. s. w. 12^1, 12^2, 12^3 ... schrieb, ja sich nicht einmal vor 12^0 und 12^{-1} für 12 und $\frac{12}{x}$ scheute.[782] Chuquet's Werk ist nicht im

780 Neubearb. v. Rudolff's *Coß*, 1553, S. 60ᵃ, so x^{800} = 𝔷𝔷𝔠𝔰𝔰. — 781 Grammateus, Rechenbuch, 1518 (Anm. 24), Blatt 52ᵃ, Signatur $\mathfrak{G}_{III}$. — 782 *Triparty* S. 737—738, (Anm. 11); vgl. das Beispiel S. 740 (modern $8x^1 \cdot 7x^{-1} = 56$): „*Qui multipliroit* . 8^1. *par* . $7^{1\bar{m}}$. *la multiplicacion monte* 56" und ($8x^3 \cdot 7x^{-1} = 56x^2$): „*Semblement qui multipliroit* . 8^3. *par* . $7^{1\bar{m}}$. ... *ainsi ceste multiplicacion monte* . 56^2".

Druck erschienen; seine Verbreitung war deshalb nur eine beschränkte. Als eigene Erfindung muß es demnach angesehen werden, wenn STIFEL (1553) folgende Potenzbezeichnung vorschlug:[783] „Es mag aber die Cossische Progreß auch also verzeichnet werden

$$\overset{0}{1}\;.\;1\overset{1}{\mathfrak{A}}\;.\;1\overset{2}{\mathfrak{A}}\mathfrak{A}\;.\;1\overset{3}{\mathfrak{A}}\mathfrak{AA}\;.\;1\overset{4}{\mathfrak{A}}\mathfrak{AAA}.$$ Vnd so fort ahn on ende.

Item auch also

$$\overset{0}{1}\;.\;1\overset{1}{\mathfrak{B}}\;.\;1\overset{2}{\mathfrak{B}}\mathfrak{B}\;.\;1\overset{3}{\mathfrak{B}}\mathfrak{BB}\;.\;1\overset{4}{\mathfrak{B}}\mathfrak{BBB}$$

Item auch also

$$\overset{0}{1}\;.\;1\overset{1}{\mathfrak{C}}\;.\;1\overset{2}{\mathfrak{C}}\mathfrak{C}\;.\;1\overset{3}{\mathfrak{C}}\mathfrak{CC}\;.\;1\overset{4}{\mathfrak{C}}\mathfrak{CCC}\ldots$$

Vnd so fort an von andern Buchstaben."

Zugleich liegt hierin die Ausdehnung der Potenzbezeichnung auf mehrere Unbekannte. — Auch das Wort Exponent verdankt man STIFEL.[784]

Wenig verwendbar waren die Abkürzungen SCHEYBL's (1494 — 1570, Tübingen) $x^1 = ra$, $x^2 = pri$ (prima quantitas, durch einmalige Multiplikation der *ra* mit sich selbst entstanden), $x^3 = se$, $x^4 = ter$ u. s. f.,[785] wie auch die des Pariser Gelehrten RAMUS (1515 — 1572): $x^1 = l$ (latus), $x^2 = q$ (quadratus), $x^3 = c$ (cubus) $x^4 = bq$ (biquadratus), $x^5 = s$ (solidus), $x^6 = qc$, $x^7 = \beta s$ (secundus solidus), $x^8 = tq$ (triquadratus) u. s. f.[786]

Auf CHUQUET — oder auf eine gemeinsame Quelle — weisen die Symbole BOMBELLI's (1572 *Algebra*) hin: $\overset{1}{\smile}, \overset{2}{\smile}, \overset{3}{\smile}, \ldots$ statt $x^1, x^2, x^3 \ldots$, die den Zahlenkoëffizienten rechts oben beigefügt wurden. So ist[787]

$$625.\ p.\ 500.\overset{1}{\smile}\ p.\ 150.\overset{2}{\smile}\ p.\ 20.\overset{3}{\smile}\ p.\ 1.\overset{4}{\smile} = 625 + 500x + 150x^2 + 20x^3 + x^4.$$

Die BOMBELLI'sche Signatur übernahm der Holländer S. STEVIN

[783] STIFEL, RUDOLFF's *Coß*, 1553, Buch I, Kap. 5, S. 61^b u. 62^a. — [784] STIFEL, *Ar. integra*, B. III, S. 235^b: *„Progressio numerorum naturaliter progredientium exponat terminos progressionum geometricarum. Quemadmodum igitur series numerorum naturalis exponit singulas progressiones geometricas, ita etiam cossicam progressionem exponit. Eam vero expositione sufficit subindicere sequenti dispositione*

$$\begin{matrix} 0 & 1 & 2 & 3 & 4 & 5 & 6 & 7 \\ 1 & 1\mathfrak{x} & 1\mathfrak{z} & 1\mathfrak{ce} & 1\mathfrak{zz} & 1\beta & 1\mathfrak{zce} & 1b\beta \cdots \end{matrix}$$

... hic vides, quemlibet terminum progressionis cossicae suum habere exponentem in suo ordine ..." — [785] SCHEUBELIUS, S. 3 (Anm. 776). — [786] PETRI RAMI *Arithmetices libri duo et Algebrae totidem*, Frankofurti 1592; Arithm., lib. II, cap. IV, S. 271; Algebr., lib. I, cap. I, S. 300. — [787] BOMBELLI, 2. (?) Aufl. der *Algebra*, Bologna 1579, S. 52.

(1548 Brügge — 1620 Leiden; Kaufmann, später im Staatsdienst als Ingenieur) in wenig veränderter Form und schreibt

$$3 \textcircled{3} + 5 \textcircled{2} - 4 \textcircled{1} + 6 \text{ statt } 3x^3 + 5x^2 - 4x + 6.$$ [788]

Bei mehreren Unbekannten verwendet er die Silben *sec*, *ter*,.. (secunda, tertia,..), die er den Potenzzeichen vorsetzt. Statt $3x \cdot y \cdot x^2$ lesen wir bei ihm (*M* ist Multiplikationszeichen, vgl. S. 135)

$$3 \textcircled{1} M \text{ sec } \textcircled{1} M \text{ ter } \textcircled{2},$$

ebenso für $\frac{5x^2}{y} \cdot x^2$

$$5 \textcircled{2} D \text{ sec } \textcircled{1} M \text{ ter } \textcircled{2}.$$ [789]

Unabhängig von den Vorgenannten scheint BÜRGI (1552—1632, Kassel, Prag; Mechaniker, Mathematiker und Astronom) auf seine Schreibart[790]

$$\overset{\text{II}}{16} - \overset{\text{IV}}{20} + \overset{\text{VI}}{8} - \overset{\text{VIII}}{1} \text{ für } 16x^2 - 20x^4 + 8x^6 - x^8,$$

der sich nach BÜRGI's Vorbild auch der bekannte Astronom KEPLER (1571—1630; Graz, Prag) bediente,[791] gekommen zu sein.

Die Neuerung VIETA's (1540—1603, Paris; Staatsbeamter), statt der bisherigen Zahlenkoëffizienten allgemeine Buchstaben einzuführen, wurde in der Potenzlehre insofern ein Wendepunkt, als nunmehr der Mathematik auch Potenzen bekannter Zahlen zugeführt wurden. Zwar mutet uns die Schreibart VIETA's in seiner *Isagoge in artem analyticam* von 1591: *A quadr.*, *B cub.* für x^2 bezw. a^3 sonderbar an und erschwert das Studium des so wie so schon schwer verständlichen Werkes ganz beträchtlich, aber nunmehr ist die Bahn zu weiterer Verbesserung frei. A. GIRARD (1590?—1632; Leiden, Lehrer d. Math.) beschränkt sich 1629 auf *A q* und *B cub*,[792] bringt aber auch die Neuerung[793]

$$(1)18 \text{ und } (\tfrac{3}{2})49 \text{ statt } 18^1 \text{ bezw. } 49^{\frac{3}{2}} (= 343),$$

wobei er die Exponenten links setzt, um Verwechslungen mit $18(1) = 18x^1$, $18(2) = 18x^2$ zu vermeiden. Der Engländer OUGHTRED (1574—1660; Pfarrer in einem Landort) kürzt in der *Clavis mathem.* von 1631 noch mehr ab: *Aq* und *Bc*;[794] HARRIOT (1560

788 STEVIN, I, S. 6, Def. 26 (Anm. 88). — 789 STEVIN, I, S. 7, Def. 28, *Explicat.* Die zweiten u. s. w. Unbekannten heißen bei ihm *Quantitez postposees.*
790 RUD. WOLF, *Astron. Mitteilungen*, XXXI, S. 18 nach CANTOR, II^b, S. 643. — 791 Z. B. *De Figurarum Harmonicarum Demonstratione*, 1619, Lib. I, prop. 45; KEPLER's ges. Werke, ed. FRISCH, Bd. V, Frankf. a. M.-Erlangen 1864, S. 104. — 792 GIRARD, *Invention nouvelle en l'algèbre*, 1629 Signatur $\mathfrak{F}_2$, (Anm. 13). — 793 Daselbst, Signatur B. — 794 OUGHTRED, cap. IV, § 6, S. 10 (Anm. 499/504); vgl. auch WALLIS, *Algebra*, S. 71.

— 1621, Oxford) schreibt in seiner unmittelbar darauf erschienenen, nachgelassenen *Algebra* aa bezw. bbb.[795] Schließlich führt Hérigone (1634, *Cours mathématique*, Paris) die modernen Symbole ein, nur daß die Exponenten noch nicht in erhöhter Stellung, sondern rechts daneben gesetzt werden: $a2$, $a3$, $a4$ für a^2, a^3, a^4.[796] Diesen letzten, noch fehlenden Schritt that Descartes (1637 *Géométrie*)[797] und blieb damit bis auf unsere Zeit vorbildlich. Vollständig fest wurde die kartesische Schreibart erst mit dem achtzehnten Jahrhundert. Noch Jacob Bernoulli schrieb 1690 a_4 statt a^4.[798] Für die zweite Potenz a^2 blieb Descartes bei der alten Schreibweise aa, was auch noch Gauss that. Gauss begründet seine Gewohnheit damit, daß Symbole nur in der Kürze ihre Existenzberechtigung besäßen, a^2 aber vor aa keine Raumersparnis voraus hätte.[799]

Allgemeine Exponenten erscheinen bei Descartes noch nicht; diese hat erst Newton (1643—1727) in Übung gebracht.

Den Exponenten Null findet man zum erstenmal in dem oben (S. 197) erwähnten *Triparty* des französischen Mathematikers Chuquet (1484). Dasselbe Werk enthält auch negative Exponenten.

Gebrochene Exponenten — und zwar bei Potenzen bestimmter Zahlen (*proportiones* genannt) — hatte schon ein älterer französischer Mathematiker Oresme (um 1323—1382; Paris, zuletzt Bischof von Lisieux) in ganz eigentümlicher Schreibweise angewendet (vgl. S. 206). In seinem *Algorismus proportionum*[800] wird $4^{1\frac{1}{2}}$ ($= 8$) folgendermaßen geschrieben

$$\boxed{1^p\,\frac{1}{2}}\,4 \quad \text{oder} \quad \boxed{\frac{p\cdot 1}{1\cdot 2}}\,4\,;$$

an anderen Stellen steht

$$\boxed{\frac{1\,p}{2\cdot 27}} \text{ für } 27^{\frac{1}{2}}, \quad \boxed{\frac{1\cdot p}{3\cdot 3}} \text{ für } 3^{\frac{1}{3}}.$$

795 *Artis analyticae praxis*, London 1631, S. 4ff. — 796 *Cours math.* Bd. I, vgl. am Anfang die *explicatio notarum*, Bd. II, Algebra, cap. I, S. 4. — 797 Oeuvres de Descartes, ed. Cousin, Bd. V, Paris 1824, *Géométrie*, S. 315 und weiter. — 798 Acta Eruditorum, Leipzig 1690 (Mai), S. 222:

$$a + b + \frac{bb}{2a} + \frac{b_3}{2 \text{ in } 3\, aa} + \frac{b_4}{2 \text{ in } 3 \text{ in } 4\, a_3} + \frac{b_5}{2 \text{ in } 3 \text{ in } 4 \text{ in } 5\, a_4} \cdots$$

$$\text{statt:} \quad a + b + \frac{b^2}{2a} + \frac{b^3}{2\cdot 3\, a^2} + \frac{b^4}{2\cdot 3\cdot 4\, a^3} + \frac{b^5}{2\cdot 3\cdot 4\cdot 5\, a^4} + \cdots —$$

799 Cantor, II^b, S. 794, Anm. 2. — 800 M. Curtze, *Über die Handschrift R. 4°. 2 Problematum Euclidis explicatio der Kgl. Gymnasialbibliothek zu Thorn*, Ztschr. f. Math. u. Phys., Bd. 13, Supplem., Leipzig 1868, § 9, S. 65 ff.; vgl. auch Cantor, II^b, S. 183, 356.

Der Umstand, daß diese Schrift nie im Druck erschien, hinderte ihre Kenntnisnahme in weiteren Kreisen. Noch der Holländer STEVIN (1548 Brügge — 1620 Leiden), der sein Zeichen $\textcircled{\scriptsize\frac{2}{3}}$ bereits als Kubikwurzel aus dem Quadrate der Unbekannten aufgefaßt haben will,[801] scheut sich vor der wirklichen Verwendung dieses Symbols (1585 *L'arithmétique*). Erst NEWTON hat das Verdienst, von dieser Verallgemeinerung des Potenzbegriffes den richtigen Gebrauch gelehrt zu haben, wie uns einige Kapitel der *Principia*[802] zeigen. Von wesentlicher Bedeutung ist die Aufstellung des binomischen Lehrsatzes durch NEWTON in einer Abhandlung *Analysis per aequationes* (zwischen 1665 und 1666 verfaßt),[803] dessen Beweis der Entdecker in einem Briefe an OLDENBURG (13. Juni 1676) eingehend auseinandersetzt.[804] Auch LEIBNIZ hat sich die Weiterausbildung der Potenzlehre sehr angelegen sein lassen.

Zu imaginären Exponenten schritt EULER (1707 Basel — 1783 Petersburg, vorübergehend in Berlin) vor und zwar zum erstenmal 1741, in einem Briefe an GOLDBACH vom 9. Dez., in dem er als merkwürdig mitteilt, daß er den Wert des Bruches

$$\frac{2^{+\sqrt{-1}} + 2^{-\sqrt{-1}}}{2}$$

fast gleich $\frac{10}{13}$ gefunden habe.[805] In Verbindung damit steht die weittragende Entdeckung EULER's von dem Zusammenhang, der zwischen den trigonometrischen Funktionen und den Potenzen mit imaginären Exponenten besteht (vgl. S. 173).

Schon vorher war der bedeutungsvolle Übergang zu variabeln Exponenten vorgenommen worden und damit der Begriff der Exponentialfunktion aufgestellt. JOHANN BERNOULLI hatte 1694 in dem Briefwechsel mit LEIBNIZ dieses neue Thema angegriffen;[806] den ursprünglich gewählten Namen der *percurrenten* Reihen ersetzte er bald, nach Vorschlag von LEIBNIZ, durch *Exponentialgröße*.[807]

---

801 STEVIN (Anm. 88), I, S. 6: „*Toutesfois le* $\frac{1}{2}$ *en circle seroit le caractère de racine de* ① ...“; I, S. 64, Regle VII, Explic.: „*la racine cubique de* ② *obtient nominateur rompu à sçavoir* $\frac{2}{3}$ *en circle*“. — 802 NEWTON, *Philosophiae naturalis principia*, London 1687, Lib. II, Lemma II, S. 252 ff.; hier ist die Potenzsymbolik ganz die moderne. — 803 *Comm. ep.*, S. 53 ff. (Anm. 737). — 804 *Comm. ep.*, S. 103; LEIBNIZ, Werke, ed. GERHARDT, 3. Folge, Bd. I, Berl. 1849, S. 100 ff. — 805 *Corresp. math. et phys.*, par FUSS, Petersburg 1843, I, 111. — 806 LEIBNIZ, Werke, 3. Folge, Bd. III, S. 139, Brief vom 9. Mai 1694 u. a. a. St. — 807 LEIBNIZ, Werke, ed. GERHARDT, 3. Folge, Bd. III, Halle 1855, S. 141, Brief von LEIBNIZ an JOH. BERNOULLI 7. Juni 1694: „*curvae exponentialiter transcendentes*“.

In den Acta Eruditorum von 1697 (März) veröffentlichte BERNOULLI die Grundlage einer Lehre dieser Größen;[808] einige der darin enthaltenen Resultate dürften auf LEIBNIZ' Konto zu setzen sein. BERNOULLI's großem Schüler, LEONHARD EULER, verdankt die Mathematik die weitere Bearbeitung dieser Theorie, wozu auch die neue Definition der Logarithmen als Potenzexponenten gehört. Einen wirklichen Abschluß brachten die Untersuchungen ABEL's, der, von der Funktionalgleichung $f(x) \cdot f(y) = f(x + y)$ ausgehend, hierdurch eine neue Definition der Exponentialfunktion schuf und nunmehr nach funktionentheoretischen Prinzipien die Eigenschaften derselben erschöpfend behandelte.[808a]

Von den heute üblichen Fachausdrücken haben wir die Geschichte des Wortes Exponent und Exponentialgröße soeben kennen gelernt.

Das Wort Potenz hängt mit *δύναμις* (lat. *potentia*) zusammen, das HIPPOKRATES (Chios; um 440 v. Chr.)[809] zuerst als terminus technicus für das Quadrat einer Zahl gebraucht hatte. Wir wissen, daß dieses Wort bei den griechischen Mathematikern sehr häufig anzutreffen ist und kennen besonders seine Verwendung bei DIOPHANT (S. 185—186). Gerade die diophantische Algebra scheint es in der lateinischen bezw. italienischen Form *potenza* im Mittelalter wieder zur Geltung gebracht zu haben. Der Italiener BOMBELLI (Bologna; zweite Hälfte des sechzehnten Jahrhunderts) war der erste, der seit den Zeiten der Araber das Studium DIOPHANT's wieder aufnahm; er hatte sich sogar ans Werk gemacht, eine lateinische Übersetzung einer in der vatikanischen Bibliothek aufgefundenen Handschrift herzustellen, ohne indes sein Unternehmen zu Ende zu führen.[810] Wenn wir nun gerade in BOMBELLI's Hauptwerk (*Algebra*, 1572) zum erstenmal auf die Bezeichnung *potenza* treffen, so liegt es nahe, hier einen Zusammenhang mit dem diophantischen *δύναμις* zu vermuten, zumal es BOMBELLI nicht nur bei dem Quadrat der unbekannten Größe verwendet, sondern auch für die vierte Potenz, anscheinend nach Analogie von *δυναμοδύναμις*, *potenza di potenza* bildet.[811] Abweichend von DIOPHANT, aber nur der Gewohnheit der italienischen Mathematiker nachgebend, versteht er unter *Potenza cuba* die sechste Potenz. Die fünfte Potenz heißt bei ihm, wie schon

[808] JOH. BERNOULLI, opera, Lausanne 1742, I, Nr. 36: *Principia calculi exponentialium seu percurrentium.* — [808a] Vgl. HANKEL, *Theorie der komplexen Zahlensysteme,* Leipzig 1867, S. 13. — [809] CANTOR, I[b], S. 196. — [810] CANTOR, II[b], S. 551. — [811] *Algebra,* Bologna 1579, S. 64 u. S. 204.

bei PACIUOLO, *Primo relato.* Als allgemeiner Ausdruck für Potenz ist in Italien seit TARTAGLIA[812] *dignita* im Gebrauch. In diesem Sinne verwertet auch der holländische Mathematiker STEVIN (1548 Brügge — 1620 Leiden; Kaufmann, später im Staatsdienst als Ingenieur) das Wort *dignites,* ersetzt es indes oft durch *quantitez*; die spezielle Bedeutung von *potence* wird durch ihn etwas erweitert, indem er von einer *potence cubique* (dritte Potenz) und einer *potence de quarte quantité* (vierte Potenz) spricht.[813] *La puissance* erscheint in GIRARD's *Invention nouvelle en l'algèbre* von 1629 für unser Wort „Potenzierung".[814]

Das im siebzehnten Jahrhundert üblich werdende Wort *potestas* wird auf VIETA (1540—1603) zurückzuführen sein.[815] Von ihm übernahm es u. a. auch WALLIS (1616—1703, Oxford) in seine *Algebra,*[816] deren große Verbreitung ihm weitere Anerkennung verschaffte. Im achtzehnten Jahrhundert wird „Potenz" in allgemeinerer Bedeutung gebräuchlich. L. C. STURM nennt potentia in seinem *Kurtzen Begriff der Matthesis* von 1707 (Frankfurt) ein „sehr wunderliches Wort" und übersetzt es mit „erstem Vermögen, zweitem Vermögen" u. s. w. LAMBERT (1728—1777, Berlin, Oberbaurat) zieht Dignität vor;[817] in KARSTEN's *Lehrbegriff der gesammten Mathematik* (1768) wird anfangs Dignität und Potenz gleichmäßig eingeführt, dann aber Potenz ständig bevorzugt.[818] Alle drei Wörter finden sich in der Übersetzung, die MICHELSEN 1788 von der EULER'schen *Introductio* herausgab, jedoch mit Bevorzugung von Potestät;[819] das gleiche gilt von der für Anfänger geschriebenen *Algebra,* EULER's,[820] in der, nebenbei bemerkt, auch die schöne Verdeutschung „Macht" gegeben wird. Mit dem Ende des achtzehnten Jahrhunderts verlieren sich Potestät und Dignität, so daß Potenz das allein herrschende Fachwort geworden ist. Die Ausdrücke

812 *General trattato,* Bd. II, Venedig 1556, lib. II, S. 24ᵇ, Z. 2; ferner lib. IX, S. 138: „*Li numeri signalati detti quadri, cubi, censi di censi, primi relati, censi cubi, secondi relati & di tutti gli altri che vanno seguitando consequentemente che si chiamano dignita.*" — 813 STEVIN (Anm. 88), I, S. 11, Def. 35, Explic.: „*27 s'appelle potence cubique de sa racine 3 et 81 potence de quarte quantité et ainsi des autres en infini*"; ferner I, S. 58, Reigle 6, Z. 6, Reigle 7, Z. 4 u. ö. — 814 GIRARD (Anm. 13), vgl. den Abschnitt: *De la reduction Algebraique.* — 815 VIETA, *In artem analyticam Isagoge,* Tours 1591, S. 8ᵇ; ed. SCHOOTEN, Leiden 1646, S. 3, § 8. — 816 WALLIS, opera II, Algebra, 1693, S. 105 u. ö. — 817 LAMBERT, *Beiträge zum Gebrauch der Mathematik,* Berlin 1765. — 818 Teil II, 1768, Greifswald, Abschn. III, § 44, S. 98. — 819 So Dignität S. 473 unten, Potenz S. 507. — 820 EULER, *Algebra,* Petersburg 1770, S. 99, Kap. 168.

gleichnamige Potenzen, Bruchpotenzen[821] sind schon in Karsten's *Lehrbegriff* von 1768 eingeführt worden.

b) Das Rechnen mit Potenzen.

Diophant's Rechnen mit Potenzen ist, da er die sechste Potenz nicht überschritt, ein ziemlich beschränktes. Er kennt noch keine allgemeinen Vorschriften über das Multiplizieren und Dividieren, sondern zeigt die Vornahme dieser Rechnungsarten an Beispielen. Indes ist die Zusammenstellung dieser Beispiele für seinen Standpunkt erschöpfend, indem er alle Fälle von $x^m \cdot x^n = x^{m+n}$, $\frac{1}{x^m} \cdot \frac{1}{x^n} = \frac{1}{x^{m+n}}$, $\frac{1}{x^m} \cdot x^n = x^{n-m}$, in denen kein Exponent größer als 6 ist, aufzählt.[822] Allgemein werden nur zwei Sätze ausgesprochen, erstens, daß $x^n \cdot \frac{1}{x^n} = 1$ ist,[823] und zweitens, daß irgend eine Potenz, mit einer bestimmten Zahl multipliziert, keine höhere oder niedrigere Potenz liefert, sondern stets eine Größe derselben Gattung.[824]

Ein Hinausgehen über das diophantische Rechnen finden wir weder bei den *Arabern*, obgleich unter ihnen Alkarchi (um 1010, Bagdad)[825] die Potenzbezeichnungen über die Zahl 6 weiterführt und auch mit seinen höheren Potenzen operiert, noch bei den *italienischen Mathematikern* bis zum Ende des sechzehnten Jahrhunderts. Infolge der unglücklichen Abkürzungssymbole, die die Araber und Italiener für die Potenzen sich gebildet hatten, bleiben sie auf ihrem empirischen Standpunkt stehen; jeder allgemeinere Einblick in die Multiplikation und Division der Potenzen, den erst der Exponentenbegriff gestattet, geht dieser altertümlichen Form der Potenzlehre verloren. Auch die *deutsche Coß* verharrt zunächst auf der gleichen Stufe. Immerhin lag in der Verwendung der cossischen Zeichen ein Fortschritt; das Rechnen mit ihnen erweckte solches Interesse, daß die Cossisten die Potenzlehre von der Gleichungslehre, mit der sie bis dahin in engster Berührung stand, abzulösen und getrennt zu behandeln an-

---

821 Teil II, Abschnitt III, § 47, S. 99 und § 60, S. 110. — 822 Z. B. Diophant, (Anm. 705), ed. Tannery, S. 8, Z. 9: „*Δύναμις ἐπὶ δυναμοδύναμιν ποιεῖ κυβόκυβον*" ($x^2 \cdot x^4 = x^6$); S. 8, Z. 20: „*τὸ ἀριθμοστὸν ἐπὶ δυναμοστὸν κυβοστὸν ποιεῖ*" $\left(\frac{1}{x} \cdot \frac{1}{x^2} = \frac{1}{x^3}\right)$, S. 10, Z. 17: „*κυβοστὸν ἐπὶ δυναμόκυβον (ποιεῖ) δύναμιν*" $\left(\frac{1}{x^3} \cdot x^5 = x^2\right)$. — 823 Dioph., lib. I, def. 5, ed. Tannery, S. 8, Z. 11—12, ed. Wertheim, S. 4. — 824 Daselbst def. 6, ed. Tannery, S. 8, Z. 12—15, ed. Wertheim, S. 5. — 825 Alkarchi, Extrait du Fakhri, cap. II—VIII, ed. Woepcke, Paris 1853, S. 49—56.

fingen. Die verwendeten kurzen Symbole erlaubten auch eine übersichtlichere und umfassendere Zusammenstellung der speziellen Multiplikations- und Divisionsaufgaben, als sie seit DIOPHANT üblich waren. GRAMMATEUS (1518),[826] RUDOLFF (1525)[827] behalfen sich mit Aufstellung eines Schemas, das unserer Einmaleinstabelle ähnlich angeordnet ist. Aber eine wesentliche Vertiefung der Theorie konnte erst nach Schaffung des Exponentenbegriffes vor sich gehen. Ließ sich die Erfassung dieses neuen Begriffes auch schon am Ende des fünfzehnten Jahrhunderts, bei dem Franzosen CHUQUET, am Beginn des sechzehnten Jahrhunderts bei den älteren Cossisten wie GRAMMATEUS (vgl. S. 197) nachweisen, so treffen wir seine wirkliche Ausnutzung für die Vereinfachung des Potenzrechnens erst bei STIFEL in der Mitte des sechzehnten Jahrhunderts. Mit Hilfe des von ihm vorgeschlagenen neuen Kunstwortes Exponent konnte STIFEL die Multiplikations- und Divisionsregel in ganz moderner Form ausdrücken: „*Exponentes signorum in multiplicatione adde, in divisione subtrahe, tunc fit exponens signi fiendi.*“[828] Mit ihren Spezialisierungen (Potenzieren von Potenzen) und Umkehrungen enthält diese Regel den Kern der ganzen Potenzlehre, so daß man in der That berechtigt ist zu sagen, daß die Mathematik der Coß die Ausbildung einer wirklichen Potenzlehre verdanke.

Was noch fehlt, ist der methodische Aufbau der ganzen Lehre, die systematische Zusammenstellung der auftretenden Lehrsätze, ihre Zusammenfassung in der seit VIETA (1591) ausgebildeten Formelsprache, die Hinzufügung von Beweisen und Anwendungen nach unterrichtlichen Grundsätzen. Sind auch in den encyklopädischen Lehrbüchern des achtzehnten Jahrhunderts, wie in denen von STURM (1707), v. WOLFF (1710), KÄSTNER (1758), KARSTEN (1768), besonders in dem letzten, anerkennenswerte Fortschritte in dieser Beziehung gemacht, so ist doch die heutige Form der Potenzlehre, wie ja die schulgemäße Ausgestaltung fast der gesamten mathematischen Unterrichtsdisziplinen überhaupt, ein Werk des neunzehnten Jahrhunderts.

Der Übergang zum Rechnen mit negativen und gebrochenen Exponenten war ebenfalls mit dem Ende des fünfzehnten Jahrhunderts begonnen. Methodische Begründung gab indes auch hier erst das achtzehnte und neunzehnte Jahrhundert. Wieder ist es das KARSTEN'sche Werk, das entschieden an der Spitze gleich-

---

826 GRAMMATEUS, 54. Blatt, Seite vor der Signatur $\mathfrak{H}$ (Anm. 24). — 827 RUDOLFF's *Coß* v. 1525, Buch I, Kap. V unter „Multiplizirn“ und „Diuidirn“. — 828 STIFEL, *Arithmetica integra,* 1544 Nürnberg, Buch III, S. 236[b], Z. 8—9.

artiger Lehrbücher in der Darstellung und Ableitung der Regeln für negative und gebrochene Exponenten steht.

Das Rechnen mit gebrochenen Exponenten hatte bereits einmal in älterer Zeit (vierzehntes Jahrhundert) eine ziemlich hohe Stufe der Ausbildung aufzuweisen, im *Algorismus proportionum* des französischen Mathematikers Nicole Oresme (um 1323—1382; Paris, zuletzt Bischof von Lisieux). Das Werk dieses gelehrten Geistlichen, das auch später nur handschriftlich vorhanden war, hatte aber nur geringe Verbreitung, wohl auch nicht genügendes Verständnis gefunden, um von irgend welchem Einfluß auf die spätere Entwicklung der Potenzlehre zu sein. Hinzu kommt, daß die Darstellungsform eine durchaus ungewohnte war. Unter *proportio* versteht Oresme nämlich nicht den Quotienten zweier Zahlen, sondern die Größe, mit der, wie wir heute sagen würden, die zweite Zahl potenziert werden muß, um die erste zu ergeben. So nennt er das Verhältnis von 8 zu 4 ein anderthalbfaches, entsprechend dem unsrigen $8 = 4^{1^1/_2}$. Verfolgt man in den von Oresme vorgeführten Beispielen seine Art und Weise zu rechnen, so findet man eine Reihe von Regeln, die, in moderne Formelsprache übertragen, folgenden Inhalt besitzen:[829]

1) $a^m \cdot a^n = a^{m+n}$

2) $a^m \cdot a^n = a^{m-n}$

3) $a^{\frac{n}{m}} = (a^n)^{\frac{1}{m}}$

$a^{\frac{1}{m}} = \left(a^{\frac{p}{m}}\right)^{\frac{1}{p}}$

$\left(a^{\frac{1}{p}}\right)^{\frac{p}{m}} = a^{\frac{1}{m}}$

4) $(a^m)^{\frac{p}{q}} = \left(a^{\frac{mp}{n}}\right)^{\frac{1}{\frac{q}{n}}}$

$(a^m)^{\frac{p}{q}} = (a^{mp})^{\frac{1}{q}}$

5) $a \cdot b^{\frac{1}{n}} = (a^n \cdot b)^{\frac{1}{n}}$

$(a^n)^{\frac{1}{n}} = a$

6) $\dfrac{b^{\frac{1}{n}}}{a} = \left(\dfrac{b}{a^n}\right)^{\frac{1}{n}}$

$\dfrac{a}{b^{\frac{1}{n}}} = \left(\dfrac{a^n}{b}\right)^{\frac{1}{n}}$

7) $a^{\frac{1}{m}} = a^{\frac{p}{p \cdot m}}$

$a^{\frac{1}{e}} \cdot b^{\frac{1}{f}} = (a^f \cdot b^e)^{\frac{1}{ef}}.$

8) $\dfrac{a^{\frac{1}{e}}}{b^{\frac{1}{f}}} = \left(\dfrac{a^f}{b^e}\right)^{\frac{1}{ef}}$

9) $a^{\frac{1}{n}} \cdot b^{\frac{1}{n}} = (a\,b)^{\frac{1}{n}}$

$\left(\dfrac{a}{b}\right)^{\frac{1}{n}} = \dfrac{a^{\frac{1}{n}}}{b^{\frac{1}{n}}}$

Dazu kommen noch allgemeine Vorschriften, für die Formel 1) und 2) gilt, wenn m und n gebrochene Zahlen sind. Wir sehen heute in diesen Regeln eine Erweiterung der Potenzierung; Oresme

829 Nach M. Curtze, Ztschr. f. Math. u. Phys., Nr. 13, Suppl., Leipzig 1868, S. 70—73; vgl. auch Cantor, II[b], S. 134—135.

nahm diesen Standpunkt noch nicht ein. Für ihn waren sie nur eine formale Verallgemeinerung bereits vorhandener, aus EUKLID's Elementen bekannter Operationen.[830] Die griechische Mathemathik nannte die Beziehung $\frac{a^2}{b^2}, \frac{a^3}{b^3} \ldots$, das doppelte, bezw. dreifache Verhältnis von $\frac{a}{b}$;[831] im Anschluß daran verstand man später unter „*proportionem proportioni addere* oder *subtrahere* die Vereinigung der beiden Verhältnisse $\frac{a}{b}$ und $\frac{c}{d}$ zu $\frac{ac}{bd}$ bezw. $\frac{ad}{bc}$, die in Wirklichkeit Multiplikation bezw. Division der einzelnen Glieder fordert. Unwillkürlich stellt sich dem modernen Mathematiker ein Vergleich mit dem entsprechenden Erniedrigen der Rechenoperationen bei dem logarithmischen Rechnen ein. Wie nun das doppelte Verhältnis $\frac{a^2}{b^2}$ aus der Addition des einfachen Verhältnisses zu sich selbst gebildet ist, so stellt ORESME durch Umkehrung auch den Begriff des halben Verhältnisses $\sqrt{\frac{a}{b}}$ her, das, zu sich selbst addiert, zum Verhältnis $\frac{a}{b}$ führt. Unmittelbar daraus ergiebt sich die Verallgemeinerung auf irgend welche gebrochene Verhältnisse. Damit ist ein Formalismus geschaffen, dessen Verwendung in der That stets zu richtigen Resultaten im numerischen Rechnen führt, dessen Existenzberechtigung indes so lange in der Luft schweben mußte, bis eine von ganz anderen Grundlagen ausgehende Lehre — die Potenz- und Wurzellehre — die Notwendigkeit und Allgemeingültigkeit eines solchen Algorithmus nachwies.

3. Die Radizierung.

a) Begriff, Berechnung der Wurzeln.

Weder Ägypten noch Babylon kannten, soweit die Überlieferung reicht, den Begriff der Quadratwurzel. Mutmaßlich entstand derselbe auf griechischem Boden, als man nicht mehr ausschließlich kleine Quadratzahlen, deren Grundzahl ohne weiteres bekannt war, in den Kreis der Betrachtungen zog, sondern sich zu größeren, deren Bildung nicht von vornherein ersichtlich war, verstieg, oder gar erst als man sich in der ältesten pythagoreischen Schule (sechstes Jahrhundert v. Chr.) abmühte, die Maßzahl der Hypotenuse eines rechtwinklig-

830 EUKLID, Elemente, Buch V, def. 10, 11. — 831 Vgl. HANKEL, S. 350 (Anm. 40).

gleichschenkligen Dreieckes zu finden, Versuche, die auf die Entdeckung des Irrationalen führten und die ersten Näherungswerte für $\sqrt{2}$ lieferten, also die Kenntnis des Wurzelbegriffes in präziser Form zum mindesten veranlaßten. In der Geschichte der irrationalen Größen (S. 158 ff.) haben wir die Entwicklung und den Aufbau der Lehre von den quadratischen Irrationalitäten in der griechischen Mathematik kennen gelernt; wir haben hier noch die Ausdehnung des Wurzelbegriffes auf höhere Exponenten, sowie die Entstehung von Methoden zur Wurzelberechnung zu betrachten.

Auf die erste kubische Wurzel führte jenes Problem der Würfelverdoppelung, das in Gemeinschaft mit dem der Kreisausmessung und der Dreiteilung des Winkels dem Altertum seinen Stempel aufdrückte. Soll ein Würfel gefunden werden, der doppelt so viel Inhalt besitzt, als ein gegebener, so ergiebt diese Aufgabe, modern ausgedrückt, die Gleichung $x^3 = 2a^3$, d. h. es muß sein $x = a \cdot \sqrt[3]{2}$. Es scheint diese Aufgabe unmittelbar nach der Mitte des fünften Jahrhunderts v. Chr. in den gelehrten Kreisen Griechenlands aufgetaucht und gerade wegen der Schwierigkeit der Behandlung allgemein größeres Interesse bei den Gebildeten erregt zu haben; sonst würde Euripides (485—406 v. Chr.) nicht eine Anspielung auf dieses Problem in einer seiner Tragödien, dem verloren gegangenen Poleidos, eingeflochten haben, indem er den Minos, der dem Glaukos ein Grabmal errichten wollte, zu dem Baumeister sagen ließ:

> Zu klein entwarfst du mir die königliche Gruft.
> Verdopple sie! Des Würfels doch verfehle nicht![832]

Konnte man für Quadratwurzeln geometrische, mit Zirkel und Lineal ausführbare Konstruktionen leicht angeben, so versagte dieses Mittel bei einer Kubikwurzel ganz. Die überlieferten zahlreichen Lösungen — und fast alle Mathematiker von Bedeutung erprobten ihre Kräfte an dem Problem — nehmen daher Bewegungsgeometrie, Kegelschnitte oder gar transcendente Kurven zu Hilfe.

Auch das Bedürfnis nach kurzen Rechenverfahren, um zweite und dritte Wurzeln numerisch, besonders aus Zahlen, die nicht Quadrat- oder Kubikzahlen sind, annähernd auszuziehen, kann nicht lange ausgeblieben sein. Freilich sind wir über rechnerische Methoden

[832] Vgl. Cantor, I^b, S. 199; die angeführte Stelle ist in einem von Eutokius (Askalon; geb. 480 n. Chr.) erwähnten Brief des Mathematikers Eratosthenes drittes Jahrhundert v. Chr.) an Ptolemaeus Euergetes überliefert; Archimedes, opera, ed. Heiberg, III, S. 102 ff., die Strophen daselbst S. 104, Z. 1—3 (Anm. 6).

der Griechen im allgemeinen recht schlecht unterrichtet. Die griechischen Mathematiker vom Fach verschmähten es, wie wir schon öfters zu erkennen Gelegenheit hatten (vgl. S. 97—98, 151—152) — vielleicht auf Grund einer gewissen Überhebung der reinen Mathematik —, die praktisch-rechnerische Seite in ihre Darstellungen hineinzuziehen. Wir besitzen kein Elementarrechenbuch, das den euklidischen Elementen an die Seite zu stellen wäre und sind daher in betreff der Praxis des griechischen Rechnens fast ganz auf Vermutungen angewiesen. Das älteste erhaltene Lehrbuch für angewandte Mathematik, das des Alexandriners HERON (erstes Jahrhundert v. Chr.), ist vorwiegend feldmesserischen Inhaltes, so daß für das einfache Rechnen auch hier nicht viel zu holen ist.

Ohne Zweifel haben aber die Griechen bequeme Methoden des Quadratwurzelausziehens gekannt; das glänzendste Zeugnis liefert die Kreisberechnung des ARCHIMEDES (287—212 v. Chr.). Man vermutete anfangs, daß diese Methoden in kettenbruchähnlichen Algorithmen bestanden, wie EUKLID ein solches in seinem Verfahren, den größten gemeinsamen Teiler zweier Zahlen zu finden, bereits besessen hatte. Eine derartige Operation ist indes allein für $\sqrt{2}$ wahrscheinlich gemacht, da man den Näherungswert $\frac{7}{5}$, der auf diese Weise erhalten werden kann, bei PLATO[833] und ARISTARCH[834] gefunden zu haben glaubt; in nur sehr gezwungener Weise lassen sich aber die von ARCHIMEDES berechneten Quadratwurzelresultate[835] durch die Kettenbruchlösung erklären. Richtiger scheint die Annahme zu sein, daß ARCHIMEDES sich der auf geometrischem Wege gewonnenen Ungleichung

$$a \pm \frac{b}{2a} > \sqrt{a^2 \pm b} > a \pm \frac{b}{2a \pm 1}$$

bedient habe.[836] In den Schriften HERON's kann man die Anwendung dieser Formel bestimmt nachweisen.[837] Auch HERON's Verfahren, Kubikwurzeln zu ziehen, ist in jüngster Zeit wieder aufgefunden worden. Liegt $\sqrt[3]{A}$ zwischen den ganzen Zahlen p und q und ist demnach

$$A = p^3 - a = q^3 + b,$$

so sind seine Wurzelwerte durch die Formel nachzurechnen

$$\sqrt[3]{A} = q + \frac{6 \cdot \sqrt{a}}{A + 6\sqrt{a}}.$$

833 HULTSCH, *Die Näherungswerte irration. Quadratwurzeln bei Archimedes*, Abh. der Kgl. Gesellschaft d. Wissenschaft zu Göttingen 1893, Nr. X, S. 369. — 834 Daselbst S. 372ff.; vgl. dazu CANTOR, I^b, S. 408—409. — 835 Daselbst S. 369. — 836 Daselbst S. 399ff. — 837 M. CURTZE, Ztschr. f. Math. u. Phys., 1897, Bd. 42.

Für die Verwendung dieser Formel bei griechischen Mathematikern dürfte auch sprechen, daß sie leicht geometrisch abzuleiten ist.[838]

Eine dritte Methode der Radizierung — mit Hilfe der binomischen Entwicklung $(a+b)^n$ — ist bei den Griechen nur in nachchristlicher Zeit zu finden. Für $n=2$ lehrt sie zum erstenmal Theon von Alexandria (um 365 n. Chr.) in seinem Kommentar zum ersten Buch des ptolemäischen Almagestes;[839] das geübte Verfahren unterscheidet sich nur dadurch von dem modernen, daß statt der Dezimalbrüche Sexagesimalbrüche verwendet werden. Aus der Übereinstimmung der erhaltenen Resultate mit den Werten, die Ptolemaeus giebt, läßt sich die Vermutung rechtfertigen, daß auch Ptolemaeus (griech. Astronom; beobachtete zwischen 125 und 151 n. Chr. in Alexandria) ebenso gerechnet habe. Für früheres Auftreten sind keine Belege vorhanden; insbesondere sind die archimedischen Werte mit dieser Methode nicht ableitbar.

Vollkommener als die Kenntnisse der Griechen sind die der *Inder.* Diese zählten nicht nur das Potenzieren zu den Grundoperationen der Rechenkunst, sondern auch das Ausziehen der Quadrat- und Kubikwurzeln. Dabei legten sie von vornherein die binomischen Entwicklungen $(a+b)^2$ und $(a+b)^3$ zu Grunde, deren letzte wir in dieser Verwendung hier überhaupt zum erstenmal antreffen. Da die indische Zahlenschreibart sich mit der modernen deckt, ist es nicht zu verwundern, daß auch Einzelheiten, wie die Vorschrift, die zu radizierende Zahl vor Beginn der Rechnung zu je zwei bezw. drei Ziffern abzuteilen, u. a., bei Aryabhatta (geb. 476 n. Chr.)[840] in der heutigen Form anzutreffen sind.

Vielleicht gehört den Indern auch eine Verfeinerungsmethode an, deren Verwendung beim Quadratwurzelausziehen im Mittelalter ziemlich verbreitet war. Sie bestand darin, dem Radikanden eine gerade Anzahl von Nullen anzuhängen und hinterher das unter Benutzung dieser Nullen erhaltene Resultat durch diejenige dekadische Einheit zu dividieren, die die halbe Anzahl Nullen besitzt; es käme dieses Verfahren einer Verwendung von Dezimalbrüchen gleich (vgl. S. 87). Zuerst erscheint es in einem arabischen Werke, das stark nach indischen Quellen arbeitet, dem sogenannten *Rechenbuch des* Johannes von Sevilla, wie es nach seinem Übersetzer (um 1140 n. Chr.) genannt zu werden pflegt (vgl. S. 37).[337] Durch diesen

838 Ebendaselbst; vgl. außerdem Ztschr. f. Math. u. Phys., 1899, Bd. 44, hist.-litt. Abt., S. 1. — 839 Commentaire de Théon, ed. Halma, Paris 1822, I, S. 185—186; vgl. Cantor, I^b, S. 461. — 840 Aryabhatta ed. Rodet, Strophe IV, V, S. 397, 405—406 (Anm. 294).

Mittelsmann werden, direkt oder indirekt, die mittelalterlichen Mathematiker, wie LEONARDO VON PISA (1202), PETRO SANCHEZ CIRUELO (1495), HUSWIRT (1501), GRAMMATEUS (1518), RUDOLFF (1525), ORONTIUS FINAEUS (1532), CARDANO (1539), GEMMA FRISIUS (1540), RIESE (1550), RAMUS (1555), TARTAGLIA (1556), STEVIN (1585), die in Rede stehende Methode erhalten haben.

Den *Arabern* gebührt das Verdienst, den Wurzelbegriff auf höhere Exponenten erweitert zu haben. OMAR ALCHAIJAMI († 1123; Astronom in Bagdad) rühmt sich, „die Berechnung der Seiten des Quadratoquadrates, des Quadratokubus, des Kubokubus u. s. f. bis zu beliebiger Ausdehnung gefunden zu haben, was vor ihm noch niemand gekonnt hätte. Die Beweise, die er bei dieser Gelegenheit gegeben habe, seien rein arithmetische und beruhten auf den arithmetischen Kapiteln in EUKLID's Elementen."[841] Die letzte Bemerkung kann man offenbar nur auf Benutzung der binomischen Entwicklung für beliebig hohe Exponenten deuten, wodurch dann ALCHAIJAMI auch als Entdecker des Binomialtheorems für ganzzahlige Exponenten anzusehen wäre.

Während des *Mittelalters* wird in fast allen Lehrbüchern das Quadrat- und Kubikwurzelausziehen den vier Spezies angeschlossen. Wir übergehen hier eigentümliche Annäherungsverfahren, die von LEONARDO v. PISA (1202 *liber abaci*),[842] LUCA PACIUOLO (1494 *Summa*),[843] CARDANO (1539 *Practica arithmeticae*),[844] CLAVIUS (1583 *Epitome*)[845] u. a. gelehrt wurden, Rechenweisen, die in späterer Zeit noch außerordentlich vervollkommnet wurden, wie durch LAGNY (1660—1734),[846] HALLEY (1656—1742, Astronom in Greenwich)[847]

[841] *L'Algèbre d'Omar Alkhayyâmî*, ed. WOEPCKE, Berlin 1851, S. 13, § 9, Z. 21 ff. in französischer Übersetzung: „*j'ai enseigné à trouver les côtés du carré-carré, du quadrato-cube, du cubo-cube, etc., à une étendue quelconque, ce qu'on n'avait pas fait précédemment. Les démonstrations que j'ai données à cette occasion ne sont que des démonstrations arithmétiques, fondées sur les parties arithmétiques des Éléments d'Euclide*". — [842] LEONARDO PISANO, I, S. 253 ff. (Anm. 17). — [843] *Summa*, Teil I, dist. 2, tract. 6, S. 45ᵃ (fälschlich gedruckt 46), Nr. 3 (Anm. 10); vgl. CANTOR, IIᵇ, S. 314. — [844] CARDANO, Opera, Lugd. 1663, IV, 30—31; vgl. CANTOR, IIᵇ, S. 499. — [845] CLAVIUS, Opera, Moguntiae 1612, Bd. II, *Epitome practicae arithm.*, cap. XXVII, S. 75, cap. XXIX, S. 78. — [846] 1692, *Méthodes nouvelles et abrégées pour l'extraction et l'approximation des racines.* Hier wird behauptet, daß $\sqrt[3]{a^3+b}$ zwischen $a+\frac{ab}{3a^3+b}$ und $\sqrt{\frac{a^2}{4}+\frac{b}{3a}}+\frac{a}{2}$ und daß $\sqrt[5]{a^5+b}$ nahezu gleich $\sqrt{\sqrt{\frac{a^4}{4}+\frac{b}{5a}}-\frac{a^2}{4}}$; vgl. CANTOR, IIIᵃ, S. 115. — [847] 1694, Philosoph. Transact., Vol. XVIII, Nr. 210, S. 136.

und LAMBERT (1728—1777; Oberbaurat, Berlin),[848] während EULER (1707—1783; Basel, Petersburg, vorübergehend in Berlin) allgemeine Untersuchungen über solche Annäherungen vornahm.[849] Auch die Anwendung des Kettenbruchverfahrens auf das Quadratwurzelausziehen können wir nur streifen. Daß der italienische Mathematiker BOMBELLI (*L'Algebra* 1572) dasselbe schon verwendete, ist lange nicht bekannt gewesen.[850] Ausführlich geht EULER[851] auf diese Methode ein und betont ihre außerordentlich starke Annäherung, die „so schnell sei, daß wohl schwerlich eine schnellere Art, den irrationalen Wert $\sqrt{2}$ auszudrücken, wird entdeckt werden können". — Uns interessiert hauptsächlich, wie der heute gebräuchliche Algorithmus, der auf Bildung von $(a+b)^2$ u. s. w. beruht, in formaler Beziehung sich entwickelt hat. Verschieden kann allein die Anordnung der auftretenden Ziffern bei den einzelnen Autoren sein. Besonders fremdartig berührt uns das Schema, das man in den Rechenbüchern des sechzehnten und siebzehnten Jahrhunderts vorfindet, da in ihnen das früher (S. 46) geschilderte Überwärtsdividieren benutzt ist. GEMMA FRISIUS (1508—1555, Prof. in Loewen) ist der erste, der dem Doppelten des jedesmaligen Teilresultates, das fortgesetzt als neuer Divisor auftritt, die neugewonnene Resultatsziffer anfügt und dann die ganze, so erhaltene Zahl mit der letzten Resultatsziffer multipliziert; wenn bei ihm die Reste nicht stets oberhalb des Radikanden erschienen, würde sein Schema das moderne sein.[852] Zum erstenmal stoßen wir auf unsere Anordnung in BOMBELLI's *Algebra* von 1572.[853] Erst im achtzehnten Jahrhundert verschwand das Überwärtsdividieren, und nun konnte die moderne Form allmählich weitere Verbreitung finden.

Höhere Wurzeln auszuziehen, als dritte — bei denen übrigens im Vergleich zu den Quadratwurzeln die Mannigfaltigkeit der Schemata eine noch größere war — wird in deutschen Lehrbüchern zum erstenmal von APIAN (1495—1552, Ingolstadt), der bis zur achten Wurzel aufsteigt, gezeigt (1527/32).[854]

Die Möglichkeit, beliebig hohe Wurzeln zu berechnen, lehrt zuerst STIFEL (1486/87 — Jena 1567, luther. Prediger an ver-

848 1770, *Beiträge*, II, 1, S. 152 (Anm. 215). — 849 Novi Comment. Petropolit. pro anno 1773 (gedr. 1774), Bd. 18, S. 136 ff. — 850 BOMBELLI, *Algebra*, lib. I, S. 35—37; vgl. Ztschr. f. Math. u. Phys., Bd. 42, Supplement, S. 155 ff. — 851 *Introductio*, Lausanne 1748, I, cap. 18, § 376—377. — 852 GEMMA FRISIUS, *Arithmeticae practicae methodus facilis*, 1540, pars III (Ausgabe 1644 Wittenberg, Signatur $\mathfrak{G}_{IIII}$—$\mathfrak{G}$v). — 853 Bologna 1579, S. 32. — 854 APIAN's Rechenbuch, Signatur $\mathfrak{Z}_8$ ff. (Anm. 167).

schienenen Orten), — wenn wir von dem oben genannten Araber ALCHAIJAMI (S. 211), dessen Methode noch heute nicht genau bekannt ist, absehen. STIFEL entdeckte das Bildungsgesetz der Binomialkoëffizienten und stellte eine nach Belieben fortzusetzende Tabelle zur Verwendung beim Radizieren zusammen, die in der Neuausgabe von RUDOLFF's *Coß* (1553) bis zur siebenten Potenz,[855] in der *Arithmetica integra* 1544 bis zu $n = 17$ von ihm gegeben wurde.[856] Die wirkliche Durchführung des Radizierens nimmt STIFEL nur bis $n = 7$ vor; der italienische Mathematiker TARTAGLIA, der offenbar die Binomialkoëffizienten von STIFEL entlehnt hat, obgleich er sich als selbständigen Erfinder hinstellt, zeigt das Radizieren bis $n = 11$.[857]

Auf Wurzeln aus algebraischen Summen treffen wir nicht vor STIFEL. Da die Gleichungslehre, die das bewegende Moment im ganzen Rechnen mit algebraischen Ausdrücken vorstellte, in der damaligen Zeit auf solche zusammengesetzte Operationen noch nicht führte, lag dieses Thema fern und wird auch von keinem der früheren Cossisten berührt. Anderseits war auch der Lehrstoff noch nicht so durchgebildet, daß man Kapitel, die die Praxis nicht von selbst ergab, erfand, nur um in Behandlung eines vorliegenden Themas möglichst gleichmäßig, allseitig und erschöpfend zu sein. Hierzu gehörte ein Mathematiker, der über seiner Zeit stand, und als solchen haben wir MICHAEL STIFEL bereits öfters kennen gelernt. Sowohl in der *Arithmetica integra* (1544),[858] als auch in der Neubearbeitung von RUDOLFF's *Coß* (1553)[859] schaltet er einen Abschnitt mit den neuen Aufgaben (bis $n = 7$) ein, an letzter Stelle selbstbewußt betonend, daß er dem Leser hiermit Neues bringe. Bei der Verbreitung der STIFEL'schen Schriften ist es wunderbar, daß man in England das Recht der Priorität lange Zeit für ROBERT RECORDE (1510—1558, königl. Leibarzt), dessen Lehrbuch[860] von 1556 nicht einmal über das Ausziehen von Quadratwurzeln aus algebraischen Summen hinausging, in Anspruch nahm.

Wie man durch unendlich fortgesetztes Ausziehen der Quadratwurzeln zu Reihenentwicklungen kommt, lehrte zuerst NEWTON (1643—1727; Cambridge, London). Er hatte solche Rech-

855 Neuausgabe von RUDOLFF's *Coß*, S. 168ᵃ. — 856 *Arithmetica integra*, S. 44ᵇ. — 857 *General trattato*, 1556, Parte II, lib. 2. — 858 *Arithm. integra*, Buch III, S. 239ᵃ. — 859 Neuausgabe von RUDOLFF's *Coß*, S. 166ᵇ—171ᵇ: „der dritt Anhang vom extrahirn sollicher wurtzeln auſs cossischen Zahlen, von denen man in Christoff Rudolff gar nichts findet.“ — 860 *The Wetstone of witte* (Wetzstein des Witzes) 1556; vgl. CANTOR, IIᵇ, S. 479.

nungen vorgenommen, um die Richtigkeit der Entwicklung für $(a + b)^n$ nach dem von ihm erfundenen binomischen Lehrsatz auch in dem Fall eines gebrochenen Exponenten zu zeigen. Dazu wählte er[861] das Beispiel $\sqrt{1 - x^2}$, das ihm auf beide Weisen die Reihe $1 - \frac{1}{2}x^2 - \frac{1}{8}x^4 - \frac{1}{16}x^6 - \ldots$ lieferte. Zu weiterer Sicherung vollzog er als Probe noch die Multiplikation dieser Reihe mit sich selbst, wobei sich in der That wieder $(1 - x^2)$ ergab. Andere Beispiele,

$$\sqrt{a^2 + x^2} = a + \frac{x^2}{2a} - \frac{x^4}{8a^3} + \frac{x^6}{16a^5} - \ldots$$

$$\sqrt{a^2 - x^2} = a - \frac{x^2}{2a} - \frac{x^4}{8a^3} - \frac{x^6}{16a^5} - \ldots,$$

führte Newton in der Abhandlung *De analysi per aequationes numero terminorum infinitas*, die, zwischen 1665 und 1666 verfaßt, bis 1704 nur in Freundeskreisen bekannt geworden war, aus.[862] So einfach uns heute dieser Schritt, das Wurzelausziehen beliebig weit fortzusetzen, wenn die Rechnung nicht aufgeht, erscheint, so überraschend wirkten damals die mit dieser Operation erhaltenen Resultate, denen es bekanntlich vorbehalten war, die Grundlage einer neuen Theorie, der Reihenlehre, zu geben.

b) Name, Zeichen.

Bei den griechischen Mathematikern pflegte die Quadratwurzel stets mit πλευρά („*Seite*" des Quadrates) bezeichnet zu werden, also mit einem Ausdrucke, der der Geometrie entlehnt ist (vgl. S. 178—179). Durch welche besondere Gedankenverbindung Boëthius (480? Rom — 524 Pavia, römischer Staatsmann und Philosoph) dazu kam, das lateinische Wort radix (= Pflanzenwurzel), für die Größe eines Verhältnisses $a:b$ zu benutzen,[863] welche Überlegung die Inder dazu führte, unter *mûla*, das ebenfalls die Pflanzenwurzel bedeutet, die Quadratwurzel einer Größe zu verstehen, ist bis jetzt nicht aufgeklärt. Man muß offen lassen, ob diese Namengebung beide Mal selbstständigen Ursprunges ist, oder ob die Inder zuerst den neuen terminus aufstellten und dieser dann etwa über Alexandria nach dem Westen gelangte, oder schließlich, ob eine gemeinsame, vielleicht griechische, Quelle vorhanden ist.[864] Das steht jedenfalls fest, daß bei den indischen

---

861 *Commercium epistolicum,* S. 122 ff. (Anm. 513), Brief an Leibniz, 24. Okt. 1676. — 862 Daselbst, S. 59—60. — 863 Boëtius, ed. Friedlein, *Instit. arithm.*, I, 28, S. 60 Z. 1 ff. u. *Instit. mus.*, II, 8, S. 236, Z. 22 ff. (Anm. 28). — 864 Das griech. Wort ῥίζα soll in uneigentlichem Sinne als math. Wort bereits bei Nikomachus von Gerasa (um 100 n. Chr.) vorkommen. Verf. hat eine solche Stelle in der *Introductio* desselben (ed. Hoche, Leipzig 1866) nicht finden können.

Mathematikern das Wort „Wurzel" als mathematisches Fachwort im Gegensatz zu „Potenz" gebräuchlich geworden war. Der Zusatz *varga* (= Quadrat, siehe S. 129), also *varga mûla*, bezeichnete die Quadratwurzel; ähnlich war *varga ghana* (ghana = Körper) der ständige Ausdruck für Kubikwurzel.[865] Zweifellos ist ferner, daß das neue Kunstwort aus den indischen Lehrbüchern von den Arabern entlehnt wurde, deren Bezeichnung *dschidr* für Quadratwurzel eine wörtliche Übersetzung des indischen *mûla* ist. Aber schon wieder erscheint eine neue Unklarheit: das Wort *dschidr* verallgemeinert sich bei den Arabern zu einem Fachausdruck für die Unbekannte einer Gleichung und tritt hier in Wettbewerb mit dem gleichbedeutenden *schai* (= Ding, siehe S. 187ff.). Liegt hier ein selbstständiger Fortschritt der arabischen Mathematiker vor oder spielt jene unbekannte Quelle des Boëthius dabei eine Rolle? — Folgerichtig übersetzte Johannes von Sevilla (um 1140 n. Chr.) das arabische *dschidr* mit *„radix"*;[866] ebenso wortgetreu trat in deutschen Abhandlungen das Wort *„Wurzel"* ein. Zum erstenmal begegnen wir dem deutschen *„Wurtz"* in dem ältesten Dokument deutscher Algebra, einer kleinen Abhandlung von 1461, die sich in einem münchener Sammelband findet (vgl. S. 190). Das im Anhang II, Nr. 20 aufgeführte Bruchstück aus dieser Schrift weist „Wurtz" sowohl in der Bedeutung „Gleichungsunbekannte", als auch in dem Sinne von „Quadratwurzel" auf. Versuche, weitere Verdeutschungen für *radix quadrata* u. s. w. durchzusetzen, scheiterten, wie so manche Bestrebungen dieser Art; einer der ersten, der das heute nicht mehr entbehrliche Wort „Quadratwurzel" im deutschen Text verwertete, ist Daniel Schwenter (1625 Nürnberg, *Praktische Geometrie*).[867]

Wurzelzeichen sind im Altertum und im Mittelalter bis zum fünfzehnten Jahrhundert nicht in Übung. Bei den Westarabern hatte sich allmählich eine Zeichensprache herausgebildet (vgl. S. 130), die chronologisch der deutschen Coß unmittelbar voranging, ohne daß aber ein innerer Zusammenhang zwischen beiden nachzuweisen ist. Ein später Vertreter dieser westarabischen Schule ist der Andalusier Alkalsadi (gest. 1477 oder 1486). In seinem Werke *Aufhebung der Schleier der Wissenschaft des Ġubâr* (Ġubâr = Rechnen)

865 Bhaskara, Lîlâvatî, ch. II, sect. II, 20 u. 27, ed. Colebrooke, S. 9 Anm. 2, S. 12 Anm. 1 (Anm. 294). — 866 Trattati, II, S. 112, Z. 6 zuerst (Anm. 130—131). Plato's von Tivoli Übersetzung der Abhandlung des Arabers Albattani († 929; Damaskus) *de motu stellarum* (1537, Nürnberg, aus dem Nachlaß Regiomontanus herausgegeben) hat sogar schon das Wort *radicatio* (daselbst S. 5). — 867 Nach Felix Müller, Ztschr. f. Math. u. Phys., Suppl. 1899, S. 320.

dient der Anfangsbuchstabe des Wortes *dschidr* als Zeichen für die Quadratwurzel; dadurch, daß er über die zu radizierende Zahl gesetzt wird, nimmt er mehr den Charakter eines Symbols als den einer einfachen Abkürzung an.

Fast gleichzeitig tritt aber in *Deutschland* ein echtes Symbol für die Quadratwurzel auf. In der sogenannten *Dresdener lateinischen Algebra*, einer Abhandlung, die in einem dresdener Manuskriptenband aus der Zeit um 1480 enthalten ist (vgl. S. 192—194), finden sich Zahlen, denen ein Punkt vorgesetzt ist.[868] Daß dieser Punkt ein Quadratwurzelzeichen ist und analog zwei Punkte die vierte, dann drei Punkte die dritte, vier Punkte die neunte Wurzel bedeuten sollen, geht zweifellos aus folgender Bemerkung, die der Verfasser der lateinischen Algebra giebt, hervor. Es heißt geradezu: „*In extraccione radicis quadrati alicuius numeri preponatur numero vnus punctus. In extraccione radicis quadrati radicis quadrati prepone numero duo puncta. In extraccione cubici radicis alicuius numeri prepone tria puncta. In extraccione cubici radicis alicuius radici cubici prepone 4 puncta.*“[869] Wie diese wenig folgerichtige Bezeichnungsart entstanden ist, bedarf noch der Aufklärung. Arabische Quellen, die man vermuten könnte,[870] sind uns nicht bekannt, und italienischen Mathematikerkreisen ist sie, wie wir gleich sehen werden, sicher nicht entsprungen. Wir müssen uns begnügen, ihr erstes Auftreten hier festzustellen.

In *Italien* hatte man sich daran gewöhnt, als Wurzelzeichen ein durchstrichenes *R*, den Anfangsbuchstaben von *radice*, zu benutzen und hielt hieran bis zum Ende des sechzehnten Jahrhunderts fest, obwohl in Deutschland, und von hier aus in Frankreich, die zweckmäßigere Symbolik des Wurzelhakens inzwischen ausgedehnte Verbreitung gefunden hatte. Luca Paciuolo (1494 *Summa*) — sicher nur einem älteren Gebrauche folgend[871] — schreibt in der Regel: ℞. *quadrata de* 9, ℞. de 9 $(= \sqrt{9})$, ℞. *cuba de* 8 $(= \sqrt{8})$, ℞. ℞. *de* 16 $(= \sqrt[4]{16})$, ℞. *relata de* 32 $(= \sqrt[5]{32})$, kennt aber schon die allgemeine Bezeichnung: ℞. 2ª (für *radice seconda*), ℞. 3ª,

---

868 Wappler (Anm. 480), S. 13: „2 ʒ *equantur · de* 16 ʒ“, d. h. $2x^2 = \sqrt{16x^2}$ u. ö. — 869 Wappler, S. 13, Anmerkung. — 870 J. C. Gerhardt, *Zur Geschichte der Algebra in Deutschland*, Teil II, Berlin, Monatsberichte 1870 (gedr. 1871), S. 147—151. — 871 Die italienische Bezeichnungsart ist schon vor 1494 in Deutschland bekannt, vgl. Widmann's Rechenbuch von 1489 (Anm. 55), Blatt 212ª: „℞ von dieſer zal“ oder „℞ von $36\frac{3}{4}$“ u. öfters; in der Regel sagt Widmann: „ra · von 144“ (Blatt 211ª, Zeile 1), „ra · von $36\frac{3}{4}$“ (Blatt 212ᵇ) oder ausführlich „radix quadrata von $66\frac{1}{64}$“ (Blatt 211ᵇ).

℞. 4ª, ... bis ℞. 30ª; ja er bildet ℞. *p.*ª,[872] wie wir etwa $\sqrt{2}$ statt 2 sagen können. Soll die Wurzel eines aus Irrationalitäten zusammengesetzten Ausdruckes gezogen werden, so heißt sie *Radix universalis* oder *legata* und wird mit ℞. *V.* abgekürzt, so daß

℞. *V.* 40. *p̃.* ℞. 320 für $\sqrt{40 + \sqrt{320}}$

von Paciuolo geschrieben wird[873] (vgl. Anhang II, Nr. 26). Italienisch ist auch die Schreibart, die der Franzose Chuquet († 1500; Lyon, Paris) im *Triparty* (1484, Manuskript) verwendet. Eigene Verbesserungen dürften die Abkürzungen im Wurzelexponenten

℞^{1}. 12 (= 12), ℞^{2}. 16 (= 4), ℞^{3}. 64 (= 4), ℞^{4}. 16 (= 2), ℞^{5}. 32 (= 2)

sein, ebenso die Ersetzung des *V.* bei zusammengesetzten Radikanden durch Unterstreichen des letzten

℞^{2}. $\underline{14.\ \tilde{p}.\ ℞^2.\ 180}$ statt $\sqrt{14 + \sqrt{180}}$ [874]

(vgl. Anhang II, Nr. 24). Cardano (1501—1576; Padua, Bologna, Rom) schließt sich ebenfalls der Schreibart Paciuolo's an; jedoch ist bei ihm in der Exponentenabkürzung eher ein Rückschritt, als ein Fortschritt zu verzeichnen, da er von den Ziffern zu den Abkürzungssilben *ce.*, *cu.* (vgl. S. 189) zurückkehrt. Statt $\sqrt{4}$ findet sich vielfach das ausgeschriebene ℞. *quadrata* 4;[875] $\sqrt[3]{8}$ ist durch ℞. *cubica* 8 oder R. *cu.* 8,[876] $\sqrt[4]{16}$ durch ℞. ℞. 16[877] ausgedrückt. Höhere Wurzeln als die dritten und vierten sind bei Cardano sehr selten. Nötigenfalls behilft er sich mit den Potenzsymbolen Paciuolo's (vgl. S. 189) und rechnet[878]

℞. *ce. cu.* 81 = ℞. *cub.* 9 und ℞. *ce. cu.* 125 = ℞. 5

($\sqrt[6]{81} = \sqrt[3]{9}$ und $\sqrt[6]{125} = \sqrt[3]{5}$).

Ein ℞. *V.* hat bei Cardano dieselbe Bedeutung, wie bei Paciuolo. Neu ist ein ℞. *L.*, das die folgenden Wurzeln einzeln ziehen und ihre Resultate sofort vereinigen läßt:

℞. *L.* 9. *p.* ℞. 4. *p.* 5. *p.* ℞. 22 $= \sqrt{9} + \sqrt{4} + 5 + \sqrt{22}$

$= 3 + 2 + 5 + \sqrt{22} = 10 + \sqrt{22}$,

872 *Summa,* Teil I, am Schluß der Dist. 5, S. 67ᵇ am Rand; auch dist. 8, tract. 2, S. 115ᵇ ff. — 873 *Summa,* I, dist. 8, tract. 3, S. 122ᵇ am Rand. — 874 *Le Triparty,* S. 655 (Anm. 11). — 875 *Practica arithmeticae,* 1539, cap. I; Cardano, Opera, IV, S. 14 (Anm. 844). — 876 Daselbst, cap. IX, S. 18, cap. XVIII, S. 322 ff., cap. XXI, S. 26 ff. — 877 cap. IX, S. 18. — 878 cap. XXVI, S. 33.

ferner ein ℞. *D.*, das die Einzelwerte getrennt hält:

℞. *D.* 9. *p.* ℞. 4. *p.* 5 $= \sqrt{9} + \sqrt{4} + 5 = 3 + 2 + 5$.

Ein Beispiel für ℞. *V.* ist:

℞. *V.* 10. *p.* ℞. 16. *p.* 3. *p.* ℞. 64 $= \sqrt{10 + \sqrt{16} + 3 + \sqrt{64}}$

und für die Vereinigung mehrerer Zeichen:

℞. *L. V.* 10. *p.* ℞. 36. *p.* ℞. *V.* 70. *p.* ℞. 121 $= \sqrt{10 + \sqrt{36}} + \sqrt{70 + \sqrt{121}}$.[879]

Bei Bombelli (1572 *L'Algebra*) erfährt die Abkürzung ℞. *L* eine sehr brauchbare Verfeinerung, indem das *L* wie eine Art Klammerzeichen benutzt wird, dem am Schluß des zusammenfassenden Ausdruckes ein umgekehrtes *L*: ⅃ entspricht. Sonach hat Bombelli:[880]

2. *p. R. q. L R. c. L R. q.* 68. *p.* 2. ⅃ *m. R. c. L R. q.* 68. *m.* 2⅃⅃

$$= 2 + \sqrt[2]{\sqrt[3]{\sqrt{68} + 2} - \sqrt[3]{\sqrt{68} - 2}},$$

wo *R. q.* und *R. c.* die Zeichen der zweiten und dritten Wurzeln sind.

Inzwischen war in Deutschland durch die *Cossisten* ein großer Fortschritt vollzogen worden. Wir hatten den Wurzelpunkt erwähnt, mit dem der Verfasser jener lateinischen Algebra die Quadratwurzel andeuten wollte (S. 216). Die Kenntnis dieses Symbols verrät sich auch in einer späteren wiener Handschrift (um 1500) durch eine Stelle:[881] „*Quum* ʒ *assimiletur radici de radice, punctus deleatur de radice,* ʒ *in se ducatur et remanent adhuc inter se aequalia*" (wenn $x^2 = \sqrt{x}$, so lösche den Punkt vor dem x aus und multipliziere x^2 mit sich selbst, dann bleibt unter sich Gleiches übrig). Ein Punkt selbst ist nicht benutzt, wenn es auch an einer zweiten Stelle heißt: „*per punctum intellige radicem.*"[882] Die dresdener Handschrift war im Besitz Widmann's gewesen. In seinem Rechenbuch ist jedoch der Wurzelpunkt nicht zu finden;[871] ein in „ra· von 144" erscheinender Punkt dient lediglich zur Abkürzung des Wortes radix zu ra. Sehr eng schloß sich aber Riese (1492—1559, Annaberg) in seiner Coß, deren Manuskript (1524 fertig gestellt) er dem Druck nicht übergab, der lateinischen Algebra dieses Sammelbandes an. Der von ihm über-

879 cap. V, S. 16—17. — 880 Bombelli, *Algebra,* Aufl. v. 1579 Bologna, S. 356, Z. 18—19. — 881 Gerhardt, Berl. Monatsberichte 1870, S. 145. Statt des Wortes radix, sowohl im Sinne der Unbekannten, als auch in dem der Quadratwurzel, steht das auf S. 191 in der Tabelle Nr. 4 angegebene zweite Zeichen für x. Aus dieser doppelten Verwendung ist die Auffassung des Zeichens als *r* gesichert. — 882 Daselbst S. 147, Z. 8.

nommene Punkt weist bereits einen kleinen angehängten Strich (vgl. S. 191, Nr. 5) auf. Das im Anhang II, Nr. 29 aufgenommene Bruchstück aus RIESE's *Coß* deckt sich mit dem Beispiel Nr. 23b der dresdener lateinischen Algebra, hinwiederum aber auch mit der oben abgedruckten Stelle der wiener Handschrift. Hieraus ist ein Zusammenhang der beiden Handschriften ersichtlich; man erkennt, wie CHR. RUDOLFF v. JAUER, dem die wiener Handschrift zur Verfügung stand, in seinem Lehrbuch der Coß (1525) zu ganz ähnlichen Wurzelzeichen wie RIESE kam. Ein einfacher Haken (viereckiger Punkt mit schrägem Strich) ist für RUDOLFF die Quadratwurzel, ein zweifacher die vierte, ein dreifacher die dritte Wurzel (vgl. Tabelle S. 191, Nr. 6), mit demselben Mangel an Folgerichtigkeit, den wir der dresdener Algebra vorwerfen konnten (vgl. S. 216). Daß RUDOLFF die Lesart „*Punkt*" für seine Haken noch kannte und benutzte, geht aus verschiedenen Stellen hervor.[883] Selbst bei SCHEYBL, über 25 Jahr später, läßt sie sich noch feststellen.[884] In STIFEL's *Arithmetica integra* von 1544 verlängert sich der Anstrich des Hakens, der ehemalige Punkt, etwas, so daß er dem heutigen Wurzelhaken ähnlicher wird (S. 191, Nr. 8); das Hauptverdienst STIFEL's liegt aber vor allem darin, daß er System in die neue Wurzelbezeichnung hineinbrachte. Dadurch, daß seine Potenzzeichen (vgl. S. 197) dem Wurzelhaken beigefügt werden

$$\surd\mathfrak{z},\ \surd\mathfrak{ce},\ \surd\mathfrak{zz},\ \surd\beta,\ \surd\mathfrak{zce},\ \surd\mathfrak{b}\beta,\ \surd\mathfrak{zzz},\ \surd\mathfrak{cce}\ldots,$$ [885]

ist es möglich, auch in der Darstellung dem Wurzelbegriff die allgemeinste Entfaltung zu verleihen. Ausdrücklich bemerkt STIFEL, daß er „dises zeychen ✓ auch offt brauche für dises zeychen ✓ȝ. umb kurtze willen".[886] Selbst das Zeichen ✓0 kommt bei STIFEL vor und bedeutet die Zahl selbst, also $\surd 0\ 6 = 6$.[887] Ist der Radikand, über den sich die Wurzel erstrecken sollte, ein zusammengesetzter, so muß RUDOLFF das Wort Collect einschalten:

$$\surd \text{ des collects } 12 + \surd 140 \quad (\text{statt: } \sqrt{12 + \sqrt{140}}\,).$$ [888]

[883] So Buch I, Kap. 7 im Abschnitte „Multiplicirn": „Jede zal so mit einfachem . | zwifachem .. oder dreifachen ... punct vermerckt ist würt in disem puch genennet ein denominirte zal." (An Stelle von ., .., ... stehen die Wurzelzeichen der Tabelle S. 191, Nr. 6.) — [884] SCHEUBELIUS, 1551, S. 25^b, Z. 5 ff. (Anm. 776): „. . . *Solent tamen multi, et bene etiam, has desideratas radices, suis punctis cū linea quadam à dextro latere ascendente, notare.*" . . . Viele pflegen, und zwar ganz gut, die gewünschten Wurzeln mit ihren Punkten, von deren rechter Seite eine Art Strich aufwärts führt, zu bezeichnen. — [885] *Arithm. integra*, S. 109^a und 109^b. — [886] Neuausgabe von RUDOLFF's *Coß*, 1553, S. 82^b, Zeile 4—2 v. u. — [887] *Ar. integra*, S. 115^a, Z. 9: „*quod signat nullam esse faciendam multiplicationem.*" — [888] RUDOLFF's *Coß*, 1525, Buch I, Kap. VII.

Stifel behilft sich damit, daß er an die Hauptwurzel einen Trennpunkt setzt, dem er, falls bei weiter geführten Ausdrücken Mißverständnisse entstehen könnten, einen Schlußpunkt am Ende des Radikanden beifügt:

$\surd\mathfrak{z}.\surd\mathfrak{z}\,128 + \surd\mathfrak{z}\,92$ ist $\sqrt{\sqrt{128}+\sqrt{92}}$ [889]

$\surd\mathfrak{z}.12+\surd\mathfrak{z}6.+.\surd\mathfrak{z}.12-\surd\mathfrak{z}6$ ist $\sqrt{12+\sqrt{6}}+\sqrt{12-\sqrt{6}}$.[890]

Aus der geschilderten Entwicklung des Wurzelhakens ergiebt sich, daß die bisher in den heutigen Schulen vorgetragene Erklärung des Hakens, als sei dieser ein verschnörkeltes *r*, der erste Buchstabe von radix, zu verwerfen ist. Schon Euler (1755) befand sich in diesem Irrtum, wie eine Bemerkung in seiner Differentialrechnung zeigt.[891] Er bedauert, daß durch die neuen Symbole *l* für Logarithmus, *d* für Differential diese Buchstaben für den allgemeinen Gebrauch im algebraischen Rechnen unmöglich geworden seien und schlägt vor, ihre Linienführung, falls sie jene Symbole bedeuten sollen, so abzuändern, wie man es mit dem *r* in dem Wurzelhaken gemacht habe; dann würden *l*, *d* etc. ebenso wieder freigegeben sein, wie es mit dem *r* der Fall sei.

Wie in der Potenzlehre verzeichnet auch in der Wurzellehre die Verwendung von Zifferexponenten eine höhere Stufe in der Ausbildung der Symbole. Zum erstenmal begegnen uns diese bei dem Holländer Stevin (1548—1620 Leiden; Kaufmann, später im Staatsdienst als Ingenieur). Er nennt √ *racine de quarré* oder einfach *racine*, betont dabei (ähnlich wie Stifel), eigentlich müßte das Zeichen √② lauten, der Kürze wegen *(à cause de brieveté)* sei aber √ im Gebrauch. Für die höheren Wurzeln findet man[892] (1585 *L'Arithmétique*)

√③ *racine de cube* oder *racine cubique*

√④ *racine de quatre quantité*

etc.

Daneben empfiehlt er für zusammengesetzte Wurzeln Verdopplung, Verdreifachung des Wurzelzeichens, wodurch der Exponent ebenso oft vervielfacht wird:

889 *Ar. integra*, S. 140ᵇ. — 890 Daselbst S. 135ᵇ. — 891 Euler, *Institutiones calculi differentialis*, Petropol. 1755, art. 119, S. 103. — 892 Stevin I, S. 7, Def. XXIX, Explicat. (Anm. 88).

$$\text{w} = \sqrt[2]{\sqrt[2]{\ }} = \sqrt[4]{\ }$$
$$\text{ww} = \sqrt[2]{\sqrt[2]{\sqrt[2]{\ }}} = \sqrt[8]{\ }$$
$$\text{w} ③ = \sqrt[3]{\sqrt[3]{\ }} = \sqrt[9]{\ }$$
$$\text{ww} ③ = \sqrt[3]{\sqrt[3]{\sqrt[3]{\ }}} = \sqrt[27]{\ }.$$

Stevin ist auch der erste, der es für wert hält, darauf aufmerksam zu machen, daß ein Zeichen auch Textworte in sich aufnehmen kann (ähnlich wie unser >, das „größer als" bedeutet). Sein Wurzelhaken $\surd$ soll racine de bedeuten, so daß er $\surd 4$ mit *„racine quarré de* 4" gelesen haben will.[893] Im Anschluß an Stevin finden wir bei Albert Girard (1590?—1632, Lehrer d. Math. in Leiden) die modernen Zeichen[894]

$$\sqrt[2]{\ }\quad \sqrt[3]{\ }\quad \sqrt[5]{\ }$$

vorgeschlagen (1629), freilich ohne daß sie bei ihm ständig im Gebrauch sind. Meistens entscheidet sich Girard für die alten Zeichen; zum Teil schreibt er auch, wiederum in Anlehnung an Stevin (vgl. S. 201),

$$(\tfrac{1}{6})\,2000,\ (\tfrac{1}{3})\,8,\ (\tfrac{1}{3})\,9 \quad \text{statt} \quad \sqrt[6]{2000},\ \sqrt[3]{8},\ \sqrt[3]{9}.$$ [895]

Dieses vereinzelte Auftreten von Zifferexponenten begegnet uns noch öfter. Der Engländer Oughtred (1574—1660, Pfarrer in einem englischen Landort) bevorzugt in der 1631 erschienenen *Clavis mathematica* Ausdrücke wie[896]

$$Vqq\,A \times Vcc\,Bq = Vcccc\,Ac\,Bqq \quad \text{für} \quad \sqrt[4]{a} \cdot \sqrt[6]{b^2} = \sqrt[12]{a^3 b^4};$$

doch treffen wir auch auf

$$\surd[12]\,1000,\ \surd[12]\,49,\ \surd[4]\,10,\ \surd[6]\,7$$ [897]

statt $\sqrt[12]{1000}$, $\sqrt[12]{49}$, $\sqrt[4]{10}$, $\sqrt[6]{7}$, weniger indes, um damit eine neue Schreibart einzuführen, als um die Rechnungen zu erläutern. Öfteren Gebrauch macht hiervon Harriot (1560—1621, Oxford), dessen *Artis analyticae praxis* von 1631 (nachgelassenes Werk) mehrere Beispiele von der Form

893 Daselbst S. 7/8, Note I. — 894 Girard, *Invention nouvelle en l'algèbre,* 1629, Signatur B (Anm. 13). — 895 Daselbst Signatur B_3. — 896 Ausgabe (4.) von 1667, Oxford S. 48. — 897 Daselbst S. 49.

$\surd 3.) \surd 108+10-\surd 3.) 108-10$[898] statt $\sqrt[3]{\sqrt{108}+10}-\sqrt[3]{\sqrt{108}-10}$ aufweist. Bei zusammengesetzten Radikanden hilft sich STEVIN mit Worten

$$\surd \text{bino.} \surd 24 + 5^{899} \text{ für } \sqrt{\sqrt{24}+5},$$

OUGHTRED und HARRIOT mit einklammernden Doppelpunkten

$$\sqrt{}: Aq + Bq: \text{ bezw. } \surd : aa + bb: \text{ für } \sqrt{a^2+b^2}.$$

VIETA (1540—1603; Paris, franz. Staatsbeamter), den wir der Zeit nach schon vorher hätten nennen müssen, stellt sich in Gegensatz zu seinen Zeitgenossen; er verwirft den Wurzelhaken. Zum Teil greift er zum Wort *radix* zurück, zum Teil wählt er — in kurzen Rechnungen — den Anfangsbuchstaben von *latus* (= Quadratseite, vgl. das klassische *πλευρά*), so $l.\ 121$, $l.\ \frac{25}{3} - l.\ \frac{5}{3}$[900] für $\sqrt{121}$, $\sqrt{\frac{25}{3}}-\sqrt{\frac{5}{3}}$. Außerordentlich unübersichtlich ist z. B.[901]

Radix binomiae 2
+ Radix binomiae $\left\{ \begin{array}{l} 2 \\ + \text{ radice binomiae } \left\{ \begin{array}{l} 2 \\ + \text{ radice } 2, \end{array}\right. \end{array}\right.$

was ein Zeitgenosse, ADRIAN VAN ROOMEN, weniger richtig, in der Form schreibt:[902]

$$R.\ \text{bin.}\ 2 + R.\ \text{bin.}\ 2 + R.\ \text{bin.}\ 2 + R.\ 2.$$

Wieviel eleganter und durchsichtiger ist die Schreibweise[903]

$$\sqrt{2+\sqrt{2+\sqrt{2+\sqrt{2}}}},$$

die der Herausgeber der Werke VIETA's, FRANCISCUS VON SCHOOTEN (1615—1660, Prof. in Leiden), hierbei anwendete! Inzwischen hatte nämlich DESCARTES (1596—1650), der statt der Klammern einen Strich (siehe S. 140) benutzte, diesen in Verbindung mit dem Wurzelhaken gebracht. Seine Schreibweise[511]

$$\sqrt{C. + \tfrac{1}{2}q + \sqrt{\tfrac{1}{4}qq + \tfrac{1}{27}p^3}} = \sqrt[3]{+\tfrac{1}{2}q + \sqrt{\tfrac{1}{4}q^2 + \tfrac{1}{27}p^3}},$$

898 HARRIOT, *Artis anal. pr.*, London 1631, S. 99. — 899 STEVIN, S. 37 (Anm. 88). — 900 VIETA, *Zeteticorum libri V*, Turonis 1593, S. 7ᵇ u. S. 10ᵃ. — 901 VIETA, *Variorum de rebus mathem. Respons. liber VIII*, 1593 Tours, corollarium zu caput XVIII, S. 12ᵇ. — 902 VIETA, opera, ed. SCHOOTEN, Leiden 1646, S. 306, Z. 2. — 903 Daselbst S. 400.

die der modernen bis auf das altertümliche Kubikwurzelzeichen gleicht, wurde für seine Schüler, unter denen SCHOOTEN einer der eifrigsten war, vorbildlich, und nicht nur für diese, sondern fast für alle späteren Zeiten; es bleibt selten, daß ein Autor zu Klammern an Stelle des Wurzelstriches zurückkehrt, wie zuweilen — aus drucktechnischen Gründen — auch noch im neunzehnten Jahrhundert.[904]

Im Rückstand blieb DESCARTES mit der Verwendung von Ziffern in den Wurzelexponenten, wiewohl er gerade hierin in der Potenzlehre reformierend vorgegangen war. Erst WALLIS (1616—1703, Prof. der Geometrie in Oxford), dessen *Algebra* zu den gelesensten mathematischen Büchern des siebzehnten Jahrhunderts überhaupt gehörte, wählte wieder Zifferexponenten, so z. B. in

$$\sqrt{}^4 a \cdot \sqrt{}^6 b = \sqrt{}^{12} a^3 b^4,$$ [905]

verwarf aber den Wurzelstrich, indem er den Doppelpunkt HARRIOT's wieder aufnahm. In NEWTON's *Arithmetica universalis* (1685/1707)[676] wird bald die Schreibweise WALLIS' angewendet, freilich mit tiefer stehendem Exponenten, so daß, um Verwechselungen zu vermeiden, der Doppelpunkt ständig gesetzt werden muß (so $\sqrt{}3:64$ für $\sqrt[3]{64}$)[906]; bald trifft man auf ganz modern gedruckte Wurzeln, so

$$\sqrt[4]{18} - \sqrt[4]{2},$$ [907]

oder gar mit Buchstabenexponenten

$$\sqrt[2c]{Q}\ ^{[908]} \quad \text{und} \quad \sqrt[c]{A + B \times \sqrt{Q}}\ .$$ [909]

ROLLE's *traité d'algèbre* Paris 1690[910] weist ausschließlich die moderne Schreibweise auf. Vom achtzehnten Jahrhundert an wird diese dann die allein gebräuchliche.

c) Das Rechnen mit Wurzeln.

Dem Altmeister der griechischen Philosophie und Mathematik, PYTHAGORAS, wird die Entdeckung des Irrationalen zugeschrieben. Für seine Schüler war die neue Lehre ein Hauptfeld der Thätigkeit. Viel leistete auch auf diesem Gebiete THEÄTET (Heraklea; um 390 v. Chr.), ein Schüler des SOKRATES. Die Lehre des Irrationalen jedoch zu einem großen Ganzen verarbeitet zu haben — wahrscheinlich unter Hinzufügung einer beträchtlichen Anzahl

904 Vgl. z. B. LAGRANGE, Journal de l'École Polytechnique, cah. 6, S. 270. — 905 WALLIS, Opera II, Oxoniae 1693; vgl. auch Op. I, S. 414 u. a. a. O. — 906 *Arithm. univers.*, S. 9 (Anm. 676). — 907 Daselbst S. 58. — 908 Daselbst S. 60—61. — 909 Daselbst S. 59. — 910 Vgl. z. B. S. 227 im IV. Buch.

eigener Entdeckungen —, ist EUKLID's (300 v. Chr., Alexandria; *Στοιχεῖα*, Elemente, 13 Bücher) hohes Verdienst. Fast bis zur Mitte des sechzehnten Jahrhunderts n. Chr. (STIFEL) aber ist kein Mathematiker zu nennen, durch den inhaltlich ein Fortschritt über EUKLID's zehntes Buches hinaus zu verzeichnen wäre (vgl. S. 160).

Einmal lag das an der Schwere der Materie selbst, dann aber besonders an der Form, in der die griechische Mathematik derartige rein algebraische Kapitel lehrte. Die irrationale Größe wird von den Griechen als Linie vorgestellt. Linien aber unterscheiden sich nur durch die Länge; niemand kann ihnen äußerlich ansehen, ob und in welchem Grade sie irrational bezw. rational sind. Welch hohe Stufe mathematischer Abstraktion war erklommen worden, wenn solche schwierige Untersuchungen, wie sie EUKLID im zehnten Buch bringt, allein auf Grund des Begriffes der Kommensurabilität vorgenommen werden können! Sehen wir uns die zusammengesetzten Wurzelausdrücke an, die in geometrischem Bilde dem Leser EUKLID's vorgeführt werden, so kann man sich dem Eindruck nicht verschließen, daß wir bei dem zehnten Buche der euklidischen Elemente geradezu vor dem Gipfelpunkte der damaligen Mathematik stehen.

Anderseits erkennt man auch klar den Riesenfortschritt, der durch die Symbolik der Algebra, besonders auf diesem Gebiete, in späterer Zeit geleistet worden ist. Die algebraische Formel verrät von vornherein durch ihren Bau unserem Auge ihre eigenen tieferen Eigenschaften; sie gestattet allgemeinere Zusammenfassungen erhaltener Resultate, als es das Bild geometrischer Linien vermag. Und so können die 117 Sätze, die das zehnte Buch EUKLID's enthält, durch wenige Formeln der Wurzellehre vereinigt zur Darstellung gebracht werden.

Ohne zu weit zu gehen, können wir hier nicht die euklidischen Resultate aus der Lehre der Irrationalitäten im einzelnen vorführen.[911] EUKLID's Grundformen lassen sich in moderner Zeichensprache folgendermaßen gruppieren:

1) $\sqrt{a\sqrt{b}}$; $\sqrt[4]{a \cdot b}$ (*μέση*, Mediale);[912]

2) $a + \sqrt{b}$, $\sqrt{a} + \sqrt{b}$ (*ἡ ἐκ δύο ὀνομάτων*, Binomiale);[913]

3) $a - \sqrt{b}$, $\sqrt{a} - \sqrt{b}$ (*ἀποτομή*, recisum, Apotome).[914]

[911] Vgl. die sehr eingehende Darstellung bei NESSELMANN, S. 165—184 (Anm. 86). — [912] EUKLID, X, 21, ed. HEIBERG, Bd. III, Leipzig 1886, S. 60, Z. 18; LORENZ'sche Übersetzung, 2. Aufl., Halle 1798, X, 22. — [913] EUKLID, X, 36, ed. HEIBERG, S. 106, Z. 24 (LORENZ, X, 37). — [914] EUKLID, X, 73, ed. HEIBERG, S. 224, Z. 8 (LORENZ, X, 74).

Aus diesen drei Hauptarten irrationaler Größen bildet er Zusammensetzungen zum Teil ziemlich verwickelter Form, wie etwa

$$\sqrt{\frac{(\sqrt{a}+\sqrt{b})\cdot\sqrt{a-b}}{2}}+\sqrt{\frac{(\sqrt{a}-\sqrt{b})\cdot\sqrt{a-b}}{2}},$$

klassifiziert die möglichen Arten der Binomialen und Apotomen[915] und stellt sogar die Natur derjenigen Resultate fest, die man durch Quadratwurzelausziehen aus solchen Binomialen und Apotomen (Eukl. El. X. 55—60, Lorenz) und durch deren Quadrieren (El. X. S. 61—66, S. 98—103, Lorenz) erhält.

Die euklidischen Irrationalitäten führen sämtlich auf Quadratwurzeln und sind daher mit Zirkel und Lineal konstruierbar. Es ist dies durch die rein geometrische Auffassungsweise der Griechen bedingt. Das Irrationale als Zahlbegriff vermochten sie nicht zu erfassen. Sie schieden aufs schärfste zwischen Linie und Zahl, zwischen der Stetigkeit dieser und der Unstetigkeit jener. Freilich machten sie dadurch das Entstehen wahrer Algebra unmöglich.

Wie anders bei den *Indern*! Als Nachteil kann es durchaus nicht bezeichnet werden, daß ihnen die Schärfe dieser Trennung entging. Ihr Geist, der mehr dem Formalen zuneigte, fand weniger in unantastbaren Beweisen Befriedigung, als in augenfälliger Richtigkeit ihrer Resultate. Wie es ihnen in der Geometrie nicht darauf ankam, sich mit einfachen Anschauungsbeweisen zu begnügen, so legten sie in der Rechenlehre Hauptwert auf Verallgemeinerung des Stoffes und der Methoden und wurden dadurch Erfinder einer echten Algebra. Hell offenbart sich ihre algebraische Begabung besonders bei der Behandlung der euklidischen Theorie, die uns das zehnte Buch vorführt; ihnen gelingt der Fortschritt, den wir vorhin erwähnten (S. 224), die Übertragung der Resultate ins Algebraische und die Zusammenfassung in einige wenige Sätze.[916]

Die gelehrigen Schüler der Inder, die *Araber*, folgten auf dem neu betretenen Wege. Besonders ist es Alkarchi (um 1010 n. Chr., Bagdad), der dem Rechnen mit Wurzelgrößen in seinem Lehrbuche der Algebra (*Al-Fachrî*) erhöhte Aufmerksamkeit zuwandte.[917]

Weniger Interesse für die Wurzellehre zeigte das *Abendland*. Bis zum fünfzehnten Jahrhundert ging man nicht über die Be-

---

915 Euklid, X; Satz 49—54, Satz 86—91 der Lorenz'schen Übersetzung. — 916 Bhaskara, Vîjaganita, ch. I, sect. V, ed. Colebrooke, S. 145—155 (Anm. 294); vgl. Cantor, I^b, S. 586; Hankel, S. 194, 265 (Anm. 40). — 917 Alkarchi, Fakhrî, cap. IX; extrait du Fakhri, ed. Woepcke, Paris 1853, S. 56—59.

handlung mechanischer Methoden, Quadrat-, vielleicht noch Kubikwurzeln zu ziehen, hinaus. Daß das Rechnen mit Wurzelgrößen in der langen Zwischenzeit nicht gänzlich verloren gegangen war, zeigen die Werke des Franzosen CHUQUET (*Le Triparty* 1484, Manuskript) und des Italieners LUCA PACIUOLO (*Summa*, Venedig 1494) denen entschieden bedeutende, uns freilich nicht bekannte Vorarbeiten als gemeinsame Quelle zugänglich gewesen sein müssen. PACIUOLO beschränkte sich auf algebraische Wiedergabe der euklidischen Sätze aus dem zehnten Buch; aber CHUQUET zeigte bereits eine ziemliche Gewandtheit im Rechnen mit Wurzelgrößen und ging zum Teil über EUKLID hinaus. Beiden war das neue Wurzelsymbol ℞., dem Zifferexponenten beigefügt werden konnten (vgl. S. 216), ein wesentliches Hilfsmittel zur leichteren und übersichtlicheren Darstellung. Es liegt auf der Hand, daß mit der weiteren Ausbildung der Wurzelsymbolik, wie wir sie innerhalb der *deutschen Coß* kennen gelernt haben, auch ein neuer Fortschritt in der Lehre von den Wurzelgrößen verbunden sein mußte. In der That ist die deutsche Coß, wie in der Potenzlehre, so auch in der Wurzellehre schöpferisch vorgegangen. Beide Kapitel sind durch sie zu einer Ausbildung gelangt, der man später nichts weiter hinzuzufügen brauchte, als die moderne Zeichen- und Formelsprache. Das achtzehnte und neunzehnte Jahrhundert ordnete den gegebenen Stoff nach systematischen und methodischen Gesichtspunkten und schuf in ihm eine Unterrichtsdisziplin, die die heutige Schule bereits in mittleren Klassen mit Leichtigkeit abhandeln kann.

Die Hauptvertreter der deutschen Coß sind CHRISTOPH RUDOLFF von Jauer (1525 *Coß*, 1532 Rechenbuch) und MICHAEL STIFEL (1486/87 — Jena 1576). Hatte der erste den euklidischen Irrationalitäten bereits zwei neue, getrennt abgefaßte Kapitel über dritte und vierte Wurzeln angeschlossen, so führte STIFEL (1544 *Arithmetica integra*, 1553 Neuausgabe von RUDOLFF's *Coß*) die Lehre vom Irrationalen in genialem Schwunge zur größten, damals möglichen Allgemeinheit. Im Zusammenhang behandelt er ohne Unterschied Wurzeln jedes Grades in all ihren algebraischen Verbindungen untereinander; sogar das Rationale wird bei ihm nur ein spezieller Fall des Irrationalen. Und nicht nur beliebig hohe Wurzeln aus bestimmten Zahlen zieht er in den Kreis seiner Betrachtungen, sondern er unternimmt auch eine Ausdehnung seiner Resultate auf Wurzeln aus algebraischen Ausdrücken — aus coſſiſchen Zahlen, wie er sagt —, die die Unbekannte in verschiedenen Potenzen, additiv und multiplikativ miteinander verbunden, enthalten.

Einzelheiten.

Die Vieldeutigkeit der Wurzeln ist eigentlich zur höheren Mathematik zu rechnen. Den *Griechen* blieb die Doppeldeutigkeit der Quadratwurzel verborgen, da sie selbst auf dem Höhepunkt diophantischer Algebra rein negative Zahlen nicht kannten. Bei den *Indern* war indes die Kenntnis des zweifachen Wertes vorhanden. BHASKARA ACARYA (geb. 1114 n. Chr.) besitzt über diese Doppeldeutigkeit so klare Ansichten (vgl. S. 169 und Anm. 661 daselbst), wie man sie bei viel späteren abendländischen Mathematikern oft mit Bedauern zu vermissen Gelegenheit hat. — Für höhere Wurzeln entwickelt sich die Einsicht in die Mehrdeutigkeit erst im späteren Mittelalter. Vorbereitet wurde sie durch CARDANO's Entdeckung (1545), daß eine Gleichung dritten Grades drei Wurzeln besitzen kann,[918] erledigt eigentlich durch GIRARD's Verallgemeinerung (1629), daß jede Gleichung n^{ten} Grades n Wurzeln habe (siehe S. 293). Der spezielle Satz, daß jede n^{te} Wurzel n Werte besitzt, wird in dieser Klarheit indes erst 1690 von ROLLE (1652—1719; Paris, Akademiker) ausgesprochen.[919] Die dritten Einheitswurzeln berechnet 1707 JOHN COLSON[920] in der Form:

$$1\;;\;-\tfrac{1}{2}+\tfrac{1}{2}\sqrt{-3}\;;\;-\tfrac{1}{2}-\tfrac{1}{2}\sqrt{-3}.$$

Einen goniometrischen Weg, die n^{ten} Wurzeln von $+1$ und -1 durch Zerfällung der Gleichung $x^n \pm 1 = 0$ zu finden, bietet der sogenannte Cotes'sche Lehrsatz, der in einem nachgelassenen Werke ROGER COTES' (1652—1719, Professor der Astronomie und Physik in Cambridge), herausgegeben durch seinen Nachfolger ROBERT SMITH, veröffentlicht ist.[921] Die viel schwerere algebraische Auflösung von $\sqrt{1}$ wurde von VANDERMONDE (1735—1796, Paris) 1771[922] angebahnt und durch GAUSS (1777—1855, Göttingen) 1801 vollendet.[923]

918 *Ars magna,* 1545, cap. XVIII; opera, IV, S. 259 (Anm. 844), rechte Spalte Z. 8: „*... et sic habet tres aestimationes hic casus.*" — 919 ROLLE, *Traité d'algèbre,* Paris 1690, Buch IV, Nr. 9, S. 230: „*L'on a veu, qu'un seul signe radical renferme autant de racines qu'il y a d'unitez dans son exposant*"; im Anschluß daran werden Betrachtungen über die Anzahl der imaginären und reellen Wurzeln bei geradem bezw. ungeradem Exponenten angestellt. — 920 Philosoph. Transactions XXV Nr. 309, S. 2353—2368 *Aequationum cubicarum et biquadraticarum tum analytica, tum geometrica et mechanica resolutio universalis.* — 921 COTES, *Harmonia mensurarum,* Cantabrigiae 1722, Anhang: *Theoremata tum logometrica tum trigonometrica, praefatio,* S. 114; vgl. CANTOR, III², S. 394. — 922 Hist. de l'acad. de Paris 1771 (gedruckt 1774), Mém., S. 365—416, *Mém. sur la résolution des Équations.* — 923 *Disquisit. arithmeticae,* VII, Leipzig 1801; GAUSS, opera, I, Göttingen 1870, S. 412 ff. und (aus dem Nachlaß von GAUSS) *Disquisitionum*

Der im Unterricht häufig vorgetragene Beweis, daß $\sqrt[2]{a}$ (a eine ganze Zahl) kein Bruch sein kann, da ein Bruch, quadriert, immer wieder einen Bruch liefert, erscheint in der erhaltenen Litteratur zum erstenmal in den Kommentaren des EUTOKIUS VON ASKALON (geb. 480 n. Chr.) zu den Werken des ARCHIMEDES.[924] Er wiederholt sich in einem kleinen nachgelassenen Schriftchen des Italieners CARDANO (1501—1576; Padua, Bologna, Rom): *De numerorum proprietatibus caput unicum,*[925] das um 1542 entstanden ist, ungefähr gleichzeitig in STIFEL's *Arithmetica integra* von 1544.[926]

Die bei der Addition und Subtraktion der Wurzeln von vielen Schriftstellern benutzte Formel

$$\sqrt{a} \pm \sqrt{b} = \sqrt{a + b \pm 2\sqrt{ab}}$$

geht auf Sätze der fünften Hexade in EUKLID's zehntem Buche der Elemente zurück (Satz 61—66, 98—103; Lorenz[912]). Algebraisch kennen sie die Inder, wie BHASKARA (geb. 1114),[927] die Araber, wie ALKARCHI (um 1010, Bagdad),[928] ferner die mittelalterlichen Mathematiker CHUQUET (*Le Triparty* 1484),[929] LUCA PACIUOLO (*Summa* 1494)[930] und RUDOLFF (*Coß* 1525).[931] Letzter fügt die weitere Vorschrift

$$\sqrt{a^2 c} + \sqrt{b^2 c} = \sqrt{(a+b)^2 \cdot c}$$

hinzu.[932]

Die Behandlung des gleichen Aggregates für die Kubikwurzeln muß ALKARCHI gekannt haben, da er die Beispiele $\sqrt[3]{54} - \sqrt[3]{2} = \sqrt[3]{6}$, $\sqrt[3]{2} + \sqrt[3]{54} = \sqrt[3]{128}$[933] vorführt. Erst RUDOLFF lehrt die Formel

circa aequationes puras ulterior evolutio (etwa 1808); GAUSS, opera, II, Gött. 1876, S. 243 ff. — 924 ARCHIMEDES, ed. HEIBERG, III, S. 268, Z. 24—25 (Anm. 6): „ὁ ἀριθμὸς δὲ καὶ μόριον ἐφ' ἑαυτὰ γενόμενα οὐκέτι ἀριθμὸν ποιεῖ πλήρη, ἀλλὰ καὶ μόριον". — 925 CARDANO, opera (Anm. 844), IV, Abh. I, § 43, S. 8. — 926 *Arithm. integra*, S. 103b: „*Item nullus numerus irrationalis potest esse numerus fractus. Impossibile enim est, ut ex multiplicatione fracti in se fiat numerus integer*". — 927 BHASKARA, Vîjagaṇita, cap. I, sect. 5, ed. COLEBROOKE, S. 145—155 (Anm. 294); vgl. HANKEL, S. 194 (Anm. 40) und CANTOR, Ib, S. 586. — 928 ALKARCHI, Fakhrî, cap. IX, ed. WOEPCKE, S. 57; daselbst die Beispiele $\sqrt{18} + \sqrt{8} = \sqrt{5}$ und $\sqrt{18} - \sqrt{8} = \sqrt{2}$ (Anm. 590). — 929 *Le Triparty*, Partie II, chap. 3 u. 4, S. 712—720 (Anm. 11). — 930 *Summa* dist. 8, tract. 2, S. 116b *De additione radicum inter se et numeros* (Anm. 10). — 931 RUDOLFF's *Coß*, 1525, Buch I, Kap. 7, Addirn (Anm. 761). — 932 Ebendaselbst unter der Überschrift: Wie man die communikanten ſumiren ſol durch ein ander vil kürtzer weiſe. — 933 S. 58 (Anm. 590).

$$\sqrt[3]{a}+\sqrt[3]{b}=\sqrt[3]{a+b+3(\sqrt[3]{a})^2\sqrt[3]{b}+3\sqrt[3]{a}(\sqrt[3]{b})^2}$$

an ausführlichen Rechnungen.[934]

Ähnlich verläuft die Geschichte der umgekehrten Aufgabe, der Radizierung eines Binoms, in dem Irrationalitäten auftreten. EUKLID's geometrischer Behandlung (Buch X, S. 55—60, 92—97; Lorenz[912]) folgt die algebraische Lösung der *Inder*, die auf die Formel hinauskommt:

$$\sqrt{a\pm\sqrt{b}}=\sqrt{\frac{a+\sqrt{a^2-b}}{2}}\pm\sqrt{\frac{a-\sqrt{a^2-b}}{2}}.$$ [927]

Sogar das Beispiel $\sqrt{10+\sqrt{24}+\sqrt{40}+\sqrt{60}}=\sqrt{2}+\sqrt{3}+\sqrt{5}$ verstehen die indischen Mathematiker auszuführen.[927] Wieder müssen wir LUCA PACIUOLO (1494 *Summa*)[930] nennen, ebenso RUDOLFF,[935] vor allem aber auf STIFEL[936] (Neuausgabe von RUDOLFF's *Coß* 1553) aufmerksam machen, der die RUDOLFF'sche Vorschrift mit einem strengen Beweise versah. Eine besondere Rolle spielten die dritten Wurzeln aus solchen Binomen in der Lösung der kubischen Gleichungen. Wir finden entsprechende Transformationen bei TARTAGLIA (1540),[937] STIFEL (1553),[938] BOMBELLI (1572),[939] GIRARD (1629)[940] u. a. Der letzte glaubte merkwürdigerweise, der erste Bearbeiter solcher Ausdrücke zu sein.

Auch für das Multiplizieren und Dividieren von Wurzelgrößen kann man bei EUKLID die ersten Anfänge herauslesen. Die indischen Kenntnisse werden durch arabische Schriften wiedergespiegelt. So finden sich in der Algebra des MUHAMMED IBN MUSA ALCHWARIZMI[941] eine Anzahl solcher Aufgaben vorgerechnet, wie

$$\frac{\sqrt{9}}{\sqrt{4}}=\sqrt{\tfrac{9}{4}}=\sqrt{2\tfrac{1}{4}}=1\tfrac{1}{2},\quad 3\sqrt{4}\cdot2\sqrt{9}=\sqrt{9\cdot4}\cdot\sqrt{4\cdot9}=\sqrt{36\cdot36}=36,$$

$$\sqrt{10}\cdot\sqrt{5}=\sqrt{5\cdot10}=\sqrt{50},\quad \sqrt{\tfrac{1}{2}}\cdot\sqrt{\tfrac{1}{3}}=\sqrt{\tfrac{1}{2}\cdot\tfrac{1}{3}}=\sqrt{\tfrac{1}{6}}\ \text{etc.}$$

Auf zusammengesetztere Beispiele trifft man in ALKARCHI's Lehrbuch der Algebra;[942] auch hiervon geben wir einige Proben, um den eingeschlagenen Gang zu zeigen:

934 Buch I, Kap. 8 unter : addirn, ein ander weise (Anm. 761). — 935 Daselbst, Buch I, Kap. 11. — 936 Neuausgabe von RUDOLFF's *Coß*, 1553, Anhang zum elften Kapitel im ersten Buch, S. 128b. — 937 Vgl. HANKEL, S. 373 (Anm. 40). — 938 Neuausg. v. RUDOLFF's *Coß*, 1553, S. 480b. — 939 *L'Algebra*, Ausgabe 1579 Bologna, z. B. S. 294—295; von WALLIS, Opera, II, *Algebra*, 1693, cap. 47, ohne Namennennung reproduziert. — 940 *L'invention nouvelle*, 1629, Signatur C_2 Rückseite u. ff. (Anm. 13). — 941 Ed. ROSEN, S. 29ff. (Anm. 119). — 942 Fakhrî, cap. IX, S. 56—57 (Anm. 590).

$$2\sqrt{4}\cdot 1\tfrac{1}{2}\cdot\sqrt{9} = \sqrt{16}\cdot\sqrt{20\tfrac{1}{4}} = \sqrt{16\cdot 20\tfrac{1}{4}} = \sqrt{324}$$

$$2\sqrt[3]{8}\cdot 2\sqrt[3]{27} = \sqrt[3]{64}\cdot\sqrt[3]{216} = \sqrt[3]{64\cdot 216}$$

$$\sqrt[4]{16}\cdot\sqrt[4]{81} = \sqrt[4]{16\cdot 81} = \sqrt{\sqrt{1296}} = 6$$

$$\sqrt{4}\cdot\sqrt[3]{27} = \sqrt[3]{4\cdot\sqrt{4}\cdot 27} = \sqrt[3]{\sqrt{16\cdot 4}\cdot 27} = \sqrt[3]{\sqrt{64}\cdot 27} = \sqrt[3]{\sqrt{64\cdot 27\cdot 27}} = \sqrt[3]{216}$$

$$3\sqrt[3]{27} : 2\sqrt[3]{8} = \sqrt[3]{(3\cdot 3\cdot 3\cdot 27):(2\cdot 2\cdot 2\cdot 8)} \text{ etc.}$$

Wir erkennen die Gewandtheit in Verwendung der Formeln $\sqrt[n]{a}\cdot\sqrt[n]{b} = \sqrt[n]{ab}$, $\sqrt[n]{a} : \sqrt[n]{b} = \sqrt[n]{\frac{a}{b}}$, $a\sqrt[n]{b} = \sqrt[n]{a^n b}$ — wie die heutige Algebra zu schreiben gestattet —, aber auch die mangelhafte Durchführung von Aufgaben, wie die vierte, in denen ungleichnamige Wurzeln zu multiplizieren sind. Hierin wurden im Abendlande bis zum sechzehnten Jahrhundert weitere Fortschritte erzielt. CHUQUET (1484 *Triparty*) zeigt in einem besonderen Abschnitte, wie ungleichnamige Wurzeln gleichnamig gemacht werden können.[943] Auch die Cossisten widmen diesem Punkt größere Aufmerksamkeit. Aus RUDOLFF's Beispiel (*Coß* 1525;[944] vgl. Anhang II, Nr. 30)

$$\sqrt[3]{216} : \sqrt[4]{16} = \sqrt[12]{216^4 : 16^3} = \sqrt[12]{2176782336 : 4096}$$
$$= \sqrt[12]{531441} = \sqrt[6]{729} = \sqrt[3]{27} = 3$$

sehen wir, daß naheliegende Rechenvorteile dabei nicht beachtet werden. Ein allgemeingültiges Schema für das Multiplizieren ungleichnamiger Wurzeln lehrt STIFEL, indem er das damals sehr beliebte „Über-Kreuz-Rechnen", das besonders beim Addieren und Subtrahieren von Brüchen üblich war, für unsere Aufgaben empfiehlt (vgl. S. 135—136). So setzt er neben die Rechnung $\sqrt[2]{5}\cdot\sqrt[3]{4} = \sqrt[6]{5^3\cdot 4^2}$ — im Original: *„Multiplicatus √ʒ 5 per √ce 4 facit √ʒce 2000"* — das Schema

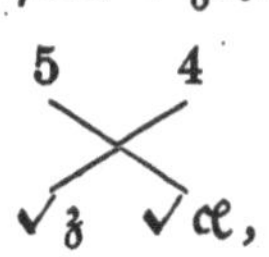

dessen Bedeutung klar ist.[945]

Das Radizieren von Wurzeln, beziehentlich Zerlegen höherer Wurzeln, deren Exponent keine Primzahl ist, in niedrigere,

[943] *Triparty*, Partie II, chap. 1, S. 658—659 (Anm. 11). — [944] RUDOLFF's *Coß*, 1525, Buch I, Kap. 9 unter : dividirn, Signatur Fv Rückseite. — [945] *Arithm. integra*, 1544, S. 114[b].

ist bis in die Zeit arabischer Mathematik nur in ganz speziellen und einfachen Fällen geübt worden, wie die Zerlegung einer vierten Wurzel in zwei nach einander zu vollziehende Quadratwurzeln u. s. w. Das vierte von den aus ALKARCHI angeführten Beispielen (S. 230) zeigt klar die Umgehung der sechsten Wurzel. Auch hier tritt erst im fünfzehnten Jahrhundert eine Weiterführung ein, wofür wiederum CHUQUET's *Triparty* (1484) Zeugnis ablegt, wenn er — in seinen Zeichen (vgl. S. 217) — zeigt, daß ℞.⁶ mit ℞.³℞.², ℞.⁸ mit ℞.⁴℞.², ℞.¹² mit ℞.⁶℞.², aber auch mit ℞.⁴℞.³ und ℞.³℞.²℞.² identisch ist.[946]

Zum Schluß müssen wir noch auf das Rationalmachen von Brüchen eingehen, deren Nenner Irrationalitäten enthalten. Auch hier bildet EUKLID eine Fundgrube, aus der spätere geschöpft haben. Satz 113 und 114 (Buch X, Übers. von LORENZ[912]) enthalten dieselbe Wahrheit geometrisch, die die algebraische Formel

$$\frac{1}{\sqrt{a} \pm \sqrt{b}} = \frac{\sqrt{a} \mp \sqrt{b}}{a - b}$$

ohne weiteres zeigt. Auf dasselbe kommt die Vorschrift des Inders BHASKARA hinaus: „Man soll Zähler und Nenner mit einem dem Nenner ähnlichen Ausdruck vervielfachen, bei dem nur das Vorzeichen einer Irrationalzahl entgegengesetzt gewählt wird, und soll dieses Verfahren so lange fortsetzen, bis man wirklich im stande sei, die geforderte Division zu vollziehen.“[947]

Bei dem Westaraber ALKALSADI[948] (gest. 1477 oder 1486, Andalusien) begegnet uns dieselbe Vorschrift, nur wenig abgeändert,

$$\frac{c}{a + \sqrt{b}} = \frac{c \cdot (a - \sqrt{b})}{a^2 - b},$$

wieder, ähnlich bei CHUQUET (1484)[949] und in RUDOLFF's *Coß* (1525).[950]

Weitere Fortschritte weist das Mittelalter auf. CARDANO kannte (1539) die Formel

$$\left(b - \sqrt[3]{c}\right) \cdot \left(b + \sqrt[3]{c} + \sqrt[3]{\frac{c^2}{b^3}}\right) = b^2 - \frac{c}{b}$$

und schrieb sie seinem Zeitgenossen GABRIEL DE ARATORIBUS aus Mailand zu.[951] CARDANO selbst benutzte sie beim Rational-

946 *Triparty* (Anm. 11), chap. II, S. 707—708; vgl. CANTOR, IIᵇ, S. 354. — 947 BHASKARA, Vîjagaṇita, ch. I, sect. V, 34—35, ed. COLEBROOKE, S. 147 (Anm. 294); vgl. CANTOR, Iᵇ, S. 586. — 948 CANTOR, Iᵇ, S. 765. — 949 *Triparty*, Partie II, chap. VI, S. 730 ff. (Anm. 11). — 950 RUDOLFF's *Coß*, 1525, Buch I, Kap. 10 unter : dividirn. — 951 CARDANO, *Practica Arithmeticae generalis*, cap. 51, § 17; opera, IV, S. 78 (Anm. 642).

machen des Bruches $\frac{10}{3-\sqrt[3]{5}}$. TARTAGLIA (1556) empfiehlt einmal beim Quadratwurzelausziehen aus einem gewöhnlichen Bruche, denselben so zu erweitern, daß der Nenner ein Quadrat wird[952], eine Vorschrift, in der er übrigens schon Vorgänger hatte, wie CHUQUET. An anderer Stelle setzt er statt $\frac{10}{\sqrt[5]{5}+\sqrt{3}}$ den neuen Bruch $\frac{10}{\sqrt[10]{25}+\sqrt[10]{243}}$ und will nun, um den Nenner rational zu machen, mit dem Resultat der Divisionsaufgabe $(243-25):(\sqrt[10]{243}+\sqrt[10]{25})$, die immer aufgehe, die Erweiterung vorgenommen wissen (vgl. S. 184).[953] Damit ist zugleich das Problem des Rationalmachens für binomische Nenner in voller Allgemeinheit gelöst.

E. Die Proportionen.

I. Die Lehre von den Proportionen.

Für die *Griechen* lag der unschätzbare Nutzen der Proportionen darin, daß sie ihnen mit ihren Umwandlungen einen Ersatz für unsere Gleichungen zu geben vermochten. Diese wichtige Verwendung läßt die umfangreiche Behandlung, die die griechischen Mathematiker wie EUKLID (um 300 v. Chr.), aber auch noch die arabischen und mittelalterlichen Gelehrten den Proportionen zu teil werden lassen, verstehen. Lange Zeit im Mittelalter, fast bis in die Neuzeit hinein, als längst die Buchstabensprache in der Gleichungslehre durchgebildet war, pflegte man die Resultate noch in Proportionsformen zu schreiben, die die Stelle unserer jetzigen geschlossenen Formeln einnahmen. Erst in neuester Zeit ist der ihnen zur Verfügung gestellte Raum arg beschnitten worden. Während WALLIS (1616—1703, Professor der Geometrie in Oxford) der Proportionslehre in seinem großen Werke (1693), das er über die Algebra verfaßt hat, $14\frac{1}{2}$ Folioseiten widmet,[954] während in KARSTEN's *Lehrbegriff der gesammten Mathematik* (1765) — ohne Anwendungen — fast 70 Seiten dieses Thema breittreten,[955] ist in modernen Lehrbüchern der Stoff in etwa 3—4 Seiten erledigt[956] und könnte ohne Schaden noch weiter verkürzt werden.

---

952 TARTAGLIA, *General trattato*, parte II, lib. II, S. 25ª ff. — 953 Daselbst, lib. X, S. 153ª, Z. 1 ff.; vgl. CANTOR, IIᵇ, S. 524. — 954 WALLIS, opera, II, 1693 Oxoniae, *Algebra*, S. 85—99. — 955 KARSTEN, Greifswald 1765, S. 152—178, S. 308—341, S. 366—376. — 956 BUSSLER, *Elemente*, Dresden 1897, I, S. 101—105.

Der Ursprung der Proportionslehre weist nach *Babylon*, ihre Einführung und erste theoretische Bearbeitung auf PYTHAGORAS (sechstes Jahrhundert v. Chr.).[957] In seiner Schule kannte man die arithmethische

$$\alpha)\ a - b = c - d$$

und die geometrische

$$\beta)\ a : b = c : d$$

Proportion (*ἀναλογίαι*),[958] ferner die bei Gleichheit der inneren Glieder aus ihnen sich ergebenden stetigen Proportionen (*μεσότητες*)

$$1)\ a - b = b - c$$

$$2)\ a : b = b : c,$$

zu denen sich als dritte die sogenannte harmonische Proportion

$$3)\ a : c = (a - b) : (b - c)$$

gesellte. Anfangs verstand man unter *ἀναλογία* nur die geometrische Proportion, während *μεσότητες* als Allgemeinbezeichnung alle fünf umfaßte; allmählich wurde *μεσότητες* ein Fachausdruck für die nur drei Größen enthaltenden Proportionen.[959] Als vollkommenste — *τελειοτάτη* nach NIKOMACHUS (100 n. Chr.); *μουσική* nach JAMBLICHUS (Anfang des vierten Jahrhunderts n. Chr.)[960] — galt bei den Pythagoreern diejenige Proportion, die aus zwei Zahlen, ihrem arithmetischen und harmonischen Mittel gebildet wird:

$$a : \frac{a+b}{2} = \frac{2ab}{a+b} : b\,.$$

JAMBLICHUS überliefert, daß gerade diese bereits den Babyloniern bekannt war.

Am weiteren Ausbau der Lehre von den Medietäten erwarben sich ARCHYTAS VON TARENT (430—365 v. Chr.) und HIPPASUS (Schüler des PYTHAGORAS) Verdienste. Sie fügten den drei Medietäten 1)—3) drei neue hinzu:[961]

$$4)\ a : c = (b - c) : (a - b)$$

$$5)\ b : c = (b - c) : (a - b)$$

$$6)\ a : b = (b - c) : (a - b)\,.$$

957 JAMBLICHUS, S. 141 *B*—142 *A*, S. 168 *AB* (Anm. 213). — 958 „Proportional" heißt schon bei EUKLID *ἀνάλογον*; dies wird adverbial gebraucht, z. B. „*αἱ πλευραὶ ἀνάλογόν εἰσιν*". — 959 Vgl. hierzu NESSELMANN, S. 210—212, Anmerkung (Anm. 86). — 960 NIKOMACHI *Geraseni Pythagoraei introductionis arithmeticae libri II* (Anm. 213); II, cap. XXIX, 1, S. 144; JAMBLICHUS, S. 168 *A* (Anm. 213). — 961 JAMBLICHUS, S. 141 *D* ff., S. 159 *C* ff., S. 163 *B* ff. (Anm. 213).

Auch soll der zweite den Namen „harmonische Proportion" für die bis dahin übliche Bezeichnung *ὑπεναντία* in Aufnahme gebracht haben. Schließlich treten bis zur Zeit des NIKOMACHUS noch vier Medietäten hinzu:

$$7)\ a:c=(a-c):(b-c)$$
$$8)\ a:c=(a-c):(a-b)$$
$$9)\ b:c=(a-c):(b-c)$$
$$10)\ b:c=(a-c):(a-b),$$

die von JAMBLICHUS zwei sonst unbekannten Pythagoreern, TEMONIDES und EUPHRANOR, zugeschrieben werden.[962] Diese zehn Formen liegen den Betrachtungen des NIKOMACHUS (um 100 n. Chr.) in seiner *Εἰσαγωγὴ ἀριθμητική*[963] zu Grunde; sie werden in euklidischer Form durch PAPPUS (Alexandria, Ende des dritten Jahrhunderts n. Chr.)[964] behandelt, der besonders den ersten drei eine sehr einfache, einheitliche Definition giebt: „b ist zwischen a und c arithmetisches, geometrisches oder harmonisches Mittel, je nachdem sich die Differenzen $(a-b)$ und $(b-c)$ wie $a:a$, wie $a:b$ oder wie $a:c$ verhalten".[965]

Von diesen zwölf Proportionsarten interessiert uns hauptsächlich die geometrische β) in der allgemeinen Form mit vier Größen. Von der arithmetischen Form 1) erwähnen wir nur, daß NIKOMACHUS für den Fall $a-b=b-c=d$ die Beziehung $b^2-ac=d^2$ aufstellt, die bei späteren Schriftstellern als *regula Nicomachi* wiederkehrt.[966] Trotz ihrer geringen Verwendbarkeit werden die arithmetischen Proportionen α) von den einzelnen Schriftstellern, auch des Mittelalters, gewissenhaft gelehrt; selbst in manchem modernen Schulbuch nehmen sie den ohnehin so knappen Platz wichtigeren Stoffen weg.

Der Lehre von den geometrischen Proportionen hat EUKLID das fünfte Buch seiner Elemente eingeräumt, so weit sie sich auf allgemeine — geometrische wie arithmetische — Größen bezieht; im siebenten Buch, Satz 5—21, wird sie alsdann für reine Zahlen wiederholt bezw. ergänzt. Vielleicht giebt das fünfte Buch die bereits vor EUKLID zusammengestellten Resultate eines früheren Forschers — man vermutet, des EUDOXUS VON KNIDOS (um 408—355 v. Chr., Schüler des ARCHYTAS und PLATON) — wieder, die EUKLID pietätvoll in der vorhandenen Form seiner Sammlung eingefügt hat, ein Verfahren,

[962] Daselbst S. 163 C. — [963] NIKOMACHUS, lib. II, cap. 21—29, S. 119—147 (Anm. 213). — [964] PAPPUS, Collectiones, lib. III, § 30—57; ed. HULTSCH, Bd. I, Berl. 1876, S. 70—105. — [965] Daselbst, lib. III, § 30; ed. HULTSCH, S. 70, Z. 21—S. 72, Z. 5. — [966] NIKOMACHUS, lib. II, cap. 23, 6, S. 125, Z. 18—21 (Anm. 213); vgl. CANTOR, I[b], S. 404.

das noch für andere Abschnitte der Elemente glaubhaft gemacht ist; dann würde sich die doppelte Behandlung der Proportionslehre bei Euklid zwangslos erklären lassen.

Euklid unterscheidet, wie wir, bei einer Proportion $a:b = c:d$ Vorderglieder und Hinterglieder, innere und äußere Glieder; er versteht mit der zu Grunde liegenden Proportion dieselben Verwandlungen vorzunehmen, die heute noch eingeübt werden. So zeigt er, daß aus $a:b = c:d$ folgende weitere Formen abgeleitet werden können:[967]

1) $b:a = d:c$ (*ἀνάπαλιν, inverso, umgekehrt*): V, Erkl. 14 (H. 13).
2) $a:c = b:d$ (*ἐναλλάξ, alterne, vicissim, verwechselt;* mittelalterl. *permutata*): V, 16 u. Erkl. 13 (H. 12).
3) $(a + b):b = (c + d):d$ (*σύνθεσις λόγου*; *componendo, verbunden;* mittelalterl. *gesammelt, zusammengebracht:* V, 18 u. Erkl. 15 (H. 14).

In 3) wird im Mittelalter unterschieden:

$(a + b):a = (c + d):c$ *rückwärts verbunden*
$(a + b):b = (c + d):d$ *vorwärts verbunden*
} nach L. Sturm (1707) *Kurtzer Begriff d. ges. Matthesis.*

4) $(a - b):b = (c - d):d$ (*διαίρεσις λόγου*; *dividendo, getrennt;* mittelalterl. *disjuncta, zerteilt, voneinander geschieden:* V, 17 u. Erkl. 16 (H. 15).
5) $a:(a - b) = c:(c - d)$ (*ἀναστροφή λόγου*; *per conversionem, zurückkehrend;* mittelalterl. *conversa, verwendet, herausgewendet:* V, 19, Zusatz u. Erkl. 17 (H. 16).

Euklid kennt auch Sätze für mehrfache Proportionen:

6) Aus $a:b = d:e$ und $b:c = e:f$ } *ἀ. τεταγμένη*; *ordinata, geordnete* Proportionen: Erkl. 19 (H. 18)
folgt $a:c = d:f$ *διἴσου*; *ex aequo, ex aequalitate, aus dem Gleichen:* V, 22 u. Erkl. 18 (H. 17).

7) Aus $a:b = e:f$ und $b:c = d:e$ } *ἀ. τεταραγμένη*; *perturbata, zerstreute* Proportionen: Erkl. 20 (H. 18)
folgt $a:c = d:f$ *διἴσου*, vgl. Nr. 6: V, 23.

Ferner sei noch angeführt, um die heute gebräuchlichen Sätze zu vervollständigen:

---

967 Die euklidischen Sätze sind nach der Übersetzung von Lorenz (Halle 1798), die am bekanntesten ist, zitiert. Die Abweichungen der Heiberg'schen Ausgabe sind mit einem H in Klammern beigefügt; vgl. auch Hankel (Anm. 40), S. 390—391.

8) Aus $a_1 : b_1 = c : d$ und $a_2 : b_2 = c : d$ } folgt $a_1 : b_1 = a_2 : b_2$ V, 11.

9) $a : b = c : d = e : f$ giebt $(a + c + e) : (b + d + f) = a : b$ V, 12.

10) $a : b = c : d$ giebt $na : nb = c : d$ V, 15.

Erwähnenswert wäre noch der letzte Satz im fünften Buch EUKLID's, daß, wenn $a : b = c : d$, wo $a > b$ und $a > c$, dann auch $a + d > b + c$ sein muß.

Der Satz von der Gleichheit der Produkte aus den inneren und äußeren Gliedern einer Proportion, der heute an die Spitze der ganzen Proportionslehre gestellt zu werden pflegt, fehlt im fünften Buch gänzlich; er findet sich erst VII. 19[968] (nebst Umkehrung), in geometrischer Form schon VI. 16.

Die Berechnung des vierten Gliedes einer Proportion aus den drei anderen läßt sich ohne weiteres aus den Sätzen EUKLID's vornehmen, wird jedoch von ihm, entsprechend dem rein theoretischen Charakter der Elemente, übergangen. Solche Einzelheiten werden dann gelegentlich bei späteren Schriftstellern nachgeholt; so in diesem Falle in geometrischer Form durch PAPPUS (lib. VII), in arithmetischer Form durch JORDANUS NEMORARIUS (Deutscher; † 1237 als Ordensgeneral der Dominikaner) in der Schrift *De numeris datis.*[969] Diesem folgen PEURBACH (1423—1461, Professor in Wien),[970] REGIOMONTANUS (1436 Königsberg in Franken — Rom 1476; Wien, Italien, Nürnberg)[971] u. a.

Daß das Quadrat der mittleren Proportionalen gleich dem Produkt der äußeren Glieder ist, lehrt EUKLID nebst Umkehrung arithmetisch VII. 20, geometrisch VI. 17.

Im Anschluß hieran sind noch zwei Sätze des achten Buches anzuführen (VIII. 11 und 12), daß sich nämlich zwischen zwei Quadrat-

---

968 EUKL. VII, 19, ed. HEIBERG, Bd. II, Lpz. 1884, S. 226: „*Ἐὰν τέσσαρες ἀριθμοὶ ἀνάλογον ὦσιν, ὁ ἐκ πρώτου καὶ τετάρτου γενόμενος ἀριθμὸς ἴσος ἔσται τῷ ἐκ δευτέρου καὶ τρίτου γενομένῳ ἀριθμῷ· καὶ ἐὰν ὁ ἐκ πρώτου καὶ τετάρτου γενόμενος ἀριθμὸς ἴσος ᾖ τῷ ἐκ δευτέρου καὶ τρίτου, οἱ τέσσαρες ἀριθμοὶ ἀνάλογον ἔσονται.*“ Für das Verwandeln einer Proportionsform in eine Produktform hat PAPPUS den Fachausdruck *χωρίον χωρίῳ*, so Collect. VII, prop. 21, § 64, ed. HULTSCH, II, Berl. 1877, S. 700, Z. 26 u. a. O.; vgl. PAPPUS, VII, prop. 123, § 189, S. 858, Z. 23—25: „*ὡς ἄρα ἡ ZA πρὸς τὴν AΓ, οὕτως ἡ EΔ πρὸς τὴν ΓE. χωρίον χωρίῳ· τὸ ἄρα ὑπὸ AZ EΓ ἴσον ἐστιν τῷ ὑπὸ AΓ ΔE*“. — 969 M. CURTZE, Kommentar zu dem *Tractatus de numeris datis* des JORDANUS NEMORARIUS, Ztschr. f. Math. u. Phys., Bd. 36, S. 41 (lib. II, Satz 1). — 970 *Opus Algorithmi*, Ausg. v. 1522 unter der Überschrift *De regula Aurea sive detre*, Signatur B_{III} Rückseite. — 971 REGIOMONTANUS, *De triangulis omnimodis libri quinque*, Nürnberg 1533 (geschrieben um 1465), S. 20.

zahlen stets eine mittlere Proportionale einschieben lasse ($a^2 : ab = ab : b^2$), bei Kubikzahlen aber deren drei eingeschoben werden müssen ($a^3 : a^2 b = a^2 b : a b^2 = a b^2 : b^3$), zwei Theoreme, deren Kenntnis, wie eine Stelle im Timäus beweist,[972] bei PLATON (429—348, Athen) bereits vorhanden war, deren Entdeckung — vielleicht bloß auf Grund jener Timäusstelle — NIKOMACHUS geradezu dem PLATON zuschreibt.[973]

Kleine Erweiterungen für stetige Proportionen giebt auch der in der Geschichte der Algebra den ersten Platz einnehmende VIETA (1540—1603; Paris, Staatsbeamter); dazu gehören z. B. die Umkehrungen der eben angegebenen platonischen Sätze. In einer Druckschrift vom Jahre 1579[974] zeigt er, daß aus $a:b = b:c$ folge

$$a : c = a^2 : b^2,$$

und aus $a:b = b:c = c:d$

$$a:d = b^3 : c^3.$$

Über die Größenverhältnisse des arithmetischen und geometrischen Mittels im Vergleich zueinander sind erst in der Neuzeit Untersuchungen angestellt worden. Ein französischer Mathematiker, LANTHÉRIC, wies 1830 nach,[975] daß das geometrische Mittel zweier Größen a und b stets kleiner als ihr arithmetisches Mittel ist, daß die Differenz beider aber weniger betrage als

$$\frac{(a-b)^2}{8b}.$$

Eine Erweiterung auf das arithmetische und geometrische Mittel beliebig vieler Größen ist dann durch LIOUVILLE 1839 vorgenommen worden.[976]

2. Schreibart, Wörter.

Für die Schreibart der Griechen ist in Anm. 968 ein Beispiel aus PAPPUS gegeben. Eine symbolische Schreibart für Proportionen tritt zum erstenmal bei dem Westaraber ALKALSADI (Andalusien; gest. 1477 oder 1486) auf, der zwischen je zwei der vier Größen drei pyramiden-

[972] PLATO, Timaeus 32, ed. STALLBAUM, VIII, Gotha-Erfurt 1838, S. 126 ff.; vgl. hierzu HULTSCH in FLECKEISEN u. MASIUS, Neue Jahrbücher f. Philologie u. Pädagogik, Jahrgang 1873, Bd. 107, S. 493—501. — [973] NIKOMACHUS, lib. II, cap. 24, 6, S. 129, Z. 14—17 (Anm. 213). — [974] VIETA, *Universalium inspectionum ad Canonem mathematicum liber singularis*, Paris 1579, S. 28, 29 nach HULTSCH, Ztschr. f. Math. u. Phys., Suppl. 1899. — [975] Annales de math. pures et appl. par GERGONNE, Bd. 21, Nimes 1830/31, S. 84. — [976] Journal de Math. pures et appl. par LIOUVILLE, Bd. 4, 1839, S. 493—494.

förmig angeordnete Pünktchen setzt, so daß unser $7:12 = 84:144$ — gemäß der arabischen Schreibrichtung — folgendermaßen aussieht:

$$144 \therefore 84 \therefore 12 \therefore 7.$$ [977]

Der Engländer William Oughtred (1574—1660, Pfarrer in einem englischen Landort) brachte 1631 die Form[978]

$a \cdot b :: c \cdot d$ (ut a ad b, sic c ad d)

auf, die sich besonders in England sehr lange gehalten hat. Von weniger Erfolg war sein Vorschlag

$$a \cdot b \cdot c \div\div$$

für die stetige Proportion $a:b = b:c$. Die moderne Form der arithmetischen Proportion $a - b = c - d$ empfiehlt als allein logisch zuerst Chr. von Wolff (1679 Breslau — 1754 Halle),[979] die für die geometrische Proportion $a:b = c:d$ stammt von niemand Geringerem als Leibniz[980] (1646 Leipzig — 1716 Hannover), der sich mit großer Bestimmtheit gegen die unnötige Verwendung besonderer Zeichen zur Andeutung einer Proportion wendet, da man mit dem Zeichen der Division und der Gleichheit vollständig auskomme. Wie berechtigt der Tadel ist, den Leibniz ausspricht, erkennt man aus der Mannigfaltigkeit der für denselben Zweck gebrauchten Zeichen. Neben den schon erwähnten finden sich nämlich noch

---

977 Cantor, I^b, S. 766. — 978 1631, *Clavis mathem.*, Ausg. v. 1667, S. 7, z. B. $1 \cdot 4 :: 6 \cdot 24$. — 979 *Anfangsgründe aller math. Wissenschaften*, 1. Aufl. 1710, Ausg. v. 1750, I, § 67, S. 73. — 980 Leibniz, *Mattheseos universalis pars prior, de Terminis incomplexis*, Nr. 16; Ges. Werke, ed. Gerhardt, 3. Folge, Bd. 7, Halle 1863, S. 56, Z. 20 f.: „*Sic quidam solent per* $a \div b \div\div c \div d$ *significare, eandem esse rationem seu proportionem ipsius a ad b, quae est ipsius c ad d. Sed ego deprehendi regulariter non esse opus in calculo peculiaribus signis pro rationibus et proportionibus, earumque analogiis seu proportionalitatibus, sed pro ratione sive proportione sufficere signum divisionis et pro analogia seu proportionum coincidentia sufficere signum aequalitas. Itaque rationem seu proportionem ipsius a ad ipsum b ita scribo:* $a:b$ *seu* $\frac{a}{b}$, *quasi de divisione ipsius a per b ageretur. — Et analogiam seu duarum proportionum aequalitatem sive convenientiam designo per aequalitatem duarum divisionum seu fractionum. Et cum designo, eandem esse rationem a ad b, quae est c ad d, sufficit scribere* $a:b = c:d$ *seu* $\frac{a}{b} = \frac{c}{d}$" u. s. w. Manche pflegen durch $a \div b \div\div c \div d$ anzudeuten, daß die Verhältnisse a zu b und c zu d dieselben sind. Ich habe aber stets getadelt, daß man im Rechnen besondere Zeichen für die Verhältnisse und ihre Proportionen habe; für das Verhältnis genügt das Divisionszeichen, für die Proportion das Gleichheitszeichen. . . .

$a - ac :: b - bc$	bei STURM, *Matthesis* 1707, S. 7;
$a \mid b \mid c \mid d$	bei LA HIRE, 1710[981];
$a:b :: c:d$	bei CAGNOLI, 1786 *Trigonometrie.*

Durch LEIBNIZ' Einfluß und v. WOLFF's Vorbild tritt erst ganz allmählich Einheitlichkeit ein.

Infolge Fehlens einer Symbolik waren die Mathematiker des Altertums und Mittelalters gezwungen, sich für die Größe des Verhältnisses (πηλικότης nach EUKLID, πυθμήν nach JAMBLICHUS, *radix* nach BOËTHIUS, sonst lat. *exponens, denominator, quotiens*) eine besondere Nomenklatur zu schaffen. In der folgenden Zusammenstellung ist die griechische Bezeichnung aus JAMBLICHUS,[982] die lateinische aus BOËTHIUS[983] genommen.

Verhältnis	λόγος	ratio
1 : 2	διπλάσιος	dupla
1 : 3	τριπλάσιος	tripla
2 : 1	ὑποδιπλάσιος	subdupla
3 : 1	ὑποτριπλάσιος	subtripla
3 : 2	ἡμιόλιος	sesquialtera
4 : 3	ἐπίτριτος	sesquitertia
5 : 4	ἐπιτέταρτος	sesquiquarta
$n : n - 1$	ἐπιμόριος	superparticularis
2 : 3	ὑφημιόλιος	subsesquialtera
$1\frac{2}{3} : 1$	ἐπιτριμερής	superbipartiens tertia
$1\frac{3}{4} : 1$	.	supertripartiens quarta
$4\frac{3}{7} : 1$	.	quadrupla supertripartiens septima

Die letzte Bezeichnung (aus WALLIS' *Algebra*) zeigt, zu welchen verwickelten Wortbildungen vorgeschritten werden mußte. Noch viel ergötzlicher lesen sich die Verdeutschungsversuche mittelalterlicher Autoren.

Das Wort proportio bedeutet im mittelalterlichen Latein (auch noch bei LEIBNIZ[983]) nur das Verhältnis; gleichwertig mit ihm ist *ratio* als Übersetzung des griechischen λόγος. Eine Gleichung zwischen zwei Verhältnissen heißt seit BOËTHIUS (480? Rom — 524 Pavia; röm. Staatsmann u. Philosoph) *proportionalitas;*[984] erst

[981] Nach WOLF, *Handbuch der Astronomie*, I, S. 67 (Anm. 90). — [982] Ebenso bei THEON SMYRNAEUS (um 130 n. Chr.), ed. HILLER, Leipzig 1878, S. 76ff. und NIKOMACHUS (um 100 n. Chr.) (Anm. 213). — [983] BOËTHIUS, ed. FRIEDLEIN, Leipzig 1867, *Instit. Arithm.*, I, 23, 24, 28, S. 47, 49, 58; vgl. auch WALLIS, opera, II, *Algebra*, 1693, S. 86—87. — [984] BOËTHIUS, *Inst. Arithm.*, II, 40 *„Est igitur proportionalitas duarum vel trium vel quotlibet proportionum assumptio ad unum atque collectio."*

seit dem achtzehnten Jahrhundert wird die kurze Form „Proportion“ zum festen Terminus.[985]

Verdeutschungsversuche sind: *„Proportz* (STIFEL), *Vergleichung, gleiche Verhältnis, Ebenmaß, Gleichförmigkeit der Verhältnisse“*; für unser „in gleichem Verhältnis geteilt“ sagt XYLANDER in seiner Euklidübersetzung (1562): *„proportzlich geteilt“*. Für „mittlere Proportionale“ gebraucht APIAN (1537) *„Mittelzahl“*, J. STURM (1670) *„mittlere Gleichverhaltende“*.[986]

Das Wort Verhältnis führt bis über die Mitte des achtzehnten Jahrhunderts hinaus den Artikel *„die“*; so in den „Anfangsgründen“ von L. STURM (1707), WOLFF (1710), KÄSTNER (1764), ferner bei LAMBERT (1765, *Beiträge zum Gebrauch der Math.*), FLORENCOURT (1781, *Abh. zur jurist. u. polit. Rechenkunst*) u. a. *„Das“* Verhältnis sagt schon KARSTEN (1767, *Lehrbegriff der ges. Math.*, z. B. I, S. 153). KARSTEN's Buch scheint in dieser Beziehung tonangebend geworden zu sein.

„Geometrisch“ heißt das Verhältnis $a:b$, weil es in der griechischen Mathematik ursprünglich an geometrischen Figuren definiert wurde; als Gegensatz dazu bot sich „arithmetisch“ von selbst. Durch fortgesetzte, stetige Proportionen kamen die Alten auf die Reihen, in denen sie demnach ebenfalls den Unterschied zwischen geometrischen und arithmetischen festhielten.

F. Die Gleichungen.

I. Allgemeiner geschichtlicher Überblick. Begriff der bekannten und unbekannten Größe. Fachausdrücke.

In den vorstehenden Kapiteln ist oft Gelegenheit gewesen, zu erkennen, daß die Algebra in der Lehre von den Gleichungen ihren Anfang nahm, daß sie sich gleichsam als Hilfswissenschaft für die Behandlung der Gleichungen allmählich entwickelt hat. Wir wenden uns nunmehr zur Geschichte dieser selbst.

Wortgleichungen und Rätselaufgaben stehen an der Wiege der Gleichungslehre. Wie lange die Kindheit gedauert haben mag, bis sich eine wirkliche Lehre einstellte, ob es ein Genie war, das mit

985 JAC. BERNOULLI (1688 Basileae *De rationibus et proportionibus* — Opera, Genevae 1744, I, S. 367) hat bereits proportio in modernem Sinne und definiert: *„Si rationes aequales invicem comparantur, existit proportio“*. — 986 Nach FELIX MÜLLER, Ztschr. f. Math. u. Phys., Suppl. 1899, S. 322/323.

scharfem Blick das Konstante im Wechsel der Aufgaben sah, oder ob wir es mit der Errungenschaft einer langen Zeitperiode zu thun haben, in der ein Baustein zum anderen gefügt das Ganze gab, das sind Fragen, die die positive Geschichtsforschung unaufgeklärt lassen muß. So weit hinauf wir in die graue Vergangenheit zu blicken vermögen, sehen wir — selbst bei jenem ältesten Kulturvolk am Mittelmeerbecken, den *Ägyptern* — schon nicht mehr den Anfang, sondern eine Höhe der Entwicklung in der Gleichungslehre, die den Forscher überrascht.

Auf den Beginn des zweiten Jahrtausend vor unserer Zeitrechnung datiert man einen ägyptischen Papyrus mathematischen Inhaltes,[181] der unter dem Namen *Rechenbuch des* AHMES bekannt geworden ist; der Schreiber muß unter der sechzehnten oder siebzehnten Dynastie, der der Hyksos, gelebt haben. Für die hohe Ausbildung des altägyptischen Bücherwesens spricht, daß schon am Anfang der sechsten Dynastie besondere königliche Beamte erwähnt werden, denen die Verwaltung des königlichen Bücherhauses oblag. Sicher gab es schon in dieser noch älteren Zeit Mathematik; AHMES, der Verfasser des obigen Papyrus, weist selbst auf alte Vorlagen für sein Werk hin, die wahrscheinlich bis zur zwölften Dynastie hinaufreichen.

Werfen wir einen Blick auf Gleichungsaufgaben dieses Altägypters, wie sie uns die moderne Übersetzung vorführt! Es lautet eine solche:[987]

„Haufen, sein $\frac{2}{3}$, sein $\frac{1}{2}$, sein $\frac{1}{7}$, sein Ganzes, es beträgt 33"

oder eine andere:[988]

„$\frac{2}{3}$ hinzu, $\frac{1}{3}$ hinweg bleibt 10 übrig".

Bei der ersten vermag kein Leser der Gegenwart einen Unterschied gegen die heutige Form $\frac{2}{3}x + \frac{1}{2}x + \frac{1}{7}x + x = 33$ zu erkennen — bis auf den Mangel einer folgerichtigen Zeichensymbolik, die aber auch schon in Anfängen (vgl. S. 127) nachzuweisen ist. Die zweite Aufgabe läßt sich mit Leichtigkeit auf

$$(x + \tfrac{2}{3}x) - \tfrac{1}{3}(x + \tfrac{2}{3}x) = 10$$

deuten. Auch die Durchführung der Rechnung entspricht unserer Methode. Die Unbekannte wird mit ihren Bruchteilen addiert und das konstante Glied durch den sich ergebenden Koëffizienten dividiert. Daß das altägyptische Verfahren, Brüche zu addieren oder gegebene

987 EISENLOHR, Papyrus Rhind, Aufg. 31, S. 69 (Anm. 181). Die für die unbekannte Größe benutzte Hieroglyphe ist mit *Hau* (= Haufen) zu lesen; man nennt demgemäß die ägyptische Gleichungslehre auch Hau-rechnung. — 988 Daselbst, Aufg. Nr. 28.

Zahlen durch einander zu dividieren, von dem unsrigen abweicht (vgl. S. 74—75, 45), geht uns hier nichts an. Das Wichtigste — das, was die algebraische Gleichung als solche charakterisiert, — den Begriff der unbekannten Größe finden wir bereits fertig vor uns; er ist durch das Wort *„Haufen"* mit seiner an sich unbekannten Anzahl von Bestandteilen auf das zutreffendste ausgedrückt.

Nach Jahrtausenden ist die Zeit zu berechnen, die wir verstreichen sehen, bis uns dieser Begriff wieder in ähnlicher Klarheit entgegentritt. Wir haben uns dazu nach *Griechenland* zu begeben. Von einem gewissen THYMARIDAS teilt uns ein Schriftsteller des vierten nachchristlichen Jahrhunderts, JAMBLICHUS,[989] eine sehr dunkel gefaßte Lösungsmethode für eine Aufgabe mit, die — nach unserem Sprachgebrauch — auf mehrere Gleichungen mit ebensoviel Unbekannten führt. Wir haben uns mit diesem sogenannten *Epanthem des Thymaridas* noch später (vgl. S. 247) zu beschäftigen. Hier bemerken wir nur, daß in der überlieferten Stelle Kunstwörter — *ὡρισμένα* für gegebene, *ἀόριστα* für unbekannte Größen — benutzt werden, die uns in derselben Verwendung in DIOPHANT's (drittes bis viertes Jahrhundert n. Chr.) *Algebra*[990] wieder begegnen. Ob dieser THYMARIDAS der Pythagoreer (um 390 v. Chr.) gleichen Namens ist, ließe sich anzweifeln. Und wenn er es ist, dann könnten die angeführten termini auch Eigentum des Überlieferers JAMBLICHUS sein, bei dem ihre Benutzung infolge seiner annähernden Gleichzeitigkeit mit DIOPHANT bestimmt zu erwarten ist. Sicher ist demnach nur, daß die mathematischen Begriffe des Bekannten und Unbekannten im dritten Jahrhundert n. Chr. wieder vorhanden sind; unwahrscheinlich ist es aber durchaus nicht, daß sie schon mehrere Jahrhunderte früher bekannt waren, besonders, wenn man erwägt, daß die Algebra DIOPHANT's uns einen Höhepunkt, gleichsam den Abschluß einer ganz allmählich vor sich gegangenen Entwicklung griechischer Algebra, für die wir häufiger Spuren nachweisen können (vgl. S. 147, 177—180, 209—210, 252—256), darzustellen scheint.

Betreffs der diophantischen Bezeichnung der konstanten und der zu suchenden Größen verweisen wir auf frühere Auseinandersetzungen (vgl. S. 125, 186). Später — und wohl nicht ganz unbeeinflußt von Griechenland aus — hatten wir in *Indien* eine wirkliche Algebra entstehen sehen (vgl. S. 128—130). Es mag erinnert sein an ARYABHATTA's

---

989 JAMBLICHUS, S. 88 B ff. (Anm. 213); vgl. NESSELMANN, S. 232 (Anm. 86). —
990 So DIOPHANT, IV, 20: *„εὑρεῖν τρεῖς ἀριθμοὺς ἐν τῷ ἀοριστῷ . . ."* drei Zahlen in unbestimmten Ausdrücken finden, so daß . . .; vgl. NESSELMANN, S. 291 (Anm. 86).

(geb. 476 n. Chr.) Wort für die Unbekannte *gulikâ* (Kügelchen), für bekannte Größen *rûpakâ* (mit Zeichen versehene Münzen), an BRAHMAGUPTA's (geb. 598 n. Chr.) *yâvat tâvat* (quantum tantum) für die erste Unbekannte, an seine Farbenbezeichnungen *kâlaka* (die schwarze), *nîlaka* (die blaue), *pîtaka* (die gelbe) u. s. w. für die weiteren Unbekannten. Beschränkte sich die Kenntnis der Ägypter auf Gleichungen ersten Grades und fügten die Griechen die geometrische und rechnerische Lösung der Gleichungen zweiten Grades hinzu, so lag die Meisterschaft der Inder in der Gleichungslehre auf dem Gebiete der unbestimmten Analytik, das DIOPHANT zu betreten eben erst begonnen hatte (vgl. S. 296 ff.).

Den Inhalt, wenn auch nicht die Form, indischer Algebra vereinigten die *Araber* mit griechischer Überlieferung. Ihnen gebührt der Ruhm, die Gleichungen dritten Grades geometrisch ihrer Lösung entgegengeführt zu haben. Erst am Ende der arabischen Periode nehmen wir im fünfzehnten Jahrhundert bei den Westarabern eine Neugeburt symbolischer Algebra wahr. Dem sechzehnten Jahrhundert blieb es vorbehalten, auf *italienischem* Boden die rechnerische Lösung der Gleichungen dritten und vierten Grades, auf deutschem Boden eine echte Algebra in der *Coß* entstehen zu sehen. Durch VIETA's Einführung von Buchstabengrößen (1591) wuchs diese nach und nach zur heutigen Algebra aus, innerhalb der die Gleichungslehre sich gleichmäßig und ständig fortbildete. Wohl keiner der bedeutenderen Mathematiker des sechzehnten bis neunzehnten Jahrhunderts kann genannt werden, der nicht einen oder mehrere Bausteine zu dem stolzen, modernen Lehrgebäude der Gleichungstheorie beigetragen hätte.

Von den Begriffen und Fachwörtern, die in der Gleichungslehre üblich sind, haben wir den Begriff der Unbekannten soeben besprochen. In betreff der Entstehung des allgemein angenommenen Zeichens x für dieselbe vergleiche man die Erörterungen S. 150 und 190—195, die darzulegen suchen, wie unser x aus einer Abkürzung des italienischen Fachausdruckes *cosa* für die Gleichungsunbekannte abzuleiten ist. Auch die Geschichte des Wortes Wurzel ist S. 214—215 bereits behandelt.

Die Seite einer Gleichung nennt DIOPHANT *μέρος*,[991] seltener *ἴσωσις*,[992] ein Glied derselben *εἶδος*.[993] VIETA wählte, vielleicht

[991] DIOPHANT, I, def. 11, ed. TANNERY, z. B. S. 14, Z. 13. — [992] DIOPHANT, IV, 25, ed. TANNERY, S. 242, Z. 20. — [993] DIOPHANT, I, def. 10, ed. TANNERY, S. 14, Z. 2.

in Anlehnung hieran, für das letzte *species*, wonach lange Zeit die Buchstabenrechnung den Namen *arithmetica speciosa* (Gegensatz: *arithmetica numerosa*) führte.[994]

Die Bezeichnung Koëffizient, wofür bei DIOPHANT πλῆθος gebraucht wird,[995] stammt ebenfalls von VIETA her.[996] Bei Ausrechnung von Ausdrücken der Form $(A+B)^m + D^n(A+B)^{m-n}$ — modern: $(x+a)^n + b^n \cdot (x+a)^{m-n}$ — verwendet er das Wort zum erstenmal in dem besonderen Beispiel $(A+B)^2 + D(A+B)$, d. i. $(x+a)^2 + b \cdot (x+a)$, für die Größe D, indem er für diese die Bezeichnung *longitudo coëfficiens* wählte.

Der Begriff Grad einer Gleichung ist der DESCARTES'schen *Géométrie* von 1637 entlehnt. DESCARTES gebraucht für diesen Begriff in algebraischem Sinne freilich das Wort *dimensio* (Dimension),[997] will aber die durch die Gleichungen dargestellten Kurven nach dem Grade (*gradus, degrés*)[998] eingeteilt wissen. Das von ihm gewählte Einteilungsprinzip ist indessen von dem unsrigen abweichend; er faßte die Kurven, deren Gleichungen als höchste Potenzen die $(2n-1)^{te}$ und $(2n)^{te}$ besitzen, unter der Bezeichnung der n^{ten} Gattung zusammen. Erst NEWTON[999] wählte die heutige Bezeichnungsart, indem er eine Kurve, deren Gleichung keine höheren Potenzen als die n^{te} aufweist, eine Linie n^{ter} Ordnung oder eine Kurve $(n-1)^{ter}$ Ordnung nannte. Das Wort Grad (*gradus*) hatte bereits VIETA für die Höhe einer Potenz benutzt.[1000]

In der Schreibart der Gleichungen trat seit STIFEL (1544) allmählich eine formale Änderung ein. Wir finden in seiner *Arithmetica integra* von 1544 (S. 283ᵃ) die erste auf Null gebrachte Gleichung

„216 + √ʒ 41472 − 18 𝔵𝔢 − √ʒ 648 ʒ aequantur 0“

$$(\text{d. h. } 216 + \sqrt{41472} - 18x - \sqrt{648x^2} = 0).$$

Es ist freilich das einzige und wohl nicht mit Absicht so gefaßte Beispiel; doch muß es hervorgehoben werden, weil man lange Zeit die Priorität, eine Gleichung auf Null gebracht zu haben, dem

994 NESSELMANN, S. 58 (Anm. 86). — 995 DIOPHANT, I, 23, ed. TANNERY, S. 48, Z. 8. — 996 1591, *Ad Logisticen speciosam notae priores;* VIETA, ed. SCHOOTEN, Leiden 1646, S. 23, Z. 1, 2 v. u. und dann oft. — 997 Oeuvres de DESCARTES, éd. COUSIN, Bd. V, Paris 1824, *Géométrie*, S. 388: *„Sachez donc qu'en chaque équation, autant que la quantité inconnue a de dimensions, autant peut-il y avoir de diverses racines.“* — 998 Daselbst S. 333: *„Mais je m'étonne de ce qu'ils n'ont point outre cela distingué divers degrés entre ces lignes plus composées.“* — 999 NEWTON, *Principia* (um 1684 verfaßt, 1687 gedruckt), lib. I, prop. 30, lemma 28, S. 106. — 1000 Opera Vietae, ed. SCHOOTEN, S. 308, 309.

Engländer HARRIOT (1631) zuschrieb. Aber auch in dem Schweizer BÜRGI (1552—1632; Kassel, Prag) würde HARRIOT noch einen Vorgänger haben, da uns sein Freund KEPLER ein gleiches Beispiel von ihm mitteilt: [1000a]

„... *et tunc illi vel numero vel* *figurae nihili* *aeque valent quantitates hae*

$$7^{\mathrm{I}} - 14^{\mathrm{III}} + 7^{\mathrm{V}} - 1^{\mathrm{VII}} \text{ vel } 7 - 14^{\mathrm{II}} + 7^{\mathrm{IV}} - 1^{\mathrm{VI}}\text{“}$$

$$\text{(d. h. } 0 = 7x - 14x^3 + 7x^5 - 1x^7 \text{ oder } 0 = 7 - 14x^2 + 7x^4 - x^6\text{).}$$

HARRIOT hat das Verdienst, grundsätzlich das konstante Glied, sei es positiv, null oder negativ, allein auf die rechte Seite der Gleichung gebracht zu haben (vgl. *Praxis artis analyticae*, z. B. S. 20: $= 0$, $= b \cdot c \cdot d$).

2. Die Gleichungen ersten Grades mit einer Unbekannten.

Altägypten war es, wo wir in der Hau-Rechnung[987] die Geschichte der Gleichungslehre beginnen sahen. Einzelne Beispiele werden uns von AHMES vorgerechnet; die eingeschlagene Lösungsmethode, wenn von einer solchen überhaupt gesprochen werden kann, ist bedingt durch das umständliche Rechnen mit Stammbrüchen, das den Ägyptern eigentümlich ist (S. 74—75).

Ob sich von diesen Aufgaben etwas nach *Griechenland* hinübergerettet hat, läßt sich schwer nachweisen, nur mutmaßen; da ja so vieles aus dieser Quelle zur griechischen Mathematik floß, wird auch hiervon etwas durchgesickert sein. Wie bekannt, ist die griechische Überlieferung, was einfaches Rechnen betrifft, uns gegenüber mehr wie schweigsam. Aus HERON's Schriften (erstes Jahrhundert v. Chr.) können einige Schlüsse auf dasselbe gezogen werden. Unserer Aufgabenart jedoch begegnen wir erst wieder bei DIOPHANTUS (drittes bis viertes Jahrhundert n. Chr.). Aus seinem Werke (*'Αριθμητικῶν βιβλία* VI)[705] erkennen wir, daß nunmehr wirkliche Methode in das Lösungsverfahren gekommen war. Wir schildern die Rechnungsweise DIOPHANT's, die für alle reinen, d. h. nur eine Potenz der Unbekannten enthaltenden Gleichungen gilt, am besten mit seinen eigenen Worten: „Wenn man bei einer Aufgabe auf eine Gleichung kommt, die auf beiden Seiten dieselbe Potenz der Unbekannten, aber mit verschiedenen Koëffizienten enthält, so muß man Gleichartiges von Gleichartigem abziehen, bis ein Glied einem Gliede gleich wird. Wenn aber auf einer oder auf beiden Seiten der Gleichung einzelne Glieder negativ sind, so muß man

1000a *De Figurarum Harmonicarum Demonstratione Liber I,* Linz 1619, prop. 45, Op. Kepleri, ed. FRISCH, V, S. 104, Z. 3—2 v. u.

die negativen Glieder auf beiden Seiten addieren (Operation I), bis auf beiden Seiten alle Glieder positiv geworden sind; und dann muß man ebenfalls Gleichartiges von Gleichartigem abziehen (Operation II), bis auf jeder Seite der Gleichung ein Glied übrig bleibt."[1001] Ein Beispiel in moderner Form erfährt also folgende Operationen:

$$8x - 11 - 2x + 5 = x - 4 + 3x + 10$$

$$\text{Operation I} \left\{ \begin{array}{ll} 8x + 5 + 4 & = x + 3x + 10 + 11 + 2x \\ 8x + 9 & = 6x + 21 \end{array} \right.$$

$$\text{Operation II} \left\{ \begin{array}{ll} 8x - 6x & = 21 - 9 \\ \quad 2x & = 12. \end{array} \right.$$

Auf diese Form $ax^m = b$ führen die meisten Aufgaben des ersten Buches DIOPHANT's, das dieser Gattung speziell gewidmet zu sein scheint.

Den Griechen gegenüber waren die *Inder* erheblich im Vorteil, erstens schon durch ihre sehr bequeme Schreibart (vgl. S. 130), die das Zusammenziehen gleichartiger Glieder wesentlich erleichterte, zweitens aber besonders durch die Anerkennung rein negativer Größen, die wir bei den Indern zum erstenmal antrafen (vgl. S. 165). Sie scheuten sich nicht einmal, eine negative Größe auf der einen Gleichungsseite allein stehen zu lassen (vgl. das Beispiel S. 130). Von den beiden diophantischen Operationen I und II kann, da die Inder mit negativen Größen rechnen konnten, die erste, das Hinüberschaffen der negativen Größen, fortfallen; und es wird daher sofort die Vereinigung gleichartiger Glieder vorgenommen. Der hierfür gebräuchliche Fachausdruck „Abziehung des Ähnlichen" erinnert so stark an das diophantische „Gleichartiges von Gleichartigem abziehen", daß man den griechischen Einfluß durchschimmern sieht.

Dieselben Operationen I und II schreiben, ebenfalls von griechischer Mathematik beeinflußt, auch die *arabischen* Lehrbücher vor, wie die *Algebra* des MUHAMMED IBN MUSA ALCHWARIZMI (um 820 n. Chr.; Bagdad, Damaskus). Interessant ist bei diesem Buche, daß es die damals sehr verbreiteten Namen der beiden Operationen, *Aldschebr walmukâbala*, geradezu als Titel führt. Al Dschebr —

1001 DIOPHANT, Def. XI, ed. TANNERY, S. 14, Z. 11—20: „*Μετὰ δὲ ταῦτα ἐὰν ἀπὸ προβλήματός τινος γένηται εἴδη τινα ἴσα εἴδεσι τοῖς αὐτοῖς, μὴ ὁμοπληθῆ δὲ, ἀπὸ ἑκατέρων τῶν μερῶν δεήσει ἀφαιρεῖν τὰ ὅμοια ἀπὸ τῶν ὁμοίων, ἕως ἂν ἓν εἶδος ἑνὶ εἴδει ἴσον γένηται. ἐὰν δέ πως ἐν ὁποτέρῳ ἐνυπάρχῃ ἢ ἐν ἀμφοτέροις ἐν ἐλλείψεσί τινα εἴδη, δεήσει προσθεῖναι τὰ λείποντα εἴδη ἐν ἀμφοτέροις τοῖς μέρεσιν, ἕως ἂν ἑκατέρων τῶν μερῶν τὰ εἴδη ἐνυπάρχοντα γένηται, καὶ πάλιν ἀφελεῖν τὰ ὅμοια ἀπὸ τῶν ὁμοίων, ἕως ἂν ἑκατέρῳ τῶν μερῶν ἓν εἶδος καταλειφθῇ.*"

aus dem dann später unser „Algebra" (vgl. S. 152) entstand — wurde in den lateinischen Übersetzungen mit *restauratio*, mukâbala mit *oppositio* wiederzugeben versucht. In allen Lehrbüchern des Mittelalters sehen wir diese vorbereitenden Rechnungen der eigentlichen Lösung der aufgestellten Gleichungen, auch wenn sie höheren Grades sind, vorausgeschickt. Wir lehren sie noch heute unseren Schülern, wenn wir von ihnen die Umwandlung auf eine Normalform verlangen.

3. Die Gleichungen ersten Grades mit mehreren Unbekannten.

Die älteste Spur einer Gleichung mit mehreren Unbekannten bietet uns eine Aufgabe, die Jamblichus als *„Epanthem des Thymaridas"* mitteilt (vgl. S. 242). Die Deutung der etwas verderbten Stelle geht, modern ausgedrückt, dahin, daß n Unbekannte x_1, $x_2 \ldots x_n$ aus dem Gleichungssystem

$$\begin{aligned} x_1 + x_2 + x_3 + \ldots + x_n &= s \\ x_1 + x_2 &= a_1 \\ x_1 + x_3 &= a_2 \\ x_1 + x_4 &= a_3 \\ \ldots\ldots &\ \ \ldots\ldots \\ x_1 + x_n &= a_{n-1} \end{aligned}$$

sich durch die Formel

$$x_1 = \frac{\Sigma a_i - s}{n - 2}$$

berechnen lassen. Selbstverständlich ist die Lösung nur mit Worten und nur für besondere Fälle $n = 3, 4, 5, 6 \ldots$ auseinandergesetzt.[1002] Sie dürfte nach der heutigen Additionsmethode erhalten worden sein.

Diophant (drittes bis viertes Jahrhundert n. Chr.) kennt nur ein Zeichen ϛ' für seine Unbekannte, den ἀριθμός; weitere Zeichen fehlen. Er weiß sich im Falle mehrerer Unbekannten — und solcher Aufgaben giebt es bei ihm eine große Auswahl — in bewunderungswürdiger Gewandtheit dadurch zu helfen, daß er sein ϛ' geschickt wählt.[1003] Sind z. B. zwei Zahlen zu suchen (Buch I, Aufg. 30), deren Summe und Produkt vorgeschriebene Werte haben sollen, so führt Diophant als Unbekannte die halbe Differenz dieser beiden

[1002] Nesselmann, S. 232 ff. (Anm. 86); Cantor, I[b], S. 148: „Wenn gegebene und unbekannte Größen sich in eine gegebene teilen und eine von ihnen mit jeder anderen zu einer Summe verbunden wird, so wird die Summe aller dieser Paare nach Subtraktion der ursprünglichen Summe bei 3 Zahlen der zu den übrigen addierten ganz zuerkannt, bei 4 deren Hälfte, bei 5 deren Drittel, bei 6 deren Viertel und so fort". — [1003] Nesselmann, S. 306—307, 316, 359 ff. (Anm. 86).

Zahlen ein. Wenn in unseren Zeichen $x + y = a$ und $x \cdot y = b$ ist, so bestimmt er seine Unbekannte z durch $z = \frac{x-y}{2}$; nach Berechnung des Wertes von z hat er diesen nur zur halben Summe zu addieren, um x zu erhalten: $z + \frac{a}{2} = \frac{x-y}{2} + \frac{x+y}{2} = x$, oder ihn von der halben Summe zu subtrahieren um y zu finden: $\frac{a}{2} - z = \frac{x+y}{2} - \frac{x-y}{2} = y$. Aus dem Produkt $x \cdot y = b$ oder

$$\left(\frac{a}{2} + z\right)\left(\frac{a}{2} - z\right) = \left(\frac{a}{2}\right)^2 - z^2 = b$$

ergiebt sich ihm aber eine einfache Bestimmungsgleichung für z^2, die z leicht liefert. Dieses Verfahren, die Unbekannte so auszusuchen, daß sich die geforderten Zahlen zunächst als Funktionen von ihr aufstellen lassen, hat DIOPHANT in ausgedehntem Maße verwertet; ja zuweilen schiebt er inmitten der Behandlung einer Aufgabe zu diesem Zwecke Zwischenrechnungen ein, in denen eine neue Unbekannte, die er aber wiederum ς′ nennt, vorübergehend eingeführt wird. Indes fehlt der diophantischen Gleichungslehre hierbei eine einheitliche Methode. Man kann eine größere Anzahl seiner Aufgaben durchrechnen, ohne dadurch im stande zu sein, angeben zu können, wie nun die nächstfolgende zu behandeln ist.[1189]

Viel leichter war das Rechnen mit mehreren Unbekannten für die *Inder*, da sie in ihren Farbenbenennungen für diese eine große Anzahl von Bezeichnungen zur Verfügung (S. 243) hatten. Über eigentliche Methoden, bestimmte Gleichungen ersten Grades mit mehreren Unbekannten zu behandeln, giebt uns die Überlieferung wenig Auskunft, da Aufgaben dieser Art nur zerstreut angetroffen werden. Schon der älteste, uns bekannte indische Mathematiker ARYABHATTA (geb. 476 n. Chr.) bietet einige solcher Wortgleichungen, unter denen uns eine wegen ihrer Ähnlichkeit mit dem Epanthem des THYMARIDAS auffällt[1004] und dadurch die Annahme griechischen Einflusses auf indische Mathematik bestärkt.

Merkwürdigerweise beschäftigten sich die *Araber*, die wir doch sonst als gelehrige Schüler der Inder kennen lernten, fast garnicht mit Gleichungen, in denen mehrere Unbekannte auftreten;[1005] eine Ausnahme bildet ALKARCHI (um 1010 n. Chr., Bagdad). Von diesem weiß man aber gerade mit Bestimmtheit, daß er ein bewußter Gegner der indischen Arithmetik war und grundsätzlich nur griechische

1004 Aryabhaṭṭa, ed. RODET, Strophe 29, S. 402—403, 426—427 (Anm. 294); vgl. CANTOR, I[b], S. 583—584. — 1005 Vgl. CANTOR, I[b], S. 729.

Quellen heranzog. Wenn derselbe also in seinem Lehrbuch der Algebra *Al-Fachri*[1006] Gleichungen mit zwei Unbekannten in Angriff nahm, von denen er die erste „Sache“, die zweite „Maß“ oder auch „Teil“ nannte, so that er dies entweder in Anlehnung an Nachfolger DIOPHANT's, die uns unbekannt sind, oder aber nahm hiermit — und das ist das Wahrscheinlichere — eine selbständige Fortführung der Gleichungslehre vor.

Durch die mangelhafte Berücksichtigung, die arabische Lehrbücher unseren Gleichungen angedeihen lassen, ist es erklärlich, daß im *Mittelalter* bis zum Neuerwachen eigener mathematischer Thätigkeit, also bis zum Ende des fünfzehnten Jahrhunderts, nur wenige Stellen anzugeben sind, in denen von bestimmten Gleichungen ersten Grades mit mehreren Unbekannten die Rede ist. Und die Gleichungsaufgaben dieser Art, auf die man trifft, entbehren allgemeiner methodischen Behandlung, wie die im *liber abaci* (1202) des Italieners LEONARDO VON PISA[1007] oder in der Abhandlung *De numeris datis* seines Zeitgenossen JORDANUS NEMORARIUS (Deutscher; † 1237, Ordensgeneral der Dominikaner).[1008] Noch in der *Summa* (1494) des Italieners LUCA PACIUOLO wird ihrer nur vorübergehend gedacht. „Die älteren Lehrbücher hätten gewöhnlich erste und zweite Cosa für die Unbekannten gesagt. Die neueren sagten lieber cosa für die eine Unbekannte, quantita für die andere.“[1009] Von Italien aus drangen diese dürftigen Kenntnisse nach Deutschland, wo sie von den Cossisten (vgl. 189—190) ausgebaut wurden. CHRISTOPH RUDOLFF VON JAUER (1525 Lehrbuch der Coß) ist der erste unter ihnen, der Gleichungen mit zwei Unbekannten vorträgt.[1010] Während RUDOLFF aber noch mit den Bezeichnungen PACIUOLO's arbeitete, nahm der Stoff in der Meisterhand MICHAEL STIFEL's (1486/7 — Jena 1567, luth. Prediger an verschiedenen Orten) eine durchaus neue Form an. Beschränkten sich seine Vorgänger auf zwei Unbekannte, über die sie bei der mangelhaften Terminologie nicht hinauskommen konnten, so schwang sich STIFEL sofort zur Allgemeinheit auf, indem er die cossistische Symbolik in entsprechender Weise erweiterte (1544). Er nannte die zu der ersten Unbekannten hinzutretenden neuen *secundae radices* und wählte für sie in glück-

1006 Ed. WOEPCKE, S. 3, 12 ff., 139—143 (Anm. 917); vgl. CANTOR, I^b, S. 728. — 1007 LEONARDO PISANO, II, 247 (Anm. 17): *De avibus emendis secundum proportionem datam;* vgl. dazu CANTOR, II^b, S. 51. — 1008 TREUTLEIN, Ztschr. f. Math. u. Phys., Bd. 24, Suppl.; M. CURTZE, Ztschr. f. Math. u. Phys., Bd. 36, hist.-litt. Abt.; CANTOR, II^b, S. 68 ff. — 1009 *Summa,* dist. VIII, tract. 6, S. 148^b (Anm. 10); vgl. CANTOR, II^b, S. 322. — 1010 *Coß,* 1525, Buch II unter „Exempl der Ersten regl“, „Regula quantitatis“. Vierte Seite hinter der Signatur Pv u. ff.

licher Weise die Abkürzungen 1 *A*, 1 *B*, 1 *C*, ...,[1011] deren zweite Potenz dann mit 1 *A* ȝ, 1 *B* ȝ, ..., deren dritte mit 1 *A* ȼ, 1 *B* ȼ ..., entsprechend den Potenzsymbolen der Coß (S. 197), bezeichnet wird. Ferner lehrt er das algebraische Rechnen mit den neuen Zeichen in den einzelnen Operationen. 1 ꝛc *A* ȝ bedeutet xy^2. 1 ȝȝ *A* ȝ ist gleich x^4y^2. Das Exempel $x^3 \cdot xy^2 = x^4x^2$ lautet bei ihm folgendermaßen:

„*Volo multiplicare* 1 ȼ *in* 1 ꝛc *A* ȝ, *facit, quantum* 1 ȝ *A in se quadrate, hoc est,* 1 ȝȝ *A* ȝ."

Die ferneren Beispiele:

„*Volo dividere* 8 ȼ *A* ȝ *per* 4 ȼ *facit* 2 *A* ȝ.

Volo extrahere radicem zensizensicam de 16 *D* ȝȝ *facit* 2 *D*."

decken sich mit unseren kurzen Formeln $8x^3y^2 : 4x^3 = 2y^2$ bezw. $\sqrt[4]{16v^4} = 2v$.[1012]

Die formale Seite des Rechnens mit mehreren Unbekannten baute der Holländer Stevin (1548—1620 Leiden; Kaufmann, später im Staatsdienst als Ingenieur) nach ähnlichen Ideen, aber mit anderen Hilfsmitteln aus. Wir erinnern zunächst an seine Zeichen ① ② ③ u. s. w. für die Potenzen x^1, x^2, x^3 .... Diesen Ringen setzte Stevin, um die zweite Unbekannte mit ihren Potenzen anzudeuten, ein *sec* (*seconde quantité postposée*), bei der dritten *ter* u. s. w. vor;[1013] unter Benutzung eines *M* und *D* als Multiplikations- bezw. Divisionszeichen schreibt Stevin

2 ① *D sec* ② statt $\frac{2x}{y^2}$, 6 ③ *D sec* ② *D ter* ③ statt $\frac{6x^3}{y^2z^3}$,

3 ② *D ter* ③ statt $\frac{3x^2}{z^3}$, 3 ② *M sec* ① *M ter* ② statt $3x^2yz^2$.

Aber so hoch auch, besonders bei Stifel (vgl. Anhang II, Nr. 33), die Gewandtheit anzuerkennen ist, mit der selbst schwierigere, nicht lineare Gleichungen mit Hilfe des neuen Handwerkzeuges bezwungen werden, so wird doch auf die Lösung einfacher Gleichungen ersten Grades von den Cossisten nicht ein solches Gewicht gelegt, daß sie diese methodisch behandeln und zu einer allgemeinen Lösungsmethode führen. Eine solche stellte sich erst bei jüngeren Zeitgenossen ein, die, den gegebenen Anregungen folgend, sich an der Ausfüllung der vorhandenen Lücken eifrig beteiligten. So fielen die Neuerungen

[1011] Stifel, 1544, *Arithmetica integra*, Buch III, S. 251[b]: „*Secundae igitur radices sic repraesentantur,* 1 *A* (*id est* 1 *A* ꝛc), 1 *B* (*id est* 1 *B* ꝛc), 1 *C* (*id est* 1 *C* ꝛc), 1 *D* etc."; 1553, Neubearb. der Rudolff'schen *Coß*, S. 307[a]. — [1012] Stifel, 1544, *Arithm. int.*, S. 252[a] ff. — [1013] Stevin, 1585, *L'Arithmetique*, Livre II, probl. 52—55; opera, ed. Girard, S. 60—61 (Anm. 88).

STIFEL's bei JOHANNES BUTEO, einem gelehrten französischen Mönche, (1492—1572, geb. i. d. Dauphinée) auf fruchtbaren Boden. In seiner *Logistica* von 1559 finden wir Gleichungssysteme ersten Grades mit mehreren Unbekannten, wie

$$\begin{array}{lcl} 1A,\ \frac{1}{3}B,\ \frac{1}{3}C\ [14 & & x+\frac{1}{3}y+\frac{1}{3}z=14 \\ 1B,\ \frac{1}{4}A,\ \frac{1}{4}C\ [\ 8 & \text{d. i.} & y+\frac{1}{4}x+\frac{1}{4}z=\ 8 \\ 1C,\ \frac{1}{5}A,\ \frac{1}{5}B\ [\ 8 & & z+\frac{1}{5}x+\frac{1}{5}y=\ 8, \end{array}$$

in durchaus moderner Art und Weise vorgerechnet.[1014] Werden die fehlenden Zeichen + und = ergänzt, so könnte die vorgenommene Rechnung (vgl. Anhang II, Nr. 35) ebenso gut einem heutigen Lehrbuch entnommen sein. Angewendet ist von BUTEO das jetzt als Koëffizienten- oder Additionsmethode gelehrte Verfahren. Die Gleichungen werden geordnet, d. h. die Unbekannten in einer bestimmten Reihenfolge in jeder Zeile hingeschrieben; dann je zwei Gleichungen so durch Multiplikation mit einer möglichst klein zu wählenden Zahl erweitert, daß zwei untereinander stehende Glieder gleich werden. Durch Subtraktion fällt dieses Glied weg, und man erhält eine Gleichung mit nur zwei Unbekannten. Dies wiederholt BUTEO mit zwei anderen Hauptgleichungen, so natürlich, daß dieselbe Unbekannte in Fortfall kommt. Wird dieses Verfahren auf die zwei erhaltenen Gleichungen mit zwei Unbekannten noch einmal angewendet, so erscheinen die Werte dieser Unbekannten selbst.

Eine Vervollkommung erfuhr diese Methode anderthalb Jahrhundert später durch LEIBNIZ (1693), der durch Einführung von Buchstaben mit doppeltem Index einerseits eine übersichtliche Vereinfachung erzielte, anderseits die Determinantenauflösung vorbereitete (vgl. S. 143—145).

Die Kombinations-[1015] und Substitutionsmethode,[1016] die neben der Koëffizientenmethode im heutigen Schulunterricht gelehrt wird, finden sich, als allgemeine Verfahren benutzt, erst in NEWTON's *Arithmetica universalis*, einem Werke, das, aus Nachschriften Newton'scher Vorlesungen etwa aus dem Jahre 1585 von einem Zuhörer, WHISTON, ausgearbeitet, mit NEWTON's Einwilligung 1707 im Druck veröffentlicht wurde.

NEWTON's Kunstwort *Exterminatio* für Wegschaffung einer Unbekannten wurde später nach Vorgang EULER's (1707—1783, Basel, Berlin, Petersburg) durch das gleichbedeutende *Eliminieren* ersetzt.[1017]

1014 BUTEO, *Logistica*, Leiden 1559, S. 190—191. — 1015 *Arithmetica universalis*, 1707, S. 70. — 1016 Daselbst S. 71. — 1017 BALTZER, *Elem. d. Math.*, I; *Algebra*, § 5. Vierte Aufl. Leipzig 1872, S. 235.

4. Die Gleichungen zweiten Grades.

a) Die einfachen Gleichungen zweiten Grades.

Unvermittelt scheint beim ersten Blick eine Algebra, wie sie uns Diophant's Werk bietet, in der griechischen Mathematik aufzutreten. Keine algebraische Schrift ist für die vorangegangene Zeit nachweisbar, die ein deutliches Zwischenglied in der allmählichen Entwicklung darstellen könnte. Bei früheren Gelegenheiten (S. 147, 177—180, 209—210) haben wir darauf hingewiesen, wie nichtsdestoweniger das geübte Auge des Forschers die versteckten Fäden einer solchen langsamen Bildung zu verfolgen weiß. Besonders die Lehre der vier einfachen algebraischen Rechnungsarten (S. 177—180) und die Methoden des Quadrat- und Kubikwurzelausziehens (S. 209—210) waren geeignet, erkennen zu lassen, wie unter dem Gewande rein geometrischer Aufgaben und Sätze sich nach und nach abstrakte algebraische Operationen einstellten und kurze rechnerische Verfahren entstanden. Diese praktische Seite der reinen Mathematik wurde von dem griechischen gelehrten Theoretiker nicht für vollbürtig gehalten (S. 75, 97—98, 151—152, 209). Die Anerkennung einer wissenschaftlichen Algebra, die dem Inder so spielend gelang, war dem altgriechischen Geiste, der die Stetigkeit der Linie von der Unstetigkeit der Zahl streng trennen zu müssen glaubte, durchaus zuwider (S. 224—225). So ist es zu erklären, daß in den rein theoretischen Werken, an deren Spitze Euklid's Elemente stehen, jede algebraische oder rechnerische Anwendung grundsätzlich vermieden wird. Dieses Feld überließ man den Technikern, Feldmessern, Rechenmeistern, und deren wissenschaftliche Bildung mag nicht auf der Höhe gestanden haben, entweder Fachschriften überhaupt zu verfassen oder wenigstens von solcher Bedeutung, daß sie einer jahrtausendlangen Überlieferung für wert galten. Eine rühmliche Ausnahme bilden — zum Glück der Geschichte griechischer Mathematik — Heron's Schriften, durch die fast allein uns Kunde von griechischer Meß- und Rechenkunst, wenn auch immerhin in noch sehr beschränktem Maße, überkommen ist. Einige wenige Beiträge liefern noch Archimedes, Ptolemaeus, Theon von Alexandria.

Ein Kapitel, das die geschilderte Entwickelung griechischer Algebra in ein besonders helles Licht rückt, ist die Lehre von den quadratischen Gleichungen.

Diophant (drittes bis viertes Jahrhundert v. Chr.) giebt viele Aufgaben, die auf quadratische Gleichungen führen; dieselben werden tadellos gelöst, ohne daß irgendwo das dabei eingeschlagene Verfahren nur mit einem Worte auseinandergesetzt wird. Eine Bemerkung DIOPHANT's in der Einleitung seines Werkes, die sich dem früher gegebenen Zitat (S. 245) unmittelbar anschließt: „Späterhin werde ich zeigen, wie der Fall aufzulösen ist, wenn zwei Glieder gleich einem Glied übrig bleiben“,[1018] die nur auf die Normalformen $ax^2+bx=c$, $ax^2=bx+c$, $ax^2+c=bx$ bezogen werden kann, giebt der Vermutung festen Boden, daß in dem diophantischen Werke leider eine Lücke vorhanden ist, in der gerade die Auflösung quadratischer Gleichungen gezeigt wurde.

Wir werden — wenn wir in der geschichtlichen Betrachtung rückwärts gehen — auch bei HERON (erstes Jahrhundert v. Chr.) richtig gelöste quadratische Gleichungen zu erwähnen haben. Ja, es ist schon für ARCHIMEDES (287—212 v. Chr., Syrakus), dessen Gewandtheit im Berechnen schwierigster Quadratwurzeln Bewunderung erregt, die Kenntnis eines Lösungsverfahrens sehr wahrscheinlich. Noch viel mehr, man hat darauf aufmerksam gemacht, daß die Entstehung eines Buches, wie des zehnten in den Elementen EUKLID's (um 300 v. Chr.), undenkbar ist, wenn der Verfasser nicht die numerische Auflösung vorgelegter quadratischen Gleichungen beherrschte.[1019] Sogar für PLATON (429—348 v. Chr., Athen) ist die Kenntnis gewisser Wurzelwerte nachweisbar.[833]

Alles leitet darauf hin, die Entdeckung einer Lösung quadratischer Gleichungen in *Griechenland,* und zwar in nicht zu später Zeit, zu suchen. Eine algebraisch-rechnerische Lösung in älterer Zeit zu finden, darf man nach den obigen Auseinandersetzungen nicht erwarten. Über eine solche schweigt sich die Überlieferung gänzlich aus; ja die einzig mögliche Stelle in DIOPHANT's Werk hat der tückische Zufall vernichtet. Es bleibt nur die Hoffnung, aus geometrischen Sätzen älterer Mathematiker den algebraischen Kern herauszuschälen und die Folgerungen zu ziehen, die uns der griechische Geometer in seiner theoretischen Würde absichtlich vorenthalten hat — trotz besseren Wissens.

Diese Hoffnung bestätigt sich. Der noch heute von unseren Schülern ehrfurchtsvoll gelernte sogenannte „Goldene Schnitt“ giebt uns den ersten Anhalt zur Lösung der aufgeworfenen Frage. EUKLID (Buch II, Satz 11) spricht ihn rein geometrisch als Konstruktionsaufgabe folgendermaßen aus: „Eine gegebene gerade

---

1018 DIOPHANT, ed. TANNERY, S. 14, Z. 23—24: „*ὕστερον δέ σοι δείξομεν καὶ πῶς δύο εἰδῶν ἴσων ἑνὶ καταλειφθέντων τὸ τοιοῦτον λύεται.*“ — 1019 ZEUTHEN, *Die Lehre von den Kegelschnitten im Altertum,* deutsch von FISCHER-BENZON, Kopenhagen 1886, S. 24—25.

Linie AB $(= a)$ so zu schneiden, daß das aus der ganzen Strecke und einem der beiden Abschnitte zu konstruierende Rechteck (d. h. $a \cdot (a - x)$) dem Quadrate des anderen Abschnittes (d. h. x^2) flächengleich sei". Stellen wir die beigefügten, uns heute geläufigen algebraischen Symbole der Forderung entsprechend zusammen, so ergiebt sich uns die Gleichung

$$a(a - x) = x^2$$

oder

$$x^2 + ax = a^2,$$

die einen besonderen Fall der allgemeinen quadratischen Gleichung darstellt. Genau wie wir heute an der bekannten Konstruktion der stetigen Teilung eine nachträgliche Berechnung der unbekannten Größen, die mittels des pythagoreischen Lehrsatzes leicht vorzunehmen ist und nur die Auswertung von $\sqrt{5}$ verlangt, eintreten lassen, so entsprang dem griechischen Mathematiker aus der oft zu rechnerischen Zwecken ausgeführten Konstruktion ein arithmetisches Verfahren, das sich bald von der Figur loszulösen und als besondere Rechenvorschrift zu erscheinen vermochte. — Nun hat Euklid im sechsten Buch zwei weitere hochwichtige Flächenanlegungsaufgaben, die sich in ähnlicher Weise betrachten lassen. Die ausführliche Darlegung sei hier unterlassen, da wir in der Geschichte der analytischen Geometrie bei den Namen Ellipse und Hyperbel dieselben eingehend zu behandeln haben. Hier liegt uns nur daran, darauf aufmerksam zu machen, daß die 28. Aufgabe des sechsten Buches algebraisch zu $x^2 + q^2 = px$ gedeutet werden kann, die 29. zu $x^2 + px = q^2$.[1020] Fügen wir noch eine in den *Data* des Euklid's befindliche Aufgabe (Satz 84, 85) hinzu, die auf die Form $x^2 = px + q^2$ führt, so sind die drei im Altertum möglichen Formen der quadratischen Gleichungen erschöpft. Der Fall $x^2 + px + q^2 = 0$ kann nicht in Betracht kommen, da er negative bezw. komplexe Lösungen besitzt, die natürlich im Altertum, ja viel später noch im Mittelalter bis zum siebzehnten Jahrhundert, ausscheiden.

Die geometrische Lösung der quadratischen Gleichungen ist durch Euklid's Konstruktion geleistet. Wann dieselbe entdeckt worden ist, läßt sich nicht genau feststellen; man nimmt an,

1020 Genau übertragen heißen die Sätze 28) und 29) $q^2 = lx - x \cdot \frac{x \cdot l}{t}$ und $q^2 = lx + x \cdot \frac{x\,l}{t}$, wo q^2, l, t gegebene Größen sind; bei Cantor, I^b, S. 270 ist in der Aufführung der drei Fälle ein Irrtum unterlaufen.

daß das sechste Buch der Elemente in der Hauptsache Ergebnisse der alten pythagoreischen Schule enthält. Trifft diese Ansicht auch für unsere Aufgaben Nr. 28 und 29 zu, was nicht unwahrscheinlich ist, so würde sich ergeben, daß das fünfte Jahrhundert v. Chr. jene Konstruktion kannte. Eine andere Frage ist, wann die Umsetzung in ein arithmetisches Verfahren vor sich gegangen ist. Der Inhalt des zehnten Buches der Elemente spricht dafür, daß sie zu EUKLID's Zeit bereits vollzogen war. Ein thatsächlicher Beweis läßt sich freilich dafür nicht führen, auch noch nicht für die Zeit des ARCHIMEDES. Arabische Schriftsteller erzählen,[1021] daß der Astronom HIPPARCH (beobachtete zwischen 161 und 126 v. Chr. auf Rhodus und Alexandria) eine Abhandlung über quadratische Gleichungen geschrieben habe. Wir wissen zwar nichts Genaueres über diese; aber bei Astronomen, die hohe wissenschaftliche Bildung mit großer rechnerischer Praxis zu verbinden haben, ist sowohl Gelegenheit als auch Fähigkeit für Abfassung solcher Schriften vorhanden. Und schon deshalb ist die arabische Notiz nicht von der Hand zu weisen, weil HIPPARCH bei Berechnung seiner Sehnentafel, die unsere Sinustabellen vorbereitete, notwendig außerordentlich viel mit quadratischen Gleichungen zu thun hatte. Ein unwiderlegbarer Beweis für das Vorhandensein einer arithmetischen Lösung bei griechischen Mathematikern läßt sich erst aus HERON's Schriften entnehmen. In seiner *Geometrie*[1022] verlangt eine Aufgabe, aus der Summe der Kreisfläche, der Kreisperipherie und des Durchmessers sowohl diesen Durchmesser als auch die übrigen Größen gesondert zu berechnen. Einem griechischen Geometer muß eine solche Aufgabe als unsinnig erscheinen; es widerspricht allen geometrischen Grundsätzen, Größen verschiedener Dimensionen, wie Flächen und Linien, zu einer Summe zu vereinigen. Das Stellen einer Aufgabe, in der das Hauptprinzip der theoretischen Geometrie so grob gebrochen wird, setzt einen bereits durch und durch algebraisch denkenden Verfasser voraus, dem die gegebenen Größen eben nur Maßzahlen, nichts als absolute Zahlen ohne geometrische Deutung darstellen. Die Berechnung des Durchmessers gelingt mit Hilfe einer quadratischen Gleichung. HERON's Lösungsvorschrift, der die Ableitung nicht beigegeben ist, lautet, in Formeln umgesetzt und unter der Annahme, daß S die gegebene Summe sei:

1021 CANTOR, I^b, S. 346. — 1022 HERON, *Geometria*, cap. 101, § 7—9, ed. HULTSCH, Berlin 1864, S. 133, Z. 10—23: „*Δοθέντων δὲ συναμφοτέρων τῶν ἀριθμῶν, ἤγουν τῆς διαμέτρου, τῆς περιμέτρου καὶ τοῦ ἐμβαδοῦ τοῦ κύκλου ἐν ἀριθμῷ ἑνί, διαστεῖλαι καὶ εὑρεῖν ἕκαστον ἀριθμόν.*“ Wenn insgesamt die Zahlen des Durchmessers, des Umfanges und des Inhaltes eines Kreises in einer Zahl gegeben sind, (diese Zahlen) zu trennen und jede Zahl zu finden.

$$d = \frac{\sqrt{154\,S + 841} - 29}{11}.$$

Dieser Wert kann als richtig nachgewiesen werden,[1023] wenn $\pi = \frac{22}{7}$ gesetzt wird; die aus der Aufgabe abzuleitende Gleichung

$$\frac{11}{14} d^2 + \frac{29}{7} d = S$$

oder

$$11\,d^2 + 58\,d = 14\,S,$$

allgemein

$$a x^2 + b x = c,$$

ist anscheinend zuerst mit dem Koëffizienten der zweiten Potenz von x, d. h. mit a, durchmultipliziert, und dann ist auf der linken Seite ein vollständiges Quadrat gebildet worden

$$\left(a x + \frac{b}{2}\right)^2 = a c + \left(\frac{b}{2}\right)^2,$$

woraus man erhält

$$x = \frac{\sqrt{a c + \left(\frac{b}{2}\right)^2} - \frac{b}{2}}{a}.$$

Setzt man hier die speziellen Werte $a = 11$, $b = 58$, $c = 14\,S$ ein, so ergiebt sich die Heron'sche Lösung.

Heron (erstes Jahrhundert v. Chr.) war sonach im Besitze abstrakt-algebraischer Methoden, die mit der Geometrie nichts mehr zu thun haben, ja geradezu im Gegensatz zu ihr stehen. Eine solche Freiheit im algebraischen Rechnen, wie wir sie hier kennen lernen, setzt sogar eine hohe Stufe der Entwicklung voraus, zu deren Erringung zweifellos größere Zeiträume gehört haben müssen.

Zwischen Heron und Diophant (drittes bis viertes Jahrhundert n. Chr.) fehlt wiederum jede Überlieferung. Es ist überraschend zu sehen, daß die diophantische Lösungsart, die man trotz des zu beklagenden Verlustes einer ausführlichen Angabe (vgl. S. 253) aus den Lösungen einiger Aufgaben wiederherstellen kann, sich mit der bei Heron vermuteten deckt, indem auch hier vor Beginn der eigentlichen Rechnung der Koëffizient des höchsten Gliedes zu einer Quadratzahl gemacht wird. Diophant unterscheidet, wie Euklid, drei Normalformen

$$\begin{aligned} &1)\ a x^2 + b x = c \\ &2)\ a x^2 \qquad\ = b x + c \\ &3)\ a x^2 + c \ \ = b x, \end{aligned}$$

1023 Vgl. Cantor, I^b, S. 376—377.

für die er die getrennten Lösungsvorschriften besitzt:[1024]

1) $x = \frac{\sqrt{(\frac{1}{2}b)^2 + ac} - \frac{1}{2}b}{a}$ (gemäß lib. VI, 6)[1025]

2) $x = \frac{\sqrt{(\frac{1}{2}b)^2 + ac} + \frac{1}{2}b}{a}$ („ lib. IV, 33, 45)[1026]

3) $x = \frac{\sqrt{(\frac{1}{2}b)^2 - ac} + \frac{1}{2}b}{a}$ („ lib. V, 13, VI, 24).[1027]

Da die Griechen keine echten negativen Zahlen kannten, so mußten diese drei einzelnen Fälle in der Normalform der quadratischen Gleichung auseinander gehalten werden (für die vierte Form $x^2 + px + q = 0$, vgl. S. 254). Eine Vereinigung konnte erst den *Indern* gelingen.

Brahmagupta's (geb. 598 n. Chr.) Regel,[1028] die auch Aryabhatta (geb. 476 n. Chr.) voraussetzt,[1029] kann, ihrer Worte entledigt, durch die Formel ausgesprochen werden:

$$ax^2 + bx = c, \qquad x = \frac{\sqrt{ac + \left(\frac{b}{2}\right)^2} - \frac{b}{2}}{a}.$$

Ihre Übereinstimmung mit Diophant's Form Nr. 1 dürfte auf griechischen Ursprung hindeuten. Eine kleine Verbesserung hat ein nach Brahmagupta lebender indischer Mathematiker Çridhara angebracht, indem er, um den Bruch aus der Wurzel zu entfernen, die vorliegende Gleichung von vornherein mit $4a$ statt mit a durchmultipliziert und demnach die Lösung in der Form

$$x = \frac{\sqrt{4ac + b^2} - b}{2a}$$

giebt.[1030]

Bei den Indern stellte sich auch die **Kenntnis des paarweisen Auftretens der Wurzeln** ein, und zwar brachte Bhaskara (geb. 1114 n. Chr.) diese Neuerung;[1030a] er beruft sich dabei auf einen Vorgänger Padmanabha, den wir nicht genauer kennen. Da wir es bei den Indern nur mit eingekleideten Gleichungen zu thun haben, so ist die Angabe negativer Auflösungen durch den Sinn regelmäßig ausgeschlossen, und es werden sich danach immer nur dann Doppel-

1024 Vgl. Nesselmann, S. 317—323 (Anm. 86). — 1025 Diophant (Anm. 705), ed. Tannery, S. 402—404, ed. Wertheim, S. 262 (Anm. 226). — 1026 Ed. Tannery, S. 264—266, 298—306, ed. Wertheim, S. 164—165, 184—189. — 1027 Ed. Tannery, S. 336—342, 444—446, ed. Wertheim, S. 209—212, 288—290. — 1028 Brahmagupta, Cuṭṭaca, ch. XVIII, sect. IV, 48, ed. Colebrooke, S. 346 (Anm. 294). — 1029 Aryabhatta, Strophe XX, ed. Rodet, S. 401, 421 (Anm. 294). — 1030 Journ. Asiat, 1878, S. 71 (Anm. 95). — 1030a Bhaskara, Vîjagaṇita, ch. IV, 142, ed. Colebrooke, S. 218.

werte vorfinden, wenn beide positiv sind, also höchstens im diophantischen Fall 3.

Die *Araber* gingen, da sie die negativen Zahlen nicht von den Indern übernahmen, auf die drei griechischen Normalformen zurück, denen sie, gleichsam als Vorstufe, die drei eingliedrigen Formen

$$1') \quad a x^2 = b x$$
$$2') \quad a x^2 = c$$
$$3') \quad b x \;\; = c$$

vorausschickten.[1031] So finden wir es in der *Algebra* des MUHAMMED IBN MUSA ALCHWARIZMI (um 820 n. Chr., Bagdad) gehalten, dem Hauptwerk dieser Periode, das bis weit ins Mittelalter hinein als Lehrbuch, in Übersetzungen, Bearbeitungen und Auszügen benutzt wurde. MUHAMMED hat in den drei Hauptfällen ständig $a = 1$. Auf die Zweideutigkeit der Lösung ist nur im Fall 3) $a x^2 + c = b x$ (vgl. ein Beispiel im Anhang II, Nr. 13), der zwei positive Wurzeln hat, hingewiesen. Von wesentlicher Bedeutung ist die Hinzufügung von Beweisen für die drei Lösungsformeln und zwar von geometrischen. Sind an und für sich schon in arabischen Werken ausführliche Beweise selten, so erregen die von MUHAMMED gegebenen dadurch noch besondere Aufmerksamkeit, daß durch die Reihenfolge der an ihren Figuren befindlichen Buchstaben, die nicht das arabische, sondern das griechische Alphabet befolgen, deutlich ihre griechische Herkunft verraten wird. Dadurch hätte man wieder ein neues Beispiel des Zusammenspielens geometrischer und algebraischer Betrachtungen in Griechenland.

Eine Fortführung der Lehre von den quadratischen Gleichungen gehört wahrscheinlich dem Ostaraber ALKARCHI (um 1010, Bagdad) an. In der Aufstellung der sechs Fälle[1032] folgt er in seinem *Al-Fachri* dem Lehrbuch des MUHAMMED; die Lösung geschieht bei ihm sowohl auf geometrischem als auch auf algebraischem Wege. Bei dem letzten fügt er wie wir die Ergänzung zu einem vollen Quadrat hinzu und bezeichnet diese Methode ausdrücklich als diophantische. Dann aber — und dies scheint ALKARCHI's Eigentum zu sein — geht er zur Lösung der höheren Gleichungen

$$a x^{2n} + b x^n = c; \quad a x^{2n} = b x^n + c; \quad a x^{2n} + c = b x^n$$

über, die er auf die drei Hauptfälle zurückführt.[1033]

Aus den Schriften dieser beiden arabischen Gelehrten schöpfen

[1031] Vgl. Anm. 750, speziell Anm. 748, Nr. 1. — [1032] *Al-Fachrî*, cap. XII, S. 65—71 (Anm. 590). — [1033] Daselbst cap. XIII, S. 71—72.

nun hauptsächlich die Gelehrten des *Abendlandes.* LEONARDO VON PISA[1034] (1202 *liber abaci*) wiederholt das, was er bei MUHAMMED und AL-KARCHI gefunden hat (siehe Anhang II, Nr. 16), fügt aber noch eine Reihe von Beispielen hinzu, aus denen ersehen werden kann, wie gut er den Stoff beherrscht. Ebenso gewandt zeigt sich sein Zeitgenosse JORDANUS NEMORARIUS (Deutscher; † 1737, Ordensgeneral der Dominikaner) in den arabischen Auflösungsmethoden.[1035] In einer anonymen italienischen Abhandlung des vierzehnten Jahrhunderts[750] werden auch Fälle wie $x^3 = ax^2 + bx$ und $x^4 = ax^2 + b$ herangezogen.[1036] Aus dem wichtigen Werke des französischen Gelehrten N. CHUQUET (*Le Triparty,* 1484; Manuskript) führen wir einige Beispiele an, so $3x^2 + 12 = 9x$, weil CHUQUET hierbei die Unmöglichkeit der Lösung erkennt; dann $3x^2 + 12 = 12x$, ein Fall, der zwei gleiche Wurzeln $x_1 = x_2 = 2$ besitzt; ferner $3x^2 + 12 = 30x$ mit $x_1 = 5 + \sqrt{21}$; $x_2 = 5 - \sqrt{21}$ und $144 + x^2 = 36x$ mit $x_1 = 18 + \sqrt{180}$, $x_2 = 18 - \sqrt{180}$.[1037] Daneben aber behandelt CHUQUET eine ganze Reihe höherer, reducibler Formen wie[1038]

$$6x^4 + 24 = 2x^2 \qquad 12 + 6x^8 = 144x^4$$
$$32x^5 + 8x = 192x^3 \qquad 243 + 2x^{10} = 487x^5$$
$$1728x^3 = 512 + 64x^6.$$

Angelegentlichst empfiehlt er denjenigen, *qui plus auant vouldront profunder,* Formeln zu suchen, mit denen man die echten kubischen und biquadratischen Formen zwingen könne.[1039] Welche Gewandtheit CHUQUET bereits im Zurückführen verwickelter quadratischen Gleichungen auf eine der Normalformen (*canons*) hatte, zeigt das Beispiel

$$\sqrt{12x - x^2} + 1 = \sqrt{36 - x^2},$$

das im Anhang II, Nr. 24c abgedruckt ist.

LUCA PACIUOLO (*Summa* 1494) führt als Gedächtnishilfe zur Lösung der drei Hauptfälle drei, in sehr gekünstelten Hexametern abgefaßte Strophen an.[1040] Verfasser derselben ist er nicht, da in ihnen für die Konstante das Wort *dragma* (S. 196) vorkommt, das PACIUOLO sonst nicht benutzt. Für die Gleichungen, die den zweiten Grad übersteigen, giebt PACIUOLO eine kleine Zusammenstellung:[1041]

1034 LEONARDO PISANO, I, S. 406 ff. (Anm. 17). — 1035 *De numeris datis,* lib. IV, Aufg. VIII—IX, ed. CURTZE, Ztschr. f. Math. u. Phys., Bd. 36, hist.-litt. Abt., S. 124—126. — 1036 Vgl. Libri III, S. 292 u. 300 (Anm. 750). — 1037 *Le Triparty,* ed. Boncompagni, S. 805, Z. 14 ff. — S. 806 (Anm. 11). — 1038 Daselbst S. 809—812. — 1039 *Triparty,* S. 814, Z. 20—21. — 1040 *Summa,* I, dist. VIII, tract. 5, S. 145ª (Anm. 10).

	Censo de censo	equale a nũo (= numero)	$ax^4 = e$
	Censo de censo	equale a cosa	$ax^4 = dx$
	Censo de censo	equale a censo	$ax^4 = cx^2$
Imposibile	Censo de censo e censo	equale a cosa	$ax^4 + cx^2 = dx$
Imposibile	Censo de censo e cosa	equale a censo	$ax^4 + dx = cx^2$
	Censo de censo e nũo	equale a censo	$ax^4 + e = cx^2$
	Censo de censo e cẽso	equale a numero	$ax^4 + cx^2 = e$
	Censo de censo	equale a numero e censo	$ax^4 = e + cx^2$.

Erschöpfend ist dieselbe nicht. Wichtig erscheint die den beiden kubischen Formen 4) und 5) links beigefügte Notiz *Imposibile*. Auch im Text bedauert PACIUOLO, daß es leider noch nicht geglückt sei, geeignete Regeln für diese dreigliederigen Formen anzugeben, in denen die Potenzen bis zur vierten aufsteigen, ohne daß in den Exponenten gleichmäßige Unterschiede vorhanden sind (wie Nr. 6—8). Im Verein mit der CHUQUET'schen Bemerkung läßt dies ersehen, daß die damalige Zeit das Problem der kubischen Gleichung stark in Arbeit hatte. Immerhin dauerte es noch rund 20 Jahre, bis diese Bemühungen von Erfolg gekrönt wurden.

Im fünfzehnten Jahrhundert drang italienische Algebra nach *Deutschland*. Wir lernten S. 190ff. eine Reihe wichtiger Manuskripte kennen, die das Entstehen einer deutschen Algebra bezeugen. Mit dem Beginn des sechzehnten Jahrhunderts war in die Gleichungslehre eine gewisse Erstarrung hineingekommen. Stets finden wir 8 Hauptformen unterschieden:

1) $ax = b$, 2) $ax^2 = b$, 3) $ax^3 = b$, 4) $ax^4 = b$, 5) $x^2 + ax = b$,
6) $x^2 + b = ax$, 7) $x^2 = ax + b$, 8) $x^{2p} + ax^p = b$, $(p = 2, 3, 4)$,

aus denen sich bald 24 „Regeln" entwickelt hatten:[1042]

1) $ax = b$, 2) $ax^2 = b$, 3) $ax^2 = bx$, 4) $ax^2 + bx = c$, 5) $ax^2 + c = bx$,
6) $ax^2 = bx + c$, 7) $ax^3 = bx^2$, 8) $ax^3 = bx$, 9) $ax^3 = b$,
10) $ax^3 + bx^2 = cx$, 11) $ax^3 + cx = bx^2$, 12) $ax^3 = bx^2 + cx$,
13) $ax^4 = bx^3$, 14) $ax^4 = bx^2$, 15) $ax^4 = bx$, 16) $ax^4 + bx^3 = cx^2$,
17) $ax^4 + cx^2 = bx^3$, 18) $ax^4 + bx^3 = cx^2$, 19) $ax^2 = \sqrt{bx}$,
20) $ax^2 = \sqrt{bx^2}$, 21) $ax^4 = b$, 22) $ax^4 + bx^2 = c$, 23) $ax^4 + c = bx^2$,
24) $ax^4 = bx^2 + c$.

Mechanisch wurden diese 24 Regeln gelehrt, mechanisch gelernt und weitergegeben — so ohne jeden allgemeineren systematischen

1041 Daselbst, tract. 6, S. 149*. — 1042 So in RIESE's *Coß*, vgl. BERLETT S. 36—41 (Anm. 755), TREUTLEIN, *Die deutsche Coß*, Ztschr. f. Math. u. Phys., Bd. 24, Suppl., S. 65—71.

Einblick, daß sogar WIDMANN (1489 Rechenbuch), der doch sicher unter seinen Zeitgenossen eine große Rolle spielte, ein und dieselbe Regel unter verschiedenen Namen seinem Leser darbot, ohne sich dessen bewußt zu sein.[1043] Selbst ein so angesehener Mathematiker wie RIESE (1492—1559, Annaberg) schleppte jene fast historisch gewordenen 24 Regeln in seiner Coß (1524 vollendet, Manuskript)[1042] noch mit sich; nur nebenbei empfahl er die Beschränkung auf die ursprünglichen 8 Grundformen. Ja, ihm passierte es, daß er als Lösung für $x^2 + b = ax$ die falsche Vorschrift

$$x = \sqrt{\left(\frac{a}{2}\right)^2 - b} \pm \frac{a}{2} \quad \text{statt} \quad x = -\frac{a}{2} \pm \sqrt{\left(\frac{a}{2}\right)^2 - b}$$

anführte und dadurch natürlich über die (seit MUHAMMED ständig betonte) Doppeldeutigkeit dieses Falles absolut nicht ins Reine kommen konnte.[1044]

In dem kurz vorher entstandenen Rechenbuch des wiener Universitätslehrers GRAMMATEUS (1518) werden zwar beide Lösungen richtig erwähnt; doch läßt der Verfasser schließlich immer nur eine von beiden zu.

CHRISTOPH RUDOLFF VON JAUER (1525 Coß)[761] verzichtete endgültig auf die 24 Regeln, beschränkte sich sogar nicht nur auf jene 8 Formen, sondern legte das Hauptgewicht allein auf vier von ihnen (Nr. 5—8). Noch viel weiter ging MICHAEL STIFEL (1486/87—1567, luther. Prediger) vor. Was ein Jahrtausend vorher den Indern gelungen, dann aber der Vergessenheit anheimgefallen war — die Zusammenfassung in eine einzige Form —, wurde durch ihn der Mathematik wiedergewonnen (*Arithmetica integra* 1544).[1045] Der allgemeine Weg, auf dem die Behandlung irgend einer gegebenen quadratischen Gleichung geschieht, ist bei ihm vierfach gegliedert. Zuerst wird der Ansatz, die Aufstellung der Gleichung, vorgenommen; zweitens wird

1043 WIDMANN, Regula lucri, Blatt 125ᵇ, regula excessus, Blatt 116ᵇ (Anm. 55). — 1044 BERLETT (Anm. 755), S. 37: „die sechste Regel", Beispiel: $3x^2 + 21 = 24x$, daraus $x^2 + 7 = 8x$ und $x = \sqrt{\left(\frac{8}{2}\right)^2 - 7} \pm \frac{8}{2}$ statt $x = \frac{8}{2} \pm \sqrt{\left(\frac{8}{2}\right)^2 - 7}$; die falsche Vorschrift RIESE's stellt sich übrigens schon als Verbesserung eines viel ärgeren Fehlers dar, der sich in seiner Vorlage, der sog. dresdener lateinischen Algebra (vgl. S. 192), WAPPLER, S. 14, Z. 3 (Anm. 480), vorfindet. Da heißt die Lösung $x = \frac{a}{2} - \sqrt{\left(\frac{a}{2}\right)^2 - b}$; hierbei müsse man, wenn das konstante Glied b sich unter der Wurzel nicht abziehen lasse, es zu $\left(\frac{a}{2}\right)^2$ addieren! In einer angehängten Aufgabensammlung ist bei einem anderen einschlägigen Exempel beiden Verfassern das richtige Verhältnis klar geworden (BERLETT, S. 37 unten, WAPPLER, S. 26, Z. 12—13). — 1045 *Ar. integra,* S. 227ᵇ; Neuausgabe v. RUDOLFF's *Coß*, 1553, S. 147ᵃ und 147ᵇ.

durch den Koëffizienten der höchsten Potenz dividiert. In der *Reductio* bringt Stifel drittens x^2 auf die eine Seite der Gleichung, alles übrige auf die andere, so daß zum erstenmal mit der althergebrachten, seit Griechenlands Blüte bei europäischen Mathematikern aufrecht erhaltenen Forderung, daß nur positive Größen auftreten dürfen, aufgeräumt wird. Die vierte Operation ist die Lösung der erhaltenen Formen

$$x^2 = ax + b \qquad x^2 = b - ax \qquad x^2 = ax - b$$

nach seiner neuen, einheitlichen Regel.[1046] Die Doppeldeutigkeit kennt auch Stifel nur im letzten Fall, wo beide Wurzeln positiv sind, wie überhaupt negative Gleichungslösungen der Coß in ihrem ganzen Verlaufe fremd sind. Doch versichert er ausdrücklich, daß mehr als zwei Werte unmöglich sind.[1047] Auch darin zeichnet sich Stifel vor seinen Zeitgenossen aus, daß er seine Vorschriften durch Beweise bekräftigt; sie sind für bestimmte Zahlenbeispiele durchgeführt und auf geometrischen Betrachtungen aufgebaut. Auch Rudolff hatte Beweise aufgefunden, aber nicht veröffentlicht. Aus seinem Nachlasse kamen sie später in den Besitz von Stifel, und konnte dieser dadurch ihre Identität mit den in der *Arithmetica integra* von ihm bereits veröffentlichten nachweisen.[1048]

In Anlehnung an Stifel bearbeitete Simon Stevin (1548—1620; Leiden, Kaufmann, später im Staatsdienst als Ingenieur; 1585 *L'Arithmethique*) die Gleichungslehre. Werden wir schon angenehm berührt, daß Stevin geschichtliche Notizen giebt, wenn sie auch zuweilen herzlich falsch sind (nach ihm sind die Gleichungen ersten und zweiten Grades von Mahomet filz de Mose Arabien gelöst und dessen Entdeckungen zur Zeit Diophant's bekannt gewesen), so fällt uns noch mehr die einheitliche Behandlung der Gleichungslehre auf. Stevin's Normalformen, bei denen er nun auch Gleichungen dritten und vierten Grades, die zu Stifel's Zeit eben erst in die Öffentlichkeit gedrungen waren, berücksichtigen mußte, sind[1049]

$$x = a$$
$$x^2 = bx + a$$
$$x^3 = bx + a, \quad x^3 = cx^2 + a, \quad x^3 = cx^2 + bx + a$$
$$x^4 = bx + a, \quad x^4 = cx^2 + bx + a, \quad x^4 = dx^3 + a, \quad x^4 = dx^3 + bx + a,$$
$$x^4 = dx^3 + cx^2 + a, \quad x^4 = dx^3 + cx^2 + bx + a.$$

1046 Vgl. Neuausg. v. Rudolff's *Coß*, 1553, S. 156ᵃ ff. — 1047 *Arithm. integra*, S. 244ᵇ, Z. 4: *„plures radices autem duabus nulla aequatio habebit.“* — 1048 Vgl. den eigenen Bericht Stifel's in Rudolff's *Coß*, 1553, S. 172ᵃ. — 1049 Stevin, I, S. 62 (Anm. 88).

Auf diese bringt er jede Gleichung mit Hilfe von 10 Reduktionsregeln, unter denen die Herausschaffung eines algebraischen Binoms, Trinoms u. s. w., falls ein solches als gemeinsamer Teiler auftritt, neu ist. Wichtig für unser Kapitel ist die Aufstellung nur einer Normalform der quadratischen Gleichung, wo STIFEL, wenn auch nur äußerlich, noch drei hinschreibt, eben so wichtig, daß neben geometrischen Beweisen auch algebraische Ableitungen gegeben werden, die bei der quadratischen Gleichung in Hinzufügung der sog. quadratischen Ergänzung besteht;[1050] drittens ist bemerkenswert, daß STEVIN negative Lösungen zuläßt[1051] und so die Doppeldeutigkeit auch in anderen Fällen, als in dem bis dahin allein betrachteten Falle $x^2 = ax - b$, erkennt. Hierin war ihm freilich der große Italiener CARDANO (1539) zuvorgekommen,[642] auf dessen Hauptverdienste wir erst bei der Geschichte der kubischen Gleichungen einzugehen haben.

An dem Vorurteil, daß die Wurzelwerte positiv sein müßten, hing auch noch VIETA (1540—1603; Paris, Staatsbeamter); daher konnte er den Zusammenhang zwischen den Koëffizienten einer Gleichung und ihren Wurzeln ($x^2 + px + q = 0$; $x_1 + x_2 = -p$, $x_1 \cdot x_2 = q$), wenn er ihn auch mit seinen neuen Buchstabenbezeichnungen allgemein ausdrückte,[1052] doch nicht in seinem vollen Umfang erfassen. Zum erstenmal seit der Zeit der Griechen wird aber durch VIETA ein neuer Gedankengang in die Lösung der quadratischen Gleichung gebracht; nach der von ihm vorgeschlagenen Methode[1053] wird in die Gleichung $x^2 + px + q = 0$

$$x = y + z$$

eingesetzt und z so bestimmt, daß die durch die Substitution erhaltene Gleichung eine rein quadratische wird.

Mit CARDANO wurde die tiefere Einsicht in das Wesen der negativen Größen eingeleitet; auf Anstoß der italienischen Schule wird sogar die Inangriffnahme des Imaginären gewagt (S. 169ff.). Dadurch konnte erst die noch fehlende Lücke, die Betrachtung des Falles $x^2 + px + q = 0$, $p > 0$, $q > 0$, ausgefüllt werden und konnte schließlich ALB. GIRARD (1629) den kühnen Satz aufstellen,

1050 STEVIN, S. 69. — 1051 STEVIN, S. 77. — 1052 VIETA, 1591, *De aequationum recognitione*, ed. SCHOOTEN, 1646, S. 123, Z. 2—1 v. u., und deutlicher S. 158: „*Si* $\overline{B + D}$ *in A — A quadr. aequetur B in D: A explicabilis est de qualibet illarum duarum B vel D*"; wenn $(B + D) \cdot A - A^2 = BD$, d. h. modern $(a + b) \cdot x - x^2 = ab$, so ist A gleichwertig jeder dieser beiden Größen B und D, d. h. $x = a$ und $x = b$. — 1053 VIETA, 1591, *De aequationum recognitione* — capitulum de expurgatione per uncias.

daß überhaupt jede Gleichung so viel Wurzeln besitzt, wie der Exponent der höchsten Potenz angiebt (vgl. S. 171 u. 293).

Trigonometrische Lösung der quadratischen Gleichung. Versuche, quadratische Gleichungen auf trigonometrischem Wege zu lösen, sind bei HALLEY (1656—1742, Astronom in Greenwich) und v. WOLFF (1679—1754, Halle) nachzuweisen. Der letzte beschränkt sich auf Andeutungen, man könne nach derselben Methode, nach der der Logarithmus einer Summe aus den Logarithmen der einzelnen Summanden gefunden wird, auch die Wurzeln einer quadratischen Gleichung berechnen[1054]; bei dem ersten (*geometrical lectures*) ist zwar ein wirkliches Verfahren entwickelt, jedoch allein mit Benutzung der Sinusfunktion, so daß es nur für besondere Fälle gilt. Für die Formen

$$1)\ x^2 - 2ax + b^2 = 0 \quad \text{und} \quad 2)\ x^2 + 2ax - b^2 = 0$$

stellt DU SEJOUR 1786[1054a] zum erstenmal allgemeine Auflösungsformeln her. In 1) setzt er $\sin\varphi = \frac{b}{a}$ und bestimmt daraus die beiden Winkel φ_1 und $\varphi_2 = 180 - \varphi_1$, durch die er $x_1 = b \cdot \operatorname{tg}\frac{\varphi_1}{2}$ und $x_2 = b \cdot \operatorname{tg}\frac{\varphi_2}{2}$ erhält. Dieselben Formeln für x_1 und x_2 gelten auch im Falle 2), nur daß die beiden Winkel φ_1 und $\varphi_2 = 180 + \varphi_1$ durch die Gleichung $\operatorname{tg}\varphi = \frac{b}{a}$ zu berechnen sind. KÄSTNER (1719 Leipzig — 1800 Göttingen) übernimmt diese Lösungen in sein Lehrbuch *Anfangsgründe der Analysis der endlichen Größen*[1054b] und empfiehlt für die Normalform $x^2 = px + q$, wenn $q > 0$: $\operatorname{tg}\varphi = \frac{2.\sqrt{q}}{p}$ und $x_{\frac{1}{2}} = \pm \frac{1}{2}p \cdot \cot\frac{\varphi}{2} \cdot \operatorname{tg}\varphi$; wenn aber $q < 0$: $\sin\psi = \frac{2\sqrt{q}}{p}$ und $x_{\frac{1}{2}} = +p \cdot \left(\begin{matrix}\sin\\ \cos\end{matrix}\ \frac{1}{2}\psi\right)^2$. Einheitlich für jedes p, q der Gleichung $x^2 + px + q = 0$, aber ziemlich verwickelt, ist ein Verfahren MOLLWEIDE's (1810);[1055] nach ihm wird erst ein Winkel ψ aus $\operatorname{ctg}\psi = 1 + \frac{q}{p^2}$, dann ein zweiter Winkel φ aus

$$\operatorname{tg}(\varphi + \tfrac{1}{2}\psi) = \pm\sqrt{\operatorname{ctg}\tfrac{1}{2}\psi \cdot \operatorname{ctg}(\alpha + \tfrac{1}{2}\psi)}\,,$$

wo $\operatorname{tg}\alpha = 2$, berechnet; schließlich giebt $x = p \cdot \operatorname{tg}\varphi$ die gesuchten Wurzelwerte. Ebenfalls allgemein gültig ist eine Methode

1054 Acta Eruditorum, Juli 1715, S. 260. — 1054a *Traité analytique des mouvements app. des corps célestes*, Paris 1786, Bd. I, § 130, S. 100—101. — 1054b III. Aufl., Gött. 1794, Bd. I, S. 558 ff., § 754 ff. — 1055 ZACH, Monatliche Correspondenz XXII, 1810, S. 43—45, *Allgemeine Auflösung der unreinen quadratischen Gleichungen durch die Goniometrie.*

GRUNERT's (1841),[1055a] der die gesuchten Lösungen der Gleichung $x^2 - px + q = 0$ in der Form $x_1 = \operatorname{tg}\varphi_1$, $x_2 = \operatorname{tg}\varphi_2$ annimmt und aus den Gleichungen $\operatorname{tg}\varphi_1 + \operatorname{tg}\varphi_2 = p$, $\operatorname{tg}\varphi_1 \cdot \operatorname{tg}\varphi_2 = q$ die Bestimmungsformeln

$$\operatorname{ctg}(\varphi_1 + \varphi_2) = \frac{1-q}{p} \quad \text{und} \quad \cos(\varphi_1 - \varphi_2) = \frac{1+q}{p} \cdot \sin(\varphi_1 + \varphi_2)$$

ableitet.

Lösung durch Kettenbruchverfahren; siehe Geschichte der Kettenbruchlehre.

b. Die reziproken Gleichungen. Die quadratischen Gleichungen mit mehreren Unbekannten.

Als Anhang zu den einfachen quadratischen Gleichungen pflegt man im heutigen Schulpensum die reziproken Gleichungen und die Gleichungen mit mehreren Unbekannten, die sich mit quadratischen Gleichungen lösen lassen, zu betrachten. Ihre Geschichte sei deshalb hier eingeschaltet.

Der Begriff der reziproken Gleichung geht auf MOIVRE (1667—1754, Privatgelehrter in London) zurück. Er hat zuerst in den *Miscellanea analytica* (1730) Gleichungen behandelt, deren gleich weit vom Ende entfernte Glieder gleiche Koëffizienten besitzen (*multinomium ita affectum, ut coëfficientes terminorum ab extremis aequaliter distantium sint inter se aequales*)[1056] und erkannt, daß bei ungeradem n $x = -1$ eine Wurzel ist und die Gleichung durch Division mit $(x+1)$ um einen Grad erniedrigt werden könne, ohne die charakteristische Koëffizienteneigenschaft zu verlieren. MOIVRE weiß ferner, daß bei geradem n durch die Substitution $x^2 + xy + 1 = 0$ eine neue Gleichung erhalten werden kann, deren Grad halb so hoch ist. Diese sich ergebende Gleichungsform berechnet er für $n = 5$ bis $n = 13$. MOIVRE's Substitution deckt sich mit der später von LAGRANGE vorgeschlagenen Form[1057]

$$x + \frac{1}{x} = y,$$

die die heutigen Lehrbücher vorziehen.

Der Name reziproke Gleichungen ist von EULER (1707—1783; Basel, Berlin, Petersburg) eingeführt. In seiner Abhandlung

---

1055a GRUNERT's Archiv, Jahrg. 1841, S. 12—16. — 1056 MOIVRE, *Miscellanea analytica*. London 1730, lib. III, cap. IV, S. 70. — 1057 LAGRANGE, Nouv. Mém. de l'acad. d. Berlin 1770 (gedr. 1772), *Réflexions sur la résolution algébrique des équations*, S. 134 ff., speziell S. 165 ff.; ferner Nouv. Mém., 1771 (gedr. 1773), S. 240 ff. *Suite des réflexions* etc.

De formis radicum aequationum cuiusque ordinis conjectatio 1732[1058] hatte er die Resolventen — auch ein ihm eigentümlicher, jetzt sehr gebräuchlicher Kunstausdruck — für die Gleichungen bis zum vierten Grade untersucht und gefunden, daß sie immer einen Grad niedriger seien als die zugehörige Gleichung. Im Bestreben, diesen Satz auch auf höhere Gleichungen auszudehnen, was, wie wir jetzt wissen, ihm nicht gelingen konnte, wählte er sich zunächst spezielle höhere Gleichungen, für die er eine Resolvente niedrigeren Grades anzugeben im stande war. So kommt er auf reziproke Gleichungen, worunter er Formen verstanden wissen will, die bei Ersetzung der Unbekannten x durch ihren reziproken Wert $\frac{1}{x}$ sich nicht ändern.[1058] Sein Gang ist ein anderer als der Moivre's; er stellte die Gleichung

$$y^4 + ay^3 + by^2 + ay + 1 = 0$$

mit dem Produkt

$$(y^2 + \alpha y + 1)\cdot(y^2 + \beta y + 1) = 0$$

zusammen und leitete durch Koëffizientenvergleichung eine Beziehung für α und β ab. Diese besteht darin, daß beide die Wurzeln der Gleichung

$$u^2 - au + b - 2 = 0$$

sein müssen. In ähnlicher Weise wird hierauf die reziproke Gleichung 6. Grades, deren Resolvente sich vom 3. Grade ergiebt, schließlich die allgemeine Gleichung $(2n)^{\text{ten}}$ Grades mit einer Resolvente vom n^{ten} Grad untersucht. —

Gleichungen quadratischen Charakters mit mehreren Unbekannten löste im Grunde genommen schon Diophant (drittes bis viertes Jahrhundert n. Chr.), wenn ihm auch eine Symbolik für mehrere Unbekannte fehlte; gerade sie sind ein Beispiel seiner blendenden Meisterschaft, durch geschickte und überraschende Wahl der unbekannten Größe, in der fast von Aufgabe zu Aufgabe gewechselt wird, eine Lösung zu erzwingen — blendend auch insofern, als sie dem geistigen Auge die Möglichkeit einer Einsicht in eine wirkliche Lösungsmethodik nicht gestattet. Zu unseren Aufgaben gehören u. a. aus seiner Sammlung:[1059]

1058 Comm. Ac. Petropol. ad annos 1732 et 1733, Bd. VI (gedruckt 1738), S. 216—231, speziell S. 223: „*Aequationes, quae posito* $\frac{1}{y}$ *loco y formam non mutant, voco reciprocas.*" — 1059 Diophant, ed. Tannery, S. 62—66; ed. Wertheim, S. 36—38 (Anm. 705).

I. 30) $x+y=a$, $x \cdot y=b$ I. 31) $x+y=a$, $x^2+y^2=b$ I. 32) $x+y=a$, $x^2-y^2=b$ I. 33) $x-y=a$, $x \cdot y=b$.

In I. 34 — 42 wird $x:y=a$ der Reihe nach mit $\frac{x^2 \pm y^2}{x \pm y}=b$, $\frac{x^2}{y}=b$, $\frac{x^2}{x}=b$ und $\frac{x^2}{x \pm y}=b$ kombiniert. Die Lösung der ersten Aufgabe haben wir S. 248 kennen gelernt.

Das Studium DIOPHANT's brachte diese Aufgabengruppe zu den *Arabern*. Von den uns bekannten arabischen Abhandlungen mathematischen Inhaltes geht keine wesentlich über DIOPHANT hinaus. Die Wahrscheinlichkeit aber spricht dafür, daß trotzdem durch arabische Gelehrte eine Weiterbildung vorgenommen ist. Wenigstens tritt uns bei JORDANUS NEMORARIUS (Deutscher, † 1237; Ordensgeneral der Dominikaner), der stark nach arabischen Quellen arbeitete, in einer Abhandlung *De numeris datis* eine so umfassende Sammlung solcher Aufgaben entgegen, daß man an völlige Selbständigkeit nicht gut glauben kann. Die Kombinationen DIOPHANT's zwischen Summen, Differenzen, Produkten, Quadratsummen der Unbekannten werden durch zusammengesetztere Aufgaben weitergeführt; so durch

I. 6) $x-y=a$, $x^2-y^2=b$ I. 10) $x+y=a$, $(x^2+y^2)+(x+y)(x-y)=b$

I. 11) $x+y=a$, $(x+y)(x-y)+xy=b$ I. 12) $x+y=a$, $x^2+y+(x-y)^2=b$

IV. 6) $x^2+y^2=a$, $x:y=b$ u. a.

Ausführliche Ableitungen fehlen; man kann die Schrift des JORDANUS mehr als eine Resultatszusammenstellung auffassen. Als Beispiel diene dasselbe Beispiel, das wir bei DIOPHANT genauer besprochen haben (S. 248): $x+y=a$, $x \cdot y=b$. Hier schreibt JORDANUS die Auflösung erst in allgemeinen Buchstaben, dann für die speziellen Zahlen $a=10$, $b=21$ in einer Regel vor, die unseren Formeln

$$y=\frac{a-\sqrt{a^2-4b}}{2}, \quad x=a-y$$

entspricht, ohne mit einem Wort den Weg anzudeuten, wie er zu derselben kommt.[1059a]

In den bedeutenderen Werken des *Mittelalters* sind stets Aufgaben unserer Art nachzuweisen; wir treffen auf sie sowohl in PACIUOLO's *Summa* (1494),[1060] als in CARDANO's *Practica arithmeticae*

[1059a] Ztschr. f. Math. u. Phys., Bd. 24, Suppl. S. 135. — [1060] *Summa,* dist. IX, tract. 7, Aufg. 14 ff.

(1539).[1061] In Deutschland wurde die Schrift des JORDANUS NEMORARIUS eingehend studiert; RIESE hatte sogar eine Bearbeitung derselben unter Anwendung der cossischen Bezeichnungsweise begonnen. Eine Reihe wichtiger Aufgaben giebt RUDOLFF's *Coß* (1525); das Beispiel $x - y = a$, $x \cdot y = b$[1062] löst er, indem er $x = a + y$ in das Produkt einsetzt und die sich ergebende quadratische Gleichung nach den bekannten Vorschriften behandelt. Die ausführlichste Berücksichtigung in der deutschen Coß widmete M. STIFEL unseren Gleichungen; ein Anhang zur Neuausgabe der RUDOLFF'schen *Coß* (1552)[1063] bietet eine sehr reichhaltige Sammlung zum Teil recht schwieriger Aufgaben, unter denen wir eine ganze Anzahl guter Bekannten aus modernen Aufgabenwerken antreffen. Wir erwähnen die folgenden Nummern seines Anhangs:

11) $x - y = 6$, $(x^2 + y^2)\cdot(x^3 - y^3) = 108\,576$ 14) $xy + x + y = 573$, $x^2 + y^2 - x - y = 1716$

18) $(x + y)(x^2 + y^2) = 539\,200$, $(x - y)\cdot(x^2 - y^2) = 78\,400$ 19) $(x + y)(x^2 - y^2) = 675$, $(x - y)(x^2 + y^2) = 351$

22) $x + xy + xy^2 = 74$, $x^2 + x^2y^2 + x^2y^4 = 1924$ 24) $(x + xy^2)\cdot(x + xy^2 - xy) = 90\,720$, $(x + xy^2 - xy)\cdot(x + xy + xy^2) = 117\,936$

(vgl. die Ausrechnung von Nr. 19 im Anhang II, Nr. 33).

Man sieht aus diesen Beispielen, daß STIFEL sich entschieden auf dem Höhepunkt, soweit Aufgaben der heutigen Schulmathematik in Rede kommen, befindet und es natürlich ist, daß wir bei späteren Schriftstellern fast nur Wiederholungen finden.

In betreff der oben in mehrfacher Behandlung vorgetragenen Aufgaben $x + y = a$ und $x \cdot y = b$ soll zum Schluß noch auf die Herkunft einer eigenartigen Auflösungsmethode, die in unseren Schulen oft geübt wird, aufmerksam gemacht werden, interessant schon deshalb, weil man sieht, wie hervorragende Mathematiker selbst einem so alten und einfachen Thema immer noch neue Seiten abgewinnen können. Es ist der große Algebraiker VIETA, der den vielbehandelten Stoff wiederum bearbeitet.[1064] Er will $x + y$ mit $x - y$ zusammenstellen oder noch besser $\frac{x+y}{2}$ mit $\frac{x-y}{2}$, durch deren Addition bezw. Subtraktion sich die gesuchten Werte sofort ergeben würden. Um zu

[1061] Z. B. daselbst cap. 51, § 45, Regula de duplici; CARDANO, Werke IV, S. 86 (Anm. 642). — [1062] RUDOLFF's *Coß*, 1525, Signatur X_{IIII}, Nr. 6. — [1063] Neuausg. v. RUDOLFF's *Coß*, 1553, S. 463 ff. — [1064] *Universalium inspectionum ad Canonem mathematicum liber singularis*, Lutetiae 1579, additamenta S. 69; vgl. HUNRATH, Ztschr. f. Math. u. Phys., Bd. 44, Suppl. 1899, S. 231.

diesem Zweck $\frac{x-y}{2}$ zu erhalten, subtrahiert er das gegebene Produkt $xy = b$ von dem Quadrat der halben Summe $\left(\frac{x+y}{2}\right)^2 = \left(\frac{a}{2}\right)^2$. Die Quadratwurzel aus dieser Differenz muß gleich $\frac{x-y}{2}$ sein. VIETA's Verfahren kommt also auf die Addition der folgenden Gleichungen hinaus:

$$\frac{x+y}{2} = \frac{a}{2}$$

$$\frac{x-y}{2} = \sqrt{\left(\frac{a}{2}\right)^2 - b}\,.$$

5. Die Gleichungen dritten Grades.

Nicht soweit in die Vergangenheit, wie die Geschichte der quadratischen Gleichungen, führt uns die Betrachtung der Entwicklung, die die Auflösung der kubischen Gleichungen zu durchwandern gehabt hat. Zwar beschäftigten sich schon die Griechen mit einigen Problemen, die auf Gleichungen dritten Grades — nach unserer Ausdrucksweise — führen; sie erkannten aber weder ihre Sonderstellung den Aufgaben quadratischer Natur gegenüber noch auch den inneren Zusammenhang der betreffenden Probleme untereinander. Die Untersuchungen des Altertums nahmen die Araber mit besserem Erfolge auf; sie erweiterten und vertieften diese zu einer eigenen Theorie, die auf geometrischem Wege zu einer allgemeinen Auflösungsmethode führte. Versuche, eine algebraische Auflösung zu finden, wurden bis zum fünfzehnten Jahrhundert immer wieder mit neuem Eifer angestellt; der Beginn des sechzehnten Jahrhunderts brachte auf italienischem Boden die Krönung der jahrhundertelangen Arbeit. Der ferneren Zeit gehören Verfeinerungen nach verschiedenen Richtungen hin an, auch unter Heranziehung höherer Teile der mathematischen Disziplinen. —

Beginnen wir mit *Griechenland.* Die Geometrie war die Herrscherin in der griechischen Mathematik. Gerade bei geometrischer Behandlung tritt aber der Gegensatz zwischen quadratischen und kubischen Aufgaben, wie man kurz sagen kann, auf das schärfste hervor. Jene sind stets unter ausschließlicher Benutzung von Zirkel und Lineal konstruktiv lösbar; bei diesen muß jeder derartige Versuch von vornherein mißlingen. Von einer solchen Unmöglichkeit geometrischer Lösung hatte das Altertum keine Ahnung. Wie das achtzehnte Jahrhundert immer wieder von neuem seine Kräfte an der Auflösung der Gleichungen fünften Grades erprobte, ohne Kenntnis der Unzulänglichkeit seiner Mittel, so arbeitete Griechenland mit stets frischer Hoffnung an seinen drei großen Problemen: der Dreiteilung eines Winkels, der Verdoppelung eines Würfels und der Quadratur des Kreises. Waren auch alle Anstrengungen in der gewünschten Richtung umsonst, so hatten sie doch den Erfolg, daß so manches neue Gebiet der Mathematik eröffnet wurde. Früchte dieser vergeblichen Versuche sind z. B. die Lehre von den Kegelschnitten, die Betrachtung höherer, selbst transcendenter Kurven, die Aufstellung einer Bewegungsgeometrie u. a.

Das Problem der Kreisquadratur scheidet hier aus, da es transscendenter Natur ist. Die Dreiteilung des Winkels und die Würfelverdoppelung hängen mit kubischen Gleichungen zusammen. Für die Winkeldreiteilung sind zwei elementargeometrische Konstruktionsversuche bekannt, die natürlich auf unerfüllbaren Forderungen beruhen. Der erste ist von ARCHIMEDES (287—212 v. Chr.) gemacht, er verrät sich in dem achten seiner Wahlsätze;[1065] der zweite stellt eine Erweiterung des ersten dar und stammt von PAPPUS (Ende des dritten Jahrhunderts n. Chr., Alexandria).[1066] Wirkliche Lösungen konnten nur mit höheren Kurven gelingen; HIPPIAS VON ELIS (um 420 v. Chr.) vollführte die Dreiteilung mit der sog. *Quadratrix*,[1067] PAPPUS[1068] mit der leicht konstruierbaren *Muschellinie* des NIKOMEDES. Diese ließ sich zugleich zur Lösung der Würfelverdoppelung benutzen, wie NIKOMEDES (um 180 v. Chr.) selbst gezeigt hatte.

Die Aufgabe der Würfelverdoppelung (vgl. S. 208ff.) fand noch mehr Bearbeiter. Schon HIPPOKRATES VON CHIOS (um 440 v. Chr.) vermochte sie in analytische Form zu bringen, indem er sie mit der Auffindung zweier mittleren Proportionalen zwischen zwei gegebenen Größen — $a:x = x:y = y:b$, woraus $x^3 = 2a^3$ für $b = 2a$ — in Verbindung brachte.[1069] Außer der *Muschellinie* des NIKOMEDES verwertete man noch andere höhere Kurven; so fand ARCHYTAS VON TARENT (430—365 v. Chr.) eine Lösung mit *Cylinderschnitten*,[1070]

1065 *Liber assumptorum*, VIII, ed. HEIBERG, II, S. 437—438; ed. NIZZE, S. 259 (Anm. 6); vgl. CANTOR, I^b, S. 284—285. — 1066 PAPPI ALEXANDRINI *Collectiones*, ed. F. HULTSCH, IV, § 62, Bd. 1, S. 274, Z. 18 ff. (Anm. 7); vgl. CANTOR, I^b, S. 337—338. — 1067 PAPPUS, IV, § 45, ed. HULTSCH, Bd. I, S. 252, Z. 5—25; vgl. CANTOR, I^b, S. 184—185. — 1068 PAPPUS, IV, § 40, ed. HULTSCH, I, S. 246, Z. 1—3; PROCLI DIADOCHI *in primum Euclidis elementorum librum commentarii*, recogn. G. FRIEDLEIN, Lips. 1873, S. 272, Z. 3 ff.; ARCHIMEDES, ed. HEIBERG, III, S. 114 ff.; vgl. CANTOR, I^b, S. 337. — 1069 ARCHIMEDES, III, S. 104 (vgl. Anm. 832). — 1070 ARCHIMEDES, III, S. 98—102; vgl. CANTOR, I^b, S. 215 f.

MENÄCHMUS (um 350 v. Chr.; Schüler PLATON's) mit *Kegelschnitten*, (einmal mit zwei Parabeln, dann auch mit einer Parabel und einer Hyperbel),[1071] EUDOXUS VON KNIDOS (408—355) mit den sog. *Bogenlinien,*[1072] DIOKLES (um 180 v. Chr.) mit der *Cissoide.*[1073] Auf Bewegungsgeometrie beruhen die Verfahren des PLATON (429—348 v. Chr., Athen),[1074] des ERATOSTHENES (276—194 v. Chr., Alexandria)[1075] und des HERON (erstes Jahrhundert v. Chr., Alexandria).[1076]

Eine dritte kubische Aufgabe ist von ARCHIMEDES aufgestellt worden: es soll eine Kugel so durch eine Ebene geschnitten werden, daß die Volumina der entstehenden Kugelabschnitte in gegebenem Verhältnis stehen.[1077] ARCHIMEDES bringt sie in seiner Abhandlung über Kugel und Cylinder auf die Proportion

$$(a - x) : b = c^2 : x^2$$

und verspricht dabei, am Ende seiner Abhandlung eine Auflösung mitzuteilen. Er begnügt sich zunächst mit Angabe einer strengen Determination für die Erfüllbarkeit dieser Proportion: wenn $c = 2(a - c)$ ist, so muß $a - c > b$ sein. Diese Beschränkung deckt sich für die aus der Proportion durch Einsetzen entstehende Gleichung $x^3 - ax + \frac{4}{9} a^2 b = 0$ mit $b < \frac{a}{3}$. Die versprochene Lösung am Schlusse seiner Schrift fehlt; sie war schon zur Zeit des DIOKLES verloren gewesen, wie dieser selbst mitteilt.[1078] EUTOKIUS, ein Kommentator des ARCHIMEDES, (geb. 480 n. Chr., Askalon) überliefert eine Lösung mit Hilfe einer Parabel und einer Hyperbel, die er für die archimedische hielt.[1079]

Wir übergehen weitere hierher gehörige geometrische Aufgaben, die sich besonders nach Ausbildung der Kegelschnittlehre als deren Anwendungen einstellen. Die erste kubische Gleichung in wirklich algebraischer Form

$$x^3 - 3x^2 + 3x - 1 = x^2 + 2x + 3 \qquad (x = 4)$$

begegnet uns bei DIOPHANT (lib. VI. 19);[1080] sie ist zugleich die einzige bei ihm, läßt sich aber leicht auf einen niedrigeren Grad reduzieren.

1071 ARCHIMEDES, III, S. 92—98; vgl. CANTOR, I^b, S. 217—218. — 1072 ARCHIMEDES, III, S. 66, genauere Methode nicht überliefert; vgl. CANTOR, I^b, S. 219. — 1073 ARCHIMEDES, III, S. 78—82; vgl. CANTOR, I^b, S. 338 ff. — 1074 ARCHIMEDES, III, S. 66—70 (siehe Band II, Teil III, B. 3); vgl. CANTOR, I^b, S. 214. — 1075 ARCHIMEDES, III, S. 102—114; vgl. CANTOR, I^b, S. 315 f. — 1076 *Mathematicorum veterum, Athenaei, Apollodori, Heronis, Philonis et aliorum opera,* Paris 1693, S. 143 ff.; ARCHIMEDES, III, S. 70—72; vgl. CANTOR, I^b, S. 351. — 1077 ARCHIMEDES, I, S. 210—218, NIZZE, S. 92—99; vgl. CANTOR, I^b, S. 294. — 1078 ARCHIMEDES, III, S. 152. — 1079 Daselbst S. 154 ff. — 1080 DIOPHANT, ed. TANNERY, S. 434, Z. 12, ed. WERTHEIM, S. 282, vgl. die Anm. daselbst (Anm. 705).

Die Durchsicht der *indischen* Schriften wirft für die Lehre der kubischen Gleichungen in der älteren Periode nichts ab. Erst bei BHASKARA (geb. 1114 n.Chr)[1081] finden wir ein ganz vereinzeltes Beispiel

$$x^3 + 12x = 6x^2 + 35,$$

das nach Ergänzung zu $(x - 2)^3 = 3^3$ die Wurzel $x = 5$ liefert.

Eine ganz neue Stufe der Entwicklung können wir aber bei den *ostarabischen* Mathematikern wahrnehmen. Ihren Ausgangspunkt bildete das Studium der archimedischen Schriften. Der arabische Astronom ALMAHANI, der zwischen 854 und 866 in Bagdad beobachtete, ist Verfasser eines Kommentars zu den Büchern des ARCHIMEDES *über Kugel und Cylinder.* Ihm wird das große Verdienst zugeschrieben,[1082] das archimedische Problem in algebraische Form gebracht und aus demselben eine Gleichung abgeleitet zu haben, die nur Kuben und Quadrate einer Unbekannten neben konstanten Zahlen enthalten habe. Aber auch auf dem neuen Wege gelang ihm eine Lösung nicht. Diese leistete erst sein Zeitgenosse ABU DSCHA'FAR. Auf wesentliche Erweiterungen stoßen wir bei ALKUHI, einem etwa 100 Jahre jüngeren Astronomen (Bagdad); nicht nur für zwei weitere archimedische Aufgaben (*de sphaera et cylindro* lib. II. 6, 7) glückte ihm eine Lösung, sondern auch noch eine schwierigere, von ihm selbst gestellte vermochte er zu erledigen.[1083] An ähnlichen Problemen versuchte sich ABU'L DSCHUD (um 1050 n. Chr.) mit Erfolg; er konnte sogar die Berechnung der Seite eines regelmäßigen Neunecks nach der Gleichung $x^3 + 1 = 3x$, ja die des regelmäßigen Siebenecks mit $x^3 - x^2 - 2x + 1 = 0$ ausführen.[1084] Was ABU'L DSCHUD in einer anderen Abhandlung über die Aufzählung der Gleichungsformen[1085] anstrebte, das vervollkommnete OMAR ALCHAIJAMI

1081 BHASKARA, Vîjagaṇita, ch. V, S. 137, ed. COLEBROOKE, S. 214—215 (Anm. 294). — 1082 Überliefert, wie auch das folgende, durch ALCHAIJAMI, *L'algèbre d'Omar Alkhayâmî*, ed. WOEPCKE, Paris 1851, S. 2 ff., in französischer Übersetzung: „*C'est Almâhânî, qui conçut l'idée de résoudre algébriquement le theorème auxiliaire employé par Archimède dans la quatrième proposition du second livre de son traité de la sphère et du cylindre; or il fut conduit à une équation renfermant des cubes, des carrés et des nombres, qu'il ne réussit pas à résoudre, après en avoir fait l'objet d'une longue méditation. On déclara donc, que cette résolution était impossible, jusqu'à ce que parût Aboû Djafar Alkhâzin, qui résolut l'équation á l'aide des sections coniques.*" — 1083 *Alkhayâmî*, ed. WOEPCKE, Abhandlung C, S. 103—114; vgl. CANTOR, I^b, S. 705; HANKEL, S. 277 (Anm. 40). — 1084 *Alkhayâmî*, ed. WOEPCKE, S. 126—127; CANTOR, I^b, S. 715; HANKEL, S. 277. — 1085 *Alkhayâmî*, ed. WOEPCKE, S. 81—82: „. . . *le géomètre Aboûl Djoûd était auteur d'une traité sur l'énumération de ces espèces* . . ."; CANTOR, I^b, S. 716; HANKEL, S. 278.

(† 1123) zu einer systematischen allgemeinen Behandlung der Gleichungen dritten Grades. In seiner *Algebra* wurden von ihm vier Hauptgruppen unterschieden:[1086]

$$\begin{array}{llll}
1)\; x^3+bx=a & 2)\; x^3+cx^2=a & 3)\; x^3+cx^2+bx=a & 4)\; x^3+cx^2=bx+a \\
x^3+a=bx & x^3+a=cx^2 & x^3+cx^2+a=bx & x^3+bx=cx^2+a \\
bx+a=x^3 & cx^2+a=x^3 & x^3+bx+a=cx^2 & x^3+a=cx^2+bx, \\
 & & cx^2+bx+a=x^3 &
\end{array}$$

die er einzeln durch Kegelschnitte löste; die beigefügten Beweise stützen sich auf APOLLONIUS. Da seine Konstruktionen sich immer nur auf einen Zweig der Kurven beschränkten, also nur einen — positiven — Wert ergaben, entging ihm die Mehrdeutigkeit auch für den Fall mehrerer positiven Wurzeln; auch vermißt man bei ihm die im Altertum nie fehlende Determination, der die Koëffizienten für ein positives Resultat unterworfen sind. Nichtsdestoweniger bilden seine Leistungen eines der größten Ruhmesblätter arabischer Mathematik überhaupt. Leider blieb die genauere Kenntnis seines ausgezeichneten Werkes dem Abendland, bis auf die neueste Zeit, vorenthalten. DESCARTES (1637),[1087] VAN SCHOOTEN (1659),[1088] HALLEY (1687)[1089] mußten sich ähnliche Konstruktionen erst von neuem wieder erfinden.

Die geometrische Lösung war gefunden; die algebraische widerstand allen Versuchen. Bei den Arabern galt es schließlich für ausgemacht, daß auf diesem anderen Wege Gleichungen dritten Grades unlösbar sind. Das Abendland, das der Schule der Araber allmählich entwuchs, verzweifelte nicht so schnell. Eine anonyme Abhandlung aus italienischen Gelehrtenkreisen des vierzehnten Jahrhunderts ist Zeugnis für diese Bestrebungen.[750] In ihr werden für eine ganze Reihe von Gleichungen, deren Grad sogar bis zum fünften schließlich ansteigt, Lösungsmethoden gegeben, die die Wurzeln der vorliegenden Gleichungen in der That richtig berechnen lassen. Aber diese Vorschriften sind unberechtigte Verallgemeinerungen der bei quadratischen Gleichungen gültigen Regeln, denen eine Ableitung fehlt und fehlen muß, da sie absolut falsch sind

1086 *Alkhayâmî*, ed. WOEPCKE, S. 11—12; CANTOR, I^b, S. 731; HANKEL, S. 278; vgl. auch MATTHIESSEN, *Grundzüge der Algebra der litteralen Gleichungen*, Leipzig 1878, S. 294 ff. — 1087 Oeuvres de DESCARTES, ed. COUSIN, Bd. V, Paris 1824, *Géométrie*, S. 409—418. — 1088 CANTOR, II^b, S. 808. VAN SCHOOTEN zeigte die geometrische Lösung ohne Wegschaffung des quadratischen Gliedes mit Kreis und Hyperbel. — 1089 *Phil. transact.*, 1687, Nr. 188, S. 335—344, Nr. 190, S. 387—402, Benutzung einer festen Parabel und eines sich je nach der Aufgabe ändernden Kreises.

und für jede andere Aufgabe, die von den gegebenen, zurechtgestutzten Beispielen abweicht, nicht zum Ziele führen. Viel offener verfuhren der Franzose CHUQUET (1484) und der Italiener LUCA PACIUOLO (1494), die ohne Umschweife eingestanden, daß eine Lösung für kubische Gleichungen noch nicht gefunden wäre (vgl. S. 259, 260), ohne daß aber ein völliges Verzweifeln aus ihren Äußerungen herauszulesen ist.

Da endlich bringt der Anfang des sechzehnten Jahrhunderts das heiß ersehnte Licht! Aber welch Verhängnis! Den ersten Entdecker, SCIPIONE DEL FERRO, umhüllt das Dunkel der Geschichte, daß wir kaum mehr als seinen Namen kennen. Den Ruhm der nächsten Bearbeiter, CARDANO und TARTAGLIA, befleckt ein unerquicklich häßlicher Streit um das Vorrecht der Entdeckung. Die Akten der langen, unwürdigen Fehde waren schließlich zu Gunsten TARTAGLIA's geschlossen worden; neuerdings wieder eröffnet, lassen sie den Anteil CARDANO's in bedeutend besserem Lichte erscheinen.[1090]

SCIPIONE DEL FERRO (von 1496—1526 Professor in Bologna) hatte die Auflösung der Gleichung $x^3 + ax = b$ zuerst gefunden — hierin stimmen beide Gegner überein. Er teilte sie wahrscheinlich mehreren Bekannten mit, darunter auch einem jungen Freunde, einem Nicht-Fachmathematiker, ANTONIOMARIA FIOR (Floridus); das geschah nach CARDANO 1515, nach TARTAGLIA 1506. FIOR benutzte nun diese Kenntnis, um im Jahre 1535 einem Lehrer der Mathematik von Ruf, dem TARTAGLIA (1500—1557; Brescia, Venedig), nach der Sitte der Zeit Wettaufgaben, 30 an der Zahl, vorzulegen, die sämtlich auf Gleichungen von der Form $x^3 + ax = b$ hinausliefen. TARTAGLIA quälte sich vergeblich ab; acht Tage vor dem festgesetzten Termin fand er endlich, wie er erzählt, die Lösungsformel (12. Februar 1535), einen Tag später (13. Februar) auch für den Fall $x^3 = ax + b$. Jedenfalls lieferte er am vereinbarten Tage die richtige Lösung ein. Von FIOR und anderen wiederholt um Bekanntmachung seiner Methode gebeten, verweigerte er dies, blieb auch bei seiner Weigerung, als ein anderer bedeutender Mathematiker CARDANO 1501—1576; Padua, Mailand, Bologna, Rom) ihn brieflich dringend darum anging (12. Februar 1539). Endlich (25. März 1539) ließ er sich bei einer Zusammenkunft mit CARDANO herbei, in fast un-

1090 GHERARDI, *Einige Beiträge zur Geschichte der mathematischen Fakultät der alten Universität Bologna,* deutsch von M. CURTZE, Berlin 1871, abgedruckt in GRUNERT's Archiv, Bd. 52, Jahrgang 1871, S. 110 ff.; CANTOR, II^b, S. 482—541.

verständlichen Versen[1091] Andeutungen zu machen, denen er, von neuem gebeten, bald darauf brieflich Erläuterungen hinzufügte (23. April 1539). CARDANO mußte durch einen Eid bekräftigen, sein Geheimnis nicht zu veröffentlichen. Diesen Eid brach CARDANO, als er in seiner *Ars magna* (1545 Nürnberg) die Methode mitteilte (vgl. Anhang II, Nr. 32c). Zweierlei dient dazu, diesen Treubruch in ein anderes Licht zu setzen. Erstens geschah die Veröffentlichung unter voller Namennennung FERRO's und TARTAGLIA's, die beide als selbstständige Entdecker aufgeführt werden.[1092] Dann aber hatte CARDANO in Gemeinschaft mit seinem hochbegabten Schüler LUDOVICO FERRARI (1522—1565; Bologna, Mailand) inzwischen, im Jahre 1542, Gelegenheit gehabt,[1093] bei dem Schwiegersohn und Nachfolger FERRO's, ANNIBALE DELLA NAVE (von 1526 bis 1560 Professor in Bologna) den Nachlaß FERRO's einzusehen und die völlige Übereinstimmung der FERRO'schen Lösung mit der von TARTAGLIA gegebenen festzulegen. Außerdem wußte FIOR seit ungefähr 30 Jahren die Formel und durch ihn, wie durch FERRO selbst, wohl auch durch dessen Schwiegersohn, vielleicht so mancher andere.[1094] Von Geheimnis konnte also keine Rede sein!

1091 Die Verse TARTAGLIA's lauten für den Fall $x^3 + px = q$:

Quando che'l cubo con le cose appresso, $x^3 + px = q$
Se agguaglia à qualche numero discreto:
Trouan dui altri, differenti in esso. $y - z = q$
Dapoi terrai, questo per consueto,
Che'l lor produtto, sempre sia eguale $yz = \left(\frac{p}{3}\right)^3$
Al terzo cubo, delle cose neto,
El residuo poi suo generale,
Delli lor lati cubi, bene sottratti $x = \sqrt[3]{y} - \sqrt[3]{z}$
Varrà la tua Cosa principale.

Opere del Famosissimo NICOLO TARTAGLIA, Venedig 1606. Quesiti et inventioni diverse, S. 266, Z. 17 ff. — 1092 *Ars magna,* cap. IX, Einleitung; CARDANO, IV, S. 249 (Anm. 844): „*Scipio Ferreus Bononiensis jam annis ab hinc triginta ferme capitulum hoc inuenit, tradidit vero Anthonio Mariae Florido Veneto, qui cum in certamen cum Nicolo Tartalea Brixellense aliquando venisset, occasionem dedit, ut Nicolaus inuenerit et ipse, qui cum nobis rogantibus tradidisset, suppressa demonstratione, freti hoc auxilio, demonstrationem quaesiuimus eamque in modos, quod difficillimum fuit, redactam sic subiiciemus.*" SCIPIO FERRO aus Bologna entdeckte vor etwa 30 Jahren den Inhalt des folgenden Kapitels und machte dem Antoniomaria Fior davon Mitteilung. Als Fior einstmals mit NIC. TARTAGLIA aus Brescia einen Wettkampf hatte, gab er diesem dadurch Gelegenheit, selbst die gleiche Entdeckung zu machen. Von TARTAGLIA erhielt ich Mitteilung, unter Vorenthaltung des Beweises. Veranlaßt durch diese Anregung, suchte ich nach einem Beweise und werde nunmehr die für die Einzelfälle von mir mit grosser Anstrengung ersonnenen Beweise vorführen. — 1093 GHERARDI, GRUNERT's Archiv, Bd. 52, S. 127, 163. — 1094 Daselbst S. 129, 143—144, besonders Anm. 1.

Nach 1545 begann TARTAGLIA eine äußerst heftige Preßfehde gegen CARDANO. Von dieser hielt sich CARDANO vornehm zurück und überließ die Entgegnungen seinem temperamentvollen Schüler FERRARI. Im Verlauf des sich auf sehr niedrigem Niveau haltenden Gezänkes wurde schon durch FERRARI der Verdacht laut, TARTAGLIA wäre garnicht Selbstentdecker der Formel, er hätte sie irgendwie durch dritte Hand von FERRO entlehnt.[1095]

Hier setzen die neuen Untersuchungen ein. Die Möglichkeit, daß dritte (außer FIOR, DELLA NAVE) Kenntnis von der FERRO'schen Lösung gehabt haben, kann nicht zurückgewiesen werden. Man fügt hinzu: Oft sind neue Lösungen der kubischen Gleichung gefunden worden, immer wieder andere, stets verschiedene. Hier sollte der Zufall zwei ganz identische Verfahren unmittelbar hintereinander haben entdecken lassen? Am schwerwiegendsten sind aber Gründe, die aus strenger Kritik der übrigen Leistungen TARTAGLIA's in seinen sonstigen Schriften sich ergeben: Eine lateinische Ausgabe des ARCHIMEDES (1543) durch ihn hat sich als direkte Abschreiberei einer Übersetzung des Dominikaners WILHEM VON MOERBECKE (geb. in Flandern, von 1278—1281 Erzbischof von Korinth) — ohne Namennennung — herausgestellt! Sein *General trattato* (1556—1560) ist in der Darstellung das vortrefflichste Rechenwerk seiner Zeit, wie wir öfters erwähnten (S. 27, 52, 100), enthält aber geistiges Eigentum recht wenig. In der Theorie der Gleichungen liegen von TARTAGLIA keine weiteren Entdeckungen vor! — Hieraus die Folgerungen FERRARI's zu bestätigen, hält nicht schwer. Vielleicht ist das Sachverhältnis so, daß TARTAGLIA sich irgendwie in den Besitz der FERRO'schen Lösung für $x^3 + ax = b$, deren Vorhandensein ihm bekannt war, zu setzen gewußt hat, dann aber die Lösung der Fälle $x^3 = ax + b$ und $x^3 + ab = ax$ allein hinzugefügt hat.

Als viel bedeutenderer Mathematiker steht CARDANO vor uns; in ihm trug die Kenntnis der FERRO'schen Formel ganz andere Früchte. CARDANO lieferte den ersten (geometrischen) Beweis für dieselbe,[1096] reduzierte durch die Substitution $x = y \pm \frac{a}{3}$, wo a der Koëffizient des quadratischen Gliedes ist, die allgemeinen kubischen Gleichungsformen auf die drei Normalformen,[1097] erkannte das gleichzeitige Vorhandensein dreier Wurzeln, auch wenn unter ihnen nega-

[1095] Daselbst S. 149—150, 174, 179 f. — [1096] *Ars magna*, cap. XI—XIII; C. Werke, IV, S. 249—253 (Anm. 844). — [1097] Daselbst cap. XIV—XXIII, in denen alle möglichen Fälle einzeln behandelt und auf die bereits erledigten zurückgeführt werden; vgl. CANTOR, II^b, S. 504.

tive oder irrationale waren,[1098] wußte, daß die Summe der Wurzeln gleich dem Koëffizienten des quadratischen Gliedes ist;[1099] ja er hatte eine Ahnung von der Möglichkeit gleicher Wurzeln.[1100] Selbst die DESCARTES'sche Zeichenregel läßt sich in der ersten Anlage bei ihm nachweisen.[1101] CARDANO ist ferner der erste, der mit imaginären Wurzeln zu rechnen sich unterfing (vgl. S. 169 f.). —[1102]

So das Geschichtsbild von der Entdeckung der Auflösung kubischer Gleichungen. Kunde von der neuen Errungenschaft kam in weitere Kreise erst durch CARDANO's *Ars magna* (1545). In Deutschland vermochte MICHAEL STIFEL schon ein Jahr vor ihrem öffentlichen Erscheinen in seiner *Arithmetica integra* von 1544 auf CARDANO's Verdienste um die kubischen Gleichungen aufmerksam zu machen,[1103] da er Gelegenheit hatte, in der Nürnberger Druckerei, die beide Werke erscheinen ließ, CARDANO's Manuskript einzusehen. In der Neubearbeitung der RUDOLFF'schen *Coß* (1553) fügte STIFEL einen Anhang bei, in dem er einige kubische Aufgaben zusammenstellte.[1104] Während der nächsten 50 Jahre erschien keine Arbeit in Deutschland, die die kubischen Gleichungen berücksichtigte. Erst JOHANN FAULHABER's (1580—1635, Ulm) *Arithmetischer cubikossischer Lustgarten, mit neuen Inventiones gepflanzt,* bringt 1604 die erste deutsche Bearbeitung der neuen Lehre.[1105] Inzwischen waren in anderen Ländern neue Fortschritte zu verzeichnen gewesen. In Italien hatte BOMBELLI (Prof. der Math. in Bologna; 1572 *l'Algebra*) den irreducibelen Fall behandelt, indem er die FERRO'sche Formel durch Umformung so veränderte, daß die imaginären Bestandteile herausfielen.[1106] In Holland gab STEVIN (1548—1620 Leiden; Kaufmann, später im Staatsdienst als Ingenieur) in seiner *Arithmetique* von 1585[1107] eine wohl durchgearbeitete Theorie der Gleichungen dritten Grades. Frankreichs großer Algebraiker VIETA (1540—1603; Paris, Staatsbeamter) griff 1591 das Lösungsproblem in ganz neuer Weise an (vgl. S. 278) und deckte den Zusammenhang, der zwischen den Wurzeln

[1098] *Ars magna*, cap. XVIII; Werke, IV, S. 259, z. B. letzte Zeile der rechten Spalte: „*semper emergunt tres aestimationes*" (immer gehen drei Lösungen hervor). — [1099] Auf derselben Seite: „. . . *ex hoc patet, quod numerus quadratorum . . . semper componitur ex tribus aestimationibus iunctis simul*" (hieraus ist klar, daß die Anzahl der x^2 immer aus den 3 Wurzeln als Summe zusammengesetzt ist). — [1100] Vgl. CANTOR, II^b, S. 505. — [1101] Vgl. CANTOR, II^b, S. 539. — [1102] CARDANO, IV, S. 287; besonders auch in einer späteren Abhandlung *De regula Aliza* (1570); CARDANO, IV, S. 377 ff. — [1103] *Arithm. integra*, S. 306 ff. — [1104] Neuausg. von RUDOLFF's *Coß*, S. 480^b ff. — [1105] TREUTLEIN, *Die Coß*, S. 98 (Anm. 564). — [1106] *L'Algebra*, Ausgabe 1579, Bologna, z. B. S. 293—295; vgl. CANTOR, II^b, S, 624—625. — [1107] STEVIN, ed. GIRARD, I, S. 70 ff. (Anm. 88).

und den Koëffizienten der Gleichung besteht, in allgemeinen Formeln auf[1176] (vgl. S. 294).

Die Fortbildungen und Verbesserungen, die der Theorie der kubischen Gleichung in der Folgezeit zu teil wurden, können nicht einzeln und mit derselben Ausführlichkeit wie bisher auseinandergesetzt werden. Die folgende Zusammenstellung verschiedener späteren Lösungsarten kann und soll auf Vollständigkeit keinen Anspruch erheben; sie dient nur zur Orientierung über einige häufiger erwähnte Methoden, die die Schulmathematik nicht übersteigen.

I. Algebraische Lösungen.

1) VIETA 1591. *De aequationum recognitione et emendatione*[1108] (zuerst gedruckt 1615; vgl. Anhang II, Nr. 39d) $x^3 + 3ax = 2b$ und $y^2 + xy = a$ $\left(\text{oder } x = \frac{a - y^2}{y}\right)$ ergeben $y^6 + 2by^3 = a^3$; daraus y, dann x.

2) HUYGENS (1629—1695; Haag, zeitweilig Paris). Brief vom 5. Juni 1655 an SCHOOTEN.[1109]

In $x^3 + px - q = 0$ wird $x = y - z$ gesetzt. Wird bestimmt, daß $3yz = p$ ist, so erhält man durch diese Substitutionen

$$y^3 - z^3 - q = 0$$

$$y^3 - \frac{p^3}{27y^3} - q = 0$$

$$y^6 = qy^3 + \tfrac{1}{27}p^3$$

$$y = \sqrt[3]{\tfrac{1}{2}q + \sqrt{\tfrac{1}{4}q^2 + \tfrac{1}{27}p^3}}.$$

Aus y ergiebt sich z; beide zusammen liefern

$$x = \sqrt[3]{\tfrac{1}{2}q + \sqrt{\tfrac{1}{4}q^2 + \tfrac{1}{27}p^3}} - \frac{\tfrac{1}{3}p}{\sqrt[3]{\tfrac{1}{2}q + \sqrt{\tfrac{1}{4}q^2 + \tfrac{1}{27}p^3}}}.$$

Die unbekannte Methode FERRO's dürfte sich dem hier eingeschlagenen Verfahren am meisten nähern. Bekannt ist es heute unter dem Namen HUDDE's (1628—1704, Bürgermeister von Amsterdam). Der Brief, in dem HUDDE sein Verfahren zum erstenmal mitteilt, ist indes über zwei Jahre jünger, Juli 1657, ebenfalls an SCHOOTEN gerichtet;[1110] der einzige Unterschied ist, daß HUDDE $x = y + z$ setzt,

1108 VIETA, ed. SCHOOTEN, Lugd. Bat. 1646, S. 149. — 1109 HUYGENS, Oeuvres, Ausgabe der holländ. Akademie, Haag 1888, Bd. I, S. 330. — 1110 DESCARTES-Ausgabe, besorgt von SCHOOTEN, 1659; 3. Ausgabe von 1683, Teil I, S. 499—500: *De reductione aequationum, regula 21, exempl. 4.*

wo HUYGENS $x = y - z$ nimmt. Eine weitere Ausbildung unternahm LAGRANGE (1736—1787; Turin, Berlin, Paris).[1111]

3) TSCHIRNHAUSEN (1651 bei Görlitz — 1708; Paris, Sachsen). 1683. *Methodus auferendi omnes terminos intermedios ex data aequatione.*[1112]

Die gegebene Gleichung

$$1)\ x^3 + qx + r = 0$$

wird kombiniert mit der angenommenen

$$2)\ x^2 + vx + w = y.$$

Die Elimination von x zwischen 1) und 2) liefert eine kubische Gleichung für y, die durch geeignete Bestimmung von v und w zu

$$3)\ y^3 = \text{const.}$$

gemacht werden kann. Daraus y, dann mittelst 2) x.

4) EULER (1707 Basel — 1783; Petersburg, Berlin, Petersburg) 1732. *De formis radicum aequationum cuiusque ordinis conjectatio* § 3.[1113]

In

$$1)\ x^3 = ax + b$$

wird

$$2)\ x = \sqrt[3]{A} + \sqrt[3]{B}$$

gesetzt und eine Gleichung

$$3)\ z^2 = \alpha z - \beta$$

gesucht, deren Wurzeln A und B sein sollen. Durch Kubieren von 2) und Vergleichen mit 1) wird

$$a = 3 \cdot \sqrt[3]{A \cdot B}, \quad b = A + B.$$

Aus $A + B = \alpha$ und $A \cdot B = \beta$ folgt $\alpha = b$, $\beta = \frac{1}{27} a^3$, so daß 3) nunmehr lautet

$$4)\ z^2 = bz - \tfrac{1}{27} a^3.$$

Hieraus $A = z_1$, $B = z_2$ als Wurzeln, dann x nach 2).

5) EULER und BÉZOUT (1730—1783, Paris). EULER, 1764. *De resolutione aequationum cuiusvis gradus.*[1114] BÉZOUT, 1765. *Sur la résolution générale des équations de tous les degrés.*[1115]

In

$$1)\ x^3 + mx^2 + nx + p = 0$$

[1111] Nouv. Mém. de Berlin, 1770 (gedr. 1772) *Réflexions sur la résolution algébrique des équations*, Section I, S. 135 ff.; LAGRANGE's Werke, ed. SERRET, Bd. III, Paris 1869, S. 207 ff. — [1112] *Acta eruditorum*, Lips. 1683, S. 204—207. — [1113] Comment. Petropol. ad annos 1732—33 (gedr. 1738), Bd. VI, S. 217 ff. — [1114] Nova comment. Petropol. ad annos 1762/63, Bd. IX (gedr. 1764), S. 70—98. — [1115] Hist. de l'Acad. d. Paris, 1765 (gedr. 1768), Mém. S. 533—552.

substituiert Bézout

$$2)\ x = \frac{f + g h}{k + y}$$

und bestimmt f, g so, daß y zu

$$3)\ y^3 + h = 0$$

wird. Setzt man die Wurzelgröße für y in 2) ein, so ergiebt sich nach Wegschaffung der Nenner ein Ausdruck von der Form

$$4)\ x = a + b y + c y^2.$$

Euler eliminiert y aus 3) und 4) und vergleicht das Resultat der Elimination mit der vorgelegten Gleichung. Das h setzt Bézout schon im Anfang gleich -1, während Euler es bis zum Schluß beibehält und erst dann eine von den willkürlichen Konstanten, die ihm das Resultat am einfachsten zu machen verspricht, gleich 1 setzt.

II. Trigonometrische Lösungen.

1) Vieta, 1591. *Supplementum geometriae* (gedr. 1593).[1116]

1591. *De aequationum recognitione et emendatione* (gedr. 1615).[1117]

Vieta vergleicht die kubische Gleichung $x^3 - 3a^2 x = a^2 b$ für $a > \frac{b}{2}$ mit der goniometrischen Formel

$$(2 \cos \tfrac{1}{3} \varphi)^3 - 3 (2 \cos \tfrac{1}{3} \varphi) = 2 \cos \varphi.$$

Die Lösung ergiebt sich, wenn man φ aus $b = 2a \cos \varphi$ berechnet und $x = 2a \cos \frac{1}{3} \varphi$ nimmt.

2) Alb. Girard (1590? — 1632; Leiden, Lehrer d. Mathematik).

1629. *Invention nouvelle en l'algèbre.*[1118]

Girard's Verfahren ist ein rein geometrisches und führt die Lösung auf die Dreiteilung eines Winkels zurück. Setzt man nachträglich die geometrischen Ableitungen in die algebraische Sprache um, so erhält man für

$$\begin{aligned} x^3 &= p x + q \\ x_1 &= 2 r \cos \varphi \\ x_2 &= -2 r \cos (60^0 + \varphi) \\ x_3 &= -2 r \cos (60^0 - \varphi), \end{aligned}$$

1116 Vgl. Cantor, II^b, S. 585. — 1117 Vieta, ed. Schooten, S. 91, Z. 13 f., wo die Lösung der Gleichung $x^3 - 300x = 432$ auf elegante Weise mit Hilfe der Winkeldreiteilung erreicht wird; vgl. Cantor, II^b, S. 636 und Hankel, S. 374 (Anm. 40). — 1118 Rückseite der Signatur D_2 f. (Anm. 13). Girard löst die Gleichung $x^3 = 13x + 12$ gleichzeitig mit $x^3 = 12x - 12$, um die negativen Werte x_2 und x_3 zu veranschaulichen; vgl. Cantor, II^b, S. 806—807 und Matthiessen, S. 896—897 (Anm. 1086).

wobei

$$r = \sqrt{\frac{p}{3}} \quad \text{und} \quad \cos 3\varphi = \frac{3q}{2pr}$$

ist. — Wenig verschieden ist eine geometrische Methode von VAN SCHOOTEN.[1119]

3) EYTELWEIN, 1824.[1120]

Dieses Verfahren wird im Schulunterricht heute fast ausschließlich vorgetragen. EYTELWEIN benutzt das MOIVRE'sche Theorem. Liegt die Gleichung

$$x^3 - px \pm q = 0$$

vor, wo $4p^3 \geqq 27\,q^2$ sein soll, so wird der Hilfswinkel φ aus der Gleichung

$$\cos 3\varphi = \frac{3q}{p \cdot \sqrt{\frac{1}{3}p}}$$

entnommen und liefert dann

$$x_1 = \mp \sqrt{\tfrac{4}{3}p} \cdot \cos\varphi$$

$$x_2 = \pm \sqrt{\tfrac{4}{3}p} \cdot \cos(60^0 - \varphi)$$

$$x_3 = \pm \sqrt{\tfrac{4}{3}p} \cdot \cos(60^0 + \varphi).$$

Die Resultate stimmen mit denen in Nr. 2 überein, nur daß GIRARD, wie betont, rein geometrisch zu Werke gegangen ist.

Die trigonometrische Lösung zeigt ihre hohe Verwendbarkeit besonders in dem irreducibelen Fall, da hier die allgemeine FERRO'sche Formel versagt. Den Beweis, daß in diesem Fall stets drei reelle Wurzeln vorhanden sind, hat (1746) CLAIRAUT (1713—1765, Paris) zuerst geführt.[1121]

Nebenbei sei noch auf eine andere Methode für den irreducibelen Fall aufmerksam gemacht, die von LEIBNIZ unter Benutzung von Reihenentwickelungen aufgestellt ist.[1122]

III. Methoden zu näherungsweiser Berechnung der Wurzeln.[1123]

Gerade umgekehrt wie sonst sind uns Näherungsverfahren für kubische Gleichungen aus dem Orient erst für spätere Zeiten bekannt, als aus dem Abendlande. GIJAT EDDIN AL-KASCHI (um 1435;

1119 DESCARTES-Ausgabe v. SCHOOTEN, 1659, *Appendix de cubicarum aequationem resolutione*, 2. Ausg. v. 1649 Lugduni, S. 258, 3. Ausg. v. 1683 Amstelodami, Teil I, S. 345 ff. — 1120 EYTELWEIN, *Die Grundlehren der höheren Analysis*, Bd. I, Berlin 1824, § 175, S. 216. — 1121 *Élém. d'Algèbre*, Paris 1746, Partie V, cap. VII, S. 268—269. — 1122 L. in Epistola ad Wallisium; Wallisii opera I. III. Ep. 27; nach MATTHIESSEN, S. 379 (Anm. 1086). — 1123 Um Wiederholungen zu vermeiden, werden höhere Gleichungen mit eingeschlossen.

aus dem Gelehrtenkreise ULUG-BEG's) lehrte ein solches für die Form $x^3 + b = ax$, das ziemlich starke Annäherung besitzt, aber nur anwendbar ist, wenn a sehr viel größer als b ist.[1124] Über zwei Jahrhunderte früher begegnet uns schon im Abendland eine solche Methode. LEONARDO VON PISA, dessen *liber abaci* von 1202 einen Wendepunkt der Mathematik zu Gunsten des Abendlandes bedeutet, hat in einer Abhandlung mit dem eigenartigen Titel „Flos" Aufgaben erledigt, deren Behandlung ihm von anderen Gelehrten aufgegeben war. Hierunter befindet sich die aufzulösende Gleichung $x^3+2x^2+10x=20$. Das von LEONARDO in Sexagesimalbrüchen gegebene Resultat weicht von dem genauen, mit modernen Hilfsmitteln ausgerechneten Werte um weniger als $\frac{1}{3}\cdot 10^{-10}$ ab — eine geradezu wunderbare Genauigkeit. Leider schweigt sich der scharfsinnige Rechner über das eingeschlagene Verfahren gänzlich aus und neuere Rekonstruktionen sind nicht gelungen.[1125]

Eine brauchbare Approximationsmethode lieferte (1545) für Gleichungen dritten und vierten Grades, die aber auch ohne weiteres auf höhere Gleichungen übertragbar ist, der Italiener CARDANO — ein neues, oben (S. 276—277) einzureihendes Verdienst dieses lange geschmähten Mannes.[1126] Ein von dem deutschen Rechenmeister JOHANNES JUNGE (Lübeck) 1577 veröffentlichtes Verfahren, das auch RAIMARUS URSUS (kaiserlicher Mathematiker in Prag) in seinem 1601 erschienenen Werke *Arithmetica analytica vulgo Cosa* mitteilte, kann kaum dem vorigen gleichgestellt werden, da es auf sehr gewagtes Probieren hinausläuft.[1127] Besser ist eine Methode STEVIN's (1548 — 1620 Leiden), die auf wiederholtem Einsetzen beruht, wodurch die Grenzen, zwischen denen sich die gesuchte Wurzel befindet, immer enger gezogen werden können (1585 *L'Arithmetique*).[1128]

Über STEVIN's Verfahren steht wieder ein von VIETA (1595) ersonnenes,[1129] das ebenfalls allgemein anwendbar ist und Ähnlichkeit mit dem reinen Wurzelausziehen hat. Liegt $x^2 + px = q$ vor, so

1124 HANKEL, S. 290—293 (Anm. 40); CANTOR, I^b, S. 736—738. — 1125 LEONARDO PISANO, ed. Boncompagni, II, S. 228 ff. (Anm. 17); vgl. CANTOR, II^b, S. 46—47. — 1126 *Ars magna*, 1545, cap. 30, *De regula aurea*; CARDANO, IV, S. 273—274 (Anm. 844); vgl. CANTOR, II^b, S. 506—507. — 1127 GERHARDT, *Geschichte der Mathematik in Deutschland*, München 1877, S. 83—87. — 1128 *L'Arithmetique*, Buch II, probl. 77 reigle; STEVIN, I, S. 88 (Anm. 88); auch in GIRARD's *Invention nouvelle en l'algèbre*, 1629, Signatur E mit der vorhergehenden und der folgenden Seite (Anm. 13); vgl. CANTOR, II^b, S. 628. — 1129 *De numerosa potestatum purarum atque adfectarum ad exegesin resolutione tractatus* (gedruckt zuerst 1600); VIETA, ed. SCHOOTEN, Leiden 1646, S. 162—228; vgl. CANTOR, II^b, S. 640; HANKEL, S. 369—370.

setzt VIETA $x = x_1 + x_2 + x_3$, wo etwa x_1 ein Hunderter, x_2 ein Zehner, x_3 ein Einer ist, die x_i jedenfalls von fallendem Range sind. Durch Einsetzen und Ordnen der Größe nach wird

$$q = x_1^2 + p \cdot x_1 + (2x_1 + p)x_2 + x_2^2 + \ldots$$

Die fehlenden Glieder enthalten x_3, sind also im Verhältnis zu den vorhergehenden von untergeordneter Größe. x_1 ist, ähnlich wie beim Wurzelziehen, leicht zu erraten; subtrahiert man $x_1^2 + px_1$ von q und dividiert die erhaltene Differenz durch $(2x_1 + p)$, so erhält man x_2 u. s. f.

Sehr fein ist eine Näherungsberechnung, die BÜRGI (1552 — 1632, Kassel, Prag; Mechaniker, Mathematiker und Astronom) etwa gleichzeitig mit VIETA (um 1590) einschlug.[1130] Sein Beispiel, die Gleichung der Neunecksseite

$$1)\ 9 - 30x^2 + 27x^4 - 9x^6 + x^8 = 0,$$

läßt am besten den Gang der Rechnung erkennen. Mittels geometrischer Konstruktion fand BÜRGI zunächst $0{,}68 < x < 0{,}69$. Wird $x_1 = 0{,}68$ in 1) eingesetzt, so erscheint rechts statt 0 der Wert 0,0569; bei $x_2 = 0{,}69$ ebenso $-0{,}0828$. Der Unterschied 0,1397 in dem Werte des linken Ausdruckes entspricht demnach einem Unterschiede von 0,01 für den Wurzelwert x. Dies veranlaßt BÜRGI, die folgende Proportion anzusetzen, wobei der Zuwachs von x_1 mit Δx bezeichnet wird:

$$0{,}1397 : 0{,}0569 = 0{,}01 : \Delta x.$$

Daraus ergiebt sich $\Delta x = 0{,}0040$. Hiermit verbessert er die ersten Werte von x und nimmt nun an

$$x_1 = 0{,}6840, \qquad x_2 = 0{,}6841$$

u. s. f. Die erste Wiederholung des Verfahrens liefert bereits mit recht beträchtlicher Genauigkeit $x = 0{,}68404029$.

Die Auswertungsart von VIETA wurde von vielen Mathematikern übernommen; so von HARRIOT (1631),[1131] DECHALES (1674),[1132] u. a. Sie ist dann durch NEWTON (1669),[1133] der für x eine Reihe $x_1 + x_2 + x_3 + x_4 + \ldots$ berechnet, weitergeführt und unter seinem Namen erst allgemeiner bekannt geworden. NEWTON setzte voraus, daß die erste

1130 RUD. WOLF, Astronomische Mitteilungen, Nr. 31, 1872, S. 55—67; nach CANTOR, II,[b] S. 646. — 1131 *Artis analyticae praxis*, 1631, S. 117—180, *Exegetice numerosa*. — 1132 *Mundus mathematicus*, 1674, nach CANTOR, III[a], S. 15. — 1133 NEWTON, *Analysis per aequationes*, 1669 (1704 zum erstenmal gedruckt), *Commercium epistolicum*, S. 61 ff. (Anm. 513). Überschrift: Exempla per Resolutionem Aequationum.

Annäherung $x = x_1 + \Delta x$ schon so nahe gewählt ist, daß $\Delta x < \frac{1}{10}$, um die in der Rechnung auftretenden höheren Potenzen vernachlässigen zu können. Durch Einsetzen in die vorgelegte Gleichung beliebigen Grades erhält man eine lineare Gleichung für Δx, das daraus bestimmt werden kann. Mit dem Werte $x_2 = x_1 + \Delta x$ wird die Operation wiederholt; durch fortgesetztes Verfahren kann allmählich die Genauigkeit bis zu jedem gewünschten Grade getrieben werden.

Die NEWTON'sche Approximationsmethode hat den Nachteil, einmal nicht den Grad der Annäherung erkennen zu lassen, dann aber noch eines besonderen Konvergenzbeweises für die erhaltene Reihe zu bedürfen. Diese Fehler vermeidet von vornherein das LAGRANGE'sche Verfahren mit Kettenbrüchen (1767).[1134] Ist näherungsweise irgend ein Wurzelwert $x = p$ bekannt — und LAGRANGE schickt ein besonderes Verfahren zur Auffindung eines solchen voraus —, so setzt LAGRANGE

$$x = p + \frac{1}{y}.$$

Durch diese Substitution ergiebt sich eine Gleichung für y, für die $y = q$ ein ganzzahliger Näherungswert sei. Nun setzt er von neuem

$$y = q + \frac{1}{z}$$

u. s. f. Für die abgeleiteten Gleichungen in y, z u. s. w. berechnet LAGRANGE die nötigen Koëffizientenformeln. Ein Nachtrag[1135] lehrt Regeln zur Bestimmung imaginärer Wurzeln. —

Zu erwähnen ist ferner noch eine von den vorstehenden ganz unabhängige Methode, die DANIEL BERNOULLI (1728) unter Benutzung rekurrenter Reihen vorschlägt.[1136] EULER würdigt sie in seiner *Introductio* von 1748 (cap. 18) einer eingehenden Darstellung unter Hinzufügung der durch BERNOULLI nicht gegebenen Herleitung und einer Untersuchung über den Grad ihrer Verwendbarkeit.

6. Die Gleichungen vierten Grades.

Eng verbunden mit der Lösung der kubischen Gleichungen ist theoretisch wie historisch die der biquadratischen. Wir finden bei den *Griechen*, selbst bei DIOPHANT keine Aufgabe, die auf eine Gleichung vierten Grades hinauskommt.[1137] Die späteren *indischen*

1134 Mém. de Berlin, Bd. 23, 1767 (gedr. 1769), *Sur la résolution des équations numériques*, S. 311 ff. — 1135 Mém. de Berlin, Bd. 24, 1768 (gedr. 1770), *Additions au mémoire sur l. r. . . .*, S. 111 ff. — 1136 Comment. Petrop., Bd. 3, ad annum 1728 (gedr. 1732), S. 85—100. — 1137 Nach R. BALTZER soll bereits ARCHIMEDES die Lösung einer Konstruktionsaufgabe besessen haben, der eine Gleichung IV. Grades zu Grunde liegt, vgl. PAPPUS, ed. HULTSCH, Bd. III, Berlin 1878, S. 1231.

Mathematiker (Bhaskara, geb. 1114) haben gelegentlich auch Gleichungen von höherem als dem zweiten Grad, darunter auch eine biquadratische,[1081] sich vorgenommen; diese sind aber immer spezielle und auf niedere Form zurückzuführen oder mit irgend einem besonderen Kunstgriff zu lösen.

Den *Arabern* kommt das Verdienst zu, die kubischen Probleme der Griechen und ähnliche Aufgaben in algebraische Form umgesetzt zu haben, indem sie die geometrischen Beziehungen in solche zwischen den verschiedenen Potenzen einer Unbekannten verwandelten. So weit sie jedoch auch in der Behandlung der Gleichungen dritten Grades kamen, so wenig war ihr Eifer bei den Gleichungen vierten Grades von Erfolg gekrönt.

Von Abul Wafa (940—998, Astronom in Bagdad) wird überliefert,[1138] daß er eine Abhandlung: *Methode, die Seite des Kubus und des Biquadrates, sowie des aus diesen Potenzen zusammengesetzten Ausdruckes zu finden* geschrieben habe; mehr als der Titel ist uns aber nicht bekannt. Ob darin wirklich neben den reinen Gleichungen $x^3 = a$ und $x^4 = a$ auch noch die Form $x^4 + ax^3 = b$, was in dem Titel liegen würde, erfolgreich behandelt war, erscheint eigentlich recht zweifelhaft, da selbst Omar Alchaijami († 1123), dem bei den Gleichungen dritten Grades die Aufstellung einer systematischen Lösung gelang, biquadratische Gleichungen sowohl geometrisch wie algebraisch durchaus für unlösbar hielt.[1139] Wir kennen nur eine Aufgabe biquadratischer Natur, deren Lösung die Araber wirklich geleistet haben.[1140] Der von dem Überlieferer nicht genannte Verfasser will ein Paralleltrapez mit drei gleichen Seiten aus dieser Seite und dem Flächeninhalt konstruieren. Die sich ergebende Gleichung

$$(100 - x^2) \cdot (10 - x)^2 = 8100$$

oder

$$x^4 + 2000x = 20x^3 + 1900$$

wird mit Hilfe einer Hyperbel und eines Kreises durchgeführt.

Bis über das fünfzehnte Jahrhundert hinaus erstreckt sich die Zeit des rastlosen Versuchens, wie man die sich entgegenstellenden Schwierigkeiten überwinden könnte. Wir verweisen für diese Zeit auf

[1138] Woepcke, *Rech. sur l'histoire de Scienc. Math. chez les orientaux*, Paris 1855, S. 36, Nr. 8 u. Anm. 2 (Extrait Nr. 2 de l'année 1855 du journal Asiatique). — [1139] Woepcke, *L'algèbre* d'Omar Alkayami, S. 79, § 46 Anfang (Anm. 1082). — [1140] Daselbst S. 115—116; ferner Liouville's Journal 1863, II. Folge, Bd. 8, S. 57—70, bes. S. 65 ff.

die Geschichte der kubischen Gleichungen. Erst nach der Lösung dieser gelingt es, auch des höheren Problemes Meister zu werden.

Der hochbegabte Schüler CARDANO's, LUIGI FERRARI (1522—1565; Bologna, Mailand), ist nach CARDANO's eigener Aussage der glückliche Entdecker einer Lösung der biquadratischen Gleichung. FERRARI kann, als ihm der große Wurf gelang, noch nicht 23 Jahre alt gewesen sein; denn das Manuskript der *Ars magna* (1545), in der CARDANO der Mitwelt die Entdeckung seines Schülers bekannt macht,[1141] kam schon 1544 nach Nürnberg zum Druck, wo es der deutsche Mathematiker MICHAEL STIFEL eingesehen hatte (vgl. S. 277).

Die Methode FERRARI's besteht darin, daß er die Gleichung

$$x^4 + n x^2 + p x + q = 0,$$

in der das leicht zu entfernende kubische Glied bereits fehlt, so gruppiert, daß beide Seiten, um eine gewisse gleiche Größe ergänzt, zum Quadrat werden. Die spezielle Aufgabe

$$1)\quad x^4 + 6x^2 + 36 = 60x$$

wird in die Form gebracht:

$$2)\quad x^4 = 60x - 6x - 36.$$

Addiert man auf beiden Seiten $2zx^2 + z^2$

$$3)\quad x^4 + 2x^2 z + z^2 = x^2(2z - 6) + 60x + (z^2 - 36),$$

so ist die linke Seite für jedes z ein Quadrat, die rechte Seite nur, wenn

$$4)\quad 2\sqrt{(2z - 6)(z^2 - 36)} = 60.$$

Diese Bedingung für z ergiebt eine kubische Gleichung

$$5)\quad z^3 - 3z^2 - 36z - 342 = 0,$$

deren Lösung nach den kurz vorher erfolgten Entdeckungen vorgenommen werden konnte. Ist z demgemäß bestimmt, so läßt sich 3) durch Quadratwurzelausziehen in eine quadratische Gleichung verwandeln, aus der endlich x entnommen werden kann.

Diese sinnreiche Methode war bis zu DESCARTES' Zeiten die einzige, nach der die Mathematiker verfuhren. DESCARTES (1596 — 1650; Frankreich, Holland, Schweden) faßte das Problem in

1141 *Ars magna*, cap. XXXIX, Regula II: „*Alia est regula nobilior praecedente, et est Ludouici de Ferrariis, qui eam me rogante invenit.* . . ."; vgl. K. HUNRATH, *die Ferrari-Cardanische Auflösung der reduzierten Gleichung IV. Grades*, Ztschr. f. Math. u. Phys., Bd. 30, Leipzig 1885, S. 41—51.

anderer Weise an (*Géométrie* 1637).[1142] Er suchte die Form vom vierten Grade in zwei quadratische Faktoren zu zerlegen, deren jeder, gleich Null gesetzt, eine quadratische Gleichung liefert. Er scheint dabei rückwärts aus der Multiplikation von etwa

$$1)\quad x^2 + fx + g = 0$$

mit

$$2)\quad x^2 + hx + k = 0$$

und durch nunmehrige Koëffizientenvergleichung mit der vorgelegten Gleichung, die er in der Form

$$3)\quad x^4 + nx^2 + px + q = 0$$

annimmt, auf seine quadratische Gleichung

$$4)\quad x^2 + fx + \frac{f^2}{2} + \frac{n}{2} - \frac{p}{2f} = 0$$

gekommen zu sein. Hierin ist f noch durch eine Gleichung sechsten Grades

$$5)\quad f^6 + 2nf^4 + (n^2 - 4q)f^2 - p^2 = 0,$$

die auf eine kubische reduziert werden kann, zu bestimmen. In der Erläuterung, die Florimonde de Beaune in der Schooten'schen Ausgabe der kartesischen *Géométrie* (1659) zufügt,[1143] ist dieser Gedankengang wirklich ausgeführt, indem unmittelbar

$$x^4 + nx^2 + px + q = (x^2 + fx + g) \cdot (x^2 - fx + h)$$

gesetzt wird und durch Koëffizientenvergleichung die Descartes'schen Gleichungen 4) und 5) als richtig nachgewiesen werden.

Als **dritte Methode** ist die zu nennen, die Tschirnhausen[1144] (1651 bei Görlitz — 1708; Paris, Sachsen) einschlug. Ihre Verwendung für kubische Gleichungen lernten wir früher (S. 279) kennen. Durch Einführung einer neuen Unbekannten y mittels

$$1)\quad y = x^2 + vx + w$$

wird das x aus

$$2)\quad x^4 + mx^3 + ny^2 + px + q = 0$$

eliminiert und nun für die neue biquadratische Gleichung in y die Bestimmung der v und w so vorgenommen, daß das kubische und lineare Glied fortfällt. Diese Spezialisierung der v und w wird durch eine kubische Gleichung geleistet.

1142 Oeuvres de Descartes, ed. Cousin, Bd. V, Paris 1824, *Géométrie*, S. 402 ff. — 1143 III. Aufl., Amstelodami 1683, Teil I, S. 137 f.; vgl. Cantor, II^b, S. 799—800. — 1144 *Acta Eruditorum*, Leipzig 1683, S. 204—207.

Auch die übrigen, früher aufgezählten Methoden sind auf Gleichungen vierten Grades übertragen worden.

Euler (1732)[1145] setzt in die biquadratische Gleichung

$$1)\quad x^4 = a x^2 + b x + c$$

die Summe

$$2)\quad x = \sqrt{A} + \sqrt{B} + \sqrt{C}$$

ein. Die Größen A, B, C sollen Wurzeln der Hilfsgleichung

$$3)\quad z^3 = \alpha z^2 + \beta z + \gamma$$

werden, also

$$\alpha = A + B + C,\ \beta = A \cdot B + B \cdot C + A \cdot C,\ \gamma = A \cdot B \cdot C.$$

Einsetzung in 2) und 1) und Vergleichung mit 3) läßt die α, β, γ bestimmen, und 3) ergiebt sich dadurch als

$$4)\quad z^3 = \frac{a}{2} z^2 - \frac{4c + a^2}{16} z - \frac{b^2}{64}.$$

Diese Resolvente liefert als Wurzeln A, B, C. Die vier möglichen Werte von x sind alsdann

$$x_1 = \sqrt{A} + \sqrt{B} + \sqrt{C}$$
$$x_2 = \sqrt{A} - \sqrt{B} - \sqrt{C}$$
$$x_3 = \sqrt{B} - \sqrt{C} - \sqrt{A}$$
$$x_4 = \sqrt{C} - \sqrt{A} - \sqrt{B}\ .$$

Auch aus der Substitution

$$x = \sqrt[4]{A} + \sqrt[4]{B} + \sqrt[4]{C}$$

leitet Euler für A, B, C eine kubische Gleichung ab.[1146]

Die Euler[1147]-Bézout'sche[1148] Methode hat als Endziel, die Gleichung

$$1)\quad x^4 + m x^3 + n x^2 + p x + q = o$$

durch die Substitution

$$2)\quad x = a + b y + c y^2 + d y^3$$

in

$$3)\quad y^4 + h = o$$

1145 Comm. Petrop. ad annos 1732/33 (gedr. 1738), Bd. VI, S. 218—219. — **1146** Daselbst S. 219—220. — **1147** Nov. comment. Petrop. ad annos 1762/63, Bd. 9 (gedr. 1764), S. 70—98. — **1148** Hist. de l'Acad. d. Paris 1765 (gedr. 1768), Mém. S. 538: „*Mém. sur la résolution générale des équations de tous les degrés*"; vgl. auch Hist. de l'Acad. d. Paris 1762 (gedr. 1764), Mém. S. 17—52: *Mém. sur plusieurs classes d'équations de tous les degrés, qui admettent une résolution algébrique.*

überzuführen. Vier von den fünf Hilfsgrößen a, b, c, d, h sind zu bestimmen; eine ist beliebig. EULER wählt sofort $c=1$ und findet für h eine Gleichung dritten Grades. BÉZOUT nimmt $h=-1$ und stellt für c eine Gleichung sechsten Grades auf, in der aber die ungeraden Potenzen von x fehlen.

Bei anderer Gelegenheit[1149] eliminiert BÉZOUT in ähnlicher Weise z aus

$$2^a)\quad x^2+(f+gz)x+h+kz=v$$

und

$$3^a)\quad z^2+D=0$$

und kombiniert die erhaltene Gleichung mit 1); die Koëffizientenbestimmung führt auf kubische Gleichungen.

LAGRANGE (1770)[1150] untersucht Funktionen der vier Wurzeln x_0, x_1, x_2, x_3 auf ihre Wertveränderung hin bei Vornahme aller möglichen Permutationen dieser Wurzeln unter einander; er findet eine Funktion

$$y=x_0\cdot x_2+x_1\cdot x_3,$$

die trotz aller Vertauschungen nur drei Werte y annimmt und daher in Abhängigkeit von einer Gleichung dritten Grades gebracht werden kann. Aus den drei Lösungen der Gleichung in y sind die x zu bestimmen. Eine zweite Funktion

$$t=x_0-x_1+x_2-x_3$$

nimmt zwar im Ganzen sechs verschiedene Werte t an, muß also einer Gleichung sechsten Grades genügen; doch enthält diese nur gerade Potenzen der Unbekannten, so daß auch sie lösbar wird. Die sechs Wurzeln $t_1 \ldots t_6$ führen zu den gesuchten Wurzeln $x_0 \ldots x_3$.

7. Die Gleichungen von höherem als dem vierten Grade.

Als es geglückt war, die Gleichungen dritten und vierten Grades zu lösen, begann das Interesse für Gleichungen noch höheren Grades sich zu steigern. Die bedeutendsten Mathematiker des siebzehnten und achtzehnten Jahrhunderts versuchten an der nicht unüberwindlich erscheinenden Aufgabe ihre Kräfte; man ahnte nicht, welch unübersteigliche Kluft sich zwischen den Gleichungen vierten und fünften Grades befand. Wie bei dem älteren, ähnlich heiß umworbenen

1149 Hist. de l'Acad. de Paris 1765 (gedr. 1768), S. 548. — 1150 Nouv. Mém. de l'acad. de Berlin 1770 (gedr. 1772), S. 134—215 (bes. S. 180, 183); LAGRANGE's Werke, ed. SERRET, Bd. III, Paris 1869, Nr. XIII, sect. II, S. 254 ff.

Problem der Kreisquadratur brachte erst das neunzehnte Jahrhundert die Aufklärung. Alle Bemühungen mußten ohne Erfolg sein, da der negative Beweis gelang, daß mit den angewandten Hilfsmitteln eine Lösung unmöglich ist.

Eine besondere Rolle in dem aussichtslosen Kampfe spielen die Namen TSCHIRNHAUSEN, EULER, LAGRANGE.

TSCHIRNHAUSEN's (1651 bei Görlitz — 1708; Paris, Sachsen) Methode, die wir bei kubischen und biquadratischen Gleichungen sich bewähren sahen, bestand darin, durch Substitutionen solche Glieder der Gleichung fortzuschaffen, die einer Reduktion auf einen niederen Grad hinderlich sind. So glückte bei der kubischen Gleichung die Entfernung der ersten und zweiten Potenz der Unbekannten, bei Gleichungen vierten Grades die der ersten und dritten Potenz. In der Abhandlung aus den *Acta Eruditorum* von 1683[1144] führte TSCHIRNHAUSEN die Gleichungen fünften und sechsten Grades auf solche zurück, denen das zweit- und dritthöchste Glied fehlt. Diese Abhandlung und sein Briefwechsel mit LEIBNIZ zeigen deutlich, daß er die Hoffnung hatte, das Fortschaffen der mittleren Glieder noch weiter treiben zu können. Der sich ihm bei der rechnerischen Durchführung entgegenstellenden Schwierigkeiten konnte er natürlich nicht Herr werden. Aus den Antworten, die LEIBNIZ an TSCHIRNHAUSEN zurücksandte, ersehen wir, daß auch LEIBNIZ ähnliche Bahnen beschritten hatte,[1151] ja daß er schon eine Ahnung von der Unmöglichkeit des Vorhabens besaß. „Deine Methode, die mittleren Glieder einer Gleichung wegzuschaffen" — so schreibt er gelegentlich an TSCHIRNHAUSEN — „wird meiner Überzeugung nach bei Gleichungen höheren Grades nicht von Erfolg sein können, höchstens in speziellen Fällen. Ich glaube hierfür einen Beweis zu haben."[1152]

LEIBNIZ' Warnung kam nicht in die Öffentlichkeit. Und auch durch sie hätten sich die Mathematiker der nächsten Zeit nicht zurückhalten lassen, so lange nicht ein überzeugender Gegenbeweis vorlag. Man erkannte wohl, daß die Rechnungen ins Riesenhafte wuchsen, hoffte aber immer, daß die auftretenden Hilfsgleichungen, wenn sie auch im Grad bedeutend höher waren, als die betrachtete Gleichung selbst, sich doch auf irgend einem Wege, der nur durch die Übersichtslosigkeit der außerordentlich großen Rechnungen ver-

1151 LEIBNIZ, Werke, ed. GERHARDT, 3. Folge, Bd. IV, Halle 1859, S. 482. — 1152 Daselbst S. 478, Z. 3 v. u. — S. 479, Z. 3: „... *tuam methodum radices aequationum inveniendi ... auferendo terminos intermedios ... non puto succedere posse in altioribus, nisi quoad casus speciales. Ejusque rei videor mihi habere demonstrationem.*"

steckt liege, auf niedrigere Gleichungsformen zurückgeführt werden könnten.

Auch EULER, der größte Analytiker seiner Zeit, nahm das schwebende Problem in diesem Sinne[1153] in Angriff; er traute seiner Methode, die ihn für den Fall $n = 3$ und $n = 4$ nicht im Stich gelassen hatte, mehr zu, als sie leisten konnte. Durch die Substitution

$$x = \sqrt[n]{z_1} + \sqrt[n]{z_2} + \sqrt[n]{z_3} + \ldots + \sqrt[n]{z_{n-1}}$$

dachte er für die Gleichung

$$x^n + b x^{n-2} + c x^{n-3} + \ldots = 0$$

eine Resolvente $(n-1)^{\text{ten}}$ Grades

$$z^{n-1} = \alpha z^{n-2} - \beta z^{n-3} + \gamma z^{n-2} - \ldots$$

erhalten zu können, deren $n - 1$ Wurzeln die $z_1, z_2, z_3 \ldots$ sein sollten. Als ihm dies mißlang, setzte er seine Hoffnung auf die Substitution

$$x = y\sqrt[n]{v} + z\sqrt[n]{v^2} + u\sqrt[n]{v^3} + \ldots + w\sqrt[n]{v^{n-1}}.$$ [1154]

Seine so oft zu bewundernde rechnerische Gewandtheit brachte ihn dem Ziele nicht näher.

Ebenso wenig Erfolg konnte LAGRANGE haben,[1155] dessen Arbeiten bei den Gleichungen dritten und vierten Grades doch auch nur in der Absicht unternommen waren, um Verallgemeinerungen für höhere Grade vorzubereiten. Nach LAGRANGE führt die TSCHIRNHAUSEN'sche und die EULER'sche Methode bei $n = 5$ auf eine Hilfsgleichung 24. Grades, die BÉZOUT'sche Methode sogar auf eine solche vom 120. Grad, die indes in den Potenzen von x nur durch 5 teilbare Exponenten aufweist. Seine allgemeinen Untersuchungen hellen auch das Dunkel der verwirrend umfangreichen Rechnungen nicht auf.

Erst 50 Jahre später kam Klarheit. Was LEIBNIZ ahnte, was GAUSS in seiner Dissertation von 1799 andeutete, daß die Auflösung einer Gleichung von höherem als dem vierten Grade auf algebraischem Wege überhaupt unmöglich sei, das wurde 1824 durch den

1153 Comment. Petrop. ad annos 1732/33, Bd. VI, *De formis radicum* etc., § 8, S. 220—221; vgl. den Anfang v. § 9: „*Quamquam autem, si aequatio proposita plures quam quatuor habet dimensiones, aequationem resolventem definire adhuc non possum: tamen praesto sunt nonnullius momenti argumenta, quibus ista mea conjectura confirmatur*"; vgl. auch Hist. de l'Acad. de Berlin 1749, Bd. V (gedr. 1751), S. 263—264. — 1154 Novi comment. Petrop., Bd. IX ad annos 1762—63 (gedr. 1764), S. 70—98. — 1155 Nouv. Mém. d. Berlin 1771 (gedr. 1773), S. 139.

jungen Norweger ABEL (1802—1829) in einem strengen, unanfechtbaren Beweise dargelegt.[1156]

Die Unauflösbarkeit bezieht sich indes nur auf die ausschließliche Benutzung von Wurzelgrößen. Läßt man höhere Irrationalitäten zu, so können Auflösungen angegeben werden. Für die allgemeine Gleichung fünften Grades hat HERMITE (geb. 1822; Paris) die Lösung mittelst elliptischer Funktionen zum erstenmal (1858) vollzogen;[1157] nach ihm gaben KRONECKER[1158] u. a. weitere Methoden. Die in neuester Zeit definierten und untersuchten FUCHS'schen Funktionen erledigen dasselbe Problem für eine beliebig hohe algebraische Gleichung.

Hatten auch die angestrengten Bemühungen der Mathematiker vor ABEL nicht den gewünschten Verlauf genommen, so stellten sich doch nebenbei andere Beobachtungen und Resultate ein, die für den Ausbau einer Theorie der Gleichungen von wesentlicher Bedeutung sind.

So bemerkt DESCARTES (1637), daß, wenn eine Gleichung die Wurzel x_1 besitzt, ihre auf Null gebrachte Form durch $x - x_1$ teilbar ist,[1159] und daß die Konstante stets den Wurzelwert als Faktor haben müsse,[1160] — so zeigt HUDDE in einem Brief (Juli 1657) an VAN SCHOOTEN, daß eine Gleichung auf einen niederen Grad gebracht werden kann, wenn unter einigen ihrer Wurzeln eine Beziehung besteht, wie z. B., wenn die Summe oder das Produkt je zweier oder dreier gleich Null oder gleich einer Konstanten ist, oder wenn einige Wurzeln einander gleich sind.[1161] Zu den speziellen Gleichungsgruppen höherer Grade, bei denen eine Auflösung gelang, gehören die reziproken Gleichungen MOIVRE's (vgl. S. 265—266), ferner die Kresiteilungsgleichungen, für die GAUSS (1801) in seinen *Disquisitiones arithmeticae*[1162] eine abschließende Theorie gab. Allgemeine Untersuchungen über algebraisch auflösbare höhere Glei-

1156 CRELLE's Journal, Bd. I, Berlin 1826, S. 65—84: *Démonstration de l'impossibilité de la résolution algébrique des équations générales qui passent le quatrième degré*; Oeuvres, Bd. I, Christiania 1881, S. 66—87. — 1157 HERMITE, Compt. rend., 1858, Bd. 46: *Sur la résolution de l'équation du cinquième degré*, S. 508—515, 715—722. — 1158 KRONECKER, CRELLE's Journal, Bd. 59, Berl. 1861, S. 306—310: *Über die Gleichung 5. Grades*; Berliner Akademieberichte 1861 (gedr. 1862), S. 609 ff.; vgl. F. KLEIN, *Vorlesungen über das Ikosaëder und die Auflösung der Gleichungen vom 5. Grade*, Leipzig 1884, Abschnitt II, S. 137 ff. — 1159 DESCARTES' Oeuvres, ed. COUSIN, Paris 1824, V, 389. — 1160 DESCARTES' Oeuvres, ed. COUSIN, Paris 1824, V. 390 und 399. — 1161 Der Brief ist mitgeteilt in der SCHOOTEN'schen Descartesausgabe v. 1659; so 3. Aufl., Amstelodami 1683, Teil I, S. 407—506. — 1162 *Disquisitiones arithmeticae*, Leipzig 1801, Abschnitt VII; GAUSS' Werke, Bd. I, Göttingen 1870, S. 412 ff. und *Disquisitionum circa aequationes puras ulterior evolutio* (etwa 1808) aus dem Nachlaß von GAUSS; GAUSS' Werke, Bd. II, Göttingen 1876, S. 243 ff.

chungen stellte Abel[1163] an. Kronecker führte für solche Gruppen den Namen „Abel'sche Gleichungen" ein. Sehr wichtig sind die Resultate, die Galois (1811—1832 Paris) über dieses Thema erhielt;[1164] er stellte als hinreichende und notwendige Bedingung für die algebraische Auflösbarkeit auf, daß sämtliche Wurzeln der betrachteten Gleichung, vorausgesetzt, daß der Grad der Gleichung eine Primzahl ist, sich durch zwei unter ihnen rational ausdrücken lassen. Die Untersuchung, welche Formen diese Bedingung wirklich erfüllen, ist noch nicht erledigt.

Was die Anzahl der Wurzeln einer Gleichung betrifft, so spricht Girard (1590?—1632, Leiden) in seiner *Invention nouvelle en l'algèbre* von 1629 zuerst allgemein aus, daß jede Gleichung n^{ten} Grades n Wurzeln besitze,[1165] und behauptet, daß die imaginären Wurzeln, denen er an sich keine Berechtigung zuteilt, nur deshalb da seien, um solche Sätze in ihrer vollen Allgemeinheit aussprechen zu können.[668] Descartes (1637 *Géométrie*) drückte sich sehr vorsichtig aus: eine Gleichung könne so viel Wurzeln haben, wie ihr Grad anzeigt; häufig seien einige dieser Wurzeln falsch oder kleiner als Null.[1166] Anders faßt Newton diesen Fundamentalsatz der Algebra in seinen Vorlesungen (um 1685): eine Gleichung kann soviel Wurzeln haben, wie ihre Dimension angiebt, aber nicht mehr.[1167] Dieser Fassung folgte auch Maclaurin (1698—1746, Aberdeen, Winburgh) in seiner *Algebra* (1748, nachgelassenes Werk).[1168] Bei Euler erschien endlich in einem Brief vom 15. Dezember 1742 die genaue Form: jeder algebraische Ausdruck könne in Faktoren ersten und zweiten Grades mit reellen Koëffizienten zerfällt werden.[1169] Ein Beweis war ihm nach seiner eigenen Angabe damals nicht in völliger

1163 Crelle's Journal, Bd. 4, Berl. 1829, S. 131—156: *Mém. sur une classe particulière d'équations résolubles algébriquement*; Abel, Oeuvres, Bd. I, Christiania 1881, Nr. XXV, S. 478—507. — 1164 Liouville's Journal, Bd. XI, Paris 1846, S. 417 ff.: *Sur les conditions de résolubilité des équations par radicaux*; vgl. die *Abhandlungen über die algebraische Auflösung der Gleichungen von N. H. Abel und E. Galois*, deutsch v. Maser, Berlin 1889. — 1165 Girard, *Invention* (Anm. 13), zwei Seiten nach der Signatur E_3, II Theorem: „*Toutes les equations d'algebre reçoivent autant de solutions, que la denomination de la plus haute quantité le demonstre.*" — 1166 Vgl. Anm. 997 und Descartes, ed. Cousin, V, S. 389: „*... mais souvent il arrive que quelques unes de ces racines sont fausses ou moindres que rien ...*" — 1167 Newton's *Arithmetica universalis* S. 237 (Anm. 676): „*Potest vero aequatio tot habere radices quot sunt dimensiones ejus — et non plures*". — 1168 *A Treatise of Algebra*, Part. II, chap. I, § 5, S. 135: „*No Equation can have more Roots than it contains Dimensions of the unknown Quantity*". — 1169 Correspondance Mathématique, ed. Fuss, Petersb. 1843, Bd. I, S. 171, Z. 6 ff.: „*Omnem expressionem algebraicam* $\alpha + \beta x + \gamma x^2 +$

Strenge geglückt. Auch D'ALEMBERT (1717—1783, Paris) nahm diese Untersuchungen auf; ihm verdankt man (1746) einen ersten Beweis.[1170] 1749 folgte ein zweiter von EULER;[1171] einen dritten gab 1772 LAGRANGE.[1172] Sämtliche drei Beweise griff GAUSS in seiner Dissertation von 1799[1173] an und deckte Ungenauigkeiten in verschiedenen Schlüssen auf; an ihre Stelle setzte er einen neuen, einwandfreien, der nunmehr das Problem endgültig erledigte. Noch dreimal 1815, 1816, 1849 kam GAUSS auf dasselbe Thema zurück und stellte weitere Beweise auf.[1174] Auch aus der Folgezeit könnte noch eine größere Anzahl von Beweisen anderer Mathematiker, die von den verschiedensten Grundlagen ausgehen, aufgezählt werden.

Wie bei der Anzahl der Wurzeln, so gebührt GIRARD (1629) das Vorrecht auch in der allgemeinen Aufstellung des Zusammenhanges der Wurzeln einer Gleichung mit den Koëffizienten derselben.[1175] CARDANO hatte diese Beziehung (1545) nur für Gleichungen dritten Grades erkannt,[1098] VIETA (1591) auch für höhere Gleichungen,[1176] der letzte freilich immer mit dem Vorbehalt nur positiver Wurzeln, die er allein anerkannte. GIRARD, der die Summe der Wurzeln *première faction*, die Summe ihrer Produkte zu je zweien *deuxième faction* u. s. w. nannte,[1177] hielt seinen Satz selbst bei Auftreten gleicher oder imaginärer Wurzeln aufrecht; ja er

---

$\delta x^3 + \varepsilon x^4 +$ etc. vel in factores reales simplices $p + qx$, vel saltem in factores reales quadratos $p + qx + rx^2$ rosolvi posse." EULER fügt hinzu: „*ein Satz, den ich ungefähr wie einige theoremata Fermatiana, aber nicht summo rigore demonstrieren kann.*" — [1170] Hist. de l'Acad. de Berlin 1746, Bd. II (gedr. 1748), S. 189—191. — [1171] Hist. de l'Acad. de Berlin 1749, Bd. V (gedr. 1751) S. 232—235. — [1172] Nouv. Mém. de l'Acad. de Berlin 1772 (gedr. 1774), S. 222 ff.; LAGRANGE's Werke, ed. SERRET, Bd. IV, Paris 1869, S. 479 ff. — [1173] Helmstädt 1799: *Demonstratio nova theorematis omnem functionem algebraicam rationalem integram unius variabilis in factores reales primi vel secundi ordinis resolvi posse;* GAUSS, Werke, Bd. III, Göttingen 1876, S. 1—30. — [1174] GAUSS, Werke, Bd. III, S. 31—102. — [1175] GIRARD, *Invention* (Anm. 13), Signatur E_2 verso, XI. Definition. — [1176] Siehe Anm. 1052. VIETA zeigt die Zusammensetzung der Koëffizienten bis zu Gleichungen vom 5. Grade. Für $n = 3$ drückt er sich aus: „*Si A cubus $\overline{-B-D-G}$ in A quadr. $\overline{+B \text{ in } D + B \text{ in } G + D \text{ in } G}$ in A aequetur B in D in G: A explicabilis est de qualibet illarum trium B D vel G*", d. i. wenn $A^3 + (-B-D-G)A^2 + (B \cdot D + B \cdot G + D \cdot G)A = BDG$ (modern: $x^3 + (-x_1 - x_2 - x_3)x^2 + (x_1 x_2 + x_1 x_3 + x_2 x_3)x = x_1 \cdot x_2 \cdot x_3$), so ist A (d. i. x) durch eine beliebige der Größen B, D, G (d. i. x_1, x_2, x_3) ausdrückbar. — [1177] Vgl. Anm. 1175, zwei Seiten später: II Theoreme: „*La premiere faction des solutions est esgale au nombre du premir meslé, la seconde faction des mesmes est esgale au nombre du deuxiesme meslé; la troisiesme au troisiesme et toujours ainsi; tellement que la derniere faction est esgale à la fermeture, et ce selon les signes qui se peuvent remarquer en l'ordre alternatif.*"

ging noch weiter und berechnete zum erstenmal die Potenzsummen der Wurzeln $\sum_i x_i^k$ für $k = 1$ bis $k = 4$ aus den Gleichungskoëffizienten.[1178]

Newton (1685, 1707), *Arithmetica universalis*, überschreitet $k = 4$;[1179] ein allgemeines Bildungsgesetz für beliebig hohe Potenzsummen stellte aber erst Maclaurin (1748 *Algebra*) auf.[1180] In den *Opuscula varii argumenti* 1750 fügte Euler für dieses zwei weitere Ableitungen hinzu.[1181]

Eine gewisse Vorahnung der Beziehung der Zeichenwechsel und Zeichenfolgen in einer Gleichung zu dem Auftreten positiver und negativer Wurzeln scheint Cardano gehabt zu haben (vgl. S. 277). Ausgesprochen ist diese Zeichenregel erst durch Descartes (1637 *Géométrie*).[1182] Wiederum vorsichtig in der Fassung, drückte er sich so aus, daß die Anzahl der positiven Wurzeln gleich der der Zeichenwechsel sein könne und ebenso die Anzahl der negativen Wurzeln der der Zeichenfolgen, da er wohl wußte, daß auch komplexe Wurzeln mit ins Spiel kommen könnten. Die nötige Ergänzung suchte Newton (1685, 1707) zu geben,[1183] indem er Vorschriften lehrte, die Anzahl der imaginären Wurzeln abzulesen. Einen Beweis der Descartes'schen Zeichenregel führte 1741 de Gua (etwa 1712—1785, Theologe und Mathematiker, Pariser Akademie),[1184] dann Kästner (1719—1800 Göttingen),[1185] der sich auf zwei frühere, uns unbekannte Beweise von Segner (1725) und Stübner (1730) beruft. Bemerkenswert ist der durch die *Algebra* von Wallis verschuldete, weit verbreitete Irrtum, daß die Zeichenregel von Harriot herrühre. Einen völlig einwandsfreien Beweis erbrachte auch hier erst wieder Gauss (1828).[1186]

Die bekannte Regel über das Auftreten gleicher Wurzeln hat Hudde (1628—1704, Bürgermeister von Amsterdam) in dem öfter erwähnten Brief an van Schooten (1657) gegeben.[1187] Mit Beweis wiederholt er sie in einem anderen Briefe von 1658.[1188]

[1178] (Anm. 1175), Signatur F_2. — [1179] Abschnitt *De transmutationibus aequationum*, S. 251—252 (Anm. 676). — [1180] Part. II, ch. 2, § 13—16, S. 141—143 (Anm. 1168). — [1181] Opuscula, Bd. II, S. 108—120. — [1182] Oeuvres de Descartes, ed. Cousin, Bd. V, Paris 1824, *Géométrie*, S. 390: „*On connoît aussi de ceci combien il peut y avoir de vraies racines et combien de fausses en chaque équation: à savoir il y en peut avoir autant de vraies que les signes + et – s'y trouvent de fois être changés, et autant de fausses qu'il s'y trouve de fois deux signes + ou deux signes –, qui s'entre-suivent.*" — [1183] *Arithm. universalis*, S. 241 ff. (Anm. 676). — [1184] Hist. de l'Acad. des sciences de Paris 1741, Mém., S. 72—96. — [1185] 1745. *Demonstratio theorematis Harrioti;* nach Cantor, III², S. 562. — [1186] Crelle's Journal, Bd. 3, Berlin 1828, S. 1—4; Gauss, Werke, Bd. III, Göttingen 1876, S. 65 ff. — [1187] *Cartesii Geometria*, editio III p. Schooten, Amstelodami 1683 (erste Ausg. 1659), Teil I, S. 433 ff., regula X. — [1188] Daselbst S. 507—509, theorema.

8. Die unbestimmten Gleichungen.

Den Höhepunkt in der Theorie der Gleichungen niederen Grades bildet die Analytik des Unbestimmten. Reich an Methoden, tief an Problemen, die mit den schwierigsten Kapiteln der Zahlentheorie im engsten Zusammenhang stehen, hat sie eine ebenso interessante Vorgeschichte, deren Dunkel noch der Aufklärung harrt.

Griechenland, Indien und — China erscheinen als Zentren ihrer Entwicklung.

Griechenland steht scheinbar an der Spitze. Wir verdanken einem griechischen Mathematiker, Diophantus von Alexandria (drittes bis viertes Jahrhundert n. Chr.), die älteste uns überkommene Bearbeitung. Ihn lernten wir als den ersten griechischen Algebraiker überhaupt kennen; jedoch vermochten wir zwischen den Errungenschaften der älteren, äußerlich rein geometrischen Mathematik der Griechen und seiner Algebra eine Brücke zu schlagen und durch Nachweisen einer allmählichen, im Hintergrunde vor sich gehenden Bildung das plötzliche glänzende Auftreten verständlich zu machen (vgl. S. 177—180, 252 bis 256). Daß hierbei aber auch fremder Einfluß eine Rolle gespielt haben muß, das sieht man aus dem gleichzeitigen Erscheinen unbestimmter Gleichungen, für deren Behandlung keine Bindeglieder mit der älteren Mathematik aufzufinden sind. Wie am Morgen griechischer Mathematik der Osten Samenkeime sandte, die seit Pythagoras' Zeiten zu reifer Frucht aufgegangen waren, so schlingen sich auch am Abend griechischen Tagesglanzes feine Fäden aus der gleichen Himmelsrichtung nach Griechenland. Babylons Wissenschaft war längst entschwunden, Indiens Ruhm hatte sich zu entwickeln begonnen. Nicht daß es rein indisches Eigentum ist, was uns Diophant vorträgt! Indische Anregungen sind in griechischem Sinne bearbeitet. Diophant — oder wer vor ihm, uns unbekannt, zuerst die neue Lehre aus Indiens Wunderland in sich aufnahm — ist echter Grieche; seine Auffassung, seine Behandlungsart wurzelt durchaus in griechischer Anschauung. Diophant und die gesamte griechische Mathematik kennt keine Doppeldeutigkeit der Lösung, wie sie bei quadratischen Gleichungen möglich ist; der griechische Algebraiker begnügt sich mit einer Lösung, wie der griechische Geometer bei konstruktiver Behandlung mit einem Schnittpunkt völlig befriedigt ist. Diophant kennt keine negativen Zahlen, Diophant's Zahlbegriff überschreitet nicht das Rationale, Diophant's Lösungen beschränken sich nicht auf die Ganzzahligkeit bei unbestimmten

Gleichungen — kurz, nirgends geht er über spezifisch griechische Anschauungsform hinaus und eignet sich indische Eigentümlichkeit an.

Strenge Beweise für die *indische* Herkunft der diophantischen Lehre von den unbestimmten Gleichungen fehlen. Indische Überlieferung ist erst aus späterer Zeit bekannt. Die indischen Astronomen, Aryabhatta (geb. 476 n. Chr.), Brahmagupta (geb. 598), Bhaskara (geb. 1114), vermitteln uns durch einleitende oder eingeschaltete Kapitel in ihren astronomischen Werken Kenntnis von dem Stand der Mathematik zu ihrer Zeit; eigentliche mathematische Schriftsteller weist Indien nicht auf. Schon das, was uns Aryabhatta mitteilt, läßt auf eine hohe Entwicklung der mathematischen Wissenschaften Indiens, die längere Ausbildung in vordiophantischen Zeiten voraussetzt, schließen. Griechischen Einfluß auf indische Mathematik konnten wir mehrfach deutlich nachweisen. Aber auf zwei Gebieten zeigt sich indisches Wissen in solcher Meisterschaft, daß hier nur originale Leistungen anzunehmen sind und auf ihnen umgekehrt die Inder sich als Lehrmeister zeigen, einmal auf dem Gebiete des einfachen Rechnens in Benutzung trefflicher Zahlzeichen, in Erfindung eines reinen Positionsrechnens, dann in der uns hier angehenden Analytik des Unbestimmten. Wir erinnern an die Vermutung, daß indische Zahlzeichen schon im zweiten Jahrhundert in Alexandria bekannt wurden (S. 12); vor allem verweisen wir auf die Vollkommenheit der Lehre der unbestimmten Gleichungen schon bei Aryabhatta, die nicht, etwa auf griechische Anregung hin, in den zwei Jahrhunderten seit Diophant erreicht worden sein kann. Ist Diophant's Werk eine Sammlung von Einzelaufgaben, deren Lösungsart von Aufgabe zu Aufgabe wechselt und jeder einheitlichen Methode entbehrt, so daß „man nicht im stande ist, wenn man 100 diophantische Aufgaben gerechnet hat, nun die 101te selbständig in der diophantischen Weise zu lösen“,[1189] so tritt uns in der indischen Analytik System und Methode entgegen. Sie bietet uns zum erstenmal die Behandlung unbestimmter Gleichungen ersten Grades mit der Beschränkung auf ganzzahlige Lösungswerte, also jener Gleichungen, die fälschlich in der heutigen Schulmathematik unter dem Namen der „diophantischen Gleichungen“ bekannt sind. Diophant kannte die Bedingung der Ganzzahligkeit überhaupt nicht (siehe S. 158); er schloß zwar irrationale Werte streng aus, gestattete aber bei allen unbestimmten Aufgaben rationale Auflösung. Es ist dies

1189 Hankel, S. 165 (Anm. 40).

auch der Grund, daß unbestimmte Gleichungen ersten Grades von ihm garnicht betrachtet werden, da sie bei allgemeiner Zulassung rationaler Werte keine Schwierigkeiten verursachen. — Die Inder scheinen zu ihren Aufgaben durch astronomische Fragen gekommen zu sein, wie durch das Vorausbestimmen bestimmter Planetenkonstellationen, wobei Zahlen zu suchen sind, die, durch gegebene Divisoren geteilt, gegebene Reste liefern. Das Auffinden solcher ganzzahligen Lösungen geschieht unter Anwendung einer überraschend feinen Methode, die ARYABHATTA[1190] bereits besitzt und BRAHMAGUPTA mit dem Namen der „Zerstäubung" belegt, unter dem sie auch von BHASKARA gelehrt wird.[1191] In der Form verschieden, stimmt sie im Wesen mit der heutigen Kettenbruchmethode überein.

Auch für unbestimmte Gleichungen zweiten Grades weisen die indischen Schriften einen wesentlichen Fortschritt im Vergleich zu DIOPHANT auf. Die Inder verstanden Gleichungen von der Form

$$xy = ax + by + c$$

durch ein sinnreiches Verfahren, zu dem sie auch geometrische Betrachtungen heranzogen, zu erledigen; sie führten sogar mit Erfolg die Behandlung von

$$ax^2 + 1 = y^2$$

mit einer von ihnen „cyklisch" genannten Methode durch,[1192] lösten also schon eine Aufgabe, die erst im siebzehnten Jahrhundert n. Chr. wieder auftauchte und heute unter dem Namen der PELL'schen Gleichung eine bedeutende Rolle spielt (vgl. S. 302—303).

Wir kommen zu der *chinesischen* Mathematik. Bei keinem der vorhergehenden oder nachfolgenden Kapitel haben wir auf sie zu verweisen; nirgends findet man bei den chinesischen Schriftstellern mathematische Sätze, die nicht schon vorher bei anderen Völkern entdeckt worden wären oder für die die beigegebenen Zeitdatierungen, infolge der allbekannten Altertümelei dieses Volkes, nicht von vornherein verdächtig seien. Auf dem Gebiete der unbestimmten Analytik scheinen wirklich originale Leistungen — so weit man bis jetzt übersehen kann — vorzuliegen, die dann vom fernsten Osten all-

[1190] ARYABHATTA, ed. L. RODET (Anm. 294), Strophe 32, 33, S. 403, 430—434; CANTOR, I[b], S. 588. — [1191] BHASKARA, Lîlâvatî, ch. XII, S. 248 ff., ed. COLEBROOKE, S. 112 ff. (Anm. 294). — [1192] BRAHMAGUPTA, Cuṭṭaca, sect. VI, VII, ed. COLEBROOKE, S. 361—372 (Anm. 294); BHASKARA, Vîjagaṇita, ch. III, sect. I u. ch. VII, VIII, ed. COLEBROOKE, S. 170—184, 245—267, 268—274; vgl. WOEPCKE, Extrait du Fakhrî, Paris 1853, S. 43—41; CANTOR, I[b], S. 590 ff.; HANKEL, S. 199 ff.

mählich zum Abendland vordrangen. Es handelt sich um die bereits oben bei der indischen Mathematik angeführte Aufgabe, eine Zahl zu suchen, die bei gegebenen Divisoren gegebene Reste läßt, die also auf unbestimmte Gleichungen ersten Grades mit ganzzahligen Lösungen hinausläuft. Die Anregung zur Betrachtung dieses Problems mag von Indien gekommen sein, aber die chinesische Lösungsmethode „der großen Erweiterung“ (Ta yen-Regel)[1193] ist durchaus verschieden von dem indischen Verfahren; sie deckt sich mit einer Methode, die GAUSS in den *disquisitiones arithmeticae* (§ 32 u. § 36) 1801 giebt. Der älteste chinesische Gewährsmann, SUN TSE, wird jetzt auf das dritte Jahrhundert angesetzt; weitere chinesische Bearbeitungen sind aus dem achten und dreizehnten Jahrhundert sicher gestellt. — Wie das Auftreten dieser Ta yen-Regel im Abendland seit dem zwölften Jahrhundert zu erklären ist, darüber fehlt jeder Anhalt. Nicht nur das Verfahren ist bei LEONARDO VON PISA im *liber abaci* von 1202[1194] genau dasselbe, sondern merkwürdiger Weise stimmt auch das von ihm angeführte Beispiel bis auf die Zahlen mit der chinesischen Aufgabe überein, so daß an thatsächlicher Überlieferung von Osten nach Westen nicht gezweifelt werden kann. Jedenfalls war durch LEONARDO die neue Regel dem Abendland gewonnen, und es kann uns nicht wundern, sie nunmehr noch öfter anzutreffen, wie z. B. in einer byzantinischen Handschrift aus dem vierzehnten Jahrhundert,[1195] in einer münchener Handschrift des fünfzehnten Jahrhunderts,[1196] in RUDOLFF's Rechenbuch von 1532[1197] u. a.

Erhebliche Fortschritte erfuhr die Lehre von den unbestimmten Gleichungen weder von den *Arabern*, deren Quelle DIOPHANT ist,[1198] noch von den Mathematikern des *Mittelalters*. Wir übergehen die Einzelaufgaben, die LEONARDO VON PISA (1202) stellt, ebenso die Beispiele, die REGIOMONTANUS (1436 — Rom 1476; Wien, Italien, Nürnberg) in seinen Briefen angiebt,[1199] zu denen er wohl durch die Auffindung einer DIOPHANT-Handschrift veranlaßt wurde,

1193 Vgl. BIERNATZKI, *Die Arithmetik der Chinesen*, Berlin 1856 (CRELLE's Journal, Bd. 52, S. 79 ff.); L. MATTHIESSEN, Ztschr. f. Math. u. Phys., Leipzig 1874, XIX, S. 270—271; Ztschr. f. math. u. naturw. Unterricht, Leipzig 1876, VII, S. 78—81; Ztschr. f. Math. u. Phys., 1881, Bd. 26, S. 33—37; CRELLE's Journal 1881, Bd. 91, S. 254—261; CANTOR, I^b, S. 643 f. — 1194 LEONARDO PISANO, I, S. 304, Z. 6—29 (Anm. 17); vgl. CURTZE, Ztschr. f. Math. u. Phys., Bd. 41, hist.-litt. Abt. 81—82. — 1195 CANTOR, I^b, S. 644. — 1196 Nach CURTZE, Ztschr. f. Math. u. Phys., Bd. 40, Suppl. S. 64 ff. Anm. — 1197 Ausgabe von 1550, Signatur r$_3$ „Dom gelte“. — 1198 Vgl. WOEPCKE, Extrait du Fakhrî, Paris 1853, S. 3. — 1199 CANTOR, II^b, S. 286.

ferner die, die der Franzose CHUQUET im *Triparty* (1484, Manuskript)[1200] behandelt; nur eine mittelalterliche Aufgabe zieht unsere Aufmerksamkeit dadurch auf sich, daß sie einen festen Bestandteil des damaligen Rechenpensums bildet. Es ist die *regula coeci*, die die Anzahl der bei einer Zeche beteiligten Personen — Männer, Frauen und Jungfrauen — aus der bezahlten Geldsumme und den Anteilsverhältnissen berechnen will. Die ganze Reihe der Rechenbücher von RIESE, APIAN, RUDOLFF an setzt höchst gewissenhaft und verschiedentlich ausschmückend immer dasselbe Problem wieder auseinander. Noch in EULER's *Algebra* (1771) hat ein Abschnitt (II, 2, cap. 2), der von einem System unbestimmter linearen Gleichungen handelt, die Überschrift: *Von der sogenannten regula Coeci.*

Einen neuen Aufschwung nahm die Analytik des Unbestimmten im siebzehnten Jahrhundert. Der Franzose BACHET DE MÉZIRIAC (1587—1638) hatte die erste griechische DIOPHANT-Ausgabe veranstaltet und bei dieser Gelegenheit eigene Untersuchungen angestellt. Am wichtigsten ist die durch ihn vorgenommene Neuaufstellung der seit einem Jahrtausend verschwundenen altindischen Bedingung, daß die linearen Gleichungen in ganzen Zahlen gelöst werden sollen. Seine zu diesem Zweck erfundene Methode ist zwar verwertbar, aber sehr umständlich.[1201] — Die reichste Anregung floß sowohl aus dem erleichterten Studium der diophantischen *Algebra* als aus diesen Zusätzen BACHET's für seine Zeitgenossen. Besonders FERMAT's Genie verstand es, die neue Lehre auch für höhere Gleichungen zu einem solchen Grad der Vollendung zu bringen, daß manche der von ihm erhaltenen Sätze, deren Beweis er nicht mitgeteilt hat, noch heute nicht streng nachgewiesen sind, obgleich ihre Richtigkeit feststeht.

Ein brauchbares, heute indes auch überholtes Lösungsverfahren für die unbestimmten Gleichungen ersten Grades gab ein anderer französischer Mathematiker, ROLLE (1652—1719, Pariser Akademie), in seinem 1690 erschienenen Werke *Traité d'Algèbre.*[1202] Unter den späterhin noch aufgestellten Methoden sind die von EULER und LAGRANGE die einzigen, die in unseren Schulen Eingang gefunden haben.

I. Methode von EULER (1707—1783; Berlin, Petersburg). 1734/5:

[1200] CHUQUET, im Anhang zum *Triparty*, z. B. Aufg. 78, 79, 82, 83; Bulletino Boncompagi, XIV, Rom 1881, S. 434 ff. — [1201] BACHET, *Problèmes plaisans et délectables, qui se font par les nombres* (I. Aufl. 1612); II. Aufl., Lyon 1624, Aufg. VI, S. 84—93. — [1202] lib. I, cap. 7, *Éviter les fractions*, S. 69—77; vgl. CANTOR, III[a], S. 98—99.

Solutio problematis arithmetici de inveniendo numero, qui per datos numeros divisus relinquat data residua.[1203]

Ist $ax + by = c$ mit $a < b$ die vorliegende Gleichung, so wird die Division

$$x = \frac{c - by}{a}$$

ausgeführt. Es möge sein

$$x = \alpha_1 + \beta_1 y + \frac{\gamma_1 + \delta_1 y}{a},$$

wo α_1, β_1, γ_1, δ_1 ganze Zahlen, γ_1 und δ_1 kleiner als a sind. Der letzte Bruch $\frac{\gamma_1 + \delta_1 y}{a}$ muß ebenfalls eine ganze Zahl sein; demnach wird weiter gesetzt

$$\frac{\gamma_1 + \delta_1 y}{a} = p,$$

woraus

$$y = \frac{ap - \gamma_1}{\delta_1}$$

folgert. Dividiert man wiederum aus, so sei

$$y = \alpha_2 + \beta_2 \delta_1 + \frac{\gamma_2 + \delta_2 \cdot \delta_1}{\delta_1}$$

mit den ganzzahligen Größen $\alpha_2, \beta_2, \gamma_2, \delta_2$ und $\gamma_2, \delta_2 < \delta_1$. Für den letzten Bruch wird wieder eine neue Größe q substituiert und nun in analoger Weise weitergeschlossen, bis einmal die vorgenommene Division ohne Rest erfolgt. Rückwärts einsetzend erhält man schließlich die gesuchten Wertkomplexe für x und y.

II. Methode von Lagrange (1736—1813; Turin, Berlin, Paris). 1768: *Nouvelle méthode pour résoudre les problèmes indéterminés en nombres entiers.*[1204]

Die Eigenschaft der Näherungswerte $\frac{\alpha_1}{\beta_1}, \frac{\alpha_2}{\beta_2}, \frac{\alpha_3}{\beta_3}, \ldots$, die man durch die Kettenbruchentwicklung von $\frac{a}{b}$ erhält, daß

$$\alpha_\nu \cdot \beta_{\nu+1} - \alpha_{\nu+1} \cdot \beta_\nu = \pm 1$$

ist, läßt, wenn man den Hauptwert $\frac{a}{b}$ mit dem letzten Näherungswert $\frac{a_n}{b_n}$ kombiniert, durch

$$a \cdot b_n - b \cdot a_n = \pm 1$$

ein Wertpaar $\xi = \pm ac$, $\eta = \mp bc$ für die Gleichung

$$ax + by = c$$

1203 Comment. Petropol. ad annos 1734/35 (gedr. 1740), Bd. VII, S. 46 ff.; vgl. auch Euler's *Algebra*, Petersb. 1771, II, 2, cap. 1. — 1204 Mém. de Berlin 1768, Bd. 24 (gedr. 1770), S. 181 ff.; besonders S. 220 ff.

erraten. Die Gesamtheit der zu suchenden Wurzeln sind durch

$$x = \xi + b \cdot m \qquad (m \text{ eine beliebige ganze Zahl})$$
$$y = \eta - am$$

zu finden. —

Unbestimmte Gleichungen ersten Grades mit mehr als zwei Unbekannten

$$a_1 x_1 + a_2 x_2 + a_3 x_3 + \ldots + a_n x_n = 0$$

betrachtete Euler (1785) zum erstenmal.[1205] Die Lösungen müssen, wenn $\xi_1, \xi_2 \ldots \xi_n$ ein Lösungssystem ist, von der allgemeinen Form

$$x_i = \xi_i + \sum_{k=1}^{n-1} a_{ki} m_i \qquad (i = 1, 2 \ldots n),$$

sein, wo m_i beliebige ganze Zahlen sind und die a_{ki} in ziemlich zusammengesetzter Weise von den a_i abhängen.[1206] Von Jacobi (1804—1851; Berlin) rühren verschiedene Lösungsmethoden her.[1207]

Ebensowenig wie die letzten Gleichungen gehören auch die unbestimmten Gleichungen höheren Grades zum Schulpensum, so daß sich der folgende Bericht auf wenige historisch wichtige Fälle beschränken darf.

Diophant erledigte die quadratische Gleichung $ax^2 + bx + c = y^2$ vollständig nur dann, wenn a und c gleich Null ist; in anderen Fällen unterliegen seine Beispiele manchen Beschränkungen. Er untersuchte ferner Doppelgleichungen

$$a_1 x^2 + b_1 x + c_1 = y^2$$
$$a_2 x^2 + b_2 x + c_2 = z^2,$$

die er aber auch nur in besonderen Fällen zwang.[1208] Diese Formen kannten die *Inder* garnicht[1193]. Dafür gelang ihnen, eine Lösung für die Gleichung

$$xy = ax + by + c$$

zu finden. Die größte Anerkennung aber erntete ihre allgemeine Behandlungsmethode der Gleichung

$$ax^2 + b = y^2$$

und im besonderen von

$$ax^2 + 1 = y^2,$$

worauf der allgemeine Fall

$$ax^2 + bx + c = y$$

1205 Euler, *opuscula analytica,* Bd. II, Petrop. 1785, S. 91—101: *De relatione inter ternas pluresve quantitates instituenda.* — 1206 Vgl. Weihrauch, Ztschr. f. Math. u. Phys., XX, Leipzig 1875, S. 97—117. — 1207 Crelle's Journal, Bd. 69, Berlin 1868, S. 1—28; Jacobi, Werke, VI, S. 355—384. — 1208 Nesselmann, S. 329—354 (Anm. 86).

von ihnen zurückgeführt werden konnte. Es ist dies eine Gleichung, deren hohe Bedeutung für die heutige Theorie der binären quadratischen Formen bekannt ist. Bevor die Geschichtsforschung des neunzehnten Jahrhunderts diese altindischen Untersuchungen wieder auffand, galt der berühmte Algebraiker FERMAT (1601—1665, franz. Staatsbeamter) allgemein als erster Aufsteller und Bearbeiter dieser Gleichung. FERMAT legte sie 1657 seinen Fachgenossen zur Lösung vor;[1209] seine eigene Methode ist uns nicht bekannt geworden. Die englischen Mathematiker WALLIS (1616—1703, Oxford) und BROUNKER (1620—1684, erster Präsident der Royal Society) entdeckten 1658 auf mühseligem Wege eine Lösung,[1210] die auch in einer durch JOHN PELL (1610—1685, Staatsbeamter Cromwells) veranstalteten englischen Übersetzung (1668) einer „Teutschen Algebra" (1659) des Schweizer RAHN (1622—1676) abgedruckt wurde. Hierdurch zum erstenmal weiteren Kreisen zugänglich gemacht, erhielt sie den Beinamen der „PELL'schen" Gleichung; auch die WALLIS'sche Lösung schrieb man zeitweilig PELL zu (so auch EULER, *Algebra* 1771, II, 2, cap. 7 § 98). EULER benutzte zu seiner Lösung (1767) die Kettenbruchentwicklung von $\sqrt{a}$.[1211] LAGRANGE's Verfahren von 1769 deckt sich mit dem von den alten Indern eingeschlagenen.[1212] Ihm glückte auch zuerst der Nachweis, den WALLIS vergeblich gesucht hatte, daß $ax^2 + 1 = y^2$, wenn a keine Quadratzahl ist, stets in ganzen Zahlen lösbar ist. Andere Lösungen lieferte DIRICHLET 1837 unter Benutzung der Kreisteilungsgleichung[1213] und KRONECKER 1863 auf Grund von Eigenschaften der elliptischen Funktionen.[1214]

Eine noch viel weiter zurückgreifende Geschichte besitzt die Gleichung

$$x^n + y^n = z^n.$$

Für $n = 2$ stellt sie die pythagoreische Aufgabe dar, rechtwinklige

[1209] Brief an FRÉNICLE, Febr. 1657, Oeuvres de FERMAT, ed. TANNERY et HENRY, Bd. II, Paris 1897, S. 333, Z. 3—1 v. u.; FERMAT, *varia opera,* Tolosae 1679, S. 190 letzter Absatz. — [1210] WALLIS, *opera*, II, Oxoniae 1693, *Algebra* (1685 englisch), cap. 98—99, S. 418—429; *commercium epistolicum*, Ep. 8, 9, 14, 17, 18, 19. — [1211] Novi comment. Petrop. ad annum 1765, Bd. XI (gedr. 1767), S. 28—66. — [1212] Mém. de l'Acad. de Berlin 1767 (gedr. 1769), Bd. XXIII, S. 165 ff.; LAGRANGE's Werke, ed. SERRET, Bd. II, Paris 1868, S. 377 ff.; Abh. der Turiner Akademie, Bd. IV (1766—69) in LAGRANGE's Werken, ed. SERRET, Bd. I, Paris 1867, S. 669 ff.; ferner: Zusätze zur französ. Ausgabe von EULER's *Algebra*; LAGRANGE's Werke, ed. SERRET, Bd. VII, Paris 1877, S. 100 ff. — [1213] CRELLE's Journal, Bd. 17, Berl. 1837, S. 286—290; DIRICHLET's Werke, I, S. 345—350. — [1214] Berl. Akademieberichte 1863 (gedr. 1864), S. 44—50.

Dreiecke mit ganzzahligen Seiten zu suchen, auf die auch die erweiterte Aufgabe, allgemeine Dreiecke mit rationalen Seiten, deren Inhalt ebenfalls rational ist, zurückkommt. Die allgemeine Lösung der pythagoreischen Gleichung $x^2 + y^2 = z^2$ ist

$$1)\ x = p(2q + p);\ y = 2q(q + p);\ z = y + p^2 = x + 2q^2,$$

wo p der Bedingung, eine ungerade Zahl zu sein, unterliegt.[1215] Die Lösungswerte 3, 4, 5 waren bereits den alten *Babyloniern*, wahrscheinlich auch den *Ägyptern*, bekannt. PYTHAGORAS (sechstes Jahrhundert n. Chr.), der in Gemeinschaft mit seinen Schülern vielfach Untersuchungen über rationale Dreiecke angestellt hatte, gab die Werte

$$2)\ x = 2q + 1;\ y = 2q^2 + 2q;\ z = 2q^2 + 2q + 1,$$ [1216]

die man aus der allgemeinen Formel für $p = 1$ erhält. Auf eine andere Lösungsgruppe kam PLATON (429—348 v. Chr., Athen):

$$3)\ x = m^2 - 1;\ y = 2m;\ z = m^2 + 1,$$ [1217]

Formeln, die aus 1) durch $q = 1$ und Ersetzung des $p + 1$ durch m hervorgehen. Die allgemeine Lösung hat EUKLID (300 v. Chr.) in seinen Elementen X. 29. Lemma 1 angegeben. Unter der Voraussetzung, daß $\alpha\beta^2$ und $\alpha\gamma^2$ zu gleicher Zeit gerade oder ungerade sind, besteht nach ihm die Relation

$$\alpha\beta^2 \cdot \alpha\gamma^2 + \left(\frac{\alpha\beta^2 - \alpha\gamma^2}{2}\right)^2 = \left(\frac{\alpha\beta^2 + \alpha\gamma^2}{2}\right)^2,$$

d. h. es muß sein

$$4)\ x = \alpha\beta\gamma;\ y = \tfrac{1}{2}(\alpha\beta^2 - \alpha\gamma^2);\ z = \tfrac{1}{2}(\alpha\beta^2 + \alpha\gamma^2).$$

1215 Vgl. LAGNY, Histoire de l'acad. royale des sc. 1729 (Paris 1731), S. 318, Théor. II; ferner H. RATH, GRUNERT's Archiv, Bd. 56, 1874, S. 188 ff. — 1216 HERON, *Geometria*, cap. XII, § 1, ed. HULTSCH, Berlin 1864, S. 56, Z. 7—12: „*Ἐὰν ἐπιταγῇς τρίγωνον ὀρθογώνιον συστήσασθαι κατὰ τὴν Πυθαγόρου μέθοδον ἀπὸ πλήθους περιττοῦ, ποιήσεις οὕτως· δεδόσθω τῇ καθέτῳ ἀριθμὸς ὁ τῶν ε'· ταῦτα ἐφ' ἑαυτὰ γίγνονται κε'· ἀπὸ τούτων ἄφελε μονάδα· λοιπὰ κδ'· τούτων τὸ ἥμισυ γίνεται ιβ'· ταῦτα ἡ βάσις· προσθὲς τῇ βάσει μονάδα μίαν· γίνονται ιγ'· τοσούτων ἡ ὑποτείνουσα*“, wenn du ein rechtwinkl. Dreieck nach der Methode des PYTHAGORAS von einer ungeraden Zahl ausgehend bilden sollst, so verfahre folgendermaßen. Für eine Kathete sei die Zahl 5 angenommen ($x = 2q + 1$); das Quadrat hiervon giebt 25. Von diesem subtrahiere 1, Rest 24. Die Hälfte hiervon, 12, giebt die andere Kathete $\left(y = \frac{(2q+1)^2 - 1}{2} = 2q^2 + 2q\right)$. Zur Basis füge 1 zu, das giebt die Hypotenuse 13. — Ähnlich auch in HERON's *Geodäsie*, cap. XII, § 1, ed. HULTSCH, S. 146, Z. 20—26 und in PROKLUS, ed. FRIEDLEIN (Anm. 1068), S. 428, Z. 10—21. — 1217 HERON, *Geometria*, cap. 13, § 1, ed. HULTSCH, S. 57, Z. 9—15; HERON, *Geodaesia*, cap. 12, § 2, ed. HULTSCH, S. 146, Z. 27—32; PROKLUS, ed. FRIEDLEIN (Anm. 1068), S. 428—429.

Sieht man hier von dem Proportionalitätsfaktor α ab, so braucht man nur $\beta = 2q + p$, $\gamma = p$, also $q = \frac{\beta - \gamma}{2}$, anzunehmen, um 1) zu bestätigen.

Auch die *Inder*, angeregt durch die zu ihnen gelangenden griechischen Kenntnisse, beschäftigten sich eingehend mit pythagoreischen Dreiecken. Die Regel BRAHMAGUPTA's (geb. 598 n. Chr.)

$$5)\ x = \beta;\ y = \tfrac{1}{2}\left(\frac{\beta^2}{\gamma} - \gamma\right);\ z = \tfrac{1}{2}\left(\frac{\beta^2}{\gamma} + \gamma\right)$$ [1218]

deckt sich mit der euklidischen, wenn $\alpha = \frac{1}{\gamma}$ gewählt wird.

Neuere Untersuchungen fügen hinzu, daß je eine von drei pythagoreischen Zahlen durch 3, eine zweite durch 4, die letzte durch 5 teilbar ist, so daß das Produkt aller drei stets den Faktor 60 besitzt (FRÉNICLE 1676).[1219] Ferner zeigte FERMAT, daß es kein rechtwinkliges Dreieck gäbe, dessen Fläche durch eine Quadratzahl gemessen werden könne.[1220] Durch Aneinanderlegen pythagoreischer Dreiecke mit zwei übereinstimmenden Katheten findet man rationale schiefwinklige Dreiecke. Von diesen ist die Gruppe besonders interessant, bei der die drei Seiten durch drei aufeinanderfolgende Zahlen gemessen werden; eine Zusammenstellung solcher Dreiecke giebt HOPPE 1880.[1221] HERON[1222] und den alten Indern[1223] war nur das Beispiel 13, 14, 15 bekannt. Rationale Vierecke (mit rationalen Diagonalen und rationalem Inhalte) betrachteten bereits die Inder, wie BRAHMAGUPTA.[1224] Allgemeine Untersuchungen über diese stellte in der Neuzeit KUMMER an.[1225]

Betreffs der allgemeinen Gleichung

$$x^n + y^n = z^n$$

behauptete FERMAT ihre Unmöglichkeit für $n > 2$, indem er zugleich angab, hierfür einen Beweis entdeckt zu haben.[1226] Leider ist dieser der Nachwelt nicht erhalten und trotz der angestrengtesten

1218 BRAHMAGUPTA, Cuṭṭaca, ch. XVIII, sect. II, 38, ed. COLEBROOKE, S. 340; BHASKARA, Lîlâvatî, ch. VI, 139—146, ed. COLEBROOKE, S. 61—64 (Anm. 294). — 1219 Mém. de l'Acad. r. d. sc. depuis 1666—1699, Bd. V, Paris 1729; vgl. GERGONNE's Annalen, Bd. XX, Heft 7, S. 212 und CRELLE's Journal, Bd. 5, 1829, S. 386. — 1220 FERMAT'sche Diophantausgabe 1670; vgl. die deutsche Übersetzung von WERTHEIM, S. 294 unten bis S. 295 (Anm. 225). — 1221 GRUNERT's Archiv, Bd. 64, 1880, S. 441—443; Bemerkung v. HOPPE. — 1222 HERON, *Geometria*, cap. 24 u. 26, ed. HULTSCH, S. 63, Z. 23 ff., S. 66, Z. 7 ff. — 1223 CANTOR, I^b, S. 611; HANKEL, S. 210. — 1224 CHASLES, *Aperçu hist.*, Paris 1837, Note 12, deutsch v. SOHNKE, Halle 1839, S. 483 ff. — 1225 CRELLE's Journal, Bd. 37, Berlin 1848, S. 1—20. — 1226 Diophantausgabe 1670, ed. WERTHEIM, S. 52 (Anm. 225).

Bemühungen der größten Zahlentheoretiker bis auf die Gegenwart noch nicht wieder geführt worden.

Es läßt sich zeigen, daß, wenn der Beweis für irgend eine Zahl gilt, er dann auch auf alle Vielfachen dieser Zahl zu erweitern ist; daher kann man sich bei allen Versuchen nur auf ein n, das eine Primzahl ist, beschränken. Mit dem Fall $n = 3$ beschäftigten sich schon die Araber; von dem Astronomen ALCHODSCHANDI (um 970 n. Chr.) wird mitgeteilt, daß er einen, indes nicht einwandsfreien Beweis für $n = 3$ gegeben habe.[1227] Daß eine Kubikzahl nicht als Summe zweier Kubikzahlen dargestellt werden kann, weiß auch der Perser BEHA-EDDIN (1547 — 1622).[1228] Für $n = 4$ erledigte EULER[1229] das Problem. DIRICHLET (1805—1859, Berlin, Göttingen) meisterte 1828 $x^5 + y^5 = z^5$,[1230] für welchen Fall auch Vorarbeiten von GAUSS in dem Nachlaß desselben gefunden sind.[1231] LAMÉ führte 1840 $n = 7$ durch.[1232] Den bis jetzt allgemeinsten Beweis verdankt man KUMMER (1810—1893; Breslau, Berlin), der für eine sehr umfassende Gruppe von Exponenten (darunter für jedes $n \leqq 100$) die FERMAT'sche Behauptung als richtig erwies.[1233] Dem Geheimnis des FERMAT'schen Beweises ist man indes auch hierdurch noch nicht näher gekommen, da zur Zeit FERMAT's die Hilfsmittel moderner Zahlentheorie, mit denen KUMMER arbeiten konnte, unzugänglich waren.

1227 CANTOR, I^b, S. 708. — 1228 BEHA-EDDIN, *Essenz der Rechenkunst*, ed. NESSELMANN, Berl. 1843, S. 55—56, Nr. 4. — 1229 Comment. Petropol. ad annum 1738 (gedr. 1747, Petrop.) Bd. X: *Theorematum quorundam arithmeticorum demonstrationes*, S. 130. — 1230 CRELLE's Journal, Bd. 3, Berl. 1828, Beweis für $n = 5$; Bd. 9, 1832, S. 390—393, Beweis für $n = 14$; vgl. auch DIRICHLET's Werke, ed. KRONECKER, Berlin 1889, Bd. I, S. 38 ff. und S. 189 ff. — 1231 GAUSS' Werke, Bd. II, Göttingen 1876, S. 398. — 1232 LIOUVILLE's Journal, Bd. 5, Paris 1840, S. 195—215. — 1233 CRELLE's Journal, Bd. 17, Berlin 1837, S. 203—209; Bd. 40, Berl. 1850, S. 130—138: *Allgemeiner Beweis des Fermat'schen Satzes für alle diejenigen Potenzexponenten, welche ungerade Primzahlen sind und in den Zählern der ersten $\frac{1}{2}(\lambda - 3)$ bernoullischen Zahlen als Faktoren nicht vorkommen* (*so* $n = 5$, 7, 11, 13, 17, 19, 23, 29, 31, 41, 43, *nicht für* $n = 37$). Dasselbe auch in LIOUVILLE's Journal, Bd. 16, 1851, S. 488—498; Abhdl. der Berliner Akademie 1857, Math. Abh. S. 41—74 und Monatsberichte 1857, S. 275 ff. erledigen den Beweis auch für $n = 37$, 59, 67, so daß für alle Zahlen n von 3 bis 100 das FERMAT'sche Theorem nachgewiesen ist.

Anhang I.

Zeittafel

zur Geschichte der algebraischen Zeichenschrift.

1202	Leonardo Pisano	Multiplikation ohne Zeichen durch Nebeneinanderstellen	Bd. I, S. 136
1202	Leonardo Pisano	Bruchstrich bei gewöhnlichen Brüchen	„ I, „ 137
vor 1237	Jordan. Nemorarius	Benutzung allgemeiner Buchstabengrößen ohne Operationszeichen . .	„ I, „ 148
um 1350	Oresme	Potenzartige Symbole, auch für gebrochene Exponenten	„ I, „ 200
um 1460	Deutsche Manuskr.	Multiplikation ohne Zeichen durch Nebeneinanderstellen wieder aufgenommen	„ I, „ 136
	„ „	Symbole für die Unbekannte einer Gleichung und ihre Potenzen . .	„ I, „ 190 ff.
	„ „	Bruchstrich i. algebraischen Ausdrücken	„ I, „ 137
	„ „	Wurzelpunkt	„ I, „ 216, 218
1489	Widmann	Die Zeichen + und −	„ I, „ 131 ff.
1524	Riese	Wurzelhaken	„ I, „ 219
1525	Rudolff	Das Zeichen ϰ für die Unbekannte einer Gleichung	„ I, „ 195
1544	Stifel	Erweiterung der cossischen Potenz- und Wurzelsymbole auf beliebige Höhe	„ I, „ 197, 219
1544	Stifel	Symbole für mehrere Unbekannte und ihre Potenzen	„ I, „ 198
1556	Recorde	Gleichheitszeichen = ...	„ I, „ 137
1572	Bombelli	Anfänge der eckigen Klammern . .	„ I, „ 139
1585	Stevin	Wurzelhaken mit nebengesetzten Exponenten: √③, √④	„ I, „ 220
1591	Vieta	Einführung von Buchstaben in Verbindung mit Operationszeichen und damit von Formeln. Die Vokale *A, E, I* . . für die Unbekannten, die Konsonanten *B, G, D* . . für die bekannten Größen	„ I, „ 149
1593	Vieta	Geschweifte und eckige Klammern .	„ I, „ 139
1609	Adrianus Romanus	*S, P, T* als Symbole für Sinus, Tangens (prosinus) und Sekans (transsinuosus)	„ II, Teil V, B. 8

1613	Cataldi	Kettenbruchform	Bd. II, Teil X
1620	Gunter	log a für den Logarithmus von a	„ II, „ IV, D
1626	Girard	A, a, $\overset{\tan}{A}$, $\overset{\tan}{a}$, $\overset{\sec}{A}$, $\overset{\sec}{a}$ für sin α, cos α, tg α, ctg α, sec α, cosec α	„ II, „ V, B. 8
1629	Girard	Runde Klammern	„ I, S. 140
1629	Girard	Wurzelhaken mit herübergesetzten Exponenten $\overset{2}{\sqrt{}}$ $\overset{3}{\sqrt{}}$	„ I, „ 221
1631	Harriot	Einführung kleiner Buchstaben (Vokale für die Unbekannten)	„ I, „ 150
1631	Harriot	Ungleichheitszeichen $>$ $<$	„ I, „ 138
1631	Oughtred	Multiplikationskreuz $\times$	„ I, „ 135
1634	Hérigone	Potenzen mit nebengesetzten Exponenten $a3$, $b4$	„ I, „ 200
1637	Descartes	Moderne Potenzsymbole a^3, b^4	„ I, „ 200
1637	Descartes	x, y, z für die Unbekannten; a, b, c ... für die bekannten Größen	„ I, „ 150
1637	Descartes	Klammerstrich und Wurzelstrich	„ I, „ 140
1655	Wallis	Das Zeichen für Unendlich ∞	„ I, „ 142
1657	Oughtred	s arc, s co arc, t arc, t co arc, se arc, se co arc für sin, cos, tg, ctg, sec, cosec	„ II, Teil V, B. 8
um 1666	Newton	Moderne Potenzsymbole mit allgemeinen Exponenten	„ I, S. 141, 200, 214
1668	Wing	s, cs, t, ct, sec, csec für sin, cos, tg, ctg, sec, cosec	„ II, Teil V, B. 8
1674	Moore	S, Cos, T, Cot für sin, cos, tg, ctg	„ II, „ V, B. 8
1675	Leibniz	$\int$ und dx	Cantor, III[a], S. 159
1676	Leibniz	Buchstaben mit Indices	Bd. I, S. 151
1684	Leibniz	Das Divisionszeichen :	„ I, „ 137
1685	De la Porte	Das Prozentzeichen $^0/_0$ zum erstenmal im Druck	„ I, „ 106
1690	Caswell	ζ, Symbol für die halbe Seitensumme eines Dreieckes	„ II, Teil V, B. 8
1693	Leibniz	Determinantenähnliche Ausdrücke	„ I, S. 143—144
1693	Leibniz	Multiplikationspunkt ·	„ I, „ 136
1693	Leibniz	Die geometrische Proportionsform $a : b = c : d$	„ I, „ 238
1698	Joh. Bernoulli	Funktionszeichen	„ I, „ 142
1706	Jones	π für 3,14159 ...	„ II, Teil III, B. 9
1706	Joh. Bernoulli	Δ als Differenzenzeichen	„ I, S. 141
1710	v. Wolff	Die arithmetische Proportionsform $a - b = c - d$	„ I, „ 238
1710	Craig	l als Symbol für Logarithmus	„ II, Teil IV, D.
1729	Euler	s AB, cos BC für sin AB, cos BC	„ II, „ V, B. 8
1734	Euler	$f(x)$ als Funktionszeichen	„ I, S. 142
1734	Clairaut	Πx, Φx, Δx als Funktionszeichen	„ I, „ 142
1737	Euler	$A \sin \frac{b}{c}$ für arc sin $\frac{b}{c}$	„ II, Teil V, B. 8

1739	Euler	e für 2,71828	Bd. II, Teil VII, D.
1741	Euler	Potenzen mit imaginären Exponenten	„ I, S. 201
1744	Euler	A täg t für arc tang t	„ II, Teil V, B. 8
1748	Euler	Wiederaufnahme des Symbols l für Logarithmus	„ II, „ IV, D.
1750	Cramer	Determinantenauflösung	„ I, S. 144—145
1750	Euler	S, Symbol für die halbe Seitensumme eines Dreieckes	„ II, Teil V, B. 8
v. 1753 ab	Euler	Ständige Benutzung der Symbole sin, cos, tg u. s. w.	„ II, „ V, B. 8
v. 1753 ab	Euler	a, b, c Seiten eines Dreieckes; A, B, C die entsprechenden Winkel . . .	„ II, „ V, „ 8
1755	Euler	Σ als Summenzeichen	„ I, S. 141
1764	Kästner	Δ als Symbol für den Dreiecksinhalt	„ II, Teil V, B. 8
1764	Kästner	α, β, γ Winkel eines Dreieckes (gelegentlich)	„ II, „ V, „ 8
1777	Euler	i für $\sqrt{-1}$	„ I, S. 175—176
1778	Euler	s für den sphärischen Exzeß	„ II, Teil VI, C. 2e
1782	Lexell	$s = \frac{a+b+c}{2}$, $S = \frac{A+B+C}{2}$ . .	„ II, „ V, B. 8
1794	Legendre	ε für den sphärischen Exzeß . . .	„ II, „ VI, C. 2e
1801	Gauß	$a \equiv 3 \pmod 7$	Disqu. ar. I ff.
1808	Kramp	$n!$	Bd. I, S. 141
1812	Cauchy	Moderne Determinantenform	„ I, „ 145
1826	Crelle	Ständiger Gebrauch von α, β, γ für die Dreieckswinkel	„ II, Teil V, B. 8

Anhang II.

Zur Geschichte der Algebra.

Zusammenstellung von Originalbeispielen aus mathematischen Schriften der verschiedenen Perioden.

Die beigefügten Zahlen bezeichnen Seiten, auf denen bereits im Text Originalstellen angeführt sind; die schrägen Ziffern beziehen sich auf die Anmerkungen.

1. Papyrus Rhind, Rechenbuch des Ägypters Ahmes (zwischen 2000 und 1700 v. Chr.)[181]: 115, 241.
2. Aristoteles (384—322 v. Chr., Athen)[2]: 56, *195*, 146, *550*.
3. Euklid (um 300 v. Chr., Alexandria)[197]: 29, *98*, 56, *198*, 233, *958*, 235, 236, *968*.
4. Heron (erstes Jahrhundert v. Chr., Alexandria)[183]: 29, *98*, 52, *183*, 115, *445*, 255, *1022*, 304, *1216*.
5. Theon von Smyrna (um 130 n. Chr.)[272]: 72, *272*, 147.
6. Pappus (Ende des dritten Jahrhunderts n. Chr., Alexandria)[7]: 29, *98*, 147, *551*, 236, *968*.
7. Diophantus (drittes bis viertes Jahrhundert n. Chr., Alexandria)[226]: 29, *98*, 125—126, 147, *553*, 160, *607*, 177, *705*, *706*, 186, 204, *822*, 246, *1001*, 253, *1018*.
8. Theon v. Alexandrien (um 365 n. Chr.)[140]: 41, *150*, 210.
9. Aryabhaṭṭa (geb. 476 n. Chr., Indien)[294]: 128—129.
10. Boëthius (480 Rom — 524 Pavia)[28]: 239.
11. Eutokius (geb. 480, Askalon): 228, *924*.
    Archimedis opera, III, ed. Heiberg.[6]
12. Brahmagupta (geb. 598, Indien)[294]: 129—130.
13. Muḥammed ibn Mûsâ Alchwarizmî (Anfang des neunten Jahrhunderts n. Chr.; arabischer Astronom; Bagdad, Damaskus): 22, *75*, 39, *135*, 188, *748*.
    Liber Maumeti filii Moysii alchwarismi de algebra et almuchabala. Alte lateinische Übersetzung von Muḥammed's Algebra; veröffentlicht in Libri, *Histoire des sciences mathématiques en Italie*, 2. Ausg., Halle

1865, Bd. I, Note XII und in den *Trattati d'Arithmetica publ.* da Boncompagni, I, Rom 1857.

Lösung der quadratischen Gleichung $x^2 + 21 = 10x$, Libri I, S. 257:

$$x = +\frac{10}{2} \pm \sqrt{\left(\frac{10}{2}\right)^2 - 21}.$$

„Census et viginti una dragma equantur decem radicibus, cuius significatio est quod cum cuilibet censui addideris viginti unum, erit quod aggregabitur equale decem radicibus illius census. Cuius regula est ut medies radices; et erunt quinque. Quas in se multiplica et perveniet viginti quinque: ex eo itaque minue viginti unum quem cum censu nominasti et remanebit quattuor, cuius accipies radicem, que est duo, quem ex radicum medietate, que est quinque, minue. Remanebit ergo tres qui est radix census quem voluisti; et census est novem. Quod si volueris addes ipsam medietati radicum et erit septem qui est radix census, et census est quadraginta novem. Cum ergo questio evenerit tibi deducens te ad hoc capitulum, ipsius veritatem cum additione experire. Quod si non fuerit, tunc procul dubio erit cum diminutione. Et hoc quidem unum trium capitulorum in quibus radicum mediatio est necessaria progreditur cum additione et diminutione. Scias autem quod cum medias radices in hoc capitulo et multiplicas eas in se, et fit illud quod aggregatur minus dragmis que sunt cum censu, tunc questio est impossibilis. Quod si fuerit eis-

$x^2 + 21 = 10x$ (census $= x^2$, dragma = constans, radix $= x$) bedeutet, daß, wenn du 21 zu dem Quadrat einer Zahl addierst, die Summe gleich dem Zehnfachen der Zahl ist. Die Regel hierfür verlangt, daß du die x halbierst, d. i. 5. Diese multipliziere mit sich selbst, d. i. 25. Hiervon subtrahiere jene 21, die du mit dem Quadrat zusammen nanntest; da bleibt 4. Hieraus ziehe die Wurzel, d. i. 2, und subtrahiere diese 2 von der Hälfte der x, also von 5. Es wird nun 3 bleiben. Dies ist die Wurzel des Quadrates, die du haben wolltest; das Quadrat ist 9. Wenn du willst, addiere auch die 2 zur Hälfte der Wurzeln, d. i. 7. Das ist x und das Quadrat x^2 ist 49. Wenn eine Aufgabe dich auf diese Normalform bringt, so prüfe die Richtigkeit der mit Addition erhaltenen Lösung. Stimmt sie nicht, so ist jeder Zweifel bei der Subtraktion ausgeschlossen. Und nur bei dieser einzigen der drei Normalformen, in denen es sich um Halbierung der x handelt, darf die Lösung mit Addieren und Subtrahieren vor sich gehen. Beachte ferner, daß, wenn du x bei diesem Fall halbierst und quadrierst, und es nun eintritt, daß dieses Resultat weniger als das konstante Glied, das mit x^2 zu vereinigen war, beträgt, so

dem dragmis equalis, tunc radix census est equalis medietati radicum absque augmento et diminutione."

ist eine Lösung unmöglich. Wenn es dem konstanten Glied gleich ist, dann ist x gleich der Hälfte der x ohne Vermehrung oder Vermindg.

14. Rechenbuch des Johannes von Sevilla (eine Bearbeitung des Rechenbuches Muḥammed's): 39, *136*, 187, *744*.

Trattati d'Arithmetica, publ. da B. Boncompagni, II, Rom 1858.

15. Bhâskara (geb. 1114, Indien)[294]: 129—130.

16. Leonardo von Pisa (gen. Fibonacci; 1180—1250?, Pisa): 147, 187, *745*, 188, *747*.

Liber abaci, 1202, ed. Boncompagni, Rom 1857.

a) Ähnlich wie bei Muḥammed ist das Beispiel $x^2 + 40 = 14x$ bei Leonardo durchführt und erläutert, *liber abaci*, cap. 15, pars 3, ed. Boncompagni, S. 409.

b) Eine eingekleidete Gleichung mit Lösung (daselbst S. 410):

„Si uis dividere 10 in duas partes, que insimul multiplicate faciant quartam multiplicationis majoris partis in se; pone pro majori partem radicem, quam appellabis rem, remanebunt pro minori parte 10, minus re; que multiplicata in re, uenient 10 res, minus censu; et ex multiplicata re in se proueniet census; quia com multiplicatur radix in se, proueniet quadratus ipsius radicis: ergo decem res, minus censu, equantur quarte parti census. Quare quadruplum ipsarum equabitur censui uni: ergo multiplica 10 res minus censu, per 4, uenient 40 radices, minus 4 censibus que equantur censui. Restaura ergo 4 census ab utraque parte, erunt 5 census, qui equantur 40 radicibus. Quare diuide radices 40 per 5, exibunt radices 8, quibus equatur census: ergo portio, per quam posuisti rem, est 8; quibus extractis de 10, remanent 2, que sunt alia portio."

Wenn du 10 in zwei Teile zerlegen willst, die miteinander multipliziert den vierten Teil des Quadrates des größeren Teiles geben, so nimm den größeren Teil als Unbekannte an und nenne ihn x; dann werden für den kleineren Teil $10-x$ bleiben. Beide miteinander multipliziert liefern $10x-x^2$. Und aus der Multiplikation von x mit sich selbst geht x^2 hervor, weil die Unbekannte mit sich multipliziert das Quadrat der Unbekannten selbst liefert. Also

$$10x - x^2 = \tfrac{1}{4}x^2.$$

Das Vierfache wird gleich $1x^2$ sein: darum multipliziere auch $10x-x^2$ mit 4; man erhält $40x-4x^2$, die gleich $1x^2$ sind. Nun füge $4x^2$ auf beiden Seiten hinzu, dann werden $5x^2=40x$. Deshalb dividiere die $40x$ durch 5, so wird $8x=1x^2$. Daher ist der Teil, für den du x gesetzt hast, gleich 8. Nach Subtrahieren von 10 bleiben 2; dieses ist dann der andere Teil.

17. Nicole Oresme (um 1323—1382, zuletzt Bischof von Lisieux)[302]: 200.

18. Italienische Algebrahandschrift aus dem vierzehnten Jahrhundert.[750]: 189, *752*[a].

Abgedruckt bei Libri (vgl. oben Nr. 13), Bd. III, S. 288 ff.

Daselbst S. 332: „100000 lire et 25000 cose 2500 quadrati censi e 125 censi cubi e 3 quadrati $\frac{1}{8}$ censi di censo e $\frac{5}{160}$ di censo di cubo, che sono equale ad 161051 lire: restora le parti, leva da onni parte 100000 lire, restara 61051 lire equale a 25000 cose e a 2500 quadrati e 125 censi cubi e 3 quadrati $\frac{1}{8}$ censo di censo, e $\frac{5}{160}$ di censo di cubo; reduci ad 1 censo di cubo, arai 1 censo di cubo e 100 quadrati censo di censo e 4,000 censi cubi et 80000 quadrati censi et 800,000 cose, equale ad 1953632 numero ... Die nun folgende Lösungsmethode ist falsch! —

Die Gleichungen heißen modern:

$$100000 + 25000x + 2500x^2 + 125x^3 + 3\tfrac{1}{8}x^4 + \tfrac{5}{160}x^5 = 161051$$
$$61051 = 25000x + 2500x^2 + 125x^3 + 3\tfrac{1}{8}x^4 + \tfrac{5}{160}x^5$$
$$x^5 + 100x^4 + 4000x^3 + 80000x^2 + 800000x = 1953632$$

u. s. w.

19. Alkalsâdî († 1477 od. 1486; Andalusier)[479]: 238.

20. Deutsche Algebrahandschrift von 1461, aus einem münchener Sammelband.

Vgl. J. C. Gerhardt, Berliner Monatsberichte 1870 (gedr. 1871) S. 142—143; ferner M. Curtze, Ztschr. f. Math. u. Physik, Bd. 40, Suppl. S. 49.

Die Gleichung $x + \sqrt{x^2 - x} = 2$ lautet in Worten:

„Gib mir ain zensus vnd zuech davon sin wurtz [d. i. $x^2 - x$] vnd von dem daz vberbelyb an dem zensus zuech och aufs dye wurtz [d. i. $\sqrt{x^2 - x}$], die zwo wurtz tue zusammen [d. i. $x + \sqrt{x^2 - x}$] daz 2 zal daraus werden."

Die Gleichung $x^2 + 4 = x^2 + 3x$ lautet:

„1 zensus vnd 4 dragme gelich ain zensus vnd 3 wurtz."

In demselben Sammelband ist auch eine lateinische Algebra enthalten, siehe S. 137.

21. Regiomontanus (Johannes Müller; geb. 1436, Unfind bei Königsberg i. Unterfranken, gest. 1476 zu Rom).

De triangulis omnimodis libri quinque; verfaßt um 1464, gedruckt Nürnberg 1533.

a) Buch I, S. XXVI, Berechnung am rechtwinkligen Dreieck mit dem pythagoreischen Lehrsatz:

„Si latus *ac* fuerit 12, & *bc* 5, quadrabo 12, exurgunt 144. item quadrabo 5, veniunt 25. colligo 144 & 25, fiunt 169. quorum radicem quadratam invenio 13. tantumque fore didici latus *ab* . .“	Wenn die Seite *AC* 12 und *BC* 5 ist, so quadriere ich 12, d. i. 144. Ebenso quadriere ich 5, d. i. 25. Ich addiere 144 und 25, d. i. 169. Als deren Quadratwurzel finde ich 13. So groß, habe ich gelernt, wird *AB* sein . . .

b) Buch II, 12, S. 51, eine Gleichung $16x^2 + 2000 = 680x$. „16 census et 2000 aequales 680 rebus.“

22. Deutsche Algebrahandschrift von 1481, aus einem dresdener Sammelband.

Wappler, *Zur Geschichte der deutschen Algebra im fünfzehnten Jahrhundert*, Programm, Zwickau 1887.

a) S. 4:

„4 *co* minner 5 *dr* ſtund 2 *co* minner 3 *dr* ſo ſprich 4 *co* ſtund 2 *co* macht 8 ʒ. Nu mach 3 *dr* ſtund 4 *co* daʒ iſt 12 *co* minner vnd mach 5 *dr* ſtund 2 *co* daʒ iſt 10 *co* minner alſo macht es alʒ ſammt 8 ʒ vnd 15 *dr* minner 22 *co*.“	$(4x-5)\cdot(2x-3)$ $4x\cdot 2x = 8x^2$ $3\ \cdot 4x = -12x$(!) $5\ \cdot 2x = -10x$(!) $3x^2 + 15 - 22x$

NB. Statt *co* und *dr* sind die auf der Tafel S. 191, Nr. 1 angegebenen Zeichen benutzt; ſtund deutet die Multiplikation an.

b) S. 5, Aufgabe: Wie groß ist eine Zahl, die gleich dem Produkt aus ihrem $\frac{4}{5}$ fachen und ihrem $\frac{5}{6}$ fachen ist?

„Mach mir dy rechnūg ſuche mir ein zal oder *n* daʒ ich multiplicir yn ſein $\frac{4}{5}$ vnd ſeȳ $\frac{5}{6}$ mache dn *n*. Nun fraget her was der *n* ſey. Nem dir für daʒ der *n* ſey 1 *co* dy $\frac{4}{5}$ voñ *co* iſt $\frac{4}{5}$ voñ *co* vnd $\frac{5}{6}$ voñ *co* mach $\frac{5}{6}$ voñ *co*. Nun multiplicir $\frac{4}{5}$ vonn *co* ſtund $\frac{5}{6}$ vonn *co* daʒ macht $\frac{2}{3}$ voñ ʒ das vil ſeȳ eȳ *co* vnd dritte capitel ſpreche *co* geleych an ʒ darvmb 1 *co* iſt geleich an $\frac{2}{3}$ voñ ʒ teil 1 *co* in $\frac{2}{3}$ ſo kompt $1\frac{1}{2}$ vnnd alʒo vil iſt der *n*.“	$\frac{4}{5}x\cdot\frac{5}{6}x = x$ die Zahl sei x; $\frac{4}{5}$ der Zahl ist $\frac{4}{5}x$, $\frac{5}{6}$ der Zahl $\frac{5}{6}x$ $\frac{4}{5}x\cdot\frac{5}{6}x = \frac{2}{3}x^2 = x$. Verweis auf die Normalform Nr. 3: $ax^2 = bx$ (vgl. S. 260, die 24 Regeln) $1x = \frac{2}{3}x^2$ $x = \frac{3}{2}$.

23. Lateinische Algebrahandschrift von 1481, aus einem dresdener Sammelband: 191, 194, *766*, 216.

Wappler, vgl. oben.

a) Wappler, S. 16 unterste Aufgabe:

„Dividatur 10 in 2 (partes) et alterum per 5 multiplico, et producto per alterum diviso exeunt $\frac{10}{3}$. Fac sic. Sit prima pars 1 *co*, altera pars 10 — 1 *co*, multiplica alteram per 5, facit 50 — 5 *co* et hoc per 1 *co* diviso facit $\frac{50-5\,co}{1\,co}$, et hoc equatur (ex) ypothesi $\frac{10}{3}$, igitur illud multiplica per denominatorem facit $\frac{50-5\,co}{10\,co}$(!). Nunc equaverunt $\frac{25}{3}$ (*co*) equales 50 *dr*. Nunc est in regula. Divide *dr* per *co*. facit pars prima 6, secunda 4."

10 soll in 2 Teile zerlegt werden und zwar soll der eine, mit 5 multipliziert, dann durch den anderen dividiert, $\frac{10}{3}$ ergeben. Mach es so. Der erste Teil sei x, der andere $10-x$; multipliziere den zweiten mit 5, giebt $50-5\,x$, und dividiere durch $1\,x$, giebt $\frac{50-5\,x}{x}$ und dies soll der Voraussetzung nach gleich $\frac{10}{3}$ sein ... (verdorbener Text) ... Nun werden $\frac{25}{3}\,x$ gleich 50 sein. Jetzt gehts nach der Regel. Dividiere das konstante Glied durch den Koëffizienten von x. Der erste Teil wird 6, der zweite 4.

NB. Betreffs der Zeichen *co* *dr* vgl. Tafel S. 191.

b) Wappler, S. 29; Regel für die Normalform $a x^2 = \sqrt{x}$:

„In quo ʒ assimilatur radici de *co*. Tunc ʒ in se ducatur, et a r(adice) de *co* punctus deleatur et equantur iterum inter se."

Hierin wird x^2 mit $\sqrt{x}$ verglichen. Dabei multipliziere die x^2 mit sich selbst und von $\sqrt{x}$ lösche das Wurzelzeichen aus; dann wird wieder gleich gesetzt.

24. Nic. Chuquet (Lyon, Paris; stirbt um 1500): 8, *19*, 197, *782*, 217, 231.

Le Triparty en la science des nombres, 1484 (Manuskript) Abdruck im Bulletino Boncompagni, Bd. XIII, Rom 1880.

a) Aus der Wurzellehre:

S. 731, Z. 24: „℞.^{2} 108. $\bar{p}$. ℞.^{2} 21. par. 6. $\bar{p}$. ℞.^{2} 7." d. i. $\frac{\sqrt{108}+\sqrt{21}}{6+\sqrt{7}}$

S. 732, Z. 12 v. u: „℞.^{2} 13. $\bar{m}$. ℞.^{2} 7. $\bar{p}$. ℞.^{2} 6. par ℞.^{2} 5. $\bar{m}$. ℞.^{2} 2."

d. i. $\frac{\sqrt{13}-\sqrt{7}+\sqrt{6}}{\sqrt{5}-\sqrt{3}}$

b) Lösung der quadratischen Gleichung $12+3\,x^2=30\,x$ oder $4+x^2=10\,x$ durch $x=5\pm\sqrt{21}$. S. 805, Z. 4 v. u.:

„.12.plus.3^2 egaux *a*.30^1.
Or divise les deux precedens par le sequent si auras .4. et .10. pour le moyen dont la

$12+3\,x^2=30\,x$.
Dividiere die Koëffizienten der beiden niedrigeren Glieder durch den des höchsten, so hast du 4 u. für

moictie qui est .5. multipliee en soy monte .25. dont Il en fault minuer .4. reste .21. dont ℞.² 21. adioustee a .5. ou soustraicte de .5. mõte .5. *p̄*. ℞.² 21. Ou .5. *m̃*. ℞.² 21. qui sont le nombre que Je vouloye scauoir.“

das mittlere 10; die Hälfte dieses, die gleich 5 ist, multipliziere mit sich selbst; das giebt 25. Hiervon muß man 4 abziehen, bleibt 21. Die Quadratwurzel aus 21 addiert zu 5 oder subtrahiert von 5 giebt $5+\sqrt{21}$ oder $5-\sqrt{21}$. Das sind die Zahlen, die ich wissen wollte.

c) Lösung einer schwierigeren Gleichung: $\sqrt{12x - x^2} + 1 = \sqrt{36 - x^2}$. S. 747:

„Je veulx abrevier et egalir ℞.² 12.¹ *m̃*. 1.² *p̄*. 1. contre ℞.² 36. *m̃*. 1.² [$\sqrt{12x - x^2} + 1 = \sqrt{36 - x^2}$]. Pour le p̄mier Il conuient multiplier lune et laultre parties chascune en soy et lon aura pour la p̄miere multiplicacion .12.¹ *m̃*. 1.² *p̄*. ℞.² 48.¹ *m̃*. 4.² *p̄*. 1 dune part et 36. *m̃*. 1.² daultre part [$(\sqrt{12x-x^2}+1)^2=(\sqrt{36-x^2})^2$, d. i. $12x - x^2 + \sqrt{48x - 4x^2} + 1 = 36 - x^2$]. Ores donnes .1.² a lune et a laultre p̄ties si auras 12¹ *p̄*. ℞² 4.¹ *m̃*. 48.² *p̄*. 1 dune part et .36 de laultre part [$12x + \sqrt{48x - 4x^2} + 1 = 36$]. puis lyeue .1. de chascune partie si auras 12.¹ *p̄*. ℞² 48.¹ *m̃*. 4.² dune part et .35. pour laultre [$12x + \sqrt{48x - 4x^2} = 35$].

Encores soustraiz de ses parties .12.¹ si trouueras ℞.² 48.¹ *m̃*. 4². dune parte et 35. *m̃*. 12.¹ pour laultre [$\sqrt{48x - 4x^2} = 35 - 12x$]. Et pourtant quelune des parties est encores racine secõde Il conuient multiplier chascune partie en soy et lon aura 48.¹ *m̃*. 4.² dung coste et .1225. *m̃*. 840.¹ *p̄*. 144.² dault̄ coste [$(\sqrt{48x - 4x^2})^2 = (35 - 12x)^2$, d. i. $48x - 4x^2 = 1225 - 840x + 144x^2$].

Encores pour abreuier ces parties conuient donner .4². *a* chascune partie et lon aura .48¹. dune parte et .1225. *m̃*. 840.¹ *p̄*. 148² daultre [$48x = 1225 - 840x + 148x^2$], Encores fault donner a chũne partie .840¹. et lon aura .888¹. pour lune parte egaulx *a*. 1225. *p̄*. 148.² daultre part [$888x = 1225 + 148x^2$], qui est la fin de cest abreuiment“ u. s. w.

25. Johannes Widmann von Eger, Rechenbuch, Leipzig 1489[55]: 27, *93*, 99, *391*, 107, *419*, 131, 191, 216, *871*.

a) 113. Blatt, ein Blatt nach der Signatur p.

„Jtm̃ eyner hat kaufft: 6 Eyer — 2 ₰ pro 4 ₰ + 1 ey. Nu ist die frag wie kūpt 1 ey Wiltu das wissen vnd des gleichen So machſʒ nach der regl alſo Addir dy gemynderten 2 ₰ ʒu 4 ₰

werdñ 6 ℞ vnd dʒ ist der zeler. vnd darnach Addir auch die kleyner zal der eyer gemyndert zu der grossern irñ gleichñ Ader subtrahir das kleynist gemert von der grossern czal irſʒ gleichñ als 1 ey von 6 pleybñ 5 vnd ist der nenner des vorgefundenen zelerſ. vnd stet also $\frac{5}{6}$ vnd so tewer kumpt 1 ey."

Die hier befolgte „Regula Pulchra" lautet: „Nu soltu diesce Regel alſʒo verfuren Addir die geminderte zal der ℞ zur furgelegten zal der ℞ Und subtrahir die zal des Dinges vō der andern zal ỹrſ gleychen Unnd dividir die vberige zal der ℞ mit der vberigñ zal der gekaufften war. vnd der selbigñ teylung quocient bericht die frag."

b) Die einzige Stelle, an der Widmann algebraisch rechnet, findet sich S. 215ᵇ—216ᵇ. W. will ein Quadrat in einen Halbkreis einschreiben; die gegebene Vorschrift $\sqrt{\frac{1}{5}d^2}$ (*d* Durchmesser des Kreises) für die Berechnung der Quadratseite leitet er nachträglich algebraisch ab (siehe unten). — Die von W. gemachten Fehler sind unten hervorgehoben, das Richtige in Klammern beigefügt. Die von W. entworfene Figur zeigt das Quadrat sowohl im oberen als unteren Halbkreis, so daß ein Rechteck a (rechts oben) c (links oben) b (links unten) d (rechts unten) entsteht, dessen Diagonalenschnittpunkt das Zentrum des Kreises ist; dabei ist c b = 2 c a.

„... Und darumb soltu seczē dʒ vom a piſ zum c seÿ ein cossa· vnd vom c zum b auch eỹ cossa [2 cossa]. vnd also sprich dʒ eyn quadrat [Rechteck] weyt sei 1 cossa vnnd langk 2 cossa darnach wart wie groß eyn quadrat sey das do weyt sey 1 cossa. Und zweier langk. multiplicir 1 𝔷· durch 1 𝔷 wirt 1 zēſs vñ multiplicir 2 𝔷· durch 2 𝔷. werde 4 zēſs addirß zusammen wern̄ 5 𝔷. das ist vom a zum b vnd auch vō c zum d auff das geneust [höchstens gleich (a b)² od. (a c)²]. Uñ ist oben berurt das der dyameter der rotūd [= Kreis] sey 12 darumb quadrir 12 werden 144 dʒ teyl durch zēſs als 5 so kūme $28\frac{4}{5}$ vnd ſʒo vil ist die ra. das ist ra. von $28\frac{4}{5}$ vnnd ist gesetzt das dʒ quadrat sey auff yder seyten 1 𝔷 darumb ist eyn seyten ℞ von $28\frac{4}{5}$ vnd also hastu das vbereỹ kumpt 𝔷 mit der anderñ regel."

NB. Betreffs des 𝔷 siehe Tafel S. 191.

26. Luca Paciuolo (1445 Borgo San Sepolcro — cr. 1514 Florenz; Franziskaner, Lehrer der Mathematik an verschiedenen italienischen Universitäten): 189, 216—217, 260.

Summa de Arithmetica Geometria Proportioni et Proportionalita, Venet. 1494 (verfaßt um 1487).

a) Aus der Wurzellehre:

Teil I, S. 112ᵇ am Rand: ℞ ℞. 27. p̃. ℞ ℞. 3
℞ ℞. 27. p̃. ℞ ℞. 3
℞. 48. p̃. 6

d. i. $(\sqrt[4]{27}+\sqrt[4]{3})\cdot(\sqrt[4]{27}+\sqrt[4]{3}) = \sqrt[2]{48}+6$

Teil I, S. 124ᵇ am Rand:

℞ *V. r.* 40. p̃. 6. p̃. ℞ *V. r.* 40 m̃. 6
℞ *V. r.* 40. p̃. 6. p̃. ℞ *V. r.* 40 m̃. 6
℞. 160. p̃. 4

d. i. $(\sqrt{\sqrt{40}+6}+\sqrt{\sqrt{40}-6})^2 = \sqrt{160}+4$

b) eine Gleichung: $x^2+4=5x$; $x=\sqrt{(\frac{5}{2})^2-4}+\frac{5}{2}$

Teil I, S. 45ᵃ u.:

„Trouame 1. numero che multiplicato per. 5. facia quanto el suo quadrato gionto con 4. Poni chel sia. 1. *co.* el suo quadrato ene. 1. *ce.* giontoci. 4. sera. equale a. 5. via. 1. *co.* cioe. 1. *ce.* p̃. 4. se aguagliano a. 5. *co.* Smezza la cose. Multiplica in se. Cauane el numero. Restara $2\frac{1}{4}$. E la ℞ $2\frac{1}{4}$. p̃. $2\frac{1}{2}$ per lo dimezamento de le cose valse la cosa. E fo el vomondato numero cioe 4. . . . “

Eine Zahl zu finden, die mit 5 multipliziert ebensoviel ausmacht, wie ihr Quadrat zu vier addiert. Setze dieselbe gleich $1x$; ihr Quadrat, $1x^2$, vermehrt um 4, wird gleich sein $5\cdot x$, d. h. $1x^2+4=5x$. Nimm die Hälfte der x. Multipliziere sie mit sich selbst. Subtrahiere die Konstante. Bleibt $2\frac{1}{4}$. Und $\sqrt{2\frac{1}{4}}$ vermehrt um $2\frac{1}{2}$, die Hälfte der x, giebt das x. Das liefert die gedachte Zahl 4.

27. Wiener Handschrift: Regulae Cosae vel Algebrae; vor 1510 entstanden.[771. 772]: 181, 191, 218.

28. Grammateus (Johannes Schreiber aus Erfurt; Lehrer in Wien).

Rechenbuch von 1518[24] (unpaginiert).

a) Signatur $\mathfrak{H}_{III}$: „Als ich vil subtrahirn $\frac{6\ \mathfrak{N}.}{4\ 5a.}$ vonn $\frac{3\ \mathfrak{N}.}{4\ \text{se.}}$ so pleybt $\frac{12\ \text{ter. mi. } 24\ \mathfrak{N}.}{16.\ 5a.}$ “

modern: $\frac{3}{4x^3}-\frac{6}{4x^5}=\frac{12x^3-24}{16x^5}$.

b) 4 Seiten nach der Signatur $\mathfrak{S}_{IIII}$, ein Multiplikationsexempel:

6 pri: — 8 N:
durch
5 pri: — 6 N:
30 se: — 40 pri:
— 36 pri: + 48 N:
30 se: — 76 pri: + 48 N:

modern:

$$\begin{array}{r}(6x-8)\cdot(5x-6)\\ \hline 30x^2-40x\qquad\\ -36x+48\\ \hline 30x^2-76x+48\end{array}$$

29. A. Riese (1492—1559, Rechenmeister in Annaberg): 191, 197, 219.

1524 Manuskript über die Gleichungslehre (die Coß); Berlet *„Adam Riese, sein Leben, seine Rechenbücher und seine Art zu rechnen. — Die Coß von Adam Riese."* Leipzig-Frankfurt a. M. 1892.

Berlet S. 40. Behandlung der Normalform $a x^2 = \sqrt{b x^2}$.

„Die zwenzigſte Regel iſt, ßo ʒ vorgleicht wird dem ✓ von ʒ, ßo multiplicir den ʒ in ſich darnach leſche auß den punkt fur dem ʒ, ſo komſtu in die vorgleichung das ʒʒ gleich wird dem ʒ, teyl ʒ in ʒʒ ſo beweyſt alßdan radix quadrata die frag. Alß ich ſetz 3ʒ ſeint gleich dem radix von 36ʒ alßo geſchrieben ✓36ʒ. Multiplicir die 3ʒ in ſich kommen 9ʒʒ vnd leſche aus das punct vor den 36ʒ kommen 9ʒʒ gleich 36ʒ. Nachs nach der andern equacionn, ſo kommen 2 valor radicis."

$$a x^2 = \sqrt{b x^2}$$
$$a^2 x^4 = b x^2$$
$$x = \sqrt{\frac{b}{a^2}}$$
$$3 x^2 = \sqrt{36 x^2}$$
$$9 x^4 = 36 x^2$$
$$x^2 = 4$$
$$x = 2$$

30. Christoff Rudolff von Jauer: 38, 127, *469*, 191, 196, *779*, 197, 219, *833*.

a) 1525, die *Coß*,[761] Buch I, Kap. 9 unter „Dividirn", Rücks. der Signatur $\mathfrak{F}_v$; Division ungleichnamiger Wurzeln:

„Sein die zalen denominiert [mit Wurzelzeichen versehen] — eine von radice zenſica durch dieſen charaker . .[883] [$\sqrt[4]{p}$] die ander von radice cubica [$\sqrt[3]{q}$] Multiplicir den zenſdezens in ſich ſelbſt cubice [p^3] — dʒ product werde geheiſſen . a. [$a = p^3$] darnach nim vor dich die ander zal ſo von radice cubica benennt iſt | multiplicir ſie quadrate | [q^2] das do kompt multiplicier auch in ſich ſelbſt quadrate [q^4] | dʒ letſt product werd geſprochen . b. [$b = q^4$]. Sein demnach die zalen a b zugleich denominiert | dann ʒʒ in ſich ſelbſt cubice | darnach das quadrat ſo vom cub erwachſen in ſich ſelbſt quadrate gemultiplicirt | pringē zu peiden teilen die zwölfft ordnung der gleich proporcionirte zalen: numerum oder dragmam hindangeſetʒt: denn φ iſt kein zal. Zu exempel Ich will diuidiren . . . 216 durch . . 16[883] [$\sqrt[3]{216} : \sqrt[4]{16}$] Multiplicir 16 cubice | kompt 4096 der teiler. Darnach multiplicir 216 quadrate | entſpringt 46656. Dʒ quadrat ſölchs products: nemlich 2176782336 iſt die zal ſo geteilt ſoll werden. Darumb diuidier 2176782336 durch 4096 | als durch den vorbehaltenen teiler | erſcheint im quocient 531441. Radixcubica auß radix von radice | oder radicis radix von radice cubica zeigt an wie offt . . 16 behalten würt in . . . 216.[883] Steet alſo

Radix quadrata auß 531441 ist 729: radix quadrata auß 729 ist 27. radix cubica auß 27 thut 3 | ."

Dieses Beispiel lautet modern:

$$\sqrt[3]{216} : \sqrt[4]{16} = \sqrt[12]{216^4 : 16^3} = \sqrt[12]{2176782336 : 46656} = \sqrt[12]{531441}$$
$$= \sqrt[6]{729} = \sqrt[3]{27} = 3\,.$$

b) 1532, Rechenbuch[8]: 89.

31. Michael Stifel (1486/87 Eßlingen — 1567 Jena; lutherischer Prediger an verschiedenen Orten): 126, *468,* 191, 195, *774, 775,* 219—220, 230, 244, 250; vgl. auch Anhang II, Nr. 33.

Arithmetica integra, 1544 Nürnberg.

a) S. 135[b]:

„Sic vero stat exemplum ad multiplicationem

$$\begin{array}{c} \surd_{\mathfrak{z}}.\,12 + \surd_{\mathfrak{z}}\,6. + .\surd_{\mathfrak{z}}.\,12 - \surd_{\mathfrak{z}}\,6 \\ \underline{\surd_{\mathfrak{z}}.\,12 + \surd_{\mathfrak{z}}\,6. + .\surd_{\mathfrak{z}}.\,12 - \surd_{\mathfrak{z}}\,6} \\ 12 + \surd_{\mathfrak{z}}\,6 + 12 - \surd_{\mathfrak{z}}\,6 \\ \surd_{\mathfrak{z}}.\,144 - 6 + \surd_{\mathfrak{z}}.\,144 - 6 \end{array}$$

Particulae autem hae multiplicatione huius faciunt $24 + \surd_{\mathfrak{z}}\,552$."

Folgendermaßen wird aber ein Multiplikationsexempel angesetzt:

$$\left(\sqrt{12 + \sqrt{6}} + \sqrt{12 - \sqrt{6}}\right) \cdot \left(\sqrt{12 + \sqrt{6}} + \sqrt{12 - \sqrt{6}}\right)$$
$$= 12 + \sqrt{6} + 12 - \sqrt{6} + \sqrt{144 - 6} + \sqrt{144 - 6}$$
$$= 24 + \sqrt{552}\,.$$

b) S. 239[b]: Eine Zusammenstellung von Paradigmenaufgaben:

„Exemplum additionis

$\frac{3}{2}\,\mathfrak{x}$ de $\frac{4\,\mathfrak{z}}{3\,\mathfrak{ce}}$ facit $\frac{9\,\mathfrak{zz} + 8\,\mathfrak{z}}{6\,\mathfrak{ce}}$ $\qquad \frac{3}{2}x + \frac{4x^2}{3x^3} = \frac{9x^4 + 8x^2}{6x^3}$

Exemplum subtractionis

$\frac{3}{2}\,\mathfrak{x}$ de $\frac{9\,\mathfrak{zz} + 8\,\mathfrak{z}}{6\,\mathfrak{ce}}$ relinquunt $\frac{4\,\mathfrak{z}}{3\,\mathfrak{ce}}$ $\qquad \frac{9x^4 + 8x^2}{6x^3} - \frac{3}{2}x = \frac{4x^2}{3x^3}$

Exemplum multiplicationis

$\frac{9\,\mathfrak{zz} + 8\,\mathfrak{z}}{6\,\mathfrak{ce}}$ per $\frac{3\,\mathfrak{x}}{2}$ facit $\frac{27\,\mathfrak{ss} + 24\,\mathfrak{ce}}{12\,\mathfrak{ce}}$ $\qquad \frac{9x^4 + 8x^2}{6x^3} \cdot \frac{3x}{2} = \frac{27x^5 + 8x^3}{12x^3}$

Exemplum divisionis

$\frac{27\,\mathfrak{ss} + 24\,\mathfrak{ce}}{12\,\mathfrak{ce}}$ per $\frac{3}{2}\,\mathfrak{x}$ facit $\frac{9\,\mathfrak{zz} + 8\,\mathfrak{z}}{6\,\mathfrak{ce}}$ $\qquad \frac{27x^5 + 24x^3}{12x^3} : \frac{3x}{2} = \frac{9x^4 + 8x^2}{6x^3}$

Exemplum reductionis ad terminos signorum

$\frac{27\,\mathfrak{ss} + 24\,\mathfrak{ce}}{12\,\mathfrak{ce}}$ facit $\frac{27\,\mathfrak{z} + 24}{12}$ $\qquad \frac{27x^5 + 24x^3}{12x^3} = \frac{27x^2 + 24}{12}$

Exemplum reductionis ad terminos numerorum

$\frac{27ʒ + 24}{12}$ facit $\frac{9ʒ + 8}{4}$ „ $\quad\frac{27x^2+24}{12} = \frac{9x^2+8}{4}$.

c) S. 238[b]:

„Aliud multiplicationis exemplum — Modern:

6 ʒ + 8 ꝛ − 6	$(6x^2+8x-6)\cdot(2x^2-4)$
2 ʒ − 4	
12 ʒʒ + 16 ce − 12 ʒ	$12x^4+16x^3-12x^2$
− 24 ʒ − 32 ꝛ + 24	$-24x^2-32x+24$
12 ʒʒ + 16 ce − 36 ʒ − 32 ꝛ + 24.“	$12x^4+16x^3-36x^2-32x+24.$

d) S. 239[a]:

„Aliud exemplum divisionis

−12ʒ (quotiens
12ʒʒ + 16ce − 36ʒ − 32ꝛ + 24 (6ʒ + 8ꝛ − 3
2 ʒ + 0ꝛ − 4
2 ʒ + 0ꝛ − 4
2 ʒ + 0ꝛ − 4.“

Vgl. die Methode des Überwärtsdividierens mit reinen Zahlen S. 46.

e) S. 243[b]. Eine quadratische Gleichung wird geschrieben:
„Sit 1 ʒ aequatus 12 ꝛ − 36“ modern: $x^2 = 12x - 36$.

32. Hieronimo Cardano (1501 — Rom 1576; Pavia, Padua, Mailand, Bologna): 170, *665*, 217—218.

Practica Arithmeticae generalis, 1539. *Artis magnae sive de regulis algebraicis liber unus*, Nürnberg 1545. Cardano's Werke, Lugduni 1653.

a) Cardano, IV, S. 287:

5. p̃. ℞. m̃. 15.	$(5+\sqrt{-15})\cdot(5-\sqrt{-15})$
5. m̃. ℞. m̃. 15.	
25. m̃ m̃ 15. quad. est 40.	$= 25 - (-15) = 40.$

b) Cardano, IV, S. 29, *Pract. Ar.*, cap. XXII, § 11:

C. setzt die drei Gleichungen

$$(x^3-1):(x-1) = x^2+x+1$$
$$(x^4-1):(x-1) = x^3+x^2+x+1$$
$$(x^5-1):(x-1) = x^4+x^3+x^2+x+1$$

folgendermaßen auseinander:

„Si igitur diuideres 1. *cu.* m̃ 1 per 1. *co.* m̃. 1. exibit 1. *ce.* p̃. 1. *co.* p̃. 1, si vero 1. *ce. ce.* m̃. 1. per 1. *co.* m̃. 1. exibit 1. *cu.* p̃. 1. *ce.* p̃. 1. *co.* p̃. 1 et si divides 1. Rel. P. m̃. 1 per 1. *co.* m̃. 1. exibit 1. *ce. ce.* p̃. 1. *cu.* p̃. 1. *co.* p̃. 1 ...“

c) Die Regel Cardano's für den Fall $x^3 + px = q$ (*Ars magna*, cap. XI):

$$x = \sqrt[3]{\sqrt{\tfrac{1}{4}q^2 + \tfrac{1}{27}p^3} + \tfrac{1}{2}q} - \sqrt[3]{\sqrt{\tfrac{1}{4}q^2 + \tfrac{1}{27}p^3} - \tfrac{1}{2}q}$$

lautet im Original:

„Deducito tertiam partem numeri rerum ad cubum, cui addes quadratum dimidii numeri aequations, et totius accipe radicem, scilicet quadratam, quam servabis unique dimidium numeri quod jam in se duxeras, adjicies, ab altera dimidium idem minues, habebisque Binomium cum sua Apotome, inde detracta ℞ cubica Apotomae ex ℞ cubica sui Binomii, residuum quod ex hoc relinquitur, est rei aestimatio."

Erhebe den dritten Teil der Anzahl der x [p] in den Kubus; zu diesem addiere das Quadrat der Hälfte des konstanten Gliedes [q] und ziehe aus der Summe die Quadratwurzel. Diese merke dir und addiere einmal die Hälfte der konstanten Zahl, die du eben quadriert hattest, ein anderes Mal subtrahiere diese Hälfte. Dadurch erhälst du ein Binomium [$\sqrt{\frac{1}{4}q^2+\frac{1}{27}p^3}+\frac{1}{2}q$] und die zugehörige Apotome [$\sqrt{\frac{1}{4}q^2+\frac{1}{27}p^3}-\frac{1}{2}q$]. Zieht man nun die Kubikwurzel der Apotome von der Kubikwurzel des Binomiums ab, so ist der Rest, der hierbei übrig bleibt, der Wert der Unbekannten.

33. Michael Stifel: 85, *331*, 191, 196, *779*, 198, 219, 220, 230, 235, vgl. Anhang II, Nr. 31.

Neuausgabe der Rudolff'schen *Coß*, Königsberg i. Pr. 1553 (mit Zusätzen Stifel's).

Lösung der Aufgabe: $(x + y)(x^2 - y^2) = 675$
$(x - y)(x^2 + y^2) = 351.$

S. 470ᵇ—471ᵇ:

„Das 19 Exemplum."

„Es sind zwo zalen | so man yhr aggregat multiplicirt in die differenz yhrer quadrat | so komen 675. Multiplicirt man aber der zalen differenz in das aggregat yhrer quadrat | so kommen 351. Welche zalen sinds? — $(x+y)(x^2-y^2)=675$; $(x-y)(x^2+y^2)=351$

Facit 1𝔵 und 1A Also multiplicir ich 1𝔵 + 1A in 1𝔷 − 1AA — $(x+y)\cdot(x^2-y^2)$

Facit dis product

1𝔠 + 1𝔷A − 1𝔵AA − 1AAA.

vnd das ist gleich 675. — $x^3+x^2y-xy^2-y^3 = 675$

Darnach multiplicir ich 1𝔵 − 1*A*. in 1ʒ + 1*AA*. Facit 1𝔠𝔢 − 1ʒ*A* + 1𝔵*AA* − 1*AAA*. und das ist gleich 351.

$$(x-y)\cdot(x^2+y^2)$$

$$x^3-x^2y+xy^2-y^3=351$$

Setz die proportz dieser zalen 675 und 351 in jhre kleynste zalen so kommen .25 vnd 13. vnd kommen die zwo vergleychung also in eine einige vergleychung | so man im kreutz multiplicirt

$$\frac{675}{351}=\frac{25}{13}$$

1𝔠𝔢 + 1ʒ*A* − 1𝔵*AA* − 1*AAA* ╲╱ 25
1𝔠𝔢 − 1ʒ*A* + 1𝔵*AA* − 1*AAA* ╱╲ 13

$$(x^3+x^2y-xy^2-y^3)\cdot 13=(x^3-x^2y+xy^2-y^3)\cdot 25$$

Facit 13𝔠𝔢 + 13ʒ*A* − 13𝔵*AA* − 13*AAA* gleich 25𝔠𝔢 − 25ʒ*A* + 25𝔵*AA* − 25*AAA*

$$13x^3+13x^2y-13xy^2-13y^3=25x^3-25x^2y+25xy^2-25y^3$$

Reducirt man dise vergleychung mit addirn vnd darnach mit subtrahirn | so kommen 38ʒ*A* − 38𝔵*AA*. gleych 12𝔠𝔢 − 12*AAA*.

$$38x^2y-38xy^2=12x^3-12y^3$$

So diuidir ich yetzt auff yeder seyten mit 12𝔵 − 12*A*. so kommen 3⅙𝔵*A*. gleych 1ʒ + 1𝔵*A* + 1*AA*. Hie addir ich auff yeder seyten 1𝔵*A*. das ich könne radicem extrahiren.

$$3\tfrac{1}{6}xy=x^2+xy+y^2$$

Wirt 4⅙𝔵*A* gleych 1ʒ + 2𝔵*A* + 1*AA*. jetzt extrahir ich auff yeder seyten die quadrat wurtzel so wird √4⅙𝔵*A* gleich 1𝔵 + 1*A*.

$$4\tfrac{1}{6}xy=x^2+2xy+y^2$$

$$\sqrt{4\tfrac{1}{6}xy}=x+y$$

Hie wiederumb hole ich die obern vergleychung da 3⅙𝔵*A* gleich würden 1ʒ + 1𝔵*A* + 1*AA* vnd subtrahir auff yeder seyten 3𝔵*A*. so werden denn ⅙𝔵*A* gleich 1ʒ − 2𝔵*A* + 1*AA*. also extrahir ich auff yeder seyten die quadrat wurtzel | so wirt √⅙𝔵*A* gleich 1𝔵 − 1*A*. oben ward auch gefunden das √4⅙𝔵*A* war gleich 1𝔵 + 1*A*. So mach aufs disen zweyen vergleychungen ein einige vergleychung mit addirn. denn da werden 2𝔵 gleich √6𝔵*A*.

$$3\tfrac{1}{6}xy=x^2+xy+y^2$$

$$\tfrac{1}{6}xy=x^2-2xy+y^2$$

$$\sqrt{\tfrac{1}{6}xy}=x-y$$

$$\sqrt{4\tfrac{1}{6}xy}=x+y$$

$$2x=\sqrt{6xy}$$

Also multiplicir ich yetzt auff yeder seyten quadrate | so kommen 4ʒ gleych 6𝔵*A*. dividirestu nu auff yeder seyten

$$4x^2=6xy$$

mit 6 ꝛe. so kompt 1 *A*. gleich ⅔ ꝛe. Vnd ist 1 *A* resoluirt.	$y = \frac{2}{3}x$
Vnd stehn yetzt die zalen der auffgabe also 1 ꝛe vnd ⅔ ꝛe. Wider hol yetzt die auffgab mit diser satzung | so wirt 1 ꝛe resoluirt bald auſs dem ersten teyl der aufgab. Vnd kompt 1 ꝛe resoluirt in 9. Also sind die zalen der aufgab 9 vnd 6.	$(x + \frac{2}{3}x) \cdot (x^2 - \frac{4}{9}x^2) = 675$ $x = 9.$

34. **Nicolo Tartaglia** (1500 — 1557; Brescia, Vendig): *188, 1091.*

General Trattato di numeri et misure, Venedig 1556—1560.

Die algebraische Schreibart ist dieselbe wie bei Paciuolo. Das Pluszeichen ist ein verschnörkeltes p ohne irgend eine Ähnlichkeit mit dem deutschen Additionskreuz.

35. **Johannes Buteo** (1492 Dauphinée — 1572): 251.

Logistica, 1559 Lugduni.

Log. S. 190—191, eine Gleichung mit mehreren Unbekannten (unter Weglassen des verbindenden Textes):

	(modern)
1 *A*, ⅓ *B*, ⅓ *C* [14	$x + \frac{1}{3}y + \frac{1}{3}z = 14$
1 *B*, ¼ *A*, ¼ *C* [8	$y + \frac{1}{4}x + \frac{1}{4}z = 8$
1 *C*, ⅕ *A*, ⅕ *B* [8	$z + \frac{1}{5}x + \frac{1}{5}y = 8$
3 *A*. 1 *B*. 1 *C* [42	$3x + y + z = 42$
1 *A*. 4 *B*. 1 *C* [32	$x + 4y + z = 32$
1 *A*. 1 *B*. 5 *C* [40	$x + y + 5z = 40$
3 *A*, 12 *B*, 3 *C* [96	$3x + 12y + 3z = 96$
3 *A*, 1 *B*, 1 *C* [42	$3x + y + z = 42$
11 *B*. 2 *C* [54	$11y + 2z = 54$
3 *A*. 3 *B*. 15 *C* [120	$3x + 3y + 15z = 120$
3 *A* 1 *B* 1 *C* [42	$3x + y + z = 42$
2 *B*. 14 *C* [78	$2y + 14z = 78$
22 *B*. 154 *C* [858	$22y + 154z = 858$
22 *B* 4 *C* [108	$22y + 4z = 108$
150 *C* [750	$150z = 750$
C [5	$z = 5$

u. s. w.

36. **Pedro Nuñez** (1492—1577; Universität Coïmbra, Portugal).

Libro De Algebra en Arithmetica y Geometria, Anvers 1567.

S. 32^a, eine Divisionsaufgabe mit algebraischen Summen:

		(modern)
4.co.p̃.3	12.cu.p̃ 18.ce.p̃ 27.co.p̃ 17	$4x+3$ in $12x^3+18x^2+27x+17$
	12.cu.p̃ 9.ce.	$12x^3+9x^2$
	9.ce.p̃ 27.co.p̃ 17	$9x^2+27x$
	9.ce.p̃ 6.co.$\frac{3}{4}$	$9x^2+6\frac{3}{4}x$
	20.co.$\frac{1}{4}$p̃.17	$20\frac{1}{4}x+17$
	20.co.$\frac{1}{4}$p̃.15$\frac{3}{16}$	$20\frac{1}{4}x+15\frac{3}{16}$
	1$\frac{13}{16}$	$1\frac{13}{16}$
3.ce.p̃ 2.co.$\frac{1}{4}$.p̃ 5$\frac{1}{16}$.p̃ 1$\frac{13}{16}$		$3x^2+2\frac{1}{4}x+5\frac{1}{16}$. Rest $1\frac{13}{16}$

37. Rafaele Bombelli (Bologna): 139, 198, 218.

l'Algebra, Venedig 1572 (Bologna 1579).

S. 294, eine Gleichung dritten Grades:

1.$\overset{3}{\smile}$ Eguale à 15.$\overset{1}{\smile}$ *p.* 4 d. h. $x^3 = 15x + 4$.

38. Simon Stevin (1548 Brügge — 1620 Leiden; Kaufmann, später im Staatsdienst als Ingenieur)[88]: 90, 139, 199, 201, *801*, 220—221, 250.

L'Arithmetique, 1585.

a) ed. Girard, S. 50:

	(modern)
√ bino. 5 + √ 3 + √ bino. 5 − √ 3	$(\sqrt{5+\sqrt{3}}+\sqrt{5-\sqrt{3}})^2$
√ bino. 5 + √ 3 + √ bino. 5 − √ 3	
+ √ 22 + 5 − √ 3	$=5+\sqrt{3}+\sqrt{22}+\sqrt{22}+5-\sqrt{3}$
5 + √ 3 + √ 22	
Produict et solution 10 + √ 88	$=10+\sqrt{88}$.

b) S. 54:

nombre à multiplier	
2③ − 4② + 3①	$(2x^3-4x^2+3x)$.
Multiplicateur + 2④ + 3③	$(2x^4+3x^3)$
+ 6⑥ − 12⑤ + 9④	$+6x^6-12x^5+9x^4$
4⑦ − 8⑥ + 6⑤	$4x^7-8x^6+6x^5$
Produict 4⑦ − 2⑥ − 6⑤ + 9④	$4x^7-2x^6-6x^5+9x^4$.

c) Multipliant √ 3 ① par √ 2 ② fait √ 6 ③	$\sqrt{3x}.\sqrt{2x^2}=\sqrt{6x^3}$
Item multipliant √ 3)(① par √)(② fait 6)(③	$\sqrt{3}\ x.\sqrt{2}\ x^2=\sqrt{6}\ x^3$
Item multipliant √ bino. √ 3 ② + √ 2 ① par √ bino. √ 5 ② + √ 4 ① font √ quadrin. √ 15 ④ + √ 12 ③ + √ 10 ③ + √ 8 ②	$\sqrt{\sqrt{3x^2}+\sqrt{2x}}.\sqrt{\sqrt{5x^2}+\sqrt{4x}}$ $=\sqrt{\sqrt{15x^4}+\sqrt{12x^3}+\sqrt{10x^3}+\sqrt{8x^2}}$.

d) S. 60, Multiplikationsbeispiel mit mehreren Unbekannten:

4 sec. ② + 5 ①	$(4y^2 + 5x)$.
3 sec. ② + 2 ①	$(3y^2 + 2x)$
+ 8 ① *M* sec ② + 10 ②	$8xy^2 + 10x^2$
12 sec ④ + 15 ① *M* sec ②	$+ 12y^4 + 15xy^2$
12 sec ④ + 23 ① *M* sec ② + 10 ②	$12y^4 + 23xy^2 + 10x^2$.

e) ... Item 2 ① *D* sec ②, multipliés par 3 ② *D* ter. ③ donnent produict 6 ③ *D* sec. ② *D* ter. ③

$$\frac{2x}{y^2} \cdot \frac{3x^2}{z^3} = \frac{6x^3}{y^2 z^3}.$$

f) S. 61: ... Item divisant 6 ③ *M* sec. ① par 2 ① *D* ter ②, donne quotient 3 ② sec ① *M* ter ②

$$6x^3 y : \frac{2x}{z^2} = 3x^2 \cdot y \cdot z^2.$$

g) S. 63, Behandlung einer höheren Gleichung:

1 ⑨ egale à 3 ⑥ + 5 ③ seront reduictes	$x^9 = 3x^6 + 5x^3$ wird zurückgeführt auf
1 ⑥ egale à 3 ③ + 5	$x^6 = 3x^3 + 5$.

h) S. 71, Lösungsformel der kubischen Gleichung $x^3 = 6x + 40$:

√③bino.20 + √392 + √③bino.20 − √392 $\quad x = \sqrt[3]{20 + \sqrt{392}} + \sqrt[3]{20 - \sqrt{392}}$.

39. François Viète (1540—1603; Paris, französischer Staatsbeamter): 139, 149, *559*, 199, 222, 263, *1052*, 294, *1176*.

In artem analyticam isagoge, Turonis 1591. — *Zeteticorum libri V*, Turonis (?) 1593. — *De aequationum recognitione et emendatione* 1615. — Vieta, *Opera mathematica;* ed. Schooten 1646.

Die Schreibart Schooten's in der Gesamtausgabe v. 1646 ist nicht die originale; Sch. benutzt vielmehr die von Descartes (1637) eingeführten Neuerungen.

a) Isagoge 1591. Das Rechnen mit Buchstaben:

S. 6: Oporteat $A \frac{\text{plano}}{B}$ addere Z. Summa erit $\frac{A \text{ planum} + Z \text{ in } B}{B}$

[d. h. Es soll $\frac{a}{b}$ zu z addiert werden. Die Summe beträgt $a + \frac{zb}{b}$]

Oporteat $A \frac{\text{plano}}{B}$ addere $Z \frac{\text{quadratum}}{G}$. Summa erit $\frac{G \text{ in } A \text{ planum} + B \text{ in } Z \text{ quadratum}}{B \text{ in } G}$

[d. h. Es soll $\frac{a}{b}$ zu $\frac{z^2}{g}$ addiert werden. Die Summe wird $\frac{ga + bz^2}{bg}$]

Vel denique, Oporteat adplicare $\frac{B \text{ cubum}}{Z}$ ad $\frac{A \text{ cubum}}{D \text{ plano}}$, ortius erit $\frac{B \text{ Cubus in } D \text{ planum}}{Z \text{ in } A \text{ cubum}}$

[d. h. Oder zuletzt, es soll $\frac{b^3}{z}$ durch $\frac{a^3}{d}$ dividiert werden, so entsteht $\frac{b^3 d}{z a^3}$].

b) Zetet. I. 8, eine Gleichung:

Originalausgabe, S. 3[b]: (1593) $\frac{B \text{ in } A}{D} + \left\{\frac{B \text{ in } A \atop - B \text{ in } H}{F}\right\}$ aequabuntur B

Schooten'sche Ausgabe, S. 46: (1646) $\frac{B \text{ in } A}{D} + \frac{B \text{ in } A - B \text{ in } H}{F}$ aequabitur B.

Modern: $\frac{ax}{b} + \frac{ax - ac}{d} = a$

[A die Unbekannte $= x$. Die Konsonanten sind die bekannten Zahlen].

c) Weitere Abweichungen zwischen Vieta u. Schooten:

	Vieta	Schooten	Modern
Zetet. II, 22:	$l \frac{25}{3} - l \frac{5}{3}$ (l = latus)	$\surd \frac{25}{3} - \surd \frac{5}{3}$	$\sqrt{\frac{25}{3}} - \sqrt{\frac{5}{3}}$
Zetet. IV, 10:	B in $\left\{ D \text{ quadratum} \atop + B \text{ in } D \right.$	B in $\overline{D \text{ quad.} + B \text{ in } D}$	$b.(d^2 + bd)$
Zetet. IV, 20:	D in $\left[B \text{ cubum } 2 \atop - D \text{ cubo} \right.$	D in $\overline{B \text{ cubum } 2 - D \text{ cubo}}$	$d(2b^3 - d^3)$.

d) Behandlung einer kubischen Gleichung. De emendatione Aequationum, cap. VII, ed. Schooten, 1646, S. 149 (siehe S. 278).

Problema I.

Cubum adfectum sub latere adfirmate ad quadratum radicem habens solidam idemque adfectum, reducere.

Proponatur A cubus $+ B$ plano 3 in A, aequari Z solido 2. Oportet facere quod propositum est. E quadr. $+ A$ in E aequatur B plano.

. . . . igitur $\frac{B \text{ planum} - E \text{ quadr.}}{E}$ erit A.

Quare

$$\frac{B \text{ plano-plano-planum} - E \text{ quad. in } B \text{ plano-planum } 3 + E \text{ quad quad in } B \text{ planum } 3 - E \text{ cubo cubo}}{E \text{ cubo}}$$

$$+ \frac{B \text{ pl. pl. } 3 - B \text{ pl. in } E \text{ q. } 3}{E} \text{ aequabitur } Z \text{ solido } 2.$$

Et omnibus per E cubum ductis et ex arte concinnatis. E cubi quad. $+ Z$ solido 2 in E cubum, aequabitur B plani-cubo.

Quae aequatio est quadrati affirmate affecti, radicem habentis solidam. Facta itaque reductis et quae imperabatur.

Consectarium.

Itaque si A cubus et B plano 3 in A, aequetur Z solido 2 et $\sqrt{B \text{ plano-plano-plani} + Z \text{ solido-solido}} - Z$ solido, aequetur D cubo. ergo $\frac{B \text{ planum} - D \text{ quadr.}}{D}$, fit A de quaeritur.

Übersetzung: Problem I.

Eine (reduzierte) kubische Gleichung, deren lineares Glied (latus) positiv ist, auf eine quadratische zurückzuführen, deren Wurzel eine kubische Größe ist und deren lineares Glied ebenfalls positiv ist.

Man nehme $A^3+3B^2A=2Z^3$ [modern: $x^3+3a^2x=2b^3$]. Um die Aufgabe zu erfüllen, sei $E^2+AE=B^2$ [modern: $y^2+xy=a^2$] ..... also ist $\frac{B^2-E^2}{E}=A$ $\left[\text{mod.: } \frac{a^2-y^2}{y}=x\right]$.

Daher wird $\frac{B^6-3E^2B^4+3E^4B^2-E^6}{E^3}+\frac{3B^4-3B^2E^2}{E}=2Z^3$

$$\left[\text{mod.: } \frac{a^6-3a^4y^2+3a^2y^4-y^6}{y^3}+\frac{3a^4-3a^2y^2}{y}=2b^3\right]$$

Nachdem alle Glieder mit E^3 multipliziert und vorschriftsmäßig geordnet sind, wird $E^6+3Z^3E^3=B^6$ [mod.: $y^6+2b^3y^3=a^6$].

Diese Gleichung ist quadratisch und mit einem positiven (linearen) Gliede versehen, hat außerdem eine kubische Wurzel. Daher ist die Zurückführung geschehen und das Verlangte erfüllt.

Folgerung.

Wenn daher $A^3+3B^2A=2Z^3$ ist [mod.: $x^3+3a^2x=2b^3$] und $\sqrt{B^6+Z^6}-Z^3=D^3$ [mod.: $\sqrt{a^6+b^6}-b^3=c^3$], so ist $\frac{B^2-D^2}{D}$ der gesuchte Wert A $\left[\text{mod.: } \frac{a^2-c^2}{c}\right]$.

e) Die Lösung der kubischen Gleichung:

A cubus + B plano 3 in A aequatur Z solido 2
[modern: $x^3+3a^2x=2b^3$]

wird in der Schooten'schen Ausgabe 1646 folgendermaßen geschrieben

$$\sqrt{C.\sqrt{B \text{ plano-plano-plani} + Z \text{ solido-solido}} + Z \text{ solido}}$$
$$- \sqrt{C.\sqrt{B \text{ plano-plano-plani} + Z \text{ solido-solido}} - Z \text{ solido}}$$

d. h. $A = \sqrt[3]{\sqrt{B^6 + Z^6} + Z^3} - \sqrt[3]{\sqrt{B^6 + Z^6} - Z^3}$

[modern: $x = \sqrt[3]{\sqrt{a^6 + b^6} + b^3} - \sqrt[3]{\sqrt{a^6 + b^6} - b^3}$].

Über Vieta's Originalschreibart zusammengesetzter Wurzeln vgl. S. 222.

40. Petrus Ramus (Pierre de la Ramée, 1515—1572; Paris): 198.

Petri Rami Arithmetices libri duo et Algebrae totidem, Frankfurt 1592.

modern:

S. 306:

$$\begin{array}{r} 8q + 9 \\ 7q + 4 \\ \hline + 32q + 36 \\ 56bq + 63q \\ \hline 56bq + 95q + 36 \end{array} \qquad \begin{array}{r} 79 - 4l \\ 9l \\ \hline 63c + 36q \end{array} \qquad \begin{array}{r} (8x^2 + 9) \\ .(7x^2 + 4) \\ \hline 32x^2 + 36 \\ +56x^4 + 63x^2 \\ \hline +56x^4 + 95x^2 + 36 \end{array} \qquad \begin{array}{r} (7x^2 - 4x) \\ .9x \\ \hline 63x^3 - 36x^2 \end{array}$$

S. 307:

modern:

$$\begin{array}{r} l8 - l2 \\ l7 - l3 \\ \hline -l24 + l6 \\ l56 - l14 \\ \hline l56 - l24 - l14 + l6 \end{array} \qquad \begin{array}{r} (\sqrt{8} - \sqrt{2}) \\ (\sqrt{7} - \sqrt{3}) \\ \hline -\sqrt{24} + \sqrt{6} \\ \sqrt{56} - \sqrt{14} \phantom{+\sqrt{6}} \\ \hline \sqrt{56} - \sqrt{24} - \sqrt{14} + \sqrt{6} \end{array}$$

41. Johannes Kepler (1571 Würtemberg — 1630 Regensburg; Graz, Prag, Linz, Ulm): 91, *354*, 199, 245.

De figurarum Harmonicarum Demonstratione, Linz 1619, Ges. Werke, ed. Frisch, Bd. V, Frankf. a. M.-Erlangen 1864.

Lib. I, prop. 45; S. 104:

„.... ejus quadratum $64^{\mathrm{IV}} - 96^{\mathrm{VI}} + 52^{\mathrm{VIII}} - 12^{\mathrm{X}} + 1^{\mathrm{XII}}$, divisum per $9^{\mathrm{II}} - 6^{\mathrm{IV}} + 1^{\mathrm{VI}}$, quod prius erat $4^{\mathrm{II}} - 1^{\mathrm{IV}}$, in hoc duc illius denominatorem, et aequabuntur

$$36^{\mathrm{IV}} - 33^{\mathrm{VI}} + 10^{\mathrm{VIII}} - 1^{\mathrm{X}} \text{ cum } 64^{\mathrm{IV}} - 96^{\mathrm{VI}} + 52^{\mathrm{VIII}} - 12^{\mathrm{X}} + 1^{\mathrm{XII}}.$$

Ergo etiam $63^{\mathrm{VI}} + 11^{\mathrm{X}}$ cum $28^{\mathrm{IV}} + 42^{\mathrm{VIII}} + 1^{\mathrm{XII}}$. Hic aequatio prodit quantitatem lateris heptagonici."

Modern: $\frac{64x^4 - 96x^6 + 52x^8 - 12x^{10} + x^{12}}{9x^2 - 6x^4 + x^6} = 4x^2 - x^4$. Rechts multipliziere mit dem linken Nenner, so wird

$$36x^4 - 33x^6 + 10x^8 - x^{10} = 64x^4 - 96x^6 + 52x^8 - 12x^{10} + x^{12};$$

daher auch

$$63x^6 + 11x^{10} = 28x^4 + 42x^8 + x^{12}.$$

Hier erscheint die Gleichung der Siebeneckseite.

42. **Albert Girard** (1590 (?) — 1632; Leiden, Lehrer d. Math.): 7, *13*, 140, 199, 221.

Invention nouvelle en l'algebre, Amsterdam 1629.

Inv. Seite 𝔊.:	c𝔢 (128 + ✓ 8192)	$\sqrt[3]{128+\sqrt{8192}}$
Inv. Seite 𝔅:	($\frac{3}{2}$) 49	$49^{\frac{3}{2}}$
Inv. Seite $\mathfrak{D}_2$:	Soit 1 ③ esgale à 13 ① + 12	$1x^3 = 13\cdot x + 12$

43. **Thomas Harriot** (1560 — 1621; Oxford): 140, 199—200, 222.

Artis analyticae praxis, Lond. 1631.

S. 12: modern:

$$\begin{array}{l|l} a+b & = aaa + baa + bca \\ a+c & \quad + caa - bda \\ a-d & \quad - daa - cda - bcd \end{array}$$

$$(x+b)\cdot(x+c)(x-d) = x^3 + bx^2 + bcx + cx^2 - bdx - dx^2 - cdx - bcd$$

S. 160, eine kubische Gleichung:

$$aaa - 3\cdot bba = +2\cdot ccc$$

$$\sqrt{ccc + \sqrt{cccccc - bbbbbb}} + \sqrt{ccc - \sqrt{cccccc - bbbbbb}} = a$$

modern: $x^3 - 3b^2x = 2c^3$

$$\sqrt[3]{c^3+\sqrt{c^6-b^6}} + \sqrt[3]{c^3-\sqrt{c^6-b^6}} = x$$

S. 101, ein numerisches Beispiel: (Modern)

$52 = -3\cdot a + aaa \ldots\ldots a = 4$ $\qquad 52 = -3x + x^3 \quad x = 4$

$a = \sqrt{3.)26+\sqrt{675}} + \sqrt{3.)26-\sqrt{675}}$ $\qquad x = \sqrt[3]{26+\sqrt{675}} + \sqrt[3]{26-\sqrt{675}}$

$2\cdot + \sqrt{3} \ldots\ldots + \ldots\ldots 2 - \sqrt{3}$ $\qquad = 2 + \sqrt{3} + 2 - \sqrt{3}$

4. $\qquad = 4$

44. **William Oughtred** (1574 — 1660; Pfarrer in einem englischen Landorte): 199, 221, 222, 238.

Clavis mathematica 1631. Vierte Aufl., Oxoniae 1667.

$Aqq + 4AcE + 6AqEq + 4AEc + Eqq \qquad a^4 + 4a^3b + 6a^2b^2 + 4ab^3 + b^4$

$Aqqcc + 10AcccE + 45AqccEq + 120AqqcEc + \ldots$

$a^{10} + 10a^9b + 45a^8b^2 + 120a^7b^3 \ldots$

44a. **Pierre Hérigone**: 9, *26*, 92, *358*, 138, 200.

Cursus mathematicus, Paris 1634.

45. **Pierre de Fermat** (1601 — 1665; franz. Staatsbeamter): 60, *217*.

Methodus ad disquirendum maximum et minimum; um 1638 an Descartes geschickt, vor 1637 verfaßt. Oeuvres ed. Tannery et Henry, Paris 1891, Bd. I.

a) Oeuvres, S. 138:

$$\frac{Bq.\ \text{in}\ A\ \text{in}\ E + A\ \text{in}\ Ec. - B\ \text{in}\ A\ \text{in}\ Eq.\ \text{bis}}{Bq.\ \text{in}\ E\ \text{bis} - B\ \text{in}\ Eq}$$

modern:

$$\frac{a^2xy + xy^3 - 2axy^2}{2a^2y - ay^2}$$

$(A = x;\quad E = y;\quad B = a)$

b) Oeuvres, S. 139, Durchführung einer Maximalaufgabe:

„Sunt adaequanda

$$B - A\ \text{cum}\ \frac{Bq.\ \text{in}\ A\ \text{in}\ E + A\ \text{in}\ Ec. - B\ \text{in}\ A\ \text{in}\ Eq.\ \text{bis}}{Bq.\ \text{in}\ E\ \text{bis} - B\ \text{in}\ Eq.}$$

et, omnibus ductis in denominatorem et abs E divisis, adaequabuntur

$$Bc.\ \text{bis} - Bq.\ \text{in}\ A\ \text{bis} - Bq.\ \text{in}\ E + B\ \text{in}\ A\ \text{in}\ E$$

et

$$Bq.\ \text{in}\ A + A\ \text{in}\ Eq. - B\ \text{in}\ A\ \text{in}\ E\ \text{bis}.$$

Quandoquidem nihil est utrimque commune, elidantur homogenea omnia abs E affecta, et aequantur reliqua: fiet

$$Bc.\ \text{bis} - Bq.\ \text{in}\ A\ \text{bis aequalis}\ Bq.\ \text{in}\ A$$

ideoque

A ter aequabitur B bis“

Es sei gesetzt

$$a - x = \frac{a^2xy + xy^3 - 2axy^2}{2a^2y - ay^2}$$

Nachdem alles mit dem Nenner multipliziert und durch y dividiert ist, wird sein

$$2a^3 - 2a^2x - a^2y + axy$$

$$= a^2x + xy^2 - 2axy.$$

Da nichts auf beiden Seiten gemeinsam ist, können alle Glieder mit y weggestrichen werden (Fermat setzt $y = 0$ im Grenzübergang zum Maximum). Das übrige liefert die Gleichung

$$2a^3 - 2a^2x = a^2x,$$

daher

$$3x = 2b.$$

c) Oeuvres, S. 124, eine höhere Gleichung:

A cub. cub. + B in A qu. cub. + Z pl. in A qu. qu. + D sol. in A cub. + M pl. pl. in A qu. aequari N. sol. sol.

d. h. $x^6 + a_1x^5 + b_2x^4 + c_3x^3 + d_4x^2 = e_6$.

$B = a$, ist eine eindimensionale Konstante

Zpl. $= b_2$ „ „ zwei- „ „ (Z planum)

. . . .

N. sol. sol. $= e_6$ ist eine sechs- „ „ (N. solido-solidum).

46. René Descartes (1596 — 1650): 140, 150, 200, 222.

Géométrie, 1637.

47. Isaac Newton (1643—1727; Prof. i. Cambridge, Kgl. Münzdirektor i. London; Präsident der Royal Society): 140, 141, 151, *568,* 223.

Arithmetica universalis, Universitätsvorlesungen Newton's, etwa aus der Zeit um 1685, von einem Zuhörer Whiston 1707 herausgegeben.

a) S. 21, eine Multiplikationsaufgabe:

$$\begin{array}{r} \frac{2ax}{c} + \sqrt{\frac{a^3}{c}} \\ 3a + \sqrt{\frac{abb}{c}} \\ \hline \frac{2ax}{c}\sqrt{\frac{abb}{c}} - \frac{aab}{c} \\ \frac{6aax}{c} - 3a\sqrt{\frac{a^3}{c}} \\ \hline \frac{6aax}{c} - 3a\sqrt{\frac{a^3}{c}} + \frac{2ax}{c}\sqrt{\frac{abb}{c}} - \frac{aab}{c}. \end{array}$$

b) S. 30, eine Divisionsaufgabe:

$$\begin{array}{l} yy - 2ay + aa)\,y^4 \;*\; - 3\tfrac{1}{2}aayy + 3a^3y - \tfrac{1}{2}a^4\,(yy + 2ay - \tfrac{1}{2}aa.) \\ \quad\; \underline{y^4 - 2ay^3 + \quad aayy} \\ \quad\; 0 + 2ay^3 - 4\tfrac{1}{2}aayy \\ \quad\quad\; \underline{+ 2ay^3 - 4\;\, aayy + 2a^3y} \\ \quad\quad\quad\quad 0 - \tfrac{1}{2}aayy + a^3y \\ \quad\quad\quad\quad \underline{- \;\tfrac{1}{2}aayy + a^3y - \tfrac{1}{2}a^4} \\ \quad\quad\quad\quad\quad\quad 0 \qquad\quad 0 \qquad 0 \end{array}$$

c) Aus Briefen Newton's (*Commercium epistol.*, par Biot et Lefort, Paris 1856).

S. 63:

$$\overline{\overline{\overline{y-4}\times y+5}\times y-12}\times y+17=0 \text{ statt } \Big\{\Big[(y-4)\cdot y+5\Big]\cdot y-12\Big\}y+17=0.$$

$$\text{S. 103:}\quad \overline{P+PQ}\big|^{\frac{m}{n}} = P^{\frac{m}{n}} + \frac{m}{n}AQ + \frac{m-n}{2n}BQ + \frac{m-2n}{3n}CQ + \ldots$$

Dazu: Exemplum 2:

$$\text{Est } \sqrt{5 : c^5 + c^4x - x^5} : (\text{id est } \overline{c^5 + c^4x - x^5}\big|^{\frac{1}{5}})$$
$$= c + \frac{c^4x - x^5}{5c^4} - \frac{2c^8xx + 4c^4x^6 - 2x^{10}}{25c^9} + \text{etc.}$$

48. Gottfried Leibniz (1646 Leipzig — 1716 Hannover): 136, *493,* 137, *495,* 141, 142, *526,* 143—144, 151, 238, *980.*

Die Schreibart ist fast durchgängig die moderne.

49. Jakob Bernoulli (1654—1705 Basel): 200, *798.*

Acta Eruditorum 1690, S. 222:

$$a + b + \frac{bb}{2a} + \frac{b_3}{2 \text{ in } 3aa} + \frac{b_4}{2 \text{ in } 3 \text{ in } 4a_3} + \frac{b_5}{2 \text{ in } 3 \text{ in } 4 \text{ in } 5a_4}\ \&$$

$$\text{statt: } a + b + \frac{b^2}{2a} + \frac{b^3}{2\cdot3a^2} + \frac{b^4}{2\cdot3\cdot4a^3} + \frac{b^5}{2\cdot3\cdot4\cdot5a^4} + \ldots.$$

FSC
www.fsc.org
MIX
Papier | Fördert
gute Waldnutzung
FSC® C083411

Zeitfracht Medien GmbH
Ferdinand-Jühlke-Straße 7
99095 Erfurt, Deutschland
produktsicherheit@kolibri360.de